黄河小浪底水库水文泥沙规律研究

李树森　郑宝旺　樊东方　李金晶　等著

黄 河 水 利 出 版 社
・郑　州・

内 容 提 要

本书主要研究黄河小浪底水库水文泥沙规律,介绍小浪底水库基本概况以及小浪底水库开展的各项水文泥沙测验的基本情况;对小浪底水库异重流进行分析,总结小浪底水库异重流演进规律;研究历年小浪底水库冲淤变化规律;汇总了小浪底水库多年来开展的各项水文泥沙专项实践与研究,对小浪底水库异重流测验和水库淤积测验工作,研究成果极大提高了小浪底水文泥沙测验生产效率和工作水平。

本书可作为从事水库水文泥沙测验、研究等方面科技人员的工具书,也可以作为高等院校水文泥沙专业的教学参考用书。

图书在版编目(CIP)数据

黄河小浪底水库水文泥沙规律研究/李树森等著. —郑州:
黄河水利出版社,2014. 11
ISBN 978 - 7 - 5509 - 0963 - 2

Ⅰ. ①黄…　Ⅱ. ①李…　Ⅲ. ①水库泥沙 - 研究 - 洛阳市
Ⅳ. ①TV145 ②TV632. 613

中国版本图书馆 CIP 数据核字(2014)第 252519 号

出 版 社:黄河水利出版社
地址:河南省郑州市顺河路黄委会综合楼 14 层　　邮政编码:450003
发行单位:黄河水利出版社
发行部电话:0371 - 66026940、66020550、66028024、66022620(传真)
E-mail:hhslcbs@ 126. com
承印单位:河南地质彩色印刷厂
开本:787 mm×1 092 mm　1/16
印张:19.75
字数:550 千字　　印数:1—1 000
版次:2014 年 11 月第 1 版　　印次:2014 年 11 月第 1 次印刷

定价:58.00 元

本书主要编著人员

李树森　郑宝旺　樊东方
李金晶　张永征　孙发亮
曹　茜　李晓伟　罗　琪
于咏梅　张佑民　张丙夺

前　言

黄河小浪底水利枢纽工程位于河南省洛阳市孟津县小浪底，在洛阳市以北黄河中游最后一段峡谷的出口处，南距洛阳市 40 km。黄河小浪底水库位于黄河中游的下段，上距三门峡水利枢纽 130 km，下距河南省郑州花园口 128 km。

黄河小浪底水库是黄河干流上的一座集减淤、防洪、防凌、供水灌溉、发电、蓄清排浑、除害兴利等于一体的大型综合性水利工程，是治理开发黄河的关键性工程。小浪底水利枢纽战略地位重要，工程规模宏大，地质条件复杂，水沙条件特殊，运用要求严格，被中外水利专家称为世界上最复杂的水利工程之一，是一项最具挑战性的工程。水库坝址以上控制流域面积 69.42 万 km^2，占黄河流域面积的 92.3%，有效地控制了黄河洪水，使黄河下游花园口的防洪标准由 60 年一遇提高到千年一遇，基本解除了黄河下游凌汛的威胁，减缓了下游河道的淤积。黄河小浪底是黄河干流三门峡以下唯一能取得较大库容的控制性工程，它处在承上启下控制下游水沙量的关键部位。

针对黄河特殊的河情以及小浪底水库运用方式，黄委组织技术人员在小浪底水库开展各项水文泥沙测验工作。小浪底水库自 1999 年开始蓄水运用，随即便开展了水库淤积测验、水文泥沙因子测验等工作。2001 年小浪底水库开始进行水库异重流测验。自 2002 年起，黄委开始进行调水调沙试验，万家寨、三门峡和小浪底等水库进行联合调度，通过水沙调度，在小浪底水库人工塑造异重流，进行异重流排沙。到 2013 年已连续观测 13 年、共 19 次异重流过程。

本书共分 4 章。第一章主要介绍小浪底水库基本概况以及小浪底水库开展的各项水文泥沙测验基本情况。第二章主要为小浪底水库异重流，对小浪底水库异重流进行分析，研究小浪底水库异重流的发生条件、发展过程、运行速度、挟沙能力、对支流河口淤积的影响，以及到达坝前的时机，为小浪底水库在异重流期间排沙和开展最大排沙量及最优排沙时段的预报服务，总结了小浪底水库异重流演进规律。第三章主要为小浪底水库淤积测验，主要针对小浪底水库淤积测验进行了详尽的分析，研究了历年小浪底水库冲淤变化规律，总结了小浪底目前的淤积现状。第四章主要汇总了小浪底水库多年来开展的各项水文泥沙专项实践与研究，包括小浪底水库异重流垂线测点优化研究，小浪底水库分流分沙量研究，小浪底水库数据处理分析软件开发及数据库建设，小浪底水库异重流测验清浑水界面探测器研制，小浪底水库异重流测验仪器比测试验，小浪底水库淤积测验 GPRS 应用研究等方面内容，这些研究主要都是对小浪底水库异重流测验和水库淤积测验工作，研究成果极大提高了小浪底水库水文泥沙测验生产效率和工作水平。

本书各章节撰写分工为：第一章，第二章第一、二节，第三章第一节由郑宝旺编写；第二章第三～十一节由张永征、孙发亮、于咏梅、张佑民编写；第三章第二～九节由李树森、樊东方、李金晶编写；第四章第三节由罗琪编写；第四章第一、二、四、五、六节由曹茜、李晓伟、张丙夺编写。全书由李树森、李金晶负责统稿。

本书参编人员多年来一直从事小浪底水库水文泥沙测验与研究工作，在水库异重流、冲淤演变等水沙机制方面取得了一些浅显的研究经验，本书的出版只是对以往工作的一些经验总结。因此，本书可作为从事水库水文泥沙测验、研究等方面科技人员的工具书，也可以作为高等院校水文泥沙专业的教学参考用书。

本书在编写过程中得到了黄委水文局牛占、王庆中、罗荣华、董明军、刘炜等专家的指导，同时相关成果还在李世举教授级高级工程师主持的水利部公益性行业科研专项“水库异重流测验整编技术规程研究”（编号 200701032）中得到应用，在此一并表示感谢。

由于作者水平有限，书中不妥之处在所难免，敬请专家和读者批评指正。

作 者

2014 年 6 月

目 录

第一章　水库概况

第一节　水利工程概况

黄河小浪底水利枢纽工程位于河南省洛阳市孟津县小浪底，在洛阳市以北黄河中游最后一段峡谷的出口处，南距洛阳市 40 km。黄河小浪底水库位于黄河中游的下段，上距三门峡水利枢纽 130 km，下距河南省郑州花园口 128 km。是黄河干流三门峡以下唯一能取得较大库容的控制性工程。

工程全部竣工后，水库面积达 272.3 km^2，控制流域面积 69.42 万 km^2；总装机容量为 156 万 kW，年平均发电量为 51 亿 kWh；每年可增加 40 亿 m^3 的供水量。小浪底水库两岸分别为秦岭山系的崤山、韶山和邙山，中条山系、太行山系的王屋山。它的建成将有效地控制黄河洪水，可使黄河下游花园口的防洪标准由 60 年一遇提高到千年一遇，基本解除黄河下游凌汛的威胁，减缓下游河道的淤积，小浪底水库还可以利用其长期有效库容调节非汛期径流，增加水量用于城市及工业供水、灌溉和发电。它处在承上启下控制下游水沙的关键部位，控制黄河输沙量的 100%。

小浪底水利枢纽 1994 年 9 月主体工程开工，1997 年 10 月 28 日实现大河截流，1999 年底第一台机组发电，2001 年 12 月 31 日全部竣工，总工期 11 年，坝址控制流域面积 69.42 万 km^2，占黄河流域面积的 92.3%。水库总库容 126.5 亿 m^3，调水调沙库容 10.5 亿 m^3，死库容 75.5 亿 m^3，有效库容 51.0 亿 m^3，长期有效库容 51 亿 m^3。小浪底工程以防洪、减淤为主，兼顾供水、灌溉和发电，蓄清排浑，除害兴利，综合利用。工程建成后，可滞拦泥沙 78 亿 t，相当于 20 年下游河床不淤积抬高。

小浪底工程由拦河大坝、泄洪建筑物和引水发电系统组成。

小浪底工程拦河大坝采用斜心墙堆石坝，设计最大坝高 154 m，坝顶长度为 1 667 m，坝顶宽度 15 m，坝底最大宽度 864 m。坝体填筑量 51.85 万 m^3，基础混凝土防渗墙厚 1.2 m、深 80 m。其填筑量和混凝土防渗墙均为国内之最。坝顶高程 281 m，水库正常蓄水位 275 m，库水面积 272 km^2，总库容 126.5 亿 m^3。水库呈东西带状，长约 130 km，上段较窄，下段较宽，平均宽度 2 km，属峡谷河道型水库。坝址处多年平均流量 1 327 m^3/s，输沙量 16 亿 t，该坝建成后可控制全河流域面积的 92.3%。

小浪底水库大坝高 154 m，坝顶长 1 667 m，坝顶宽度 15 m，坝底最大宽度 864 m；泄洪建筑物包括 10 座进水塔、3 条导流洞改造而成的泄洪洞、3 条排沙洞、3 条明流泄洪洞、1 条溢洪道和 3 个两级出水消力塘；发电引水口包括 6 条发电引水洞和 3 条尾水隧洞。总装机容量 180 万 kW，为 6 台 30 万 kW 混流式水轮发电机组。

由于受地形、地质条件的限制，泄洪建筑物均布置在左岸。其特点为水工建筑物布置集中，形成蜂窝状断面，地质条件复杂，混凝土浇筑量占工程总量的 90%，施工中大规模采用新技术、新工艺和先进设备。

引水发电系统也布置在枢纽左岸。包括6条发电引水洞、地下厂房、主变室、闸门室和3条尾水隧洞。厂房内安装6台30万kW混流式水轮发电机组,总装机容量180万kW,多年平均年发电量45.99亿kWh/58.51亿kWh(前10年/后10年)。

小浪底水利枢纽主体工程建设采用国际招标,以意大利英波吉罗公司为责任方的黄河承包商中大坝标,以德国旭普林公司为责任方的中德意联营体中进水口泄洪洞和溢洪道群标,以法国杜美兹公司为责任方的小浪底联营体中发电系统标。1994年7月16日合同签字仪式在北京举行。

黄河小浪底水库是黄河干流上的一座集减淤、防洪、防凌、供水灌溉、发电、蓄清排浑、除害兴利等于一体的大型综合性水利工程,是治理开发黄河的关键性工程。小浪底水利枢纽战略地位重要,工程规模宏大,地质条件复杂,水沙条件特殊,运用要求严格,被中外水利专家称为世界上最复杂的水利工程之一,是一项最具挑战性的工程。

第二节 自然地理概况

一、地理位置

黄河小浪底水利枢纽位于黄河中游豫、晋两省交界处,在洛阳市西北约40 km。上距三门峡坝址130 km,下距郑州花园口128 km。北依王屋、太行二山,南抵崤山余脉,西起平陆县杜家庄,东至济源市(原济源县)大峪河。南北最宽处约72 km,东西长93.6 km。淹没区涉及两省4市(地区)所管辖的8个市(县),即河南省的孟津、新安、渑池、陕县、济源,山西省的垣曲、平陆、夏县。

二、地质地貌

水库集水区处于峡谷地段,地势西北高、东南低。南岸为崤山东北余支,地势陡峻;北岸有太行、王屋山脉。两岸地形起伏较大,西部、北部多1 000 m以上高峰,西阳河上游历山海拔2 321 m为区内最高峰。区域内大面积分布着第四系黄土,以及前震旦系的变质岩、安山岩、寒武系灰岩、砂页岩、红色砂、页岩和黏土岩。

三、气候

库区属温带大陆性季风气候,年平均气温为12.4~14.3 ℃,昼夜温差大,1月平均气温最低,7月平均气温最高;库区年平均降水量616 mm,降水量年际变化较大,主要集中于夏、秋两季,而冬季雨量稀少;年平均蒸发量为2 072 mm,全年以夏季蒸发量为最大,冬季蒸发量最小;年平均湿度在62%左右。

四、水文水资源状况

黄河由西向东穿过库区,水流湍急,流程130 km,其间有较多的支流、支沟、毛沟汇入,较大支流计有18条,多数分布在库中区和库前区,如北岸的西阳河、逢石河、亳清河、沇西河和南岸的畛水河、青河、北涧河等河流。黄河三门峡至小浪底区间流域面积为5 756 km^2,约占三门峡至花园口区间流域面积的14%。支流来水流量一般较少,且经常出现断流。汛期常有短时间暴雨洪水，一般每年出现3～4次。

五、矿产资源

该区域深厚的沉积地层中发育了种类繁多的沉积、变质矿产资源，如煤、硫黄、铜、铝矾土、铁、黄铁矿、石英、白云岩、石灰石等。

库区范围内的矿产资源主要有煤矿、硫黄矿、铜矿和铝土矿。煤矿在各县(市)的大部分地区均有分布，煤质优良，蕴藏丰富；铜矿主要分布在275 m高程以上，垣曲县亳清河、板涧河上游，归属于中条山有色金属公司；硫黄矿主要分布于新安县境内的畛水河、青河流域；铝土矿主要分布在新安、渑池、陕县等地，矿质优良，品位居全国之首，储量达0.62亿t，较大的企业为长城铝业公司洛阳铝矿。

六、土壤植被状况

区域属温带半湿润地带，广泛分布着暖湿带的地带性土壤，其土壤类型为棕壤和淋溶褐土，浅山丘陵主要分布着褐土类中的红黏土、立黄土、白面土。在山前的冲积平原下部和局部低洼地区分布着潮土。

库区植被覆盖率约为20%，地表植被密度不一，部分地表裸露。植被型有灌丛和草丛、阔叶林、针叶林，山区有小面积的天然林；植物有刺槐、榆、侧柏、荆条、酸枣等。区域内农业生产历史悠久，自然环境受到人类活动较大的影响，由于放牧牛羊、烧柴、开垦耕地、常年干旱缺水等原因，库区植被不断遭受破坏，致使区域内水土流失严重。

第三节　水文泥沙测验概况

小浪底水库入库站为三门峡水文站，出库站为小浪底水文站，库区内有两个水沙因子站，分别是河堤水沙因子站和桐树岭水沙因子站，淤积断面测验布设有固定断面。测验断面所用高程均采用黄海基面以上高程。

小浪底水库水文泥沙站网的布设原则是控制进出库水沙量及变化过程，掌握库区水沙数量及时空分布。通过测量能够快速、及时、准确获得水库淤积数量、淤积部位、淤积形态及淤积物组成等资料，满足水库调水调沙运用及科学研究的需要。

小浪底水库水文泥沙及站网主要由进库站(三门峡站)、出库站(小浪底站)、库区3个代表性水文站、45个雨量站、库区8处水位站、库区174个淤积断面及坝下河段7个淤积断面、库区中部和坝前2处水沙因子站等组成。

一、库区基本水文站网

小浪底库区黄河干流原有三门峡、小浪底水文站，支流有东洋河的八里胡同、畛水河的仓头和亳清河的垣曲区域代表水文站。支流三站总控制面积1 440 km^2，占三小间流域面积的25.1%。大坝截流后，随着坝前水位的抬高，库区三站的测验河段将受到库区回水的淹没和顶托，为此，在枢纽工程截流前(1996年)，三站分别上迁。

亳清河垣曲站1996年6月上迁29.9 km，设立亳清河皋落水文站。1996年6月东洋河八里胡同站停测，并在西阳河设桥头水文站。畛水河仓头站上迁24.4 km，设石寺水文站。

三站迁站后其控制面积减为580 km^2,仅占区间总面积5 734 km^2 的10.1%。小浪底水文站原测验断面位于大坝轴线上,1991年10月小浪底站下迁3.9 km,下迁后具有基本水文站和出库专用站功能。小浪底水库蓄水后正常蓄水位275 m回水至三门峡测流断面,三门峡仍为基本水文站,并兼有小浪底水库入库专用站功能。

(一)三门峡水文站

三门峡水文站是小浪底水库的入库站,断面流量和输沙量均受闸门变动调节控制。水量主要集中于每年6~9月,汛期库内一般不蓄水,实行敞泄。上游无洪水时,水库实行库水位低于305 m运用。坝上水位320 m时下泄流量最大11 150 m^3/s左右。每年的12月至次年的5月河水清澈(蓄水发电)。沙峰分上游来沙和大坝底孔开启时形成的"人造沙峰","人造沙峰"一般时间短、变化快、难控制。

(二)河堤水沙因子站

河堤水沙因子站1997年7月1日建,原址在山西省垣曲县安窝乡河堤村,因1999年汛期左岸站房被淹,于2000年1月将站址迁至河南省渑池县南村乡右岸青山村。2002年1月把测验断面下迁1 500 m,站址迁至河南省渑池县南村乡,集水面积68.99万km^2,至河口距离960 km 。

测验河段河床边滩多为砂质,主槽内为砾石。主河槽宽约400 m,河段顺直长度2 600 m,自然流态下各级水位无汊流、串沟、回流及死水。上下游河道形势对水流影响较小。水沙特性为:因受三门峡水利枢纽控制调节的作用,水沙涨落急剧,变化频繁,具有山溪性河流的特征。若三门峡以下来水,则水沙变化更是来猛去速。沙峰一般滞后于水峰。流速、含沙量垂向分布较正常,汛期含沙量大时,横向分布变化不大。非汛期三门峡拦水发电,含沙量渐趋于零。低水时,河床较为稳定,略冲,中高水时,随着流量、含沙量的变化,一般表现为涨冲落淤,总体趋势是略冲。

(三)桐树岭水文站

桐树岭水文站于2000年7月1日设立。位于东经112°22′,北纬34°56′,距河口897.20 km。基本断面设立在小浪底水库大坝上游1.32 km处,集水面积69.42万km^2,位于河南省济源市大峪乡桐树岭村。

河床组成主要为细泥沙,其粒径均在0.25 mm以下。水下无水生植物,两岸红石相夹,岸上植被种类为灌木丛、杂草、柿子树,生长良好。

(四)小浪底水文站

小浪底水文站1955年4月20日设立,位于河南省济源市坡头乡泰山村,其地理位置为东经112°24′,北纬34°55′,集水面积64.92万km^2。基本断面以上4 km处是小浪底水利枢纽大坝。

洪水主要来自小浪底水库下泄流量,由于受水库调节影响,水位涨落变化较大,特别是非汛期变化尤为频繁。受水库的调蓄作用,洪水时峰型较水库运用前偏胖,涨落变化较为稳定,水位流量关系趋于单一。每年12月中旬至次年5月中旬含沙量趋于零。洪水期受水库的排沙影响,含沙量一般较大。

二、水位站网

三门峡至小浪底区间原在黄河干流距坝26.0 km处设有八里胡同水位站,于1996年撤销。全库区布设水位站8处,其中黄河干流7处、支流1处,共同构成库区水位控制网。

库区水位站按其功能可分为坝前水位站、常年回水区水位站和变动回水区水位站等三种类型。

坝前水位站是反映水库蓄水量变化、淹没范围、水库防洪能力、推算水库下泄流量和水库调度运用的依据。坝前水位站布设在距坝1.51 km的桐树岭,以避开跌水影响。

常年回水区水位站主要用于观测水库蓄水水面线,研究洪水在库内的传播、回水曲线、风壅水面变化等。在常年回水区干流设五福涧(距坝77.28 km)、河堤(距坝63.82 km)、麻峪(距坝44.10 km)、陈家岭(距坝22.43 km)及支流畛水河西庄(距坝20.72 km)等5处水位站。2005年11月,由于受小浪底库区塌岸的影响,麻峪水位站断面设施和水尺受到严重破坏,已不具备继续观测的条件,经研究从2006年1月1日开始停止观测。

变动回水区水位站,主要用于了解回水曲线的转折变化(包括糙率和动库容的变化)、库区末端冲淤及对周围库岸的浸没和淹没的影响。

小浪底水库变动回水区虽然距离不长,但水位变化迅速,水面比降大,在近40 km的河段内水位变幅达24 m之多。按照《水库水文泥沙观测试行办法》"在变动回水区段内,不宜少于3个水位站"的规定,在白浪(距坝93.20 km)、尖坪(距坝111.02 km)设两处水位站。最大变动回水区末端水位可利用三门峡水文站水位共同构成变动回水区水位站网。各水位站距坝里程见表1-1。

表1-1　小浪底库区水文、水位站一览表

河名	站名	站别	距坝里程(km)	设立及观测日期	
				年	月
黄河	三门峡(七)	水文	123.41	1974	1
黄河	尖坪	水位	111.02	1998	7
黄河	白浪	水位	93.20	1998	7
黄河	五福涧	水位	77.28	1998	7
黄河	河堤	水文	64.83	1997	7
黄河	麻峪	水位	44.10	1997	7
黄河	陈家岭	水位	22.43	1997	7
黄河	坝前	水文	1.51	1997	7
黄河	小浪底(二)	水文	坝下3.90	1991	9
亳清河	皋落	水文	89.60	1996	6
西阳河	桥头	水文	52.50	1996	6
畛水河	石寺	水文	38.10	1996	6
畛水河	西庄	水位	20.72	1998	7

三、水力泥沙因子站

为收集水库蓄水后的库区水力泥沙的运动输移情况、异重流运动和到达坝前水力泥沙分布与排沙关系等,在库区布设两处水力泥沙因子观测断面,一处在坝前 1.51 km 处的桐树岭水力泥沙因子站,另一处在距坝 64.83 km 处南村镇的河堤水力泥沙因子站。桐树岭水力泥沙因子断面测验,主要是观测坝前各级水位情况下和不同泄水条件下的流速、含沙量纵横向分布资料,以便掌握坝前局部水流泥沙运动形态和边界条件变化的关系,作为优化调水调沙、发电运行方案的科学依据。河堤水力泥沙因子断面是小浪底水库变动回水区内的水文泥沙测验站。主要任务是:在回水影响和变动回水影响过程中观测水沙纵横向变化,控制通过断面的悬移质泥沙过程变化和泥沙颗粒级配变化,为分析研究水库的冲淤规律及其成因关系提供资料。

四、观测内容及测次安排

小浪底水库已经开展的观测项目包括两大类:一是常年观测项目,二是定期观测项目。

(一)常年观测项目

1. 进出库水沙测验

开展进出库水沙测验的进库水文站有三门峡水文站、小浪底水文站、皋落水文站、石寺水文站、桥头水文站,出库水文站为小浪底水文站。

进出库水沙测验的项目主要有水位、流量、含沙量、输沙率和泥沙颗粒级配等。

2. 库区水沙因子测验

库区水沙因子测验为河堤和桐树岭水沙因子断面,此外还有河堤和桐树岭水沙因子站,观测项目有断面流速分布、含沙量分布测验和水位观测等。

3. 库区水位观测

库区 6 个水位站的常年观测。

(二)定期观测项目

1. 库区淤积测验

主要是库区 174 个淤积断面的汛前、汛期和汛后测验。汛前一般在 4 月 20 日开始,汛后一般在 10 月 10 日开始,汛期在发生较大入库洪水后进行。

观测项目有水下地形测量、最高水位以下的陆上地形测量、河床质的取样和颗粒级配等。

2. 异重流测验

异重流测验一般在汛前调水调沙期间,有时根据需要在汛期临时增加测次。

观测项目有清浑水界面探测、流速分布测验、含沙量分布测验、异重流厚度测验、异重流潜入点探测和泥沙颗粒级配等。

3. 坝前漏斗测验

在汛前和汛后淤积测验的同时,进行坝前漏斗的测验,漏斗断面共 21 个,分布在大坝至 HH04 断面之间。观测项目和淤积测验相同,但提交的成果有所差异,除提交断面冲淤成果外,还要提交坝前局部水下地形数据。

五、淤积测验

水库库容和冲淤变化是水库泥沙观测研究的核心,小浪底库区布设断面 174 个,干流设 56 个,平均间距为 2.20 km。以 HH40 断面为界,上段河长 54.02 km 布设 16 个断面,平均间距为3.38 km;下半库段69.38 km设40个断面,平均间距为1.73 km。在28条一级支流、12条二级支流共布设淤积断面118个,控制河段长179.76 km,平均断面间距为1.52 km。

根据1999年10月实测断面宽度(见表1-2),绘制小浪底库区断面宽度沿程分布图(见图1-1)。

表1-2　小浪底水库干流淤积断面特征值

断面名称	距坝里程(km)	275 m起点距(m)			主河槽起点距(m)			
		左	右	宽度	高程	左	右	宽度
HH01	1.32	212	2 173	1 961	145	1 224	1 434	210
HH02	2.37	41	1 137	1 095	145	465	794	329
HH03	3.34	45	1 438	1 394	145	754	996	242
HH04	4.55	98	1 633	1 535	141	312	620	308
HH05	6.54	87	2 492	2 405	147	1 856	2 177	321
HH06	7.74	101	2 154	2 053	147	661	1 024	363
HH07	8.96	52	2 797	2 746	150	666	964	298
HH08	10.32	138	2 342	2 204	150	928	1 180	252
HH09	11.42	69	1 148	1 078	150	643	899	256
HH10	13.99	62	2 625	2 563	155	290	705	415
HH11	16.39	46	1 582	1 536	158	833	1 081	248
HH12	18.75	52	1 848	1 796	158	938	1 258	320
HH13	20.39	107	1 205	1 098	160	875	1 101	226
HH14	22.10	138	2 508	2 369	160	717	866	149
HH15	24.43	135	1 535	1 400	160	791	936	145
HH16	26.01	51	532	481	165	151	296	145
HH17	27.19	51	644	593	165	277	476	199
HH18	29.35	87	416	329	170	186	365	179
HH19	31.85	99	904	804	170	418	670	252
HH20	33.48	28	1 105	1 077	170	594	844	250
HH21	34.80	105	1 099	994	173	528	732	204
HH22	36.33	122	1 408	1 286	173	696	942	246
HH23	37.55	125	2 238	2 113	173	1 374	1 564	190
HH24	39.49	113	819	705	175	276	492	216
HH25	41.10	44	992	948	180	309	542	233
HH26	42.96	43	1 078	1 035	183	538	800	262

续表 1-2

断面名称	距坝里程(km)	275 m起点距(m)			主河槽起点距(m)			
		左	右	宽度	高程	左	右	宽度
HH27	44.53	58	979	921	185	310	553	243
HH28	46.20	80	1 294	1 214	185	387	662	275
HH29	48.00	32	1 609	1 577	189	519	715	196
HH30	50.19	44	1 407	1 363	190	420	587	167
HH31	51.78	50	1 430	1 380	190	1 185	1 310	125
HH32	53.44	120	1 549	1 429	192	327	537	210
HH33	55.02	0	2 428	2 428	199	1 728	1 912	184
HH34	57.00	218	2 478	2 260	200	1 141	1 401	260
HH35	58.51	96	2 830	2 734	203	1 202	1 483	281
HH36	60.13	43	1 510	1 467	203	462	689	227
HH37	62.49	144	1 430	1 287	205	621	836	215
HH38	64.83	80	812	732	205	493	676	183
HH39	67.99	69	532	463	210	296	515	219
HH40	69.39	119	922	803	220	407	678	271
HH41	72.06	-4	601	605	220	122	390	268
HH42	74.38	-2	538	540	220	92	334	242
HH43	77.28	5	573	568	225	202	453	251
HH44	80.23	3	603	599	230	115	320	205
HH45	82.95	120	528	407	235	160	353	193
HH46	85.76	14	347	333	237	83	289	206
HH47	88.54	13	322	308	237	73	232	159
HH48	91.51	60	767	707	240	190	401	211
HH49	93.96	37	504	467	240	271	419	148
HH50	98.43	22	349	327	245	153	307	154
HH51	101.61	63	589	526	250	171	481	310
HH52	105.85	55	331	276	255	103	251	148
HH53	110.27	137	621	484	258	281	434	153
HH54	115.13	40	309	269	265	44	286	242
HH55	118.84	29	258	229	265	47	241	194
HH56	123.41	49	259	210	275	49	259	210

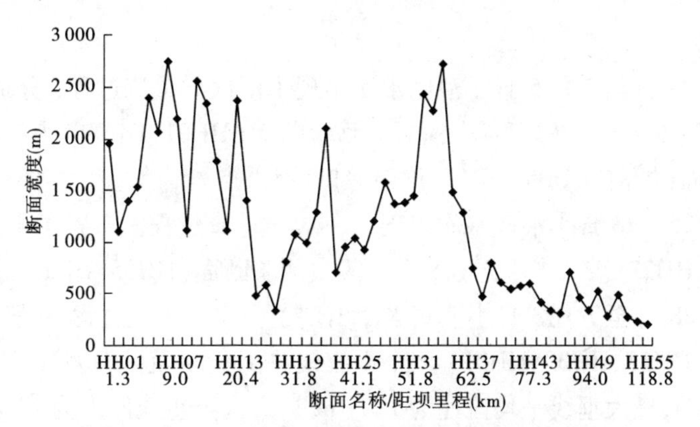

图 1-1　小浪底水库干流淤积断面河宽沿程分布图

从图 1-1 可以看出,各断面主河槽一般在 200～300 m,275 m 高程河宽河堤以上及八里胡同河段一般在 300～700 m,河堤至八里胡同上口及八里胡同以下一般在 1 000～3 000 m。

六、异重流测验

对处于蓄水状态的多沙河流水库来说,异重流是一种常见的水沙运动形式,在小浪底水库拦沙运用初期,利用异重流排沙是减少水库淤积、改善水库淤积形态、进行调水调沙的主要手段之一。

小浪底水库地形复杂、库区支流众多、入库水沙条件多变、库水位变幅较大,导致异重流的潜入点变化范围大,异重流运行规律复杂,排沙特性特殊。因此,水库异重流的测验十分重要。

小浪底水库异重流测验开始于 2001 年,随着测验经验的积累和研究工作的深入,为更好地观测异重流,测验断面也在不断地调整和增加。

2001 年设断面较多,在发生异重流的河段奇数断面上设测量标志,进行不等次数的测量。

2002 年汛前根据小浪底水库的地形和异重流测验的要求,总结了 2001 年异重流测验的经验,对异重流测验断面进行了调整。在库区共布设测验断面 9 个,其中固定断面 5 个,分别是 HH37(河堤)、HH21、HH17、HH09、HH01(桐树岭)断面;辅助断面 4 个,分别是潜入点下游、HH29、HH13、HH05 断面。

为了解异重流在坝前的变化情况,2003 年在坝前 410 m 处增加了一个辅助测验断面,同时为了解异重流在支流河口的倒灌情况,在沇西河口增加了一处辅助断面。调整后的异重流测验断面 10 个,其中固定断面数量 4 个,分别是 HH01(桐树岭)、HH09、HH29 和 HH37(河堤)断面,固定断面采用全断面测验与主流线法相结合的测验方法施测异重流;辅助断面 6 个,分别是坝前断面(距坝 410 m)、HH05、HH13、HH17、HH29、沇西河口和潜入点下游断面,辅助断面采用主流线法施测异重流。当回水末端位于河堤断面以下时,则河堤断面改为河道断面测验,并以 HH13 断面替代 HH29 断面作为固定断面并进行全断面测验。

2004 年 7 月 5～11 日小浪底水库出现了两次异重流过程,布置了 5 个横断面测验断面(HH01、HH09、HH13、HH29、河堤),5 个主流线测验断面(坝前、HH05、HH17、沇西河口、潜入点）。

2005 年 6 月 28 日至 7 月 5 日小浪底水库出现了两次异重流过程，分别为 6 月 27 日至 7 月 1 日和 7 月 5～9 日。布置了 4 个横断面测验断面（HH01、HH09、潜入点下游、河堤），5 个主流线测验断面（坝前、HH05、HH17、沇西河口、潜入点）。

2006 年 6 月 25～28 日小浪底水库出现了一次异重流过程。布置了 4 个横断面测验断面（HH01、HH09、HH22、潜入点下游），5 个主流线测验断面（HH05、HH13、HH17、潜入点）。

2007 年 6 月 28 日至 7 月 3 日小浪底水库出现了一次异重流过程，布置了 4 个横断面法测验断面（HH17、HH15、HH09、HH01），2 个主流线法测验断面（HH05、HH13），测得最大测点流速为 3.41 m/s，最大垂线平均流速为 1.64 m/s，最大异重流厚度为 17.6 m，最大垂线平均含沙量为 97.0 kg/m^3，最大垂线平均 D_{50} 为 0.020 mm。

2008 年 6 月 28 日至 7 月 3 日小浪底水库出现了一次异重流过程。布置了 3 个横断面法测验断面（HH14、HH09、HH01），2 个主流线法测验断面（HH05、HH13）。

2009 年 6 月 29 日至 7 月 4 日小浪底水库出现了一次异重流过程，布置了 3 个横断面法测验断面（HH13、HH09、HH01），2 个主流线法测验断面（HH05、HH04）。

2010 年 7 月 3～7 日小浪底水库出现了一次异重流过程，布置了 3 个横断面法测验断面（HH13、HH09、HH01），2 个主流线法测验断面（HH05、HH04）。

小浪底水库异重流测验采用断面法和主流线法相结合的测验方法施测。正常情况下在回水末端附近河段监测异重流的产生，当发现水库出现强度较大的异重流后，根据库区地形情况选择测验断面，按断面法施测水沙要素变化；选择沿程加测断面、潜入点等辅助断面进行主流线法施测。

以能控制异重流的潜入、运行发展和消失整个过程的水沙变化为原则。当发生异重流时，自异重流潜入点向下，采用多只测船固守断面进行连续动态跟踪观测，各断面要求同时进行定时观测。测验包括异重流厚度、清浑水界面、异重流流速和含沙量分布等。

目前的异重流断面布设情况见图 1-2 和表 1-3。

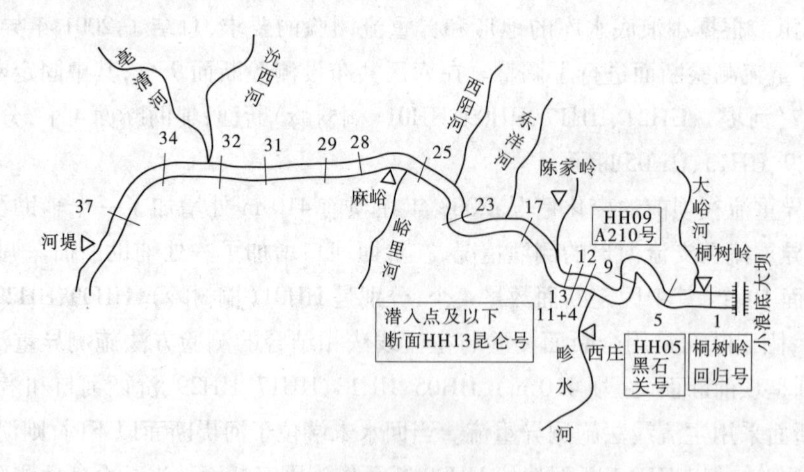

图 1-2　异重流测验固定断面布设示意图

表1-3 小浪底水库异重流测验断面布设情况一览表

断面号	距坝里程(km)	断面性质	断面号	距坝里程(km)	断面性质
坝前	0.41	辅助	HH17	27.19	辅助
桐树岭	1.32	固定	HH29	48.00	辅助
HH05	6.54	辅助	HH34	57.46	固定(潜入点)
HH09	11.42	固定	HH37	63.82	固定
HH13	20.35	辅助	YXH01		支流

七、坝前漏斗测验

坝前漏斗测验即近坝区水下地形测量,是为探测近坝段水下地形因受水库泄水而开展的测量工作。其主要目的是了解和研究坝前不同淤积高程和不同来水来沙以及水库不同运用方式条件下坝前漏斗的平面位置和几何形态(包括纵坡、斜坡、斗深、坑底、长度等要素),为进行合理调度,避免和减缓闸前泥沙淤积,研究水库防淤、减淤措施等提供原型观测资料。

坝前漏斗测验,采用固定断面法实测,共在坝前4.5 km范围内布设21个测验断面(含黄河1、2、3、4淤积断面),断面布设的原则是下密上疏、力求平行。

鉴于小浪底水库泄水建筑物系侧向进水,进水塔位于大坝轴线上游320 m,故在布设断面时,将漏斗1断面布设在进水塔右端延伸线上,2断面位于进水口上,自大坝向上游1.34 km至黄河淤积1断面(距进水塔1.02 km),共平行布设5个断面,每个断面间隔204 m;在黄河淤积1~2断面距坝1.34~2.36 km,1.02 km范围内布设4个断面,断面平均间距为204 m;在黄河淤积2~3断面距坝2.36~3.40 km,1.04 km范围内布设4个断面,断面平均间距为208 m;在黄河淤积3~4断面距坝3.40~4.61 km,1.21 km范围内布设4个断面,断面平均间距为242 m。

第二章　水库异重流

第一节　概　述

一、什么是异重流

异重流指两种或者两种以上比重相差不大、可以相混的流体，因比重的差异而发生的相对运动。异重流运动是一种三元的不稳定不均匀流。异重流中各水力泥沙因子随时间(T)、横断面方向(X)、不同水深(Y)及沿水库长度方向(Z)而变化。

水库异重流是一种壮观而奇特的景象，是黄河等高含沙河流特有的水流形式，当高含沙水流进入水库遭遇库区清水后，由于密度差而潜入清水底部运行的一种现象(见图2-1)。当浑水与清水碰头时，还会出现上层清水倒流，浑水沿河底向坝前演进的奇特水文现象。黄河异重流首次出现于20世纪60年代的三门峡水库；2001年8月，小浪底水库也开始出现异重流。

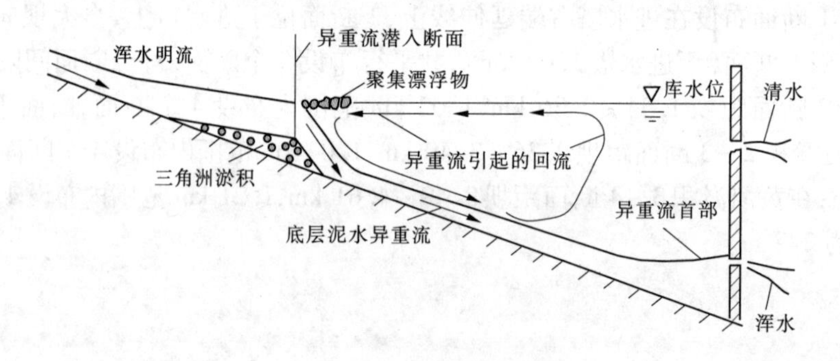

图2-1　异重流示意图

二、异重流作用

利用异重流特性，在水库减淤、给水排水工程设计与运用等方面可获得很大效益。在多沙河流上修建蓄水水库和水电站时，设置底孔，合理运用在库底运动的浑水异重流可把泥沙排走、减少水库淤积，是水库减淤排沙的主要措施。利用水库异重流排沙是小浪底水库在拦沙运用期间一个重要的排沙减淤手段。

三、异重流形成条件

黄河是高含沙河流，小浪底水库又是典型的河道型水库，库底比降大，出现异重流是经常的事情。异重流的运动规律和水力学特点与一般的明渠水流相比，基本上是一致的，但由于异重流重力作用的减小，又具有了自身的不同特点，这些特点在小浪底水库2003年异重流观测中得到了很好的印证。

水库异重流是上游含沙水流进入水库后，由于与库内清水重率存在一定的差异，潜入库底沿交界面向前运动，在清浑水交界面或其他特殊的局部位置，虽存在有局部的掺混现象，但在整体的向前推进过程中不会出现全局性的掺混，这种含沙水流就是水库异重流。而清浑水重率的差异是异重流产生的根本原因。

异重流运动同明渠流一样，也是靠重力作用，只是当浑水在水库清水下面运行时，被清水所包围，受到清水的浮力作用，浑水的重力作用减小，它的有效重率为 $\Delta\gamma = g\Delta\rho$（$\Delta\rho$ 为清浑水密度差，g 为重力加速度）。实际上，清浑水的重率相差不大，$\Delta\gamma$ 是比较小的，这是异重流的一个特点。

如果假设异重流浑水的有效重力加速度为 g'，则异重流层的有效重率也可表示为 $\Delta\gamma' = g'\rho'$（ρ'为异重流浑水密度），那么

$$g' = \frac{\rho' - \rho}{\rho'}g = \frac{\Delta\gamma}{\gamma'}g = \eta_g g \tag{2-1}$$

η_g 为重力修正系数，它显示出异重流区别于普通明渠水流的特殊性。由于 $\Delta\gamma$ 很小，η_g 也是一个很小的数，一般在 $10^{-2} \sim 10^{-3}$，故异重流重力作用的减低是十分显著的。

由于异重流重力作用减低，惯性力作用就相对显得比较突出，弗汝德数表示惯性力与重力作用的对比关系，为：

$$Fr' = \frac{v'}{\sqrt{g'h'}} = \frac{v'}{\sqrt{\eta_g g h'}} \tag{2-2}$$

与同流速、同水深的一般明渠流的弗汝德数 $Fr = \dfrac{v'}{\sqrt{g'h'}}$相比较，可以得到 Fr'与 Fr 的如下关系：

$$Fr' = \frac{Fr}{\sqrt{\eta_g}} \tag{2-3}$$

这种突出的惯性力作用，使异重流能够轻易地超越障碍物以及爬高，这是一般水流所不易做到的。正是由于异重流重力作用的减小，使得阻力作用也相对地突出，因而改变了重力作用和惯性力以及阻力作用的相互关系。

四、异重流的水力学特点

水库异重流的水力学问题很复杂，涉及面也很广，有流速分布、异重流前锋运动、挟沙能力、在运动过程中的局部混合和沿交界面混合等问题。这里结合小浪底水库异重流测验的需要，对异重流最基本的水力学特点作简单描述。

（一）异重流的压力

对于类似于小浪底水库异重流的特点，一般认为它的压力由两部分叠加而成，即上层清水产生的压力和本层浑水产生的压力。故异重流全部水深的总压力为：

$$P = \gamma(H - y) + \int_{y}^{h'} \eta_g \gamma' \mathrm{d}y \tag{2-4}$$

式中：γ、γ'分别为清、浑水重率；H 为总水深；h'为异重流水深（或厚度）；y 为异重流层中任一点到库底的水深；η_g 为重力修正系数。

（二）运动方程的特点

对于水库异重流，如果按二度非恒定流$\left(\dfrac{\partial h'}{\partial y} = 0\right)$看待可推求出运动方程如下：

$$J_0 - \frac{\partial h'}{\partial x} - \frac{f'}{\delta}\frac{v'^2}{\eta_g g h'} = \frac{1}{\eta_g g}\left(\frac{\partial v'}{\partial t} + v'\frac{\partial v'}{\partial x}\right) \tag{2-5}$$

此式与明渠二度非恒定流运动方程相似,不同点是此式中多出了一个 η_g。

若为恒定流,则$\frac{\partial v'}{\partial t}=0$,则为

$$\frac{\mathrm{d}v'}{\mathrm{d}x} = -\frac{v'}{h'} - \frac{\mathrm{d}h'}{\mathrm{d}x} \tag{2-6}$$

对于恒定流,水力要素仅随 x 而变,上式经变化后可写成:

$$\frac{\mathrm{d}h'}{\mathrm{d}x} = \frac{J_0 - \frac{f'}{\delta}\frac{v'^2}{\eta_g g h'}}{1 - \frac{v'^2}{\eta_g g h'}} \tag{2-7}$$

在异重流为均匀流时,$\frac{\mathrm{d}h'}{\mathrm{d}x}=0$,则为

$$J_0 - \frac{f'}{\delta}\frac{v'^2}{\eta_g g h'} = 0 \tag{2-8}$$

其中 δ' 为阻力系数,它包括床面阻力系数和交界面阻力系数,即 $f' = f'_0 + f'_1$。

(三)连续方程的特点

水库异重流的连续方程与一般明渠流体的连续方程是完全相同的,即

$$\frac{\partial \rho' h'}{\partial t} + \frac{\partial \rho' q}{\partial x} = 0 \tag{2-9}$$

其中,ρ' 为异重流的密度。

通过对小浪底水库异重流的观测发现,以上几种假设条件在实际情况下是很难满足的,实际中的水库异重流是二度甚至是三度的非恒定流。

五、小浪底水库异重流

(一)库区基本情况

黄河小浪底水库位于黄河中游的下段,上距三门峡水库 130 km,下距花园口水文站 128 km。是黄河干流三门峡以下唯一能取得较大库容的控制性工程,它处在承上启下控制下游水沙量的关键部位。水库总库容 126.5 亿 m^3,调节库容 10.5 亿 m^3,死库容 75.5 亿 m^3,有效库容 51.0 亿 m^3。小浪底水库大坝高 154 m,坝顶长 1 667 m,坝顶宽度 15 m,坝底最大宽度 864 m;泄洪建筑物包括 10 座进水塔、3 条导流洞改造而成的泄洪洞、3 条排沙洞、3 条明流泄洪洞、1 条溢洪道和 3 个两级出水消力塘;发电引水口包括 6 条发电引水洞和 3 条尾水隧洞。总装机容量 180 万 kW,为 6 台 30 万 kW 混流式水轮发电机组。1999 年 10 月 28 日开始下闸蓄水。

小浪底水库属典型的河道型水库,上窄下宽,水库最窄处不足 300 m,最宽约为 3 000 m。库区属土石山区,水库两岸山势陡峭,沟壑纵横,支流众多,各级支流有 50 余条,支流流域面积小,河长短,比降大,支流库容占总库容的 42.2%。库区内主河道弯道、八里胡同缩窄河段对异重流的纵向发展具有较大影响。

黄河小浪底水库是黄河干流上的一座集减淤、防洪、防凌、供水、灌溉、发电等于一体的大型综合性水利工程，是治理开发黄河的关键性工程。水库坝址以上控制流域面积69.42万km^2，占黄河流域面积的92.3%，有效地控制了黄河洪水，使黄河下游花园口的防洪标准由60年一遇提高到千年一遇，基本解除了黄河下游凌汛的威胁，减缓了下游河道的淤积。

小浪底水库于1999年10月下闸蓄水，初期蓄水运用阶段基本上拦截三门峡出库的全部泥沙，其排沙形式主要为利用异重流排沙出库。

(二)异重流观测的目的和意义

利用异重流排沙是减少水库淤积、延长水库寿命的一条重要途径，特别是像黄河这样的多沙河流，库底纵比降大，产生异重流的机会较多，形成的异重流有足够能量运行到坝前。只要调度适当，异重流排沙效果是明显的。因此，研究小浪底水库异重流的发生条件、发展过程、运行速度、挟沙能力、对支流河口淤积的影响及到达坝前的时机，为小浪底水库在异重流期间排沙和开展最大排沙量及最优排沙时段的预报服务，是开展水库异重流测验的主要目的。

(三)异重流测验情况

小浪底水库自1999年开始蓄水运用，2001年开始异重流测验。自2002年起，黄委开始进行调水调沙试验，万家寨、三门峡和小浪底等水库进行联合调度，通过水沙调度，在小浪底水库人工塑造异重流，进行异重流排沙(见图2-2)。到2011年已连续观测11年、共17次异重流过程。

图2-2 小浪底水库排沙洞的排沙景象

(四)测验任务及要求

利用小浪底水库进行调水调沙，减少黄河下游河道泥沙淤积，是小浪底水利枢纽工程的主要任务之一，也是黄河治理的重要举措。在充分利用黄河下游河道自然输沙能力的前提下，通过水库的科学调度，调整天然水沙过程，可以更有效减轻下游河道的淤积。

小浪底水库异重流观测的主要任务是在小浪底水库出现异重流时，对异重流各种水文要素在垂线方向、横断面方向及沿程变化进行观测。具体的测验项目包括：异重流潜入点位置、时间，沿程各控制断面异重流的厚度、流速、水温、含沙量、泥沙颗粒级配的变化，以及泄水建筑物开启情况等，同时还要观测库区水位的变化和进出库水沙量的变化过程。

（五）测验断面布设

异重流测验断面布设宗旨应围绕有利于反映异重流的形成条件和运动规律。因此，异重流测验断面应选设在潜入点下游附近、坝前和两者之间地形有显著变化的河段。如展宽、缩窄、弯道处，以及淤积三角洲的顶坡、前坡的坡脚和纵剖面变化处等。两断面的间距要考虑测验历时小于两断面间异重流的传播时间。测验断面应尽量与淤积断面和库区水位站结合。主流线法断面和横断面法断面数量的选定应视水库长度、形态特点、测验能力综合考虑。一般情况下横断面法测验断面不宜少于2个，主流线法测验断面可酌情在两横断面间增加1~2个。

小浪底水库现有174个淤积断面，其中干流56个。根据每年的水库汛前淤积情况、水库地形情况以及水库运行情况，选取部分淤积断面作为异重流测验断面（见图2-3、表2-1）。按异重流测验任务书，测验断面分为基本断面和辅助断面，如2010年小浪底水库异重流，基本断面有：HH01、HH09、HH11+4（潜入点下游断面），采用横断面和主流线相结合的测验方法；HH05、潜入点，采用主流线测验方法（见表2-2）。

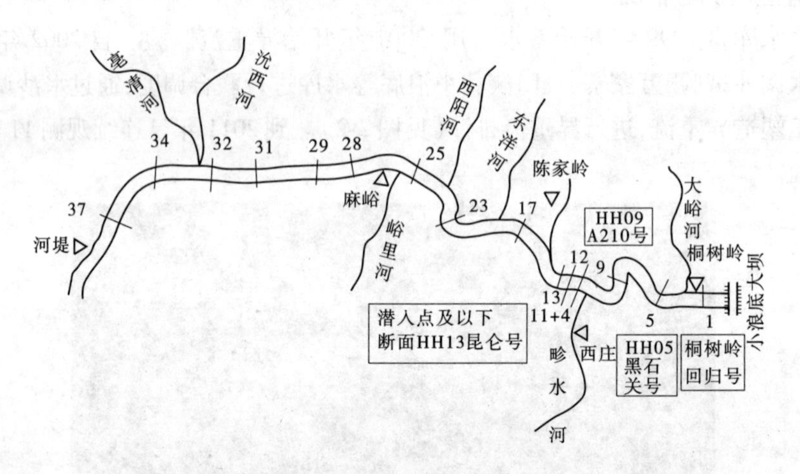

图2-3　异重流测验固定断面布设示意图

表2-1　异重流测验断面布设情况一览表

断面号	距坝里程(km)	断面号	距坝里程(km)	断面号	距坝里程(km)
HH01	1.26	HH15	24.60	HH29	48.49
HH03	3.32	HH17	27.41	HH31	52.29
HH05	6.43	HH19	32.16	HH33	55.74
HH07	8.89	HH21	35.14	HH35	59.17
HH09	11.48	HH23	37.91	HH37	63.26
HH11	16.33	HH25	41.50		
HH13	20.35	HH27	44.95		

表 2-2　历年异重流测验断面布设情况

年份	全断面法测验断面	主流线法测验断面
2001	桐树岭、HH09、HH21、河堤(潜入点下游)	HH05、HH17、HH29、潜入点
2002	桐树岭、HH09、HH21、河堤(潜入点下游)	HH05、HH17、HH29、潜入点
2003	桐树岭、HH09、HH34、河堤(潜入点下游)	坝前、HH05、HH13、HH17、HH29、沇西河口、潜入点
2004	桐树岭、HH09、HH13、HH29(潜入点下游)、河堤	坝前、HH05、HH17、沇西河口、HH33、潜入点
2005	桐树岭、HH09、HH13、HH29(潜入点下游)、河堤	坝前、HH05、HH17、HH23、西阳河口、HH25、潜入点
2006	桐树岭、HH09、HH22(潜入点下游)、河堤	HH05、HH13、HH17、潜入点
2007	桐树岭、HH09、HH15、HH17(潜入点下游)、河堤	HH05、HH13、潜入点
2008	桐树岭、HH09、HH14(潜入点下游)、河堤	HH05、HH13、潜入点
2009	桐树岭、HH09、HH13(潜入点下游)、河堤	HH05、潜入点
2010	桐树岭、HH09、HH11 +4(潜入点下游)、河堤	HH05、潜入点
2011	桐树岭、HH09、HH9 +5(潜入点下游)、河堤	HH05、潜入点
2012	桐树岭、HH06、(潜入点下游)、河堤	HH05、潜入点
2013	桐树岭、HH04、河堤	潜入点

(六)测验仪器及设施设备

(1)测船:机动测船,每个测验断面至少一条测船,采用一锚一线定位。

(2)测验仪器:清浑水界面探测仪(见图 2-4),流速仪,多仓泥沙采样器(见图 2-5),激光测距仪,GPS,全站仪等。

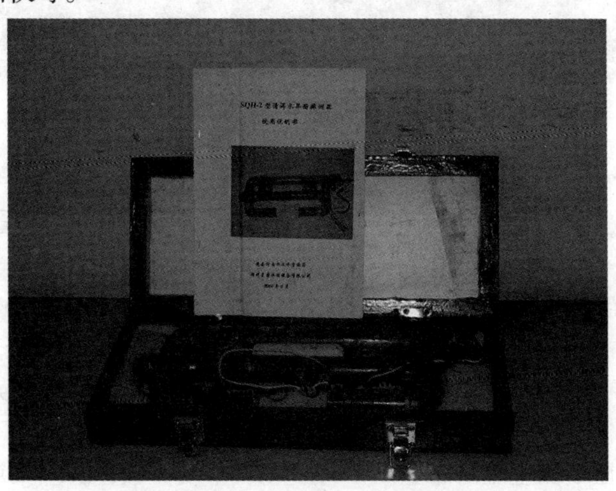

图 2-4　SQH-2 型清浑水界面探测器

图 2-5 四仓采样器

六、异重流测验方法

(一)潜入点的探测

洪水泥沙进入水库时,在水流表面有较明显的清浑水分界线表示潜入点位置(见图 2-6),并有较集中的漂浮物。在分界线的下游有时出现水面翻花或两侧有回流现象,甚至还有隐约可辨的 1 ~2 道分界线,这是因为表面水体从浑变清的过程并不是单一的,它有一段紊乱的过程。

图 2-6 异重流潜入点实拍景象

潜入现象是洪水泥沙入库形成异重流的标志,调水调沙也可产生异重流。

潜入点位置与上游入库洪水大小和库水位变化有关,整个洪水异重流过程可探测 1 ~3 次即可。

(二)垂线、测点布设要求

固定断面采用横断面法与主流线法相结合的测验方法,辅助断面采用主流线法测验。

横断面法要求在固定断面布设 5 ~7 条垂线,垂线布设以能够控制异重流在监测断面的厚度、宽度及流速、含沙量等要素横向分布为原则。

主流线法要求在断面主流区布置 1 ~3 条垂线,垂线位置每次应大致接近。

垂线上测点分布以能控制异重流厚度层内的流速、含沙量的梯度变化为原则,要求清水层

2～3个测点,清浑水交界面附近3～4个测点,异重流层内均匀布设3～6个测点(见图2-7)。垂线上的每个测沙点均需实测流速,并对异重流层内的沙样有选择性地做颗粒级配分析。

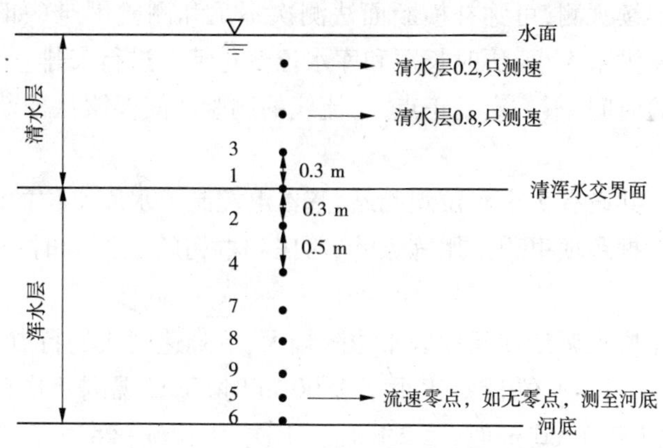

图2-7　异重流出现测点分布示意图

1. 主流线测验

在异重流测验断面的主槽处布设一条垂线进行水力泥沙因子的测验称主流线法。

主流线法主要用于施测某断面上的异重流变化过程。如施测时间和测点布设恰当,可完全了解该断面某处的水力因素随时间(T)和水深(Y)两个变数的变化情况。此法简单易行。若同时在沿库长方向布设其他断面施测,则可增加对库长(Z)变数的变化即异重流沿程变化情况。这样就可了解异重流的形成、起涨、升高、稳定、退落和消失过程及运行规律。

测次安排,开始较密,可按0.5～1 h探测浑水面高度,直至变化不大,此后可每隔3～4 h(取正点)施测一次垂线分布。完全稳定和退落时间可酌情延长间隔时间,直到异重流消失为止。

2. 横断面法测验

横断面法测验是在选定的一个或几个断面上,除用主流线法施测外,在主槽两侧布设若干垂线按一定时段同时施测。

此法适用于两种水流情况:一是异重流前锋通过各断面时,了解前锋的横向变化和沿程变化情况;二是当洪峰较大、较稳定、历时较长,可以在测线测点布设恰当的情况下,用较短的测验历时,正确测得异重流在某一短时段内在断面上的分布情况。这样就可补充主流线法对横向变化了解不足的缺陷。如能掌握异重流的传播时间,则可在"相应时间"施测下游断面,所谓跟踪测量。具体进行时,用多船共测一个断面(一船一线或两线)。随异重流传播到达另一测验断面前,测船须先试测,如异重流已经到达,由指挥船通知各船开始施测。由于异重流的变化在水体内不像明渠水流可通过水位观测或单沙取样来掌握,所以测验历时过长的横断面异重流资料将影响成果质量,并对生产或科研的使用价值产生严重影响。横断面法测次,可根据上游水情预报,在一次洪水过程将产生异重流过程的长短,安排3～5次。

3. 主、横结合法测验

若采用横断面法施测异重流在断面上的变化过程,其测验难度较大。若在某些断面仅采用主流线法施测,无异是将异重流情况当作二元的不稳定不均匀流,不能了解异重流在水库体内横向和面上的整体运行情况。因此,采用主、横结合法进行有机的配合施测,基本上能达到掌握异重流在水库内纵、横和垂直方向较全面的运行与分布情况，取得较为理想的完整资料，能较好地满足生产（调度）和科研及异重流计算与预报的需要。

由于主流线的连续观测，可弥补横断面法测次不足和测验困难（如夜间），所以横断面法的测次可根据进库洪水大小、历时长短和库水位变化情况进行安排。

开始横断面测验时间，不一定是正点，主流线的测验时间要服从横断面测验时间。

（三）水位观测

小浪底水库库区共设有7个水位观测站，基本上控制了水库水位的涨落过程，异重流测验各断面水位资料根据距坝里程采用陈家岭、西庄和桐树岭三站同时水位资料按距离插补求得。

根据小浪底水库调水调沙期间库区水位降幅大、下降速度快的特点，异重流测验期间各水位站进行了加密观测。水位日变化小于1.00 m时，每日观测4次（2:00、8:00、14:00、20:00）；水位日变化大于1.00 m时，每2 h观测1次；水位涨落率大于0.15 m/h时，每1 h观测1次，基本上满足了异重流每条垂线水位计算的需要。

（四）测验方式、方法

小浪底水库异重流观测采用机船测验，利用预设断面标牌或者GPS测船断面定位。

起点距：采用激光测距仪量测船到断面标牌之间的距离，然后计算起点距，也可都采取GPS定位的方式，潜入点位置一般采用GPS定位。

水深：测船统一采用100 kg重铅鱼测深，铅鱼均安装水面、河底信号自动测量水深，每条垂线均施测两次水深取其平均值。

泥沙：采用铅鱼悬挂两仓或四仓横式采样器进行取样并加测水温，泥沙处理采用电子天平称重，用置换法计算含沙量；颗粒分析采用激光粒度分析仪处理。

流速：采用铅鱼悬挂流速仪进行测验，根据流速大小分别采用LS25－1型和LS78型流速仪。流向测验采用细钢丝绳悬吊小重物（用水温计替代），在不同流向层内测得最小偏角时的水深，然后取两流向相反的相邻测点水深值的算术平均值，作为流向变化的分界点，流向朝向大坝方向（下游）为正值，相反为负值。

（五）异重流测验程序

（1）水位：主流线测验，可观测一次水位，横断面法测验应观测开始与终了水位。

（2）定位：确定测线位置，施测起点距，可参照已有断面图，预选起点距定位。取位记至1 m。

（3）测深：用回声仪或重铅鱼测定总水深。回声仪等测深工具每日必须比测检验或校正一次。测深时，应尽量鉴别库底是软泥面还是硬层底。在资料整理计算时，以异重流的底流速为零处作为异重流“库底”。水深取位记至0.1 m。

（4）测点分布：应能正确反映异重流厚度内的流速、含沙量的梯度变化。用绝对水深按多点法布设，以满足绘出正常的流速、含沙量垂直分布曲线。测点深取位记至0.1 m。

（5）界面取样：首先进行清、浑水界面取样，初步确定界面水深。

（6）测速：如不计算清水流量，测速点可在浑水界面以上的清水层布设1～2个测速点。交界面以下与取样点相应，取样点均须测速。可疑点、突出点要复测。

测点密度视水深情况，掌握垂线流速梯度变化为原则。

（7）异重流取样：取样点必须测速。取样点分布原则是：严格含沙量转折变化。界面附近较密（3～4点），交界面下异重流层内分布4～6点取至流速为零处止。

（8）异重流厚度：交界面至浑水流速为零（异重流库底）的深度之间为异重流厚度。

（9）平均流速计算：用异重流厚度内的测点间水深加权计算。

$$V = (h_1v_1 + \sum(h_iv_i) + h_nv_n)/(2H) \tag{2-10}$$

（10）平均含沙量计算：用异重流厚度内的单位输沙率按测点间水深加权计算。

$$C_s = (h_1v_1C_{s1} + \sum(h_iv_iC_{si}) + h_nv_nC_{sn})/(2HV) \tag{2-11}$$

式中：h_i第i测点的上下两测点水深之差；v_i为第i测点的流速；i为测点序号，$i = 2,3,\cdots,n$；C_{si}为第i测点的含沙量；H为异重流厚度。

（11）水温：分别在浑水层中心附近和清、浑水交界面以上0.5～1.0处的清水部分测两点即可。水温计在测点停留时间不少于5 min，水温记至0.1 ℃。测线如无明显异重流时，可不测水温。

（12）附属项目观测：天气情况、水面现象、流向、风浪起伏度、复测船位。

第二节　小浪底水库进出库水沙情况

一、2001年

2001年8月中下旬黄河中游晋陕区间普降暴雨，局部大暴雨。19日19时龙门站出现最大洪峰流量3 400 m³/s。三门峡水库自8月20日开始排水排沙，流量由200 m³/s陡增至1 000 m³/s以上，21日8时以后达到2 000 m³/s以上，最大流量为22日8时的2 890 m³/s。23日0时以后流量减小至1 000 m³/s以下，其中25日平均流量仅为289 m³/s，27日以后流量又开始上涨，至29日5时30分出现1 760 m³/s的最大流量；含沙量自20日1时至24日20时维持在100 kg/m³以上，其中含沙量在300 kg/m³以上维持了42 h，最大含沙量为22日4时的531 kg/m³。28日8时以后含沙量稳定在20～30 kg/m³。

距坝约64 km的河堤站（小浪底库区泥沙因子站）自20日14时至25日8时，含沙量维持在100 kg/m³以上，其中含沙量在300 kg/m³以上维持了38 h，最大含沙量为22日12时的534 kg/m³，29日2时以后落至30 kg/m³以下。整个异重流发生期间，三门峡—小浪底区间无水沙加入。

小浪底水库2001年8月20日14时坝前水位蓄升至203.00 m，下泄流量维持在100 m³/s左右，其后水位缓升，8月24日4时为210.00 m，31日20时为214.02 m，9月8日8时升高至217.97 m。下泄流量除8月29日18～24时外，均小于300 m³/s，其中25日0时最小，为25.0 m³/s。

水库回水末端位置，通过实地查勘，结合库区地形图，8月初在HH28断面上游附近，距坝里程46.7 km；8月21日在HH31断面上游附近，距坝里程52.5 km；8月24日在HH36断面附近，距坝里程约60.7 km；9月3日在HH37断面附近，距坝里程约63.0 km。

水库自21日15时开始下泄浑水，出库含沙量22日2时至23日20时均在100 kg/m³

以上,最大为23日8时的196 kg/m³,出库流量和含沙量有水大沙小、水小沙大的大致对应关系。

2001年异重流期间三门峡、小浪底水沙过程如图2-8所示。

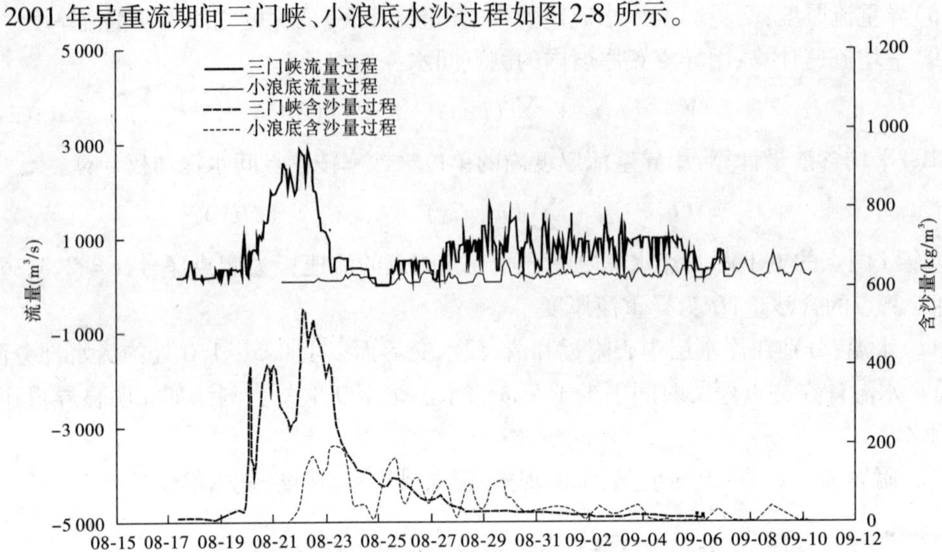

图2-8　2001年异重流期间三门峡、小浪底水沙过程

二、2002年

2002年7月5日三门峡开始泄水排沙。5日21时至8日20时,流量维持在1 000 m³/s,7日22时最大流量为3 750 m³/s。5日23时至9日4时,含沙量维持在100 kg/m³,其中6日1时至7日0时含沙量维持在300 kg/m³,最大含沙量为6日14时的499 kg/m³。由于此次异重流发生在黄河实施调水调沙试验期间,小浪底水库自7月4日9时开闸放水,11时达到最大流量3 480 m³/s,22时以前保持大于3 000 m³/s。至7月15日9时,小浪底下泄流量维持在2 500 m³/s以上。按照调水调沙试验要求,含沙量小于20 kg/m³,仅在7日0~13时,受异重流前锋到达坝前的影响,含沙量大于20 kg/m³,最大为12.3时的66.2 kg/m³。

2002年异重流期间三门峡、小浪底水沙过程如图2-9所示。

三、2003年

2003年小浪底水库出现了两次异重流过程,分别为8月2~8日和8月27日至9月16日。

第一次异重流洪水主要来源于黄河晋陕区间一次局部强降雨过程。7月27日至8月1日,晋陕区间降小到中雨,29日夜间至30日凌晨,神木至黄甫川一带降暴雨或大暴雨,府谷站日降水量133 mm、高石崖130 mm、旧县107 mm、黄甫136 mm。此次降雨使府谷站7月30日8时出现了13 000 m³/s的洪峰。洪峰历时短,来猛去速,从30日4.3时起涨到11.4时落平,历时7 h,峰形尖瘦,洪量约为2亿m³,沙量0.2亿t。洪水于31日13.3时到达龙门站,洪峰流量为7 230 m³/s,8月1日19.4时洪峰到达潼关站,流量仅为2 150 m³/s。三门峡水库借此次洪水排沙,提前开闸放水,从8月1日13.6时开始泄流,到8月2日7.8时形

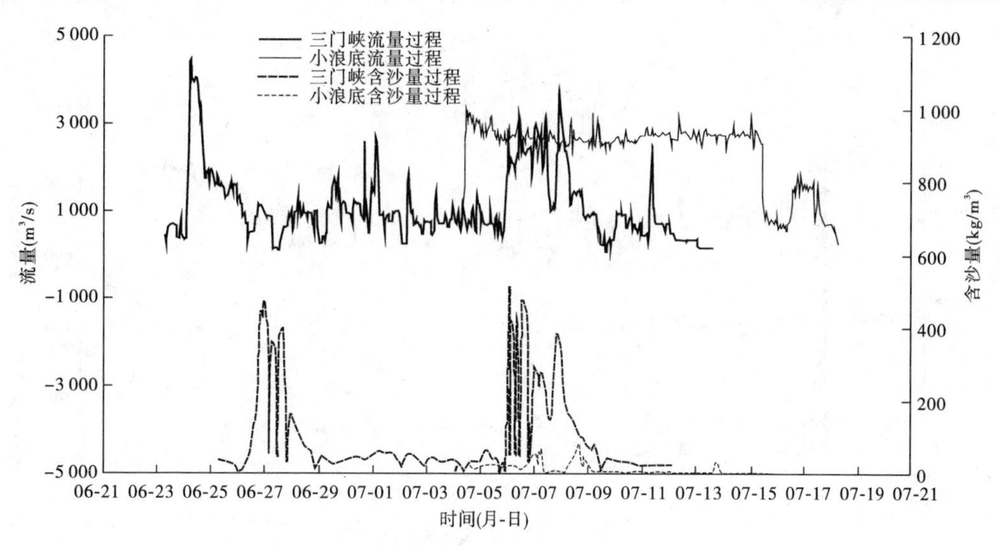

图 2-9　2002 年异重流期间三门峡、小浪底水沙过程

成 2 270 m³/s 洪峰，沙峰含沙量 793 kg/m³(8 月 1 日 17 时)，后流量逐渐减小到 3 日 8 时的 8.20 m³/s。8 月 1 日下午 19 时左右，洪水开始进入小浪底水库。

第二次异重流洪水同样来源于晋陕区间和泾渭河流域。8 月 22～24 日，黄河上游及晋陕区间出现暴雨，25～26 日和 29～30 日，北洛河、泾河和晋陕区间又普降大到暴雨，其中庆阳水文站 8 月 26 日降水量达 182 mm，贾桥水文站日降雨量达 196 mm，分别为本站历史最大。9 月 4～7 日，晋陕区间、泾渭河流域重新降中到大雨。受连续降水影响，黄河干流也连续出现 2 000 m³/s 以上的洪水过程，潼关流量一直居高不下。三门峡水库从 8 月 26 日 6 时左右开始加大泄量，27 日 0 时 12 分到峰顶，洪峰流量为 3 830 m³/s，最大含沙量 486 kg/m³(8 月 27 日 8 时)，以后下泄流量保持在 2 000～3 000 m³/s，直到 10 月。9 月 6 日 9 时，小浪底水库开始进行防洪预泄，大部分时间流量控制在 1 500～2 000 m³/s，到异重流测验结束时，水库仍在继续泄流，流量稳定在 2 000 m³/s 左右。

2003 年异重流期间三门峡、小浪底水沙过程如图 2-10 所示。

四、2004 年

2004 年黄河第三次调水调沙试验于 7 月 2 日 12 时开始，黄河万家寨水库开闸泄洪，下泄流量 1 200 m³/s，7 月 5 日 14 时 30 分黄河三门峡水库开始放水，下泄流量 1 220 m³/s，5 日 15 时 24 分形成 2 540 m³/s 的洪峰，三门峡水库 7 月 5 日平均下泄流量小于1 000 m³/s，6 日下泄流量继续保持在 1 000 m³/s 左右。7 月 7 日三门峡水库加大下泄流量，7 日 14 时洪峰流量达到 5 130 m³/s，最大含沙量达 368 kg/m³(7 日 23 时)。受三门峡水库下泄洪水影响和小浪底水库库尾泥沙扰动作用，小浪底水库在 7 月 5～11 日期间内，发生了两次异重流过程。

小浪底水库自 6 月 19 日开始泄水，日流量控制在 2 500～2 700 m³/s，7 月 8 日 20 时小浪底水库排沙洞排沙出库，黄河上第一次人工塑造异重流排沙获得成功。

2004 年异重流期间三门峡、小浪底水沙过程如图 2-11 所示。

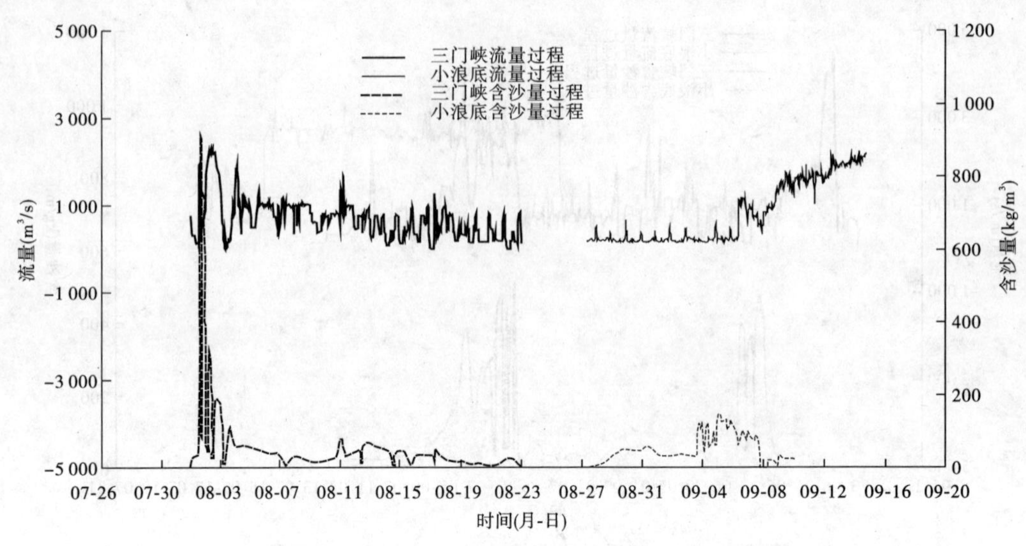

图 2-10 2003 年异重流期间三门峡、小浪底水沙过程

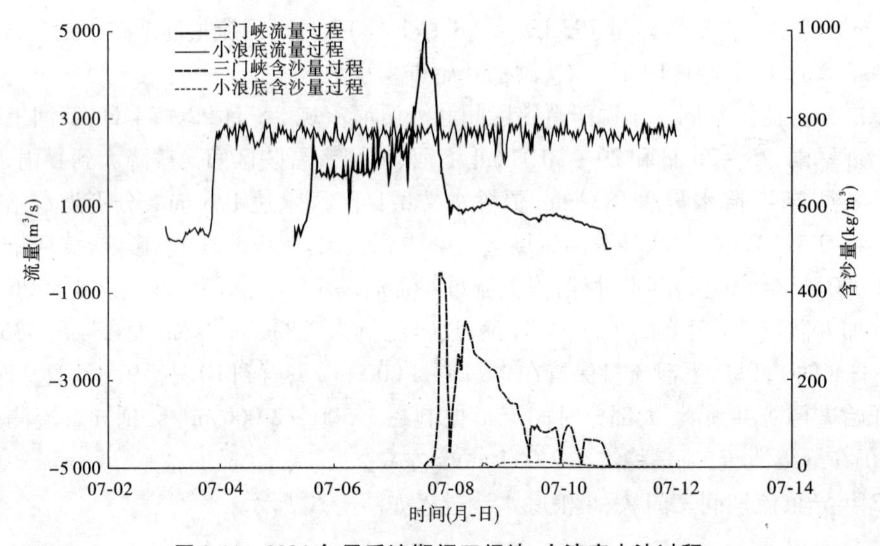

图 2-11 2004 年异重流期间三门峡、小浪底水沙过程

五、2005 年

2005 年 6 月 27 日 7 时 12 分三门峡水库开闸放水，起涨流量 34.1 m³/s，下泄流量迅速增加，8 时 06 分流量达到 3 610 m³/s，27 日 8 时至 28 日 0 时流量一直维持在 3 000 ~ 4 000 m³/s，28 日 0 时以后流量小于 1 500 m³/s。6 月 27 日 23 时三门峡水库开始排沙，28 日 1 时最大含沙量为 352 kg/m³。

小浪底水库前期库水位在 249.00 m，回水末端在河堤上游 40 km 处的 HH53 断面附近，随着小浪底大流量下泄，回水末端下移，库尾淤积大量泥沙。27 日三门峡开闸放水后，下泄水流含沙量为零，挟沙能力很强，高挟沙能力对库尾淤积泥沙冲刷严重，在河堤站附近，由于回水顶托，流速降低，挟沙能力降低、淤积，从而导致河堤站断面产生淤积，河底高程由汛前的225.95 m抬高到6月28日9时33分的226.78 m。

2005年异重流期间三门峡、小浪底水沙过程如图2-12所示。

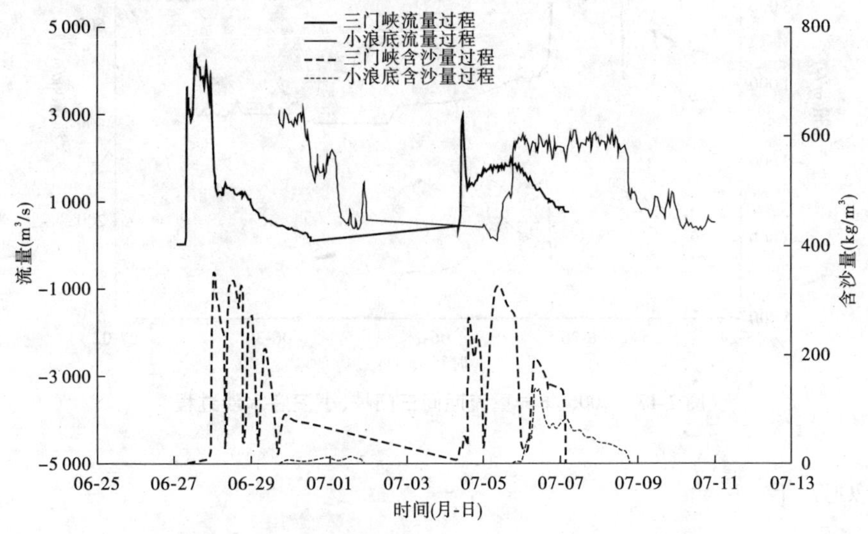

图2-12　2005年异重流期间三门峡、小浪底水沙过程

六、2006年

2006年6月25日1时30分三门峡水库流量906 m^3/s,此后开始加大泄量,至2时18分流量达到2 850 m^3/s,经过调整后从6月25日12时开始三门峡水库大流量下泄,6月26日7时12分到达峰顶,最大流量为4 830 m^3/s,随三门峡水库蓄水量的减少,从26日7时开始下泄流量迅速减小,至28日14时流量仅为9.11 m^3/s。下泄泥沙滞后于流量过程,6月26日10时三门峡开始拉沙,含沙量为31.4 kg/m^3,26日12时含沙量达到最大,沙峰含沙量318 kg/m^3。此后含沙量稍有降低,26日18时含沙量为134 kg/m^3,随后含沙量又有所增加,27日0时含沙量达到219 kg/m^3。

河堤站泥沙过程有两个较明显的过程,第一个沙峰出现在三门峡水库下泄清水阶段,第二个沙峰出现在三门峡大流量拉沙阶段。受下泄清水沿程冲刷影响,25日8时河堤站含沙量52.0 kg/m^3,10时含沙量达到81.6 kg/m^3,此后含沙量减少,含沙量维持在40 kg/m^3以下,25日20时含沙量增加到155 kg/m^3,26日0时含沙量257 kg/m^3,达到第一个峰值,高含沙水流进入小浪底水库,促使异重流得以在库区顺利向前推进,之后河堤站含沙量维持在40 kg/m^3以下。26日10时三门峡水库开始拉沙,河堤站含沙量也随之加大,26日12时三门峡水库沙峰含沙量318 kg/m^3,河堤站于26日14时含沙量开始增加,至6月26日20时出现第二个沙峰,含沙量为417 kg/m^3,随后河堤站含沙量开始减小,直到异重流结束。

根据调水调沙调度方案,异重流期间小浪底出库日平均流量为3 330 m^3/s,最大出库流量为4 200 m^3/s(26日8时48分),26口排沙洞打开,异重流开始排沙出库,最大含沙量出现在6月27日19时,含沙量为50.7 kg/m^3。29日2时小浪底出库流量为1 260 m^3/s,含沙量已降至0,异重流排沙结束。

2006年异重流期间三门峡、小浪底水沙过程如图2-13所示。

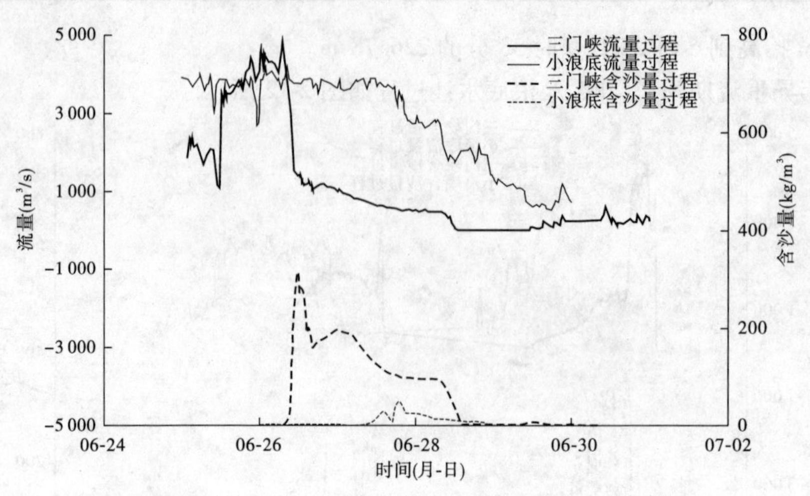

图 2-13　2006 年异重流期间三门峡、小浪底水沙过程

七、2007 年

2007 年 6 月 19 日调水调沙开始后,三门峡水库下泄流量分为两个阶段:第一阶段为 6 月 19 日至 6 月 28 日 11 时 24 分,平均流量为 723 m^3/s,最大下泄流量为 1 470 m^3/s(6 月 27 日 16 时 18 分),在此阶段三门峡水库下泄泥沙较少,最大含沙量仅为 5.71 kg/m^3。从 6 月 28 日 11 时 24 分开始,三门峡水库加大泄量,出库流量迅速加大,至 6 月 28 时 13 时 18 分达到洪峰,最大下泄流量为 4 910 m^3/s。大流量下泄持续时间较短,至 6 月 29 日 10 时 36 分,下泄流量减小至 2 300 m^3/s。此后流量缓慢下降,至 6 月 30 日 23 时 48 分,流量减小至 991 m^3/s,虽然此后下泄流量小幅增加,但是异重流过程已处于消退过程,至 7 月 2 日 0 时三门峡水库下泄流量为 275 m^3/s,调水调沙过程结束。三门峡水库下泄泥沙过程滞后于流量过程,6 月 29 日 0 时三门峡水库开始排沙,含沙量迅速增加,至 29 日 6 时达到沙峰,最大含沙量为 369 kg/m^3,此后含沙量迅速减小,6 月 30 日 8 时含沙量 98.5 kg/m^3,7 月 1 日 4 时含沙量 52.2 kg/m^3,7 月 2 日 0 时含沙量 29.4 kg/m^3。

河堤站泥沙过程与三门峡下泄泥沙过程相对应。在三门峡水库小流量下泄时,河堤站含沙量虽然较出库含沙量为大,但是因为下泄流量较小,不能对小浪底库尾淤积产生强烈冲刷,含沙量最大仅为 18.9 kg/m^3。

异重流期间小浪底出库日平均流量为 2 930 m^3/s,最大出库流量为 3 930 m^3/s(28 日 12 时 24 分),28 日异重流到达坝前后排沙洞随即打开,异重流开始排沙出库,最大含沙量出现在 6 月 30 日 10 时,含沙量为 107 kg/m^3。7 月 3 日 0 时小浪底出库流量为 926 m^3/s,含沙量已降至 0,异重流排沙结束。

2007 年异重流期间三门峡、小浪底水沙过程如图 2-14 所示。

八、2008 年

2008 年 6 月 19 日调水调沙开始后,三门峡水库下泄流量分为两个阶段:第一阶段为 6 月 19 日至 6 月 28 日 16 时,平均流量为 724 m^3/s,最大下泄流量为 1 110 m^3/s(6 月 28 日 11 时 18 分),在此阶段三门峡水库下泄为清水,含沙量为 0。从 6 月 28 日 16 时 00 分开始,三门峡水库加大泄量,出库流量迅速加大,至 6 月 29 时 0 时 42 分达到峰顶,洪峰流量为 5 670

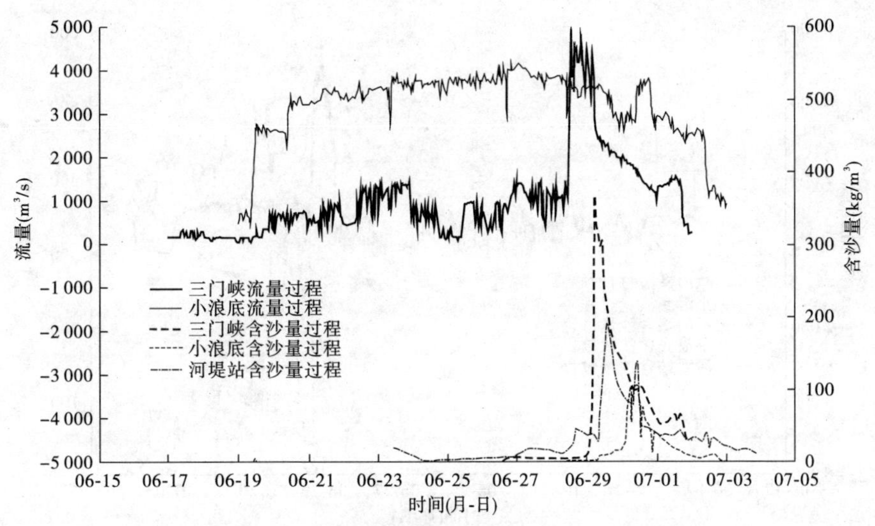

图 2-14　2007 年异重流期间三门峡、小浪底水沙过程

m^3/s。大流量下泄持续时间较短，至 6 月 29 日 8 时 12 分，下泄流量减小至 1 270 m^3/s，此后流量保持相对稳定，一直至 7 月 2 日 17 时 36 分，流量在 1 000 ~ 1 600 m^3/s，但是异重流过程已处于消退过程，至 7 月 2 日 23 时三门峡水库下泄流量为 11. 3 m^3/s，调水调沙过程结束。三门峡水库下泄泥沙过程滞后于流量过程，6 月 29 日 5 时三门峡水库开始排沙，含沙量迅速增加，至 29 日 17 时达到沙峰，最大含沙量为 354 kg/m^3，此后含沙量迅速减少，7 月 1 日 6 时含沙量 115 kg/m^3，7 月 3 日 19 时 30 分含沙量 2. 08 kg/m^3，7 月 4 日 0 时含沙量 0. 885 kg/m^3。

河堤泥沙因子站在三门峡出库为清水时，曾于 6 月 26 日 8 时开始有一个明显的泥沙过程，并于 6 月 27 日 20 时达到沙峰，最大含沙量为 69. 9 kg/m^3，此后河堤站与三门峡含沙量过程基本相应，并于 6 月 30 日 8 时达到沙峰，最大含沙量为 307 kg/m^3。

小浪底出库日平均流量为 2 780 m^3/s，最大出库流量为 4 380 m^3/s(25 日 16 时 24 分)，29 日异重流到达坝前后排沙洞随即打开，异重流开始排沙出库，最大含沙量出现在 6 月 30 日 12 时，含沙量为 147 kg/m^3。7 月 4 日 0 时小浪底出库流量为 1 130 m^3/s，含沙量已降至 0. 885 kg/m^3，异重流排沙结束。

2008 年异重流期间三门峡、小浪底水沙过程如图 2-15 所示。

九、2009 年

2009 年 6 月 29 日 19 时 24 分三门峡水文站开始起涨，流量为 840 m^3/s，至 20 时流量即迅速增大至 3 980 m^3/s，20 时 06 分流量 4 310 m^3/s，至 29 日 20 时 42 分达到洪峰，流量为 4 600 m^3/s，随后流量一直保持在 4 000 m^3/s 左右，至 30 日 6 时流量开始减小，至 7 月 1 日 5 时已减至 1 060 m^3/s，从 2 日 6 时后，三门峡水库下泄始终在 1 000 m^3/s 以下。

三门峡水库从 30 日 5 时开始出沙，含沙量为 9. 81 kg/m^3，6 时含沙量为 31. 3 kg/m^3，8 时含沙量为 224 kg/m^3，沙峰出现在 30 日 9 时，含沙量为 478 kg/m^3，至 7 月 3 日 14 时，含沙量减小至 17. 8 kg/m^3。

小浪底水库出库 29 日平均流量 3 700 m^3/s，30 日 3 030 m^3/s，7 月 1 日 2 880 m^3/s，7 月 2 日 2 350 m^3/s，7 月 3 日 1 550 m^3/s。6 月 30 日 15 时 50 分小浪底水库排沙出库，含沙量

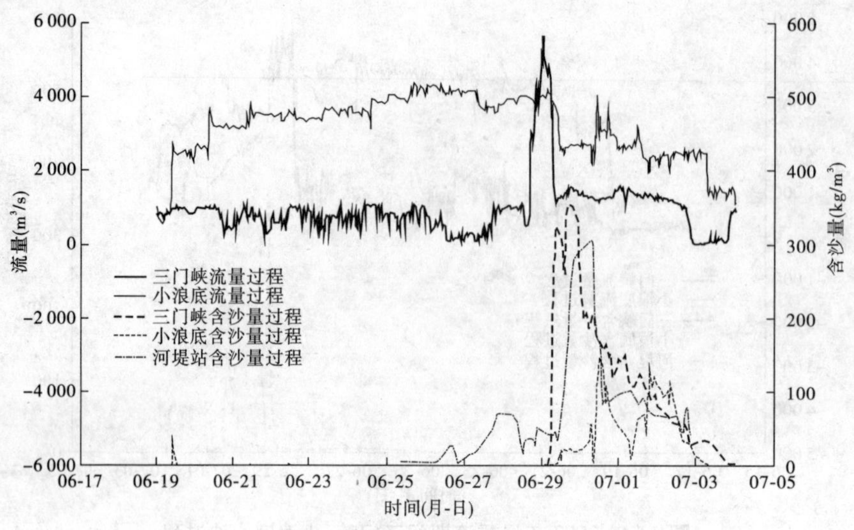

图 2-15　2008 年异重流期间三门峡、小浪底水沙过程

从 6 月 30 日 16 时 48 分的 0.202 kg/m³ 逐渐增加，至 7 月 2 日 0 时含沙量达到沙峰，含沙量 12.1 kg/m³，7 月 3 日 18 时 30 分排沙洞关闭。

河堤泥沙因子站在三门峡出库为清水时，曾于 28 日 8 时开始有一个明显的泥沙过程，并于 30 日 8 时达到沙峰，最大含沙量为 141 kg/m³，此后三门峡水库开始下泄高含沙水流，三门峡水库从 30 日 5 时开始出沙，沙峰出现在 30 日 9 时，含沙量为 478 kg/m³，河堤站与三门峡含沙量过程基本相应，并于 6 月 30 日 20 时达到沙峰，最大含沙量为 141 kg/m³。

小浪底出库日平均流量为 2 780 m³/s，最大出库流量为 4 380 m³/s(25 日 16 时 24 分)，29 日异重流到达坝前后排沙洞随即打开，异重流开始排沙出库，最大含沙量出现在 6 月 30 日 12 时，含沙量为 147 kg/m³。7 月 4 日 0 时小浪底出库流量为 1 130 m³/s，含沙量已降至 0.885 kg/m³。

2009 年异重流期间三门峡、小浪底水沙过程如图 2-16 所示。

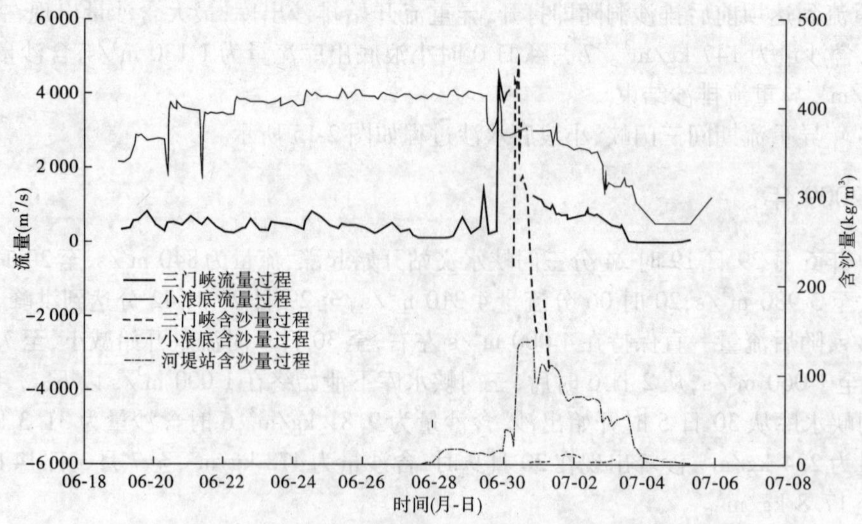

图 2-16　2009 年异重流期间三门峡、小浪底水沙过程

十、2010 年

2010 年 7 月 3 日 19 时 45 分三门峡水文站开始起涨，流量为 1 230 m^3/s，至 22 时流量即迅速增大至 3 320 m^3/s，20 时 06 分流量 4 310 m^3/s；至 4 日 2 时 48 分，流量增大至 3 990 m^3/s，随后流量一直保持在 4 000 m^3/s 左右；至 4 日 15 时 06 分、15 时 36 分达到峰顶，流量增大至 5 340 m^3/s，随后流量一直保持在 5 000 m^3/s 左右，至 4 日 22 时流量开始减小，至 7 月 6 日 10 时 39 分已减至 884 m^3/s，此后三门峡水库下泄始终在 1 000 m^3/s 以下。

三门峡水库从 4 日 19 时开始出沙，含沙量为 2.23 kg/m^3，21 时含沙量为 24.3 kg/m^3，22 时含沙量为 138 kg/m^3，23 时含沙量为 280 kg/m^3，沙峰出现在 5 日 1 时，含沙量为 591 kg/m^3，至 7 月 6 日 22 时，含沙量减小至 9.48 kg/m^3。

小浪底水库出库 7 月 3 日平均流量 2 590 m^3/s，7 月 4 日 2 900 m^3/s，7 月 5 日 2 310 m^3/s，7 月 6 日 1 820 m^3/s，7 月 7 日 1 540 m^3/s。7 月 4 日 11 时 20 分小浪底水库排沙出库，含沙量从 7 月 4 日 12 时 05 分的 1.09 kg/m^3 迅速增大，13 时 15 分含沙量为 47.7 kg/m^3，14 时含沙量为 120 kg/m^3，17 时含沙量为 205 kg/m^3，至 7 月 4 日 19 时 12 分含沙量达到沙峰，含沙量为 288 kg/m^3，7 月 7 日 12 时排沙洞关闭。

河堤泥沙因子站在三门峡出库为清水时，于 4 日 0 时开始有一个明显的泥沙过程，并于 4 日 10 时 30 分达到沙峰，最大含沙量为 79.0 kg/m^3，此后三门峡水库开始下泄高含沙水流，三门峡水库从 4 日 19 时开始出沙，沙峰出现在 5 日 1 时，含沙量为 591 kg/m^3，河堤站与三门峡含沙量过程基本相应，并于 7 月 5 日 10 时达到沙峰，最大含沙量为 316 kg/m^3。

小浪底出库日平均流量为 2 140 m^3/s，最大出库流量为 3 490 m^3/s(4 日 12 时)，4 日异重流到达坝前后排沙洞随即打开，异重流开始排沙出库，最大含沙量出现在 7 月 4 日 19 时 12 分，含沙量为 288 kg/m^3。7 月 7 日 20 时小浪底出库流量为 1 140 m^3/s，含沙量已降至 0.51 kg/m^3，异重流排沙结束。

2010 年异重流期间三门峡、小浪底水沙过程如图 2-17 所示。

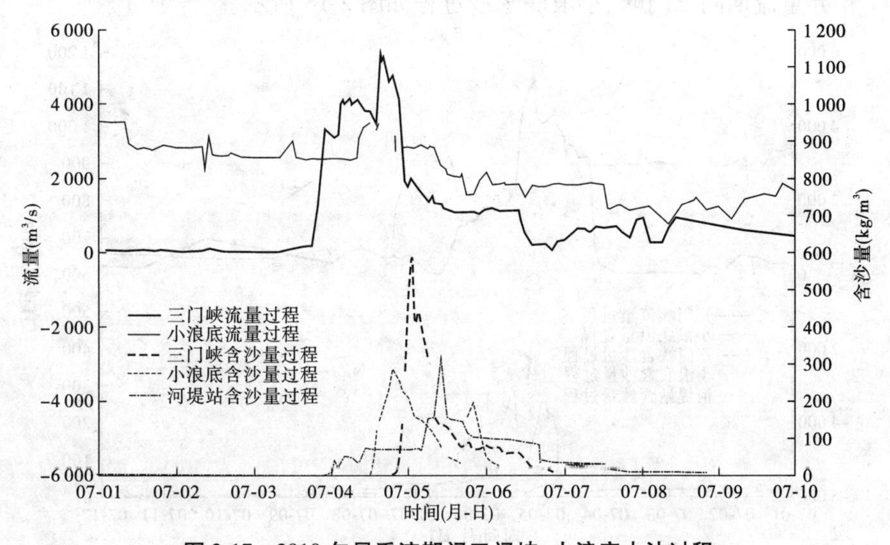

图 2-17 2010 年异重流期间三门峡、小浪底水沙过程

十一、2011 年

2011 年 7 月 4 日 2 时三门峡水文站开始起涨，流量为 292 m^3/s，至 4 时流量增大至 755 m^3/s，4 时 6 分流量 974 m^3/s；至 4 日 6 时，流量迅速增大至 3 160 m^3/s，随后流量一直保持在 3 100 m^3/s 左右；至 5 日 3 时 12 分达到峰顶，流量增大至 5 340 m^3/s，随后流量一直保持在 5 000 m^3/s 左右，至 5 日 8 时流量开始减小，至 7 月 5 日 12 时已减至 2 000 m^3/s，此后三门峡水库下泄始终在 2 000 m^3/s 以下。

三门峡水库从 5 日 8 时开始出沙，含沙量为 5. 66 kg/m^3，10 时含沙量为 200 kg/m^3，沙峰出现在 5 日 11 时，含沙量为 304 kg/m^3，至 7 月 8 日 8 时，含沙量减小至 5. 4 kg/m^3。

小浪底水库出库 7 月 4 日 2 050 m^3/s，7 月 5 日 2 190 m^3/s，7 月 6 日 2 610 m^3/s，7 月 7 日 1 160 m^3/s。7 月 4 日 17 时 34 分小浪底水库排沙出库，含沙量从 7 月 4 日 18 时 10 分的 0. 94 kg/m^3 迅速增大，18 时 24 分含沙量为 54. 7 kg/m^3，19 时含沙量为 162 kg/m^3，20 时 30 分含沙量为 220 kg/m^3，至 7 月 4 日 21 时含沙量达到最大，含沙量为 263 kg/m^3，7 月 7 日 8 时排沙洞关闭。

河堤泥沙因子站在三门峡出库为清水时，于 4 日 10 时开始有一个明显的泥沙过程，并于 4 日 10 时 18 分达到沙峰，最大含沙量为 113 kg/m^3。此后三门峡水库开始下泄高含沙水流，三门峡水库从 4 日 19 时开始出沙，沙峰出现在 5 日 11 时，含沙量为 304 kg/m^3，河堤站与三门峡含沙量过程基本相应，并于 7 月 5 日 19 时 30 分达到沙峰，最大含沙量为 137 kg/m^3。

小浪底出库日平均流量为 2 000 m^3/s，最大出库流量为 3 240 m^3/s(6 日 11 时 24 分)，4 日异重流到达坝前后排沙洞随即打开，异重流开始排沙出库，最大含沙量出现在 7 月 4 日 21 时，含沙量为 263 kg/m^3。7 月 7 日 8 时小浪底出库流量为 790 m^3/s，含沙量已降至 0. 48 kg/m^3，异重流排沙结束。

2011 年异重流期间三门峡、小浪底水沙过程如图 2-18 所示。

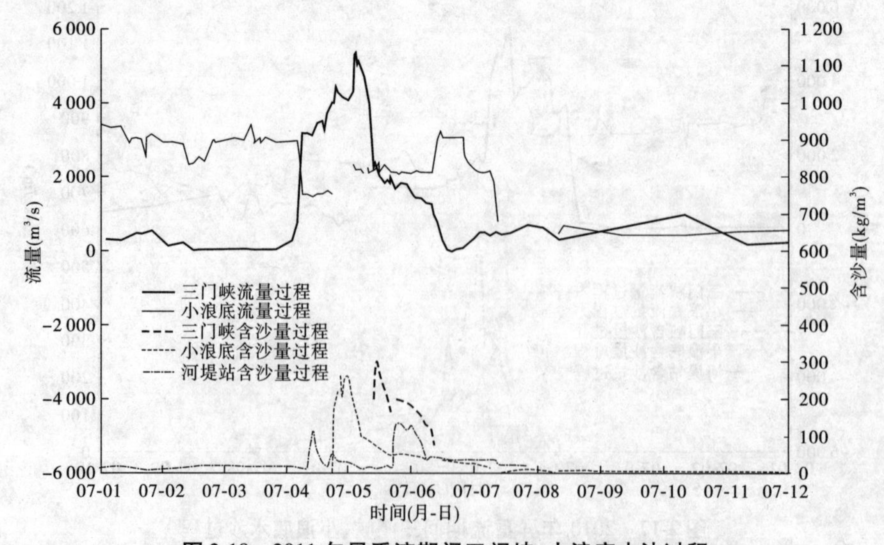

图 2-18　2011 年异重流期间三门峡、小浪底水沙过程

十二、2012 年

三门峡水文站 7 月 4 日凌晨三门峡水库开始加大流量下泄清水，7 月 3 日 20 时三门峡下泄流量为 388 m³/s，7 月 4 日 2 时流量迅速增大到 1 320 m³/s，7 月 4 日 3 时 42 分流量迅速增大到 3 000 m³/s，7 月 4 日 6 时流量迅速增大到 4 220 m³/s，7 月 4 日 10 时 42 分流量迅速增大到 5 080 m³/s，此后持续 22 h 按 5 000 m³/s 下泄至 7 月 5 日 10 时，此阶段最大流量为 5 310 m³/s(4 日 14 时)。至 5 日 10 时流量开始逐渐减小，至 7 月 5 日 20 时已减至 2 000 m³/s，此后三门峡水库下泄流量始终在 2 000 m³/s 以下。

三门峡水库从 5 日 10 时开始出沙，含沙量为 35.2 kg/m³，13 时含沙量为 192 kg/m³，沙峰出现在 5 日 18 时，含沙量为 210 kg/m³。

小浪底水库出库日平均流量 7 月 3 日 1 570 m³/s，7 月 4 日 1 620 m³/s，7 月 5 日 2 470 m³/s，7 月 6 日 2 810 m³/s，7 月 7 日 2 930 m³/s，7 月 8 日 2 540 m³/s，7 月 9 日 1 770 m³/s，7 月 10 日 1 360 m³/s。7 月 3 日 5 时小浪底水库排沙出库，含沙量 7 月 3 日 6 时为 6.7 kg/m³，此时含沙量较小，随着 7 月 4 日大流量下泄形成的异重流排沙出库，4 日 9 时含沙量为 16.2 kg/m³，14 时含沙量为 371 kg/m³，至 7 月 4 日 15 时 30 分含沙量达到最大，含沙量为 398 kg/m³，7 月 9 日 8 时排沙洞关闭。

2012 年调水调沙期间小浪底水库进出库水沙过程如图 2-19 所示。

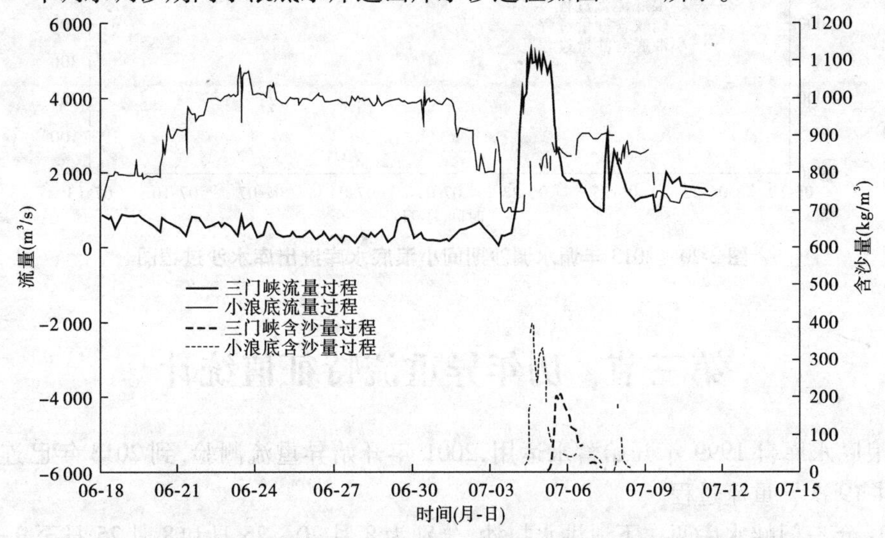

图 2-19　2012 年调水调沙期间小浪底水库进出库水沙过程

十二、2013 年

7 月 4 日凌晨 2 时三门峡水库开始加大流量下泄清水开始，7 月 3 日 23 时 54 分三门峡下泄流量为 811 m³/s，7 月 4 日 2 时流量迅速增大到 2 230 m³/s，7 月 4 日 8 时流量增大到 2 560 m³/s，7 月 4 日 16 时流量迅速增大到 3 130 m³/s，7 月 5 日 14 时流量增大到 4 020 m³/s，7 月 6 日 5 时流量增大到 5 120 m³/s，此后持续按 5 000 m³/s 下泄至 7 月 6 日 8 时，此阶段最大流量为 5 190 m³/s(6 日 7 时 15 分)。至 7 日凌晨三门峡下泄流量开始逐渐减小，至 7 月 7 日 4 时减至 1 700 m³/s，7 月 7 日 20 时已减至 1 000 m³/s，此后三门峡水库下泄流量始终在 1 000 m^3/s 以下。

三门峡水库从 6 日 8 时开始出沙，含沙量为 18.2 kg/m^3，16 时含沙量为 100 kg/m^3，沙峰出现在 6 日 20 时，含沙量为 239 kg/m^3。

小浪底水库出库日平均流量 7 月 3 日 3 130 m^3/s，7 月 4 日 2 400 m^3/s，7 月 5 日 3 200 m^3/s，7 月 6 日 3 370 m^3/s，7 月 7 日 3 500 m^3/s，7 月 8 日 1 460 m^3/s，7 月 9 日 494 m^3/s。7 月 3 日 8 时小浪底水库排沙出库，含沙量 7 月 3 日 16 时为 12.4 kg/m^3，此时含沙量较小，随着 7 月 4 日大流量下泄形成的异重流排沙出库，4 日 13 时含沙量为 38.4 kg/m^3，4 日 14 时含沙量为 80 kg/m^3，7 月 4 日 14 时 30 分含沙量为 116 kg/m^3，而后随着三门峡水库排沙，至 7 月 8 日 8 时含沙量达到最大，含沙量为 121 kg/m^3，7 月 9 日 0 时排沙洞关闭。

2013 年调水调沙期间小浪底水库进出库水沙过程如图 2-20 所示。

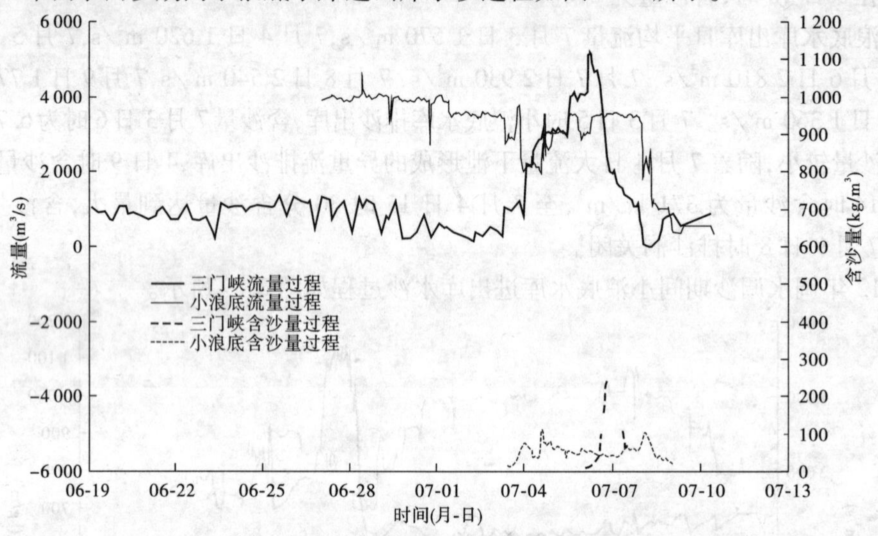

图 2-20 2013 年调水调沙期间小浪底水库进出库水沙过程图

第三节 历年异重流特征值统计

小浪底水库自 1999 年开始蓄水运用，2001 年开始异重流测验，到 2013 年已连续观测 11 年、共 19 次异重流过程。

2001 年三门峡水库两次下泄洪水拉沙，分别为 8 月 20 ~ 25 日和 8 月 25 日至 9 月 7 日，在小浪底水库形成了连续的异重流过程，该年异重流测验断面布设在 HH01 至 HH37 之间的奇数断面，全长 63.82 km，测验方法选择主流线法与横断面法相结合的方式，以主流线法为主。2001 年异重流过程实测到的最大测点流速为 3.00 m/s，最大异重流厚度为 20.3 m。最大垂线平均流速为 1.93 m/s，最大垂线平均含沙量为 198 kg/m^3，最大垂线平均泥沙颗粒中数粒径 D_{50} 为 0.014 mm。

2002 年小浪底水库仅出现一次较强异重流现象，从 7 月 4 日开始，到 7 月 13 日结束，历时 9 d。整个异重流测验选择了具有较好代表性和能够控制异重流变化过程的 4 个固定测验断面（HH01、HH09、HH21、HH37）和 4 个辅助测验断面（HH05、HH17、HH29、潜入点），固定断面按断面法施测水沙要素变化，辅助断面用主流三线法进行施测。测得最大测点流速为3.36 m/s,最大垂线平均流速为1.83 m/s,最大异重流厚度为17.9 m,最大垂线平均含沙量为197 kg/m^3,最大垂线平均 D_{50} 为0.021 mm。

2003年小浪底水库出现了两次异重流过程,分别为8月2~8日和8月27日至9月16日。2003年异重流测验断面,分别设4个固定断面(HH01、HH09、HH34和河堤断面)和6个辅助断面(坝前断面、HH05、HH13、HH17、HH29、沇西河口)。测验方法选择主流线法与横断面法相结合的方式,坝前辅助断面和沇西河口断面采用主流三线法观测。测得最大测点流速为2.53 m/s,最大垂线平均流速为1.53 m/s,最大异重流厚度为20.5 m,最大垂线平均含沙量为244 kg/m^3,最大垂线平均 D_{50} 为0.016 mm。

2004年7月5~11日小浪底水库出现了两次异重流过程,布置了5个横断面测验断面(HH01、HH09、HH13、HH29、河堤),4个主流线测验断面(坝前、HH05、HH17、沇西河口、潜入点)。测得最大测点流速为2.78 m/s,最大垂线平均流速为1.35 m/s,最大异重流厚度为11.2 m,最大垂线平均含沙量为404 kg/m^3,最大垂线平均 D_{50} 为0.025 mm。

2005年6月28日至7月5日小浪底水库出现了两次异重流过程,分别为6月27日至7月1日和7月5~9日。布置了4个横断面测验断面(HH01、HH09、潜入点下游、河堤等),5个主流线测验断面(坝前、HH05、HH17、沇西河口、潜入点)。测得最大测点流速为1.56 m/s,最大垂线平均流速为0.98 m/s,最大异重流厚度为16.0 m,最大垂线平均含沙量为176 kg/m^3,最大垂线平均 D_{50} 为0.021 mm。

2006年6月25~28日小浪底水库出现了一次异重流过程。布置了5个横断面测验断面(HH01、HH09、HH22、潜入点下游等),5个主流线测验断面(HH05、HH13、HH17、潜入点)。测得最大测点流速为2.10 m/s,最大垂线平均流速为1.04 m/s,最大异重流厚度为19.0 m,最大垂线平均含沙量为198 kg/m^3,最大垂线平均 D_{50} 为0.046 mm。

2007年6月28日至7月3日小浪底水库出现了一次异重流过程。布置了4个横断面法测验断面(HH17、HH15、HH09、HH01等),2个主流线法测验断面(HH05、HH13),测得最大测点流速为3.41 m/s,最大垂线平均流速为1.64 m/s,最大异重流厚度为17.6 m,最大垂线平均含沙量为97.0 kg/m^3,最大垂线平均 D_{50} 为0.020 mm。

2008年6月28日至7月3日小浪底水库出现了一次异重流过程。布置了3个横断面法测验断面(HH14、HH09、HH01),2个主流线法测验断面(HH05、HH13),测得最大测点流速为3.28 m/s,最大垂线平均流速为1.78 m/s,最大异重流厚度为18.3 m,最大垂线平均含沙量为195 kg/m^3,最大垂线平均 D_{50} 为0.049 mm。

2009年6月29日至7月4日小浪底水库出现了一次异重流过程。布置了3个横断面法测验断面(HH13、HH09、HH01),2个主流线法测验断面(HH05、HH04),测得最大测点流速为2.42 m/s,最大垂线平均流速为1.26 m/s,最大异重流厚度为14.6 m,最大垂线平均含沙量为240 kg/m^3,最大垂线平均 D_{50} 为0.050 mm。

2010年7月3~7日小浪底水库出现了一次异重流过程。布置了3个横断面法测验断面(HH11+4、HH09、HH01),1个主流线法测验断面(HH05),测得最大测点流速为2.75 m/s,最大垂线平均流速为1.39 m/s,最大异重流厚度为21.2 m,最大垂线平均含沙量为249 kg/m^3,最大垂线平均 D_{50} 为0.055 mm。

2011年7月3~8日小浪底水库出现了一次异重流过程。布置了3个横断面法测验断面(HH9+5、HH09、HH01),1个主流线法测验断面(HH05),测得最大测点流速为2.72

m/s,最大垂线平均流速为 1.50 m/s,最大异重流厚度为 24.6 m,最大垂线平均含沙量为 306 kg/m³,最大垂线平均 D_{50} 为 0.031 mm。

2012 年 7 月 3 ~ 9 日小浪底水库出现了一次异重流过程。布置了 3 个横断面法测验断面(HH09、HH04、HH01),测得最大测点流速为 3.71 m/s,最大垂线平均流速为 1.66 m/s,最大异重流厚度为 27.8 m,最大垂线平均含沙量为 499 kg/m³,最大垂线平均 D_{50} 为 0.050 mm。

2013 年 7 月 3 ~ 8 日小浪底水库出现了一次异重流过程。布置了 3 个横断面法测验断面(HH9 +5、HH04、HH01),测得最大测点流速为 2.96 m/s,最大垂线平均流速为 1.70 m/s,最大异重流厚度为 31.2 m,最大垂线平均含沙量为 315 kg/m³,最大垂线平均 D_{50} 为 0.047 mm。

黄河调水调沙运用小浪底水库异重流特征值如表 2-3 所示。

表 2-3　黄河调水调沙运用小浪底水库异重流特征值

年份	潜入点位置	最大异重流厚度(m)	最大测点流速(m/s)	最大垂线平均流速(m/s)	最大垂线平均含沙量(kg/m³)	最大 D_{50}(mm)
2001	HH31 断面	20.3	3.00	1.93	198	0.014
2002	HH37 断面	17.9	3.36	1.83	197	0.021
2003	HH36 断面	20.5	2.53	1.53	244	0.016
2004	HH35 断面	11.2	2.78	1.35	404	0.025
2005	HH25 断面	16.0	1.56	0.98	176	0.021
2006	HH27 断面上游 300 m	19.0	2.10	1.04	198	0.046
2007	HH19 断面下游 1 200 m	17.6	3.41	1.64	97.0	0.020
2008	HH15 断面上游 300 m	18.3	3.28	1.78	195	0.049
2009	HH14 断面	14.6	2.42	1.26	240	0.050
2010	HH12 断面上游 150 m	21.2	2.75	1.39	249	0.055
2011	HH9 +5 断面	24.6	2.72	1.50	306	0.031
2012	HH9 +5 断面	27.8	3.71	1.66	499	0.050
2013	HH05 断面	31.2	2.96	1.70	315	0.047

第四节　异重流潜入点测验

水库异重流是上游含沙水流进入水库后,由于与库内清水重率存在一定的差异,潜入库底沿交界面向前运动,在清、浑水交界面或其他特殊的局部位置,虽存在有局部的掺混现象,但在整体的向前推进过程中不会出现全局性的掺混,这种含沙水流就是水库异重流。同时水库异重流的整个发展过程,可以分为潜入点区、库内演进区和坝前区三个部分。含沙水流进入水库后形成异重流从潜入点开始,在潜入点附近,水流由普通的含沙明渠水流转化为异重流，对异重流潜入点位置的查勘确定和对影响潜入点位置变化的要素进行分析，是小浪底水库异重流测验的一项重要内容。

一、潜入点区的水力学特征

（一）潜入点流态

异重流运动同明渠流一样，也是靠重力作用，只是当浑水在水库清水下面运行时，被清水所包围，受到清水的浮力作用，浑水的重力作用减小，它的有效重率为 $\Delta\gamma = g\Delta\rho$（$\Delta\rho$ 为清浑水密度差，g 为重力加速度）。实际上清浑水的重率相差不大，$\Delta\gamma$ 是比较小的，这是异重流的一个特点。

潜入点流态示意图如图 2-21 所示。

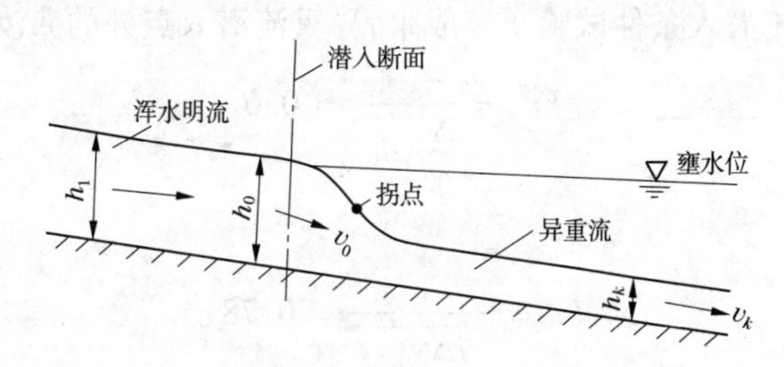

图 2-21　潜入点流态示意图

如果假设异重流浑水的有效重力加速度为 g'，则异重流层的有效重率也可表示为 $\Delta\gamma' = g'\rho'$（ρ'为异重流浑水密度），那么

$$g' = \frac{\rho' - \rho}{\rho'}g = \frac{\Delta\gamma}{\gamma'}g = \eta_g g \tag{2-12}$$

η_g 为重力修正系数，它显示出异重流区别于普通明渠水流的特殊性。由于 $\Delta\gamma$ 很小，η_g 也是一个很小的数，一般在 $10^{-2} \sim 10^{-3}$，故异重流重力作用的减低是十分显著的。

由于异重流重力作用减低，惯性力作用就相对显得比较突出，弗汝德数表示惯性力与重力作用的对比关系，为：

$$Fr' = \frac{v'}{\sqrt{g'h'}} = \frac{v'}{\sqrt{\eta_g g h'}} \tag{2-13}$$

与同流速、同水深的一般明渠流的弗汝德数 $Fr = \frac{v'}{\sqrt{g'h'}}$相比较，可以得到 Fr'与 Fr 的如下关系：$Fr' = \frac{Fr}{\sqrt{\eta_g}}$。

这种突出的惯性力作用，使异重流能够轻易地超越障碍物以及爬高，这是一般水流所不易做到的。在小浪底水库异重流过程中，我们观测到了奇特的异重流坝前爬高现象，取得了宝贵的实测资料。

（二）异重流的形成条件

具有一定能量的浑水和库区清水之间的容重差异是形成异重流的基本条件。

水库形成异重流的主要原因是入库浑水和库内的蓄水（清水）比重不同。水库异重流是浑水潜入清水中的运动。因此，异重流（浑水）的有效容重是浑水在清水中的浮容重，也就是两种液体在空气中容重的差。若浑水在空气中的容重为 $\gamma'=\rho' g$,清水在空气中的容重为 $\gamma_0=\rho_0 g$(其中 ρ'、ρ_0 分别为浑水和清水在空气中的密度),则 $\Delta\gamma=\gamma'-\gamma_0=\Delta\rho g$,$\Delta\gamma$ 也可写为 $\Delta\gamma=\rho' g'$(其中 $g'=\Delta\gamma/\gamma'\cdot g$),$g'$可看作是异重流的有效重力加速度。有关研究表明,只要把明流运动公式中的 g 用 g'代替,就可以把这些公式推广应用到异重流中。因清水比重相对较稳定,这个相对容重主要是靠浑水中的含沙量形成,因此入库水流中挟带足够数量的泥沙是异重流发生的必要条件之一。若浑水的含沙量为 C_s,则浑水容重 $\gamma'=\gamma_0+\left(1-\dfrac{\gamma_0}{\gamma_s}\right)C_s$,其中 γ_s 为泥沙容重,若取 $\gamma_s=2\ 700\ \text{kg/m}^3$,则 $\gamma'\approx 1\ 000+0.63C_s$,即 $\Delta\gamma\approx 0.63C_s$。异重流潜入清水需要克服阻力,因此要形成异重流,除有一定的含沙量外,入库水流还必须有足够的能量,即足够大的流量或单宽流量。

根据水槽内异重流潜入条件试验研究成果,异重流潜入点处的弗汝德数为:

$$Fr^2=\frac{v^2}{\dfrac{\Delta\gamma}{\gamma'}gh_0}=0.6 \tag{2-14}$$

或

$$Fr=\frac{v}{\sqrt{\dfrac{\Delta\gamma}{\gamma'}gh_0}}=0.78 \tag{2-15}$$

式(2-15)说明了异重流潜入点处水深 h_0、流速 v、清浑水容重差 $\Delta\gamma$ 三者之间的关系。

引入潜入点单宽流量由式(2-15)得

$$h_0=1.186\sqrt[3]{\frac{q^2}{\eta_g g}} \tag{2-16}$$

浑水容重与含沙量的关系为:

$$\gamma'=\gamma_0+\left(1-\frac{\gamma_0}{\gamma_s}\right)C_s \tag{2-17}$$

$$\eta_g=\frac{\gamma'-\gamma_0}{\gamma'}=\frac{(\gamma_s-\gamma_0)C_s}{(\gamma_s-\gamma_0)+\gamma_s\gamma_0}=\frac{C_s}{C_s+\dfrac{\gamma_s\gamma_0}{\gamma_s-\gamma_0}} \tag{2-18}$$

当含沙量较低和 $\gamma_s=2\ 700\ \text{kg/m}^3$ 时,$\gamma_0\gg C_s\left(1-\dfrac{\gamma_0}{\gamma_s}\right)$

$$\eta_g=\frac{0.63C_s}{\gamma_0}=0.000\ 63C_s \tag{2-19}$$

$$h_0=13.83\sqrt[3]{\frac{q^2}{gC_s}}=6.46\sqrt[3]{\frac{q^2}{C_s}} \tag{2-20}$$

式(2-20)表明 q 愈大,C_s 愈小,潜入点离大坝愈近;反之愈远。若已知潜入点处的单宽流量 q 和含沙量 C_s,根据式(2-20)即可求得 h_0,在水深 h 等于 h_0 的地方就是潜入点的位置所在。如河宽沿程不等,则潜入点的位置需试算确定。入库的 q 或 v_0 值较大,则 h_0 也大,即异重流的发生点距坝越近。实际上水库异重流常发生在流速突然变小或水深突然变大之处。如出现三角洲淤积时,异重流多在三角洲顶点附近潜入,在回水末端以下附近河谷宽度突然扩大处也常见异重流潜入。

事实上，对于小浪底水库而言，只要三门峡下泄浑水，均可在小浪底水库形成异重流，只是强弱不同。有些异重流在形成之初即消失；有些在库区运行过程中消失；只有部分强度较大的异重流能够运行至坝前，也只有此类异重流才能够对库区断面淤积和水库运行方式等产生较大的影响，需要进行重点分析。

（三）异重流的潜入条件

一般地，在非汛期小浪底水库库区水深较大，加上上游来水含沙量很小，故库区水体基本为清水。然而在汛期，水流挟带大量泥沙进入水库后，推移质以及悬移质中较粗颗粒泥沙首先在库尾段沿程落淤，较细泥沙则随着水流继续向前运动，这种挟带大量细颗粒泥沙的浑水重率较大，且具有一定的动能，而遇水库清水后，将潜入清水下层，以异重流的形式向坝前运动。潜入现象是开始形成异重流的标志，在潜入点附近常有漂浮物积聚。

根据实测资料和水槽内异重流潜入条件试验研究成果，异重流潜入点处的弗汝德数为：

$$Fr^2 = \frac{v^2}{\frac{\Delta\gamma}{\gamma'}gh_0} = 0.6 \tag{2-21}$$

即

$$Fr = \frac{v}{\sqrt{\frac{\Delta\gamma}{\gamma'}gh_0}} = 0.78 \tag{2-22}$$

式(2-22)说明了异重流潜入点处水深 h_0、流速 v、清浑水容重差 $\Delta\gamma$ 三者之间的关系。由此可见，当浑水水流入库时，库内水深过大（或过小）、流速过大（或过小）及容重差过小（含沙量过小），都不能形成异重流。曹如轩水槽试验资料表明：含沙量对弗汝德数的影响是十分显著的，v 与 $\sqrt{\frac{\Delta\gamma}{\gamma'}gh_0}$ 关系见图 2-22。如含沙量为 10～30 kg/m^3，$Fr=0.3\sim0.56$；含沙量为 100～360 kg/m^3，$Fr=0.04\sim0.16$。由以上分析知，异重流只有在缓流条件下才能形成。产生异重流最重要的条件是容重差，同时还有适应的流速和水深条件。计算 2001～2005 年小浪底水库历年异重流各测次潜入点的弗汝德数值，并收集其他的水库的异重流潜入点弗汝德数值，点绘成图（见图 2-22），并用线性趋势线拟合，得到 $v=0.8\sqrt{\frac{\Delta\gamma}{\gamma'}gh_0}$，与理论值的 0.78 基本一致。

（四）弗汝德数的计算与讨论

异重流潜入的现象是异重流形成的标志。从实际的观测资料可以看出，挟沙水流进入水库壅水段之后，由于沿程水深不断增加，其流速及含沙量分布从明流状态逐渐发生变化，水流最大流速由接近水面向库底转移，当水流流速减小到一定值时，浑水开始下潜并且沿库底向前运行。当黄河中游洪水通过三门峡，或三门峡水库下泄大流量清水冲刷小浪底库尾淤积泥沙时，形成含沙量较高水流进入小浪底库区形成异重流。在异重流的潜入点附近有大量柴草、树枝等漂浮物，可明显看到潜入点附近水面形成一个巨大的旋涡，夹杂着枯枝、树根不停地翻腾，清浑水波浪翻花，分界明显。从明流过渡到异重流，其交界面是不连续的。从异重流潜入点附近清、浑水交界面曲线可以发现，交界面处有一拐点（见图 2-21），拐点的位置则在潜入点的下游。在异重流突变处，交界面$\frac{\mathrm{d}h}{\mathrm{d}x}$变大，可以认为在$\frac{\mathrm{d}h}{\mathrm{d}x}\to-\infty$处，相当于

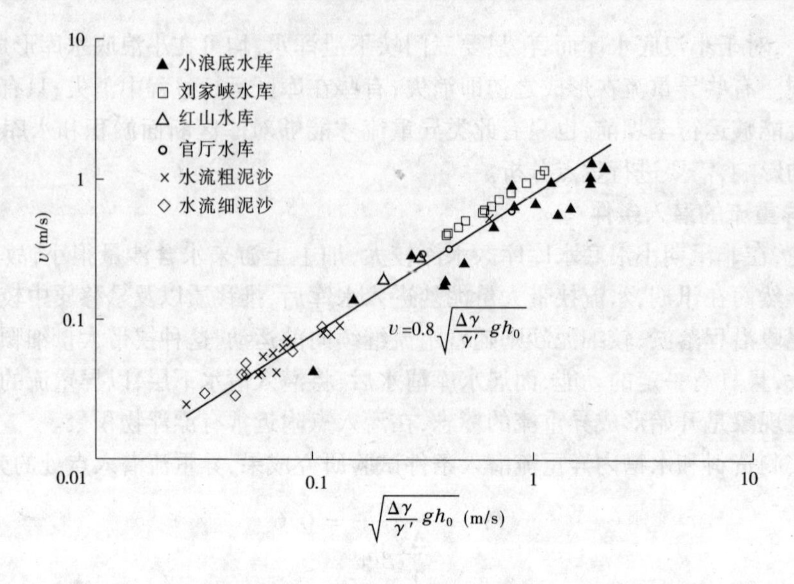

图 2-22　v 与 $\sqrt{\frac{\Delta\gamma}{\gamma'}gh_0}$ 关系图

明流中缓流转入急流的临界状态，该点处水深和流速为 h_k 和 v_k，该断面的修正弗汝德数为 $\frac{v_k^2}{\frac{\Delta\gamma}{\gamma_m}gh_k}=1$，而潜入点的水深 $h_0>h_k$，因此 $\frac{v_0^2}{\frac{\Delta\gamma}{\gamma_m}gh_0}<1$。范家骅等在水槽内进行潜入条件的试验，得到异重流潜入条件关系为：

$$Fr^2=\frac{v_0^2}{\frac{\Delta\gamma}{\gamma_m}gh_0}=0.6 \tag{2-23}$$

或

$$Fr=\frac{v_0}{\sqrt{\frac{\Delta\gamma}{\gamma_m}gh_0}}=0.78 \tag{2-24}$$

式中：h_0 为异重流潜入点处水深；v_0 为潜入点处平均流速；γ、γ_m 分别为清水容重、浑水容重，$\gamma_m=1\ 100+0.622C_s$ kg/m^3，C_s 为水的含沙量；$\Delta\gamma$ 为浑水与清水容重差，$\Delta\gamma=\gamma_m-\gamma$；$g$ 为重力加速度。

从式(2-24)中可以看出，异重流潜入位置主要与该处水深、流速和含沙量因素有关。

1957 年范家骅等在水槽内试验测出异重流潜入点，潜入条件为 $Fr^2=0.6$，之后官厅水库、刘家峡水库的洮河支流等的实测资料均表明潜入点的 $Fr^2=0.6$，1982 年钱宁在《泥沙运动力学》、2003 年韩其为在《水库淤积》中也基本上用了以上的表述。

但在 1984 年曹如轩经过水槽试验发现，弗汝德数随含沙量的增大而变小，含沙量在 10～30 kg/m^3 时，$Fr^2=0.56\sim0.3$，含沙量在 100～360 kg/m^3 时，$Fr^2=0.16\sim0.04$，并指出在低含沙量水流（<40 kg/m^3）情况下，异重流潜入点附近 Fr^2 是 0.6。20 世纪 80 年代后期，范家骅在参加《泥沙手册》编写时采纳了曹如轩的研究结果。

还须看到，式(2-24)中的 v_0、h_0、γ_m 均是指潜入点附近上游浑水明流的流速、水深和含沙量等，由于潜入点附近水流紊乱，漂浮物多，测验船只靠近困难，一般在潜入点下游进行测验，因此用潜入点下游测得的有关数值代入式(2-24)本身就是一种近似借用，又由于测得的流速偏小，计算的弗汝德数也会变小。

由于小浪底水库泥沙的特殊性，采用近几年库区异重流潜入点下游附近的实测资料来计算弗汝德数与式(2-24)的基础是不一致的，所以计算的 Fr^2 不必硬向 0.6 靠近。

在历年的小浪底水库异重流测验中多次施测过异重流潜入点情况，表 2-4 统计了 2001～2013 年异重流潜入点测验情况，共计 43 次，并计算了各次潜入点弗汝德数。将表 2-4 中的弗汝德数与潜入点附近异重流含沙量建立相关，但由于测点位置不稳定，关系比较离散，见图 2-23。

表 2-4　2001～2013 年异重流潜入点附近弗汝德数计算

时间（年-月-日）	总水深（m）	浑水厚度（m）	v（m/s）	s（kg/m³）	$\Delta\gamma/\gamma'$	按浑水厚度计算		按总水深计算		Fr
						$\sqrt{\frac{\Delta\gamma}{\gamma'}gh_0}$	Fr^2	$\sqrt{\frac{\Delta\gamma}{\gamma'}gh_0}$	Fr^2	
2001-08-24	3.8	3.20	0.98	141	0.081 6	1.60	0.38	1.74	0.32	0.56
2001-09-03	6.2	2.70	0.27	57.4	0.034 9	0.96	0.08	1.46	0.03	0.19
2002-07-15	6.2	4.00	0.19	4.01	0.002 5	0.31	0.37	0.39	0.24	0.49
2003-07-17	5.4	3.40	0.27	6.86	0.004 3	0.38	0.51	0.48	0.32	0.57
2003-08-01	7.0	5.0	0.92	169	0.096 2	2.17	0.18	2.57	0.13	0.36
2003-08-02	6.5	4.20	1.06	83.1	0.049 7	1.43	0.55	1.78	0.35	0.60
2003-08-04	6.9	4.70	0.92	53.4	0.032 5	1.23	0.56	1.48	0.38	0.62
2003-08-08	3.24	2.80	0.47	22.2	0.013 8	0.62	0.58	0.66	0.50	0.71
2003-08-27	7.9	4.80	0.65	46.6	0.028 5	1.16	0.31	1.49	0.19	0.44
2004-07-06	7.6	6.1	1.35	75.0	0.045 1	1.64	0.68	1.83	0.54	0.74
2004-07-06	5.7	3.41	1.07	94.0	0.055 9	1.37	0.61	1.77	0.37	0.61
2004-07-08	11.8	6.3	1.26	62.3	0.037 8	1.53	0.68	2.09	0.36	0.60
2004-07-08	12.8	8.0	0.95	135	0.078 4	2.48	0.15	3.14	0.09	0.30
2004-07-09	9.4	5.1	0.95	57.8	0.035 1	1.33	0.51	1.80	0.28	0.53
2004-07-10	6.0	4.02	0.59	49.3	0.030 1	1.09	0.29	1.33	0.20	0.44
2005-06-29	3.6	2.89	0.70	46.7	0.028 6	0.90	0.60	1.00	0.49	0.70
2005-06-29	5.1	4.99	0.57	51.9	0.031 7	1.24	0.21	1.26	0.21	0.45
2006-06-25	10.3	5.6	0.66	27.6	0.017 1	0.97	0.46	1.31	0.25	0.50
2006-06-25	8.8	6.6	1.00	34.0	0.021 0	1.17	0.74	1.35	0.55	0.74
2006-06-28	6.0	3.97	0.40	34.8	0.021 5	0.91	0.19	1.12	0.13	0.36
2007-06-27	19.3	4.14	0.61	21.0	0.013 1	0.73	0.70	1.57	0.15	0.39
2007-06-27	23.9	2.20	0.55	9.23	0.005 8	0.35	2.42	1.16	0.22	0.47
2007-06-28	28.0	4.40	0.75	27.3	0.016 9	0.85	0.77	2.16	0.12	0.35

续表 2-4

时间（年-月-日）	总水深（m）	浑水厚度（m）	v（m/s）	s（kg/m³）	$\Delta\gamma/\gamma'$	按浑水厚度计算		按总水深计算		Fr
						$\sqrt{\frac{\Delta\gamma}{\gamma'}gh_0}$	Fr^2	$\sqrt{\frac{\Delta\gamma}{\gamma'}gh_0}$	Fr^2	
2008-06-28	11.3	6.0	0.41	7.95	0.005 0	0.54	0.57	0.74	0.30	0.55
2008-06-29	16.5	11.8	1.28	86.6	0.051 7	2.45	0.27	2.89	0.20	0.44
2009-06-29	15.8	0.56	0.19	3.17	0.002 0	0.10	3.30	0.56	0.12	0.34
2009-06-30	16.4	5.8	1.10	35.1	0.021 6	1.11	0.98	1.87	0.35	0.59
2009-07-01	9.3	5.9	0.70	80.9	0.048 5	1.68	0.17	2.10	0.11	0.33
2010-07-04	4.6	1.19	1.08	10.0	0.006 3	0.27	15.96	0.53	4.13	2.03
2011-07-04	7.2	6.2	1.50	232	0.127 5	2.78	0.29	3.00	0.25	0.50
2011-07-06	13.1	4.58	0.86	31.6	0.019 5	0.94	0.84	1.58	0.29	0.54
2012-07-03	8.8	6.6	1.11	27.8	0.017 2	1.06	1.11	1.22	0.83	0.91
2012-07-04	6.4	5.1	1.28	29.3	0.018 1	0.95	1.81	1.07	1.44	1.20
2012-07-04	6.3	5.4	0.81	148	0.085 3	2.13	0.15	2.29	0.12	0.35
2013-07-03	8.8	1.86	0.27	2.08	0.001 3	0.15	3.05	0.34	0.65	0.80
2013-07-04	3.3	1.46	0.12	9.17	0.005 7	0.29	0.18	0.43	0.08	0.28
2013-07-04	5.4	4.13	0.39	40.2	0.024 7	1.00	0.15	1.14	0.12	0.34
2013-07-05	7.9	5.4	0.78	33.5	0.020 6	1.05	0.56	1.26	0.38	0.62
2013-07-06	9.0	6.2	0.83	27.9	0.017 3	1.02	0.66	1.23	0.45	0.67
2013-07-06	10.6	8.8	0.87	34.1	0.021 0	1.35	0.42	1.48	0.35	0.59
2013-07-07	10.1	8.4	0.72	66.3	0.040 1	1.82	0.16	1.99	0.13	0.36
2013-07-07	9.5	6.8	0.85	56.1	0.034 1	1.51	0.32	1.78	0.23	0.48
2013-07-08	6.0	3.43	0.50	15.5	0.009 6	0.57	0.77	0.75	0.44	0.66

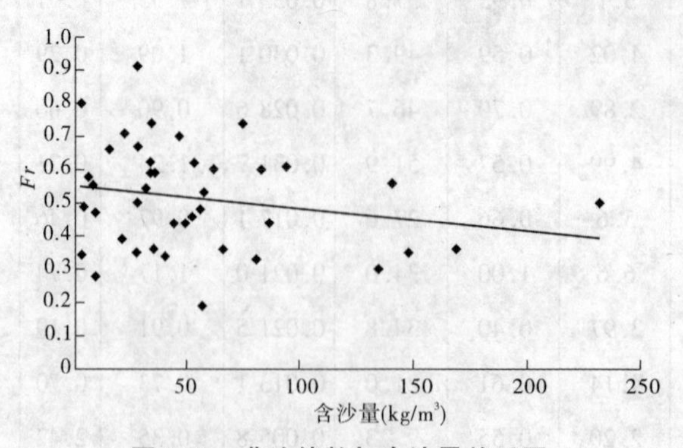

图 2-23　弗汝德数与含沙量关系图

另外,关于潜入点的问题,我们认为潜入点是一种物理理想状况,实际潜入是"一片",水流紊乱又无从找出特征代表点。实际的漂浮物聚集是良好的指标,野外观测到这些漂浮物聚集也就可以确定了。

二、潜入点测验情况

(一)历年潜入点位置

小浪底水库从1999年开始蓄水运用。2001年开始进行水库异重流测验,至2013年已经连续观测13年、共19次异重流过程。

对于小浪底水库而言,只要三门峡下泄浑水,均可在小浪底水库回水末端潜入,形成异重流,只是强弱不同。有些异重流在形成之初即消失;有些在库区运行过程中消失;只有部分强度较大的异重流能够运行至坝前,也只有此类异重流才能够对库区断面淤积和水库运行方式等产生较大的影响。历年小浪底异重流测验都监测到较强的异重流过程。

表2-5列出了历年小浪底水库异重流的形成原因,以及观测到的异重流潜入点时间和位置。

表2-5　历年小浪底水库异重流潜入点位置统计

年份	次数	形成原因	潜入点		
			时间	位置	距坝里程(km)
2001	1	中游洪水	8月20日10时	HH31断面附近	52.29
2002	1	三门峡运用+中游洪水	7月6日2时	HH37断面附近	63.26
2003	1	三门峡运用+中游洪水	8月1日14时	HH36断面附近	60.96
	2	中游洪水	8月27日3时	HH39断面	67.99
2004	1	人工塑造异重流	7月5日18时	HH35断面附近	58.51
2005	1	人工塑造异重流	6月27日18时30分	HH25断面附近	41.1
2006	1	人工塑造异重流	6月25日9时	HH27断面下游200 m	43
2007	1	人工塑造异重流	6月27日18时30分	HH19断面下游1 200 m	30.65
2008	1	人工塑造异重流	6月28日15时	HH15断面上游300 m	24.73
2009	1	人工塑造异重流	6月29日18时15分	HH14断面	22.1
2010	1	人工塑造异重流	7月4日6时35分	HH12断面上游150 m	18.9
2011	1	人工塑造异重流	7月4日13时40分	HH9+5断面	12.9
2012	1	人工塑造异重流	7月4日7时20分	HH9+5断面	12.9
2013	1	人工塑造异重流	7月4日11时30分	HH06断面	7.74

从表2-5可以很清楚地看出,历次小浪底水库异重流的潜入点位置均不相同,2001年首次异重流位置位于HH31断面附近,距坝里程为52.29 km,2002~2004年水库异重流的潜入点位置大都在HH35~HH39断面附近,距坝里程为58~68 km。而到了2005年以后人工塑造异重流后,潜入点位置一年比一年更靠近大坝,2005年在HH25断面附近,较之2004年

往水库下游方向下移了17 km。自2006年开始，随着历次调水调沙和汛期洪水，使得小浪底水库的泥沙淤积形态发生较大变化。每年到了汛期，小浪底水库开始低水位运用，回水末端靠近大坝，回水区减小，回水区上游则形成自然河道。一旦上游三门峡水库来水来沙进入小浪底水库，则会使得小浪底水库库尾冲刷，下游靠近大坝的回水范围内则会呈现泥沙淤积。水库泥沙淤积形成上冲下淤的态势，近坝区泥沙淤积增多，淤积三角洲逐年下移，尤其是近几年的异重流潜入点越来越靠近大坝。

到了2007年汛前小浪底水库调水调沙试验人工塑造异重流时，异重流在6月27日18时30分时潜入，潜入点终进入到了小浪底水库最狭窄的区域八里胡同入口处HH19断面下游1 200 m处，距坝里程为30.65 km。2008年小浪底水库人工塑造异重流于6月28日15时潜入，潜入点位于HH15断面上游300 m处，潜入点从2007年到达八里胡同入口处，到2008年潜入点则穿过了八里胡同，到达八里胡同出口处，此时距坝里程为24.73 km。2009年异重流潜入点和2008年相差不大，位于HH14断面，距坝里程为22.1 km。

2010年小浪底水库异重流排沙效果非常好，水库清水下泄时间更长，异重流于7月4日形成，较前几年时间上晚了四五天，异重流形成时库水位更低，异重流潜入点则在HH12断面附近。

2011年小浪底水库调水调沙方案与2010年较为相似，人工塑造异重流排沙效果也相当不错，异重流潜入点于7月4日13时40分在HH9+5断面形成，距坝里程为12.9 km，异重流潜入点距大坝越来越近，异重流运行距离也越来越短，水库异重流排沙则相对越来越好，从2010年和2011年异重流排沙效果来看，都实现了小浪底水库出库泥沙大于入库泥沙，这对水库减淤是较为理想的。

2012年小浪底水库库区地形与2011年相比变化不大，调水调沙调度方案与2011年基本一致，异重流潜入点于7月4日7时20分在HH9+5断面形成，距坝里程为12.9 km，7月4日11时到达坝前，异重流潜入到出库排沙运行时间与2011年基本相同。

2013年小浪底水库淤积三角洲继续下移至HH06断面左右，加上小浪底库区异重流产生时的水位较低，异重流潜入点于7月4日11时30分在HH06断面形成，异重流潜入点距大坝越来越近，异重流运行距离也越来越短，异重流到达坝前时间为7月4日13时30分，运行时间为2 h。

水库的来沙来水不同，水库调度不同，水位不同，潜入点位置也不同。流量大，潜入点越往下；水位越高，潜入点越往上；水位越低，潜入点越靠近大坝，则异重流运行距离短。因此，通过水库调度，掌握好水库水位高低、上游来水来沙，可以实现较为理想的异重流排沙效果。

(二)潜入点测验情况

1.2001年

2001年8月20日三门峡水库开始泄水排沙。三门峡下泄洪峰来势较猛，流量从200 m^3/s涨至1 000 m^3/s历时约4 h，含沙量自30 kg/m^3涨至100 kg/m^3，历时约2 h。8月21日在小浪底库区HH31断面附近巡测到异重流潜入点，在潜入点以下各奇数断面测验到异重流。小浪底水库自21日15时开始下泄浑水，标志着异重流在水库中运行约29 h后已到达坝前。

2.2002 年

整个异重流过程进行了 3 次潜入点巡测。7 月 7 日，巡测到异重流潜入点位于 HH43 断面上游约 100 m(距坝里程约 80 km)，潜入点附近聚集有大量漂浮物，如柴草、树枝、泡沫塑料等，潜入点下游可明显看到许多浑水泥团不时冒出水面的翻花现象。由于进入库区的流量较大，潜入点附近流速大，含沙量高，稳船困难，仅在 HH43 断面进行了流速及含沙量测验，测验时间分别为 7 日 11 时和 16 时，水深、最大测点流速、测点含沙量分别为 9.5 m、2.71 m/s、347 kg/m^3 和 10.5 m、1.89 m/s、308 kg/m^3。

12 日 14 时巡测时，由于受库区水位下降影响，潜入点下移至 HH41 断面处。实测水深 6.0 m，最大测点流速 0.90 m/s，最大测点含沙量 28.2 kg/m^3，异重流已明显减弱。潜入点附近的水面现象与 7 日巡测时的情况基本一致。

由于库水位较高，本次异重流过程潜入点位于 HH42 断面上下游库水面较窄的区段，水面漂浮物没有形成较大直径的旋涡，舌状清浑水分界线也不明显。潜入点附近水面现象(特征)没有 2001 年 8 月那次异重流壮观。

3.2003 年

1)第一次异重流潜入点位置观测

2003 年小浪底水库第一次异重流潜入点位置的查勘、观测，主要由一条大型水文机动测船承担，由专门的技术人员负责完成。8 月 1 日下午 13 时 30 分从坝前右岸码头出发，此时坝前水位为 221.20 m(HH01 断面)，18 时 42 分船行至南村大桥附近(HH36 断面上游约 1.3 km 处)，发现在桥下 1 000 ~ 1 600 m 区域内(HH36 断面附近区域)存有大量漂浮物，对漂浮物聚集区中心用 GPS 定位测量，坐标为：东经 575 926 m、北纬 3 883 057 m，根据三门峡站及河堤(HH37 断面)站水情判断，此漂浮物位置应为异重流的潜入点位置。

8 月 2 日早晨，再次到潜入点区进行查勘定位，6 时 18 分左右，发现在南村桥下游 600 m(HH36 断面上游不足 400 m)至大桥上游 600 m(HH37 断面下游 1 700 m)范围内开始聚集大量漂浮物(之前漂浮区仍在桥下 1 000 m 即 HH36 断面线附近)，桥下 600 m 范围漂浮物聚集在河道中央，桥上 600 m 区域的漂浮物分别聚集在左右边流区域内，河道中央区域目测到高含沙水流翻滚，几乎没有漂浮物(见图 2-24)；6 时 30 分左右，在南村桥上游 400 m 内，出现明显表层逆流现象，主流偏向左岸，宽约 200 m，同时在主流区出现高含沙量，主流两侧有明显横比降，200 m 宽的主流河面高出河道中央区域及左岸支流河口水面约 30 cm(见图 2-25)；7 时 42 分左右，大量漂浮物聚集在桥上游 200 m 左半河区域内，此刻潜入点应在该区域内。到 10 时以后潜入点开始移向桥下 200 ~ 500 m 范围，直到这次异重流过程结束，潜入点一直稳定在桥下 HH36 断面附近。

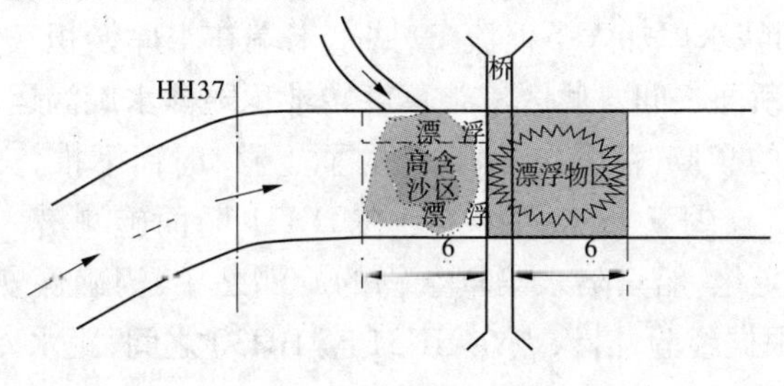

图 2-24　8 月 2 日 6 时 18 分潜入点区状态示意

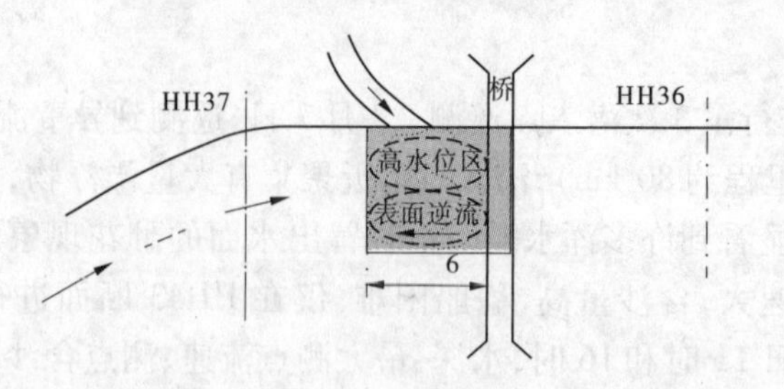

图2-25　8月2日6时30分潜入点区状态示意

这次异重流观测中,在潜入点区上、下附近各设有一个固定测验断面(HH34 在潜入点下游附近,HH37 在潜入点上游附近),取得了宝贵的实测资料,并计算了潜入点上下两断面主流一线的弗汝德数。在三门峡水库下泄洪峰进入小浪底水库的整个过程中,HH37 断面(潜入点上游)的 Fr'值都大于0.6,而 HH34 断面的 Fr'都远远小于0.6,较好地印证了水库异重流潜入点理论和试验结果。

2)第二次异重流潜入点位置观测

第二次异重流潜入点位置的查勘、观测,从8月27日下午开始,此时坝前水位为231.61 m左右(HH01 断面),结果发现在 HH38 断面上游200 m 处聚集大量漂浮物,说明此时潜入点应在 HH38 断面附近,到28日上午一直稳定在该位置。30日下午上移至 HH39 断面上下范围内。9月6日上午10时左右再次观测潜入点位置变化时,发现稳定于 HH39 断面以下附近;9月11日最后一次查勘,发现漂浮物聚集范围较大,分布于 HH39 和 HH40 断面之间。

从现场观测结果可以看出,第二次异重流过程中,其潜入点基本稳定在 HH39 断面附近,距大坝67.99 km。

4.2004 年

受三门峡水库泄水影响,7月5日18时在 HH35 ~ HH36 断面附近出现大量漂浮物,旋转集中,周围是清浑水剧烈频繁地翻花,形成多处紊乱不规则的旋涡水流,在其下游 HH34 和 HH32 断面均测到异重流,经验判断 HH35 断面即为第一次异重流潜入点。HH34 和 HH32 断面采用主流线实测水深分别为5.7 m 和16.7 m,异重流厚度分别为1.49 m 和2.16 m,异重流层平均流速分别为1.49 m/s 和0.78 m/s,最大测点含沙量分别为970 kg/m^3 和864 kg/m^3。

7月6日潜入点在 HH35 和 HH36 断面一带,此区域有大片水草等漂浮物,上午在 HH33 至 HH34 断面之间有大片大片的翻花水,下午翻花水不再明显。

7月7日早晨潜入点在 HH33 断面,以后逐渐向下游推进。

7月7日14时三门峡水库加大下泄流量,回水末端在水库淤积三角洲的前沿南村黄河桥以下 HH35 与 HH36 断面之间。此区域柴草旋转堆积随浑水旋涡运动,船只无法进入,在其下游 HH30 断面以上的9 km 范围内,潜入点时而上移,时而下推,交替出现清浑水旋涡,大片翻花浑水到处可见。7月7日14时42分在 HH31 断面施测潜入点特征值,施测水深6.0 m 后因潜入点骤然变化,船只陷入柴草杂物的旋涡之中,为确保安全,不得已起锚放弃此线测量,下撤巡测。根据经验,潜入点在 HH31 至 HH30 之间,距水库大坝约50 km 处。

8日上午潜入点回退到 HH33 至 HH34 之间。

直到7月11日这次异重流过程结束,潜入点一直稳定在 HH33 ~ HH34 断面附近。

5.2005 年

2005 年 6 月 27 日 7 时三门峡开闸放水后，下泄流量按 3 000 m^3/s 控制，12 时下泄流量加大到 4 000 m^3/s，下泄水流含沙量为 0，下泄水流对沿程河道进行冲刷，异致前期沉积在小浪底水库库尾三角淤积被冲刷，27 日 12 时河堤站含沙量为 29.4 kg/m^3，27 日 12 时 09 分水流到达距小浪底坝址 57 km 的 HH34 断面，由于流量大、含沙量小，HH34 断面为自然河道水流状态，未形成异重流潜入形态。27 日 18 时 28 分终于在麻峪下游 1 km 峪里河口附近(HH25 断面)发现潜入特征：漂浮物较多，有很多旋涡，流向紊乱，有明显的清浑水分界，表明异重流发生，此处即为异重流潜入点。

6.2006 年

根据调水调沙水库调度方案 6 月 25 日 0 时之前三门峡下泄流量维持在 800 m^3/s 左右，6 月 23 日 9 时至 6 月 25 日 1 时 18 分起涨前三门峡出库流量最大为 1 230 m^3/s，最小为 493 m^3/s，含沙量均为 0。25 日 1 时 18 分开始加大泄量，至 3 时 30 分流量从 760 m^3/s 迅速加大至 2 320 m^3/s，含沙量仍为 0。下泄水流对三门峡—小浪底水库区间沿程河道以及库尾淤积三角洲进行强烈冲刷，这一点可以从河堤站含沙量看出，25 日 8 时河堤含沙量为 52.0 kg/m^3，10 时含沙量达到 81.6 kg/m^3。从而在小浪底水库形成了流量级为 2 000 m^3/s，含沙量级为 80 kg/m^3 的入库水沙过程，根据已有测验经验，观测人员预测异重流即将产生，立即组织人员在 HH25 至 HH27 断面之间加强巡测。

25 日 9 时 42 分在 HH27 断面下游 200 m 处发现异重流潜入点，在横向宽 400 m、纵向宽 20 m 的范围内遍布漂浮物，并于 25 日 10 时在 HH26 断面采用主流线施测异重流，水深 10.3 m，异重流厚度 5.6 m，异重流层平均流速 0.66 m/s，平均含沙量 27.6 kg/m^3，最大测点流速 1.48 m/s，最大测点含沙量 49.7 kg/m^3，标志着异重流已在小浪底水库内产生。

25 日 14 时 30 分测验人员在 HH27 断面下游 500 m 处观察到水面漂浮物较多，有很多旋涡，流向紊乱，有明显的清浑水分界，表明此处即为异重流潜入点，属于典型的异重流潜入特征，此时小浪底水库回水末端位于 HH27 断面上游 300 m 处。潜入点位置实测水深 8.8 m，异重流厚度 6.6 m，异重流层平均流速 1.00 m/s，平均含沙量 34.0 kg/m^3，最大测点流速 1.40 m/s，最大测点含沙量 70.7 kg/m^3。

异重流潜入点在 HH27 断面下游产生后，受三门峡大流量下泄高含沙水流推动，异重流能量增强，潜入点缓慢下移，26 日 18 时潜入点位于 HH24 断面上游 500 m 处。

此后随三门峡下泄流量、含沙量的减少，潜入点开始上移，27 日 20 时潜入点上移至 HH25 断面上游 1 000 m，28 时 7 时 06 分潜入点位于 HH25 断面，水深 6.0 m，异重流厚度 3.97 m，异重流层平均流速 0.40 m/s，平均含沙量 34.8 kg/m^3，最大测点流速为 0.86 m/s，最大测点含沙量为 131 kg/m^3(见表 2-6)。

表 2-6　2006 年小浪底水库潜入点测验统计

日期(月-日)	时间(时:分)	水深(m)	最大流速(m/s)	最大含沙量(kg/m^3)	异重流平均流速(m/s)	异重流平均含沙量(kg/m^3)	异重流厚度(m)	潜入点位置
06-28	14:00	8.8	1.39	70.7	1.00	34.0	6.6	HH27 断面下游 500 m
06-29	07:06	6.0	0.86	131	0.43	34.8	3.97	HH25 断面上游 1 000 m

7.2007 年

6 月 19 日调水调沙开始后，三门峡水库首先下泄流量、含沙量均较小的水沙过程，27 日 8 时三门峡下泄流量达到 1 200 m^3/s，虽然含沙量仅为 3.68 kg/m^3，但是由于下泄水流对三门峡—小浪底水库区间沿程河道的冲刷，入库水流将挟带较大含沙量，根据已有测验经验，观测人员意识到异重流即将产生，立即安排人员在 HH15 至 HH25 断面之间加强巡测，并于 18 时 30 分在 HH19 断面下游 1 200 m 观测到异重流，水深 19.3 m，异重流厚度 4.14 m，异重流层平均流速 0.61 m/s，平均含沙量 21.0 kg/m^3，最大测点流速 0.91 m/s，最大测点含沙量 43.5 kg/m^3（见表 2-7），标志着异重流已在小浪底水库内产生。

表 2-7　2007 年小浪底水库潜入点测验统计

日期（月-日）	时间（时:分）	水深（m）	最大流速（m/s）	最大含沙量（kg/m^3）	异重流平均流速（m/s）	异重流平均含沙量（kg/m^3）	异重流厚度（m）	潜入点位置
06-27	18:51	19.3	0.91	43.5	0.61	21.1	4.14	HH19 断面下游 1 200 m
06-27	19:48	23.9	0.67	29.3	0.55	29.3	2.20	HH17 断面下游 400 m
06-28	07:42	28.0	0.95	47.0	0.75	27.3	4.40	HH16 断面下游 400 m
06-28	20:45	26.0	0.86	37.6	0.57	15.8	5.6	HH15 断面
06-29	00:09	26.8	2.87	85.1	1.24	24.2	10.8	HH15 断面

随后，异重流临测人员又分别于 27 日 19 时 30 分在 HH17 断面下游 400 m、28 日 7 时 24 分在 HH16 断面下游 400 m、28 日 20 时 30 分在 HH15 断面发现异重流潜入情况，表明随着库水位的下降及上游来水来沙的增加，潜入点逐渐向下游移动。

28 日 13 时 18 分，三门峡水库下泄水流达到洪峰，流量为 4 910 m^3/s，下泄清水对三门峡—小浪底区间河段强烈冲刷，异重流测验的关键时刻到来了。根据预测，三门峡大流量下泄水流所形成的异重流前锋将于 28 日 22 时至 29 日 2 时在 HH15 ~ HH17 断面潜入，监测人员为了获取及时高效的第一手异重流潜入数据，打破不夜测的惯例，于 28 日午夜就着微弱的月光，在异重流可能潜入的河段往回巡测，终于在 28 日 23 时 48 分在 HH15 断面观测到异重流潜入情况。水深 26.8 m，异重流厚度 10.8 m，异重流层平均流速 1.24 m/s，平均含沙量 24.2 kg/m^3，最大测点流速 2.87 m/s，最大测点含沙量 85.1 kg/m^3（见表 2-7）。异重流厚度、流速、含沙量的增加，表明强大的后续水流形成的异重流已在小浪底库区内形成。

8.2008 年

6 月 19 日调水调沙开始后，平均流量为 724 m^3/s，最大下泄流量为 1 110 m^3/s(6 月 28 日 11 时 18 分)，在此阶段三门峡水库下泄为清水，含沙量为 0，但是由于下泄水流对三门峡—小浪底水库区间沿程河道的冲刷，入库水流将挟带较大含沙量，根据已有测验经验，观测人员意识到异重流即将产生，立即安排人员在 HH13 至 HH17 断面之间加强巡测，并于 15 时 40 分在 HH15 断面上游 300 m 监测到异重流，异重流厚度 6.0 m，最大测点流速 0.55 m/s，最大测点含沙量 13.4 kg/m^3（见表 2-8），标志着异重流已在小浪底水库内产生。

28 日 16 时三门峡水库开始加大流量下泄，29 日 5 时 40 分潜入点位置为 HH15 断面上游

100 m,异重流厚度 11.8 m,最大测点流速 2.25 m/s,最大测点含沙量 135 kg/m³(见表 2-8)。在此次异重流过程中,潜入点一直在 HH15 附近。

表 2-8　2008 年小浪底水库潜入点测验统计

日期(月-日)	时间(时:分)	水深(m)	最大流速(m/s)	最大含沙量(kg/m³)	异重流平均流速(m/s)	异重流平均含沙量(kg/m³)	异重流厚度(m)	潜入点位置
06-28	15:40	11.3	0.55	13.4	0.41	7.95	6.0	HH15 断面上游 300 m
06-29	05:40	16.5	2.25	135	1.28	86.6	11.8	HH15 断面上游 100 m

9.2009 年

29 日 8 时 30 分三门峡下泄流量达到 1 400 m³/s,含沙量为 0,下泄水流对三门峡—小浪底水库区间沿程河道进行强烈冲刷,根据以往经验,观测人员在 HH13 至 HH17 断面之间加强巡测,并于 18 时 15 分在 HH14 断面监测到异重流,异重流厚度 0.56 m,最大测点流速 0.34 m/s,最大测点含沙量 3.19 kg/m³(见表 2-9),标志着异重流刚开始在小浪底水库内产生。

表 2-9　2009 年小浪底水库潜入点测验统计

日期(月-日)	时间(时:分)	水深(m)	最大流速(m/s)	最大含沙量(kg/m³)	异重流平均流速(m/s)	异重流平均含沙量(kg/m³)	异重流厚度(m)	潜入点位置
06-29	18:40	15.8	0.34	3.19	0.19	3.17	0.56	HH14 断面
06-30	06:45	16.4	1.98	80.5	1.10	35.1	5.8	HH14 断面
07-01	06:15	9.3	1.19	105	0.70	80.9	5.9	HH14 断面上游 1 000 m

29 日 20 时三门峡水库开始加大流量下泄,30 日 6 时 30 分潜入点位置为 HH14 断面,异重流厚度 5.8 m,最大测点流速 1.98 m/s,最大测点含沙量 80.5 kg/m³。7 月 1 日 6 时,异重流潜入点上移至 HH14 断面上游 1 000 m 处,异重流厚度 5.9 m,最大测点流速 1.19 m/s,最大测点含沙量 105 kg/m³。

在此次异重流过程中,潜入点一直在 HH14 断面附近。

10.2010 年

7 月 3 日 19 时 45 分三门峡下泄流量达到 1 230 m³/s,含沙量为 0,下泄水流对三门峡—小浪底水库区间沿程河道进行强烈冲刷,根据以往经验,观测人员在 HH12 至 HH14 断面之间加强巡测,并于 4 日 6 时 35 分在 HH12 断面上游 150 m 监测到异重流,异重流厚度 1.19 m,最大测点流速 1.38 m/s,最大测点含沙量 23.8 kg/m³(见表 2-10),标志着异重流刚开始在小浪底水库内产生。

11.2011 年

水库异重流的整个发展过程,按其在水库中的不同演进部位可划分为潜入点区、库内演进区和坝前区三个部分。含沙水流进入水库后形成异重流从潜入点开始,在潜入点附近入库水流由普通的含沙明渠水流转化为异重流，对异重流潜入点位置的查勘确定和对影响潜入点位置变化的要素进行分析是研究异重流规律的一项重要任务。

表 2-10　2010 年小浪底水库潜入点测验统计

日期（月-日）	时间（时:分）	水深（m）	最大流速（m/s）	最大含沙量（kg/m³）	异重流平均流速（m/s）	异重流平均含沙量（kg/m³）	异重流厚度（m）	潜入点位置
07-04	06:35	4.60	1.38	23.8	1.08	10.0	1.19	HH12 断面上游 150 m

7 月 4 日 6 时三门峡下泄流量达到 3 160 m^3/s，含沙量为 0，下泄水流对三门峡—小浪底水库区间沿程河道进行强烈冲刷，根据小浪底库区淤积形态和库水位变化过程，观测人员在 HH09 至 HH12 断面之间加强巡测，并于 4 日 13 时 40 分在 HH9 + 5 断面监测到异重流潜入，潜入点处水深 4.48 m，浑水厚度 2.31 m，最大测点流速 0.38 m/s，标志着异重流刚开始在小浪底水库内产生，随后在 4 日 16 时进行了第二次潜入点测验，水深 7.2 m，异重流厚度 6.2 m，最大测点流速 1.93 m/s，异重流层平均含沙量达到 232 kg/m^3（见表 2-11），标志着三门峡下泄的大流量产生的异重流峰潜入库区。

表 2-11　2011 年小浪底水库潜入点测验统计

日期（月-日）	时间（时:分）	水深（m）	最大流速（m/s）	最大含沙量（kg/m³）	异重流平均流速（m/s）	异重流平均含沙量（kg/m³）	异重流厚度（m）	潜入点位置
07-04	13:40	4.48	0.38	64.1	0.38	—	—	HH9 + 5 断面
07-04	16:00	7.2	1.93	553	1.50	232	6.2	HH9 + 5 断面

12. 2012 年

7 月 4 日 2 时三门峡下泄流量达到 1 320 m^3/s，含沙量为 0，下泄水流对三门峡—小浪底水库区间沿程河道进行强烈冲刷，根据小浪底库区淤积形态和库水位变化过程，观测人员在 HH09 至 HH12 断面之间加强巡测，并于 4 日 7 时 20 分在 HH9 + 5 断面监测到异重流潜入，潜入点处水深 6.4 m，浑水厚度 5.1 m，最大测点流速 1.97 m/s（见表 2-12），标志着异重流刚开始在小浪底水库内产生，随后在 4 日 10 时进行了第二次潜入点测验，水深 6.3 m，异重流厚度 5.4 m，最大测点流速 1.57 m/s，异重流层平均含沙量达到 148 kg/m^3，标志着三门峡下泄的大流量产生的异重流峰潜入库区。

表 2-12　2012 年小浪底水库潜入点测验统计

日期（月-日）	时间（时:分）	水深（m）	最大流速（m/s）	最大含沙量（kg/m³）	异重流平均流速（m/s）	异重流平均含沙量（kg/m³）	异重流厚度（m）	潜入点位置
07-03	07:30	8.8	1.64	138	1.11	27.8	6.6	HH9 + 5 断面
07-04	07:20	6.4	1.97	77.1	1.28	29.3	5.1	HH9 + 5 断面
07-04	10:00	6.3	1.57	675	0.81	148	5.4	HH9 + 5 断面

13.2013 年

7 月 4 日 2 时三门峡下泄流量达到 1 320 m^3/s,含沙量为 0,下泄水流对三门峡—小浪底水库区间沿程河道进行强烈冲刷,根据小浪底库区淤积形态和库水位变化过程,7 月 4 日 11 时 30 分,HH06 断面上游 1 600 m 处(距坝 7.44 km)监测到异重流潜入点,潜入点处水深 5.4 m,浑水厚度 4.13 m,最大测点流速 0.90 m/s,异重流层平均含沙量达到 103 kg/m^3(见表 2-13),浑水厚度和流速明显增大,标志着三门峡下泄大流量产生的异重流在小浪底水库形成。

表 2-13　2013 年小浪底水库潜入点测验统计

日期(月-日)	时间(时:分)	水深(m)	最大流速(m/s)	最大含沙量(kg/m^3)	异重流平均流速(m/s)	异重流平均含沙量(kg/m^3)	异重流厚度(m)	潜入点位置
07-03	16:00	8.8	0.51	233	0.40	5.94	1.86	HH06 断面下游 300 m
07-04	07:20	3.3	0.45	31.5	0.16	15.6	1.46	HH06 断面
07-04	12:12	5.4	0.90	103	0.39	51.7	4.13	HH06 断面
07-05	07:06	7.9	1.79	65.6	1.13	33.7	5.4	HH05 断面
07-06	07:06	9.0	2.04	76.4	1.03	32.5	6.2	HH05 断面上游 140 m
07-06	16:36	10.6	1.55	86.7	0.98	36.6	8.8	HH05 断面上游 240 m
07-07	07:12	10.1	1.99	132	0.78	73.3	8.4	HH06 断面
07-07	16:36	9.5	2.07	221	1.10	61.2	6.8	HH05 断面上游 530 m
07-08	08:00	6.0	1.13	58.5	0.63	21.6	3.43	HH05 断面上游 320 m

(三)潜入点流速、含沙量垂向分布

1. 流速、含沙量垂向分布

异重流流速、含沙量垂线分布与明渠分布不同,潜入点上游属于明渠流,其流速极大值位于水面附近,含沙量垂线分布均匀,没有极值点。潜入点附近及其下游流速、含沙量垂线分布表现(如图 2-26 ~ 图 2-29 所示)。

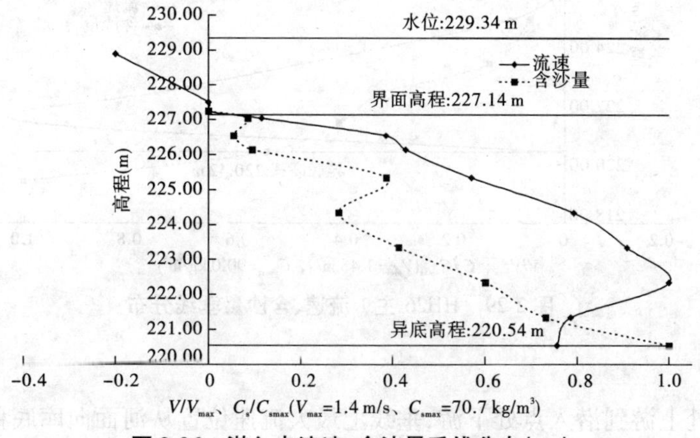

图 2-26　潜入点流速、含沙量垂线分布(一)

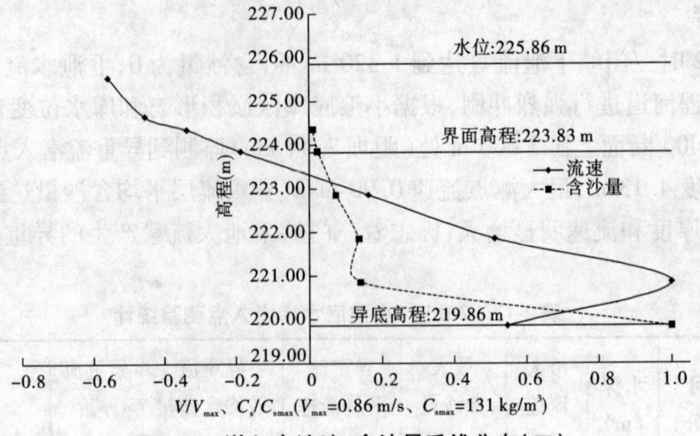

图 2-27　潜入点流速、含沙量垂线分布(二)

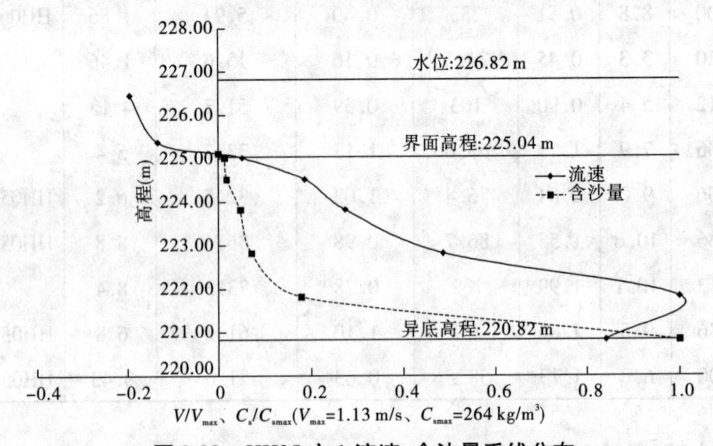

图 2-28　HH25 主 1 流速、含沙量垂线分布

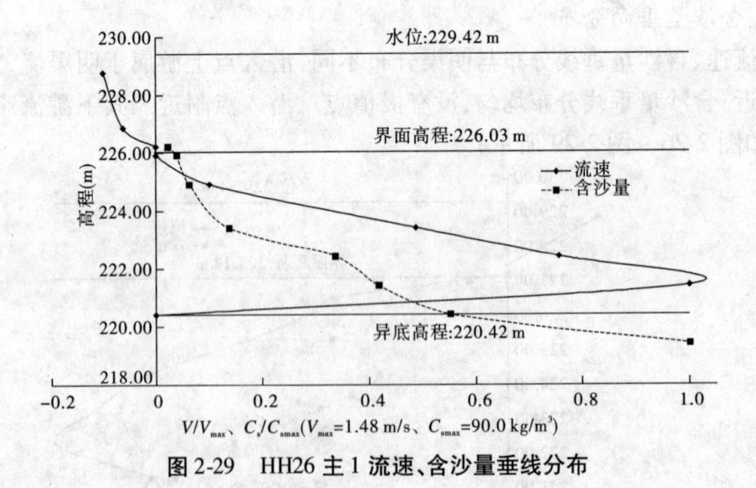

图 2-29　HH26 主 1 流速、含沙量垂线分布

1)流速

从潜入点处上游到潜入点处下游,垂线上最大流速位置从河面向库底移近,最大流速位于库底附近。受异重流潜入影响,潜入点及其下游断面表层清水会表现为 0 流速或回流(负流速)现象,负流速大小与异重流的强弱及距离潜入点的距离有关。流速垂向分布上一

般会存在0流速。潜入点及其下游附近断面流速较大。

2)含沙量

其垂线分布为表层含沙量为0,清浑水界面大致处于0流速的位置,界面以下含沙量逐渐增加,其极大值位于库底附近。

2. 流速横向分布

在2006年异重流测验断面布设中,作为潜入点下游断面HH22、HH23、HH24等断面共进行了5次横断面法异重流测验,对于研究潜入点下游断面流速、含沙量、中数粒径等异重流要素提供了比较详尽的测验数据。

潜入点下游断面由于异重流刚刚潜入,动能沿程损耗较小,异重流层平均流速较大。从HH23断面横1平均流速横向分布图(图2-30)中可以看出,在断面方向上异重流层平均流速变化较大,最大异重流层平均流速达到0.98 m/s,最小平均流速为0.30 m/s,表现为主流异重流层平均流速较大,边流流速较小,这与自然河道流速分布形态有相似之处。

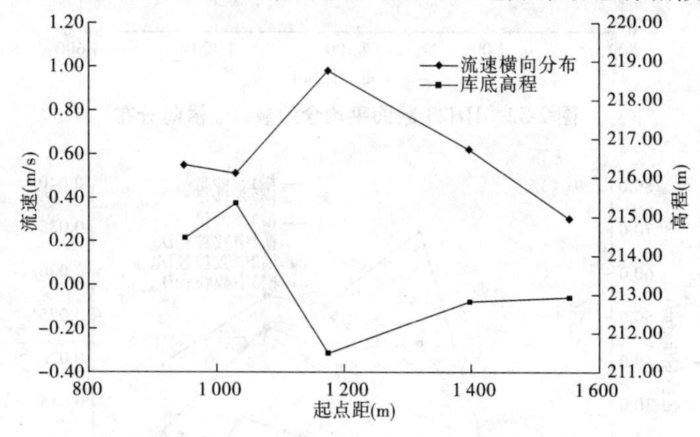

图2-30　HH23断面横1平均流速横向分布

在HH23断面横1流速等值线图(图2-31)中可以看出,在潜入点及其下游断面近河底部位流速较大,流速从表层清水负流速变为库底异重流层的正流速,流速梯度大。

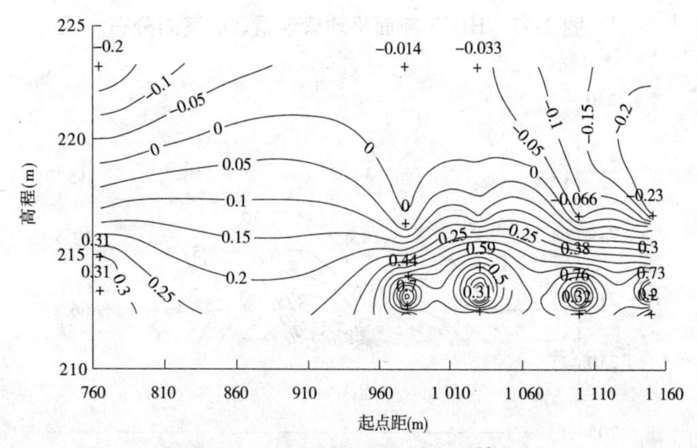

图2-31　HH23断面横1流速等值线

3. 潜入点含沙量、D_{50}横向分布

HH22、HH23断面平均含沙量和中数粒径D_{50}横向分布形态基本相同,断面右侧含沙量

较大,泥沙粒径较粗,且断面方向上泥沙粒径极不均匀,最大中数粒径为 0.024 mm,最小中数粒径为 0.008 mm,这与潜入点特性是相吻合的(见图 2-32 ~ 图 2-35),在潜入点位置由于入库水流挟带的大量粗颗粒泥沙尚未因水库静水摩阻影响流速减小而沉积,所以泥沙粒径较粗。

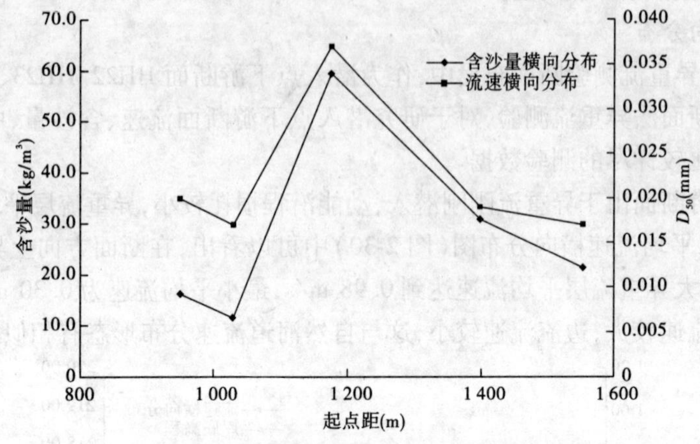

图 2-32 HH23 断面平均含沙量、D_{50}横向分布

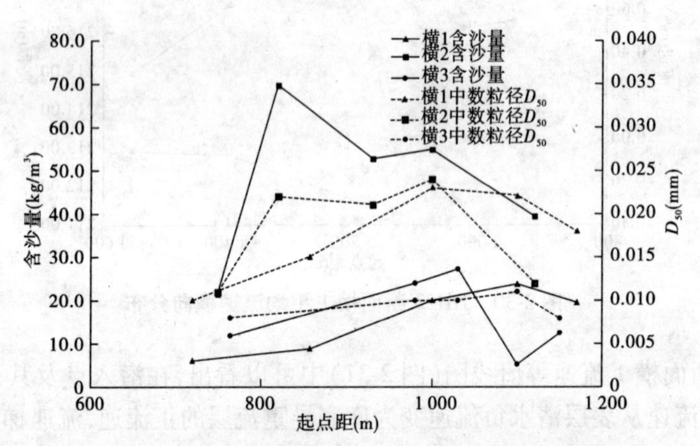

图 2-33 HH22 断面平均含沙量、D_{50}横向分布

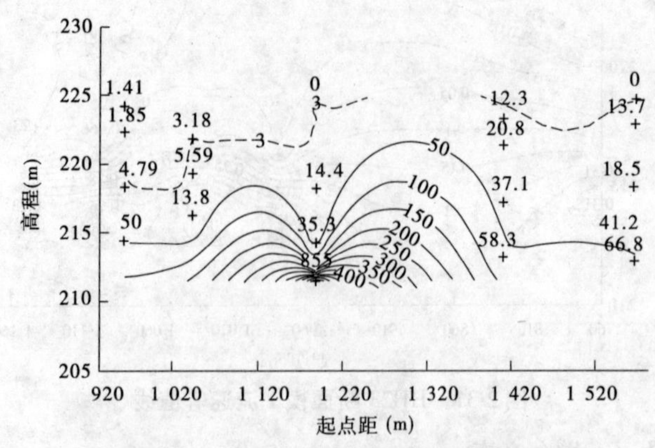

图 2-34 HH23 断面横 1 含沙量等值线

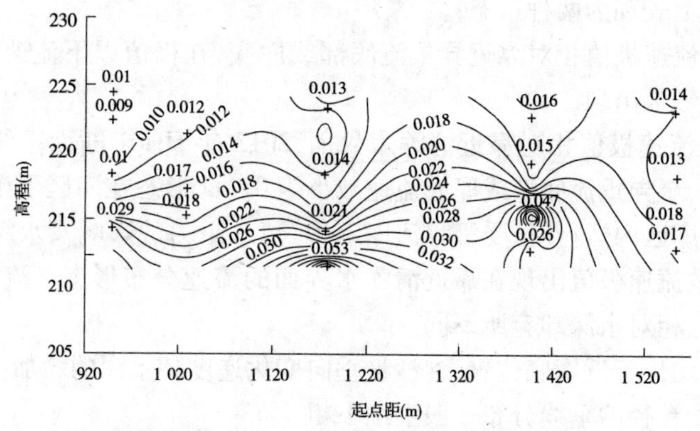

图 2-35　HH23 断面横 1 中数粒径等值线

(四)历年异重流流速垂向分布

异重流流速、含沙量垂线分布在各断面有不同的表现,绘制 2013 年小浪底水库异重流测验中 HH01、HH04、断面异重流垂向分布图(见图 2-36、图 2-37)。从图中可以看出,在垂线方向上,各断面流速、含沙量的规律基本相同,流速、含沙量极值均位于异重流层内,清水部分流速较小。

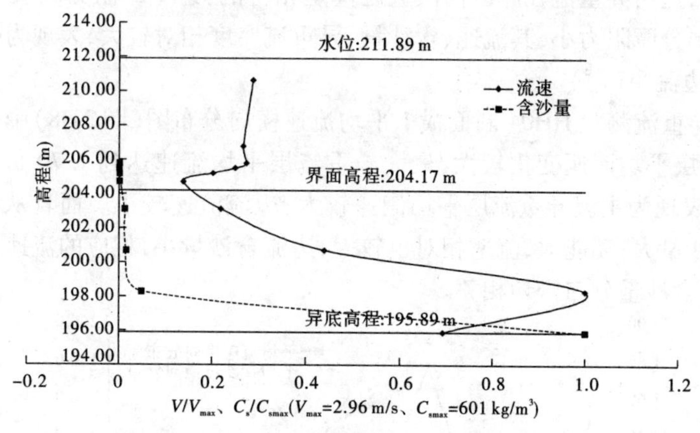

图 2-36　HH04 断面流速、含沙量分布

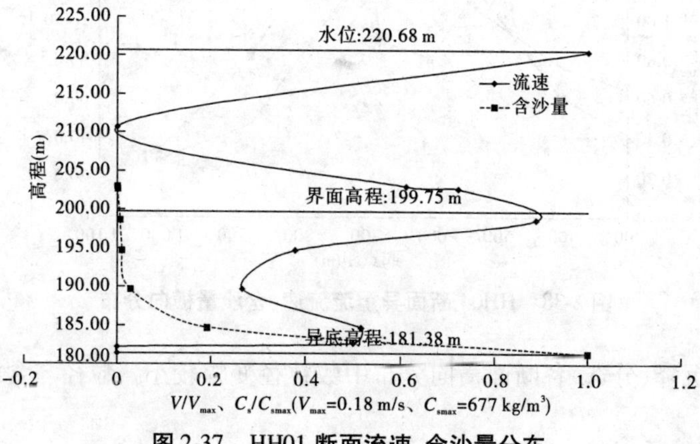

图 2-37　HH01 断面流速、含沙量分布

流速分布基本上表现为两种形态：

第一种形态是流速极值相对靠近异重流底部或库底，在极值以下流速迅速减少。此形态在库区上游断面经常出现。

第二种形态是流速极值相对靠近清浑水界面，2013 年 HH01 断面垂线分布，极值点以下流速随水深减小，至异重流底部或库底流速减小为 0。此形态在库区下游河道中会出现，原因在于异重流在库区内运行时，受沿程河库阻力、清水阻力的影响及水深的增加，异重流厚度增加，从而导致流速极值出现在靠近清浑水界面的流速分布形态。流速极值位于异重流层内，但是极值点相对水深却有所不同。

含沙量极值点均位于近库底位置，含沙量垂向变化递度随水深的增加而变大，近库底含沙量递度最大，泥沙粒径的垂线分布一般上细下粗。

(五)历年异重流含沙量、D_{50}横向分布

在异重流测验横断面测验法中根据断面河道形态、水流形态，布置 5 ~ 7 条垂线进行测验，异重流横向分布是选择各断面横断面法实测资料，绘制其横向分布图，分析研究其横向分布规律。

异重流流速、含沙量横向分布基本为主槽大、边流小。横向上流速、含沙量极大值往往出现在主槽部分，这与异重流在库区内演进规律是相符的：边壁摩阻力较大，异重流能量损失较大，而主流部分摩阻力小，其流速、含沙量、异重流厚度相对较大，表现为横向分布上，就是主槽大(厚)，边流小(薄)。

从 2013 年异重流测验 HH04 断面横 1 平均流速横向分布图(图 2-38)中可以看出，在断面方向上异重流层平均流速变化较大，最大异重流层平均流速达到 1.70 m/s，最小平均流速为 0.34 m/s，表现为主流异重流层平均流速较大，边流流速较小。而且从图 2-38 中还可以看出，主流含沙量大，动能大，流速相对也较大，边流含沙量小，相应的流速也小，异重流层流速形态分布与含沙量分布密切相关。

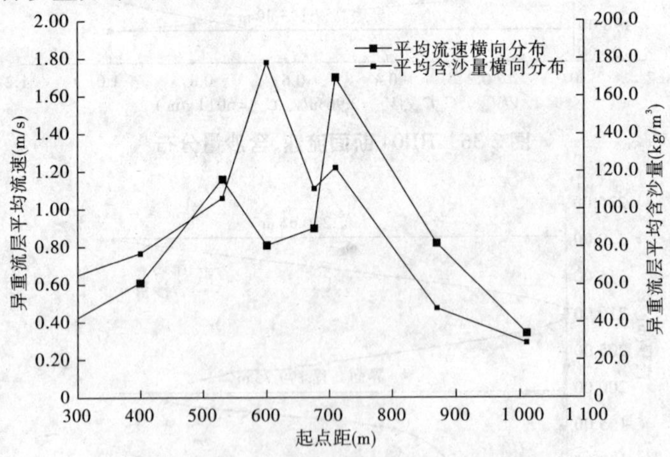

图 2-38　HH04 断面异重流流速、含沙量横向分布

受泥沙沿程沉降、分选，各断面横向分布中数粒径变幅较小。粒径与含沙量横向分布规律基本相同。

图 2-39 为 2013 年 7 月 4 日 HH04 断面横 1 的含沙量、D_{50}横向分布图，从图中可以看

出,HH04 断面平均含沙量和中数粒径 D_{50} 横向分布形态为主槽部分含沙量较大,泥沙粒径较粗,且断面方向上泥沙粒径极不均匀。最大中数粒径为 0.038 mm,最小中数粒径为 0.014 mm,这与潜入点特性是相吻合的,在潜入点位置由于入库水流挟带的大量粗颗粒泥沙尚未因水库静水摩阻影响流速减小而沉积,所以泥沙粒径较粗。

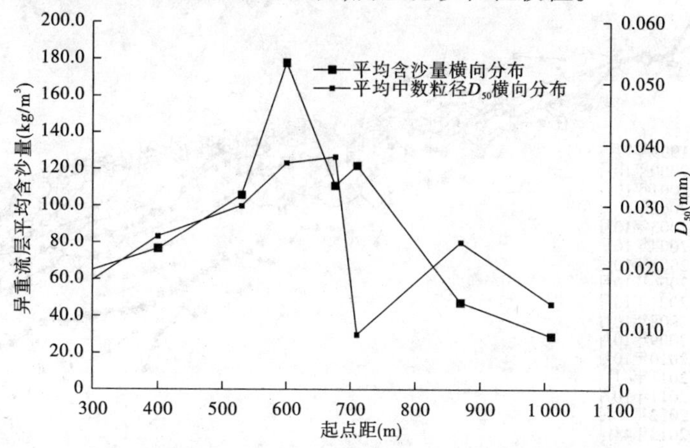

图 2-39　HH04 断面横 1 平均含沙量、D_{50} 横向分布图(2013 年 7 月 4 日)

第五节　异重流运动特性

一、历年异重流演进情况

水库异重流是由于上游含沙水流进入水库后,由于与库内清水重率存在一定的差异,潜入库底沿交界面向前运动,在清浑水交界面或其他特殊的局部位置,虽存在有局部的掺混现象,但在整体的向前推进过程中不会出现全局性的掺混,这种含沙水流就是水库异重流。而清浑水重率的差异是异重流产生的根本原因。

异重流在库尾段潜入后,沿库底向前推进,其推进速度与入库水沙过程以及库区河道形态有直接的关系。异重流沿程纵向演进,对于掌握异重流演进规律,预测异重流到达坝前的时间,适时科学调度排沙洞的启闭,有效利用异重流实现水库排沙减淤,具有重要意义。在历年的异重流测验中,各断面都严密监测异重流的出现时间、异重流流速、含沙量、厚度等情况,为分析、研究异重流在小浪底库区的演进情况积累了丰富的实测数据。

黄河是高含沙河流,小浪底水库又是典型的河道型水库,库底比降大,出现异重流是经常的事情。异重流的运动规律和水力学特点与一般的明渠水流相比,基本上是一致的,但由于异重流重力作用的减小,又具有了自身的不同特点,这些特点在小浪底水库异重流观测中得到了很好的印证。

小浪底水库汛前库尾淤积大量泥沙,使得潜入点以下河道比降加大。由于潜入点附近库尾段淤积较为严重,库尾段高程逐年加高,使得潜入点上游的库底深泓点比降逐年减小。相应地对于潜入点下游河道,潜入点处断面高程增大,则使得潜入点下游的比降逐年增大,从图 2-40 可以很明显地看出,2001 年调水调沙期间淤积三角洲顶点在 HH31 断面,距离大坝 52.29 km,异重流潜入点也出现在 HH31 断面附近。到了 2013 年移至 HH05 断面附近,距离小浪底大坝6.5 km左右,2013年异重流潜入点也出现在HH05断面附近。随着库尾段的淤积,异重流潜入点逐年下移,距坝越来越近,潜入点下游比降加大,异重流流速也越来越快。

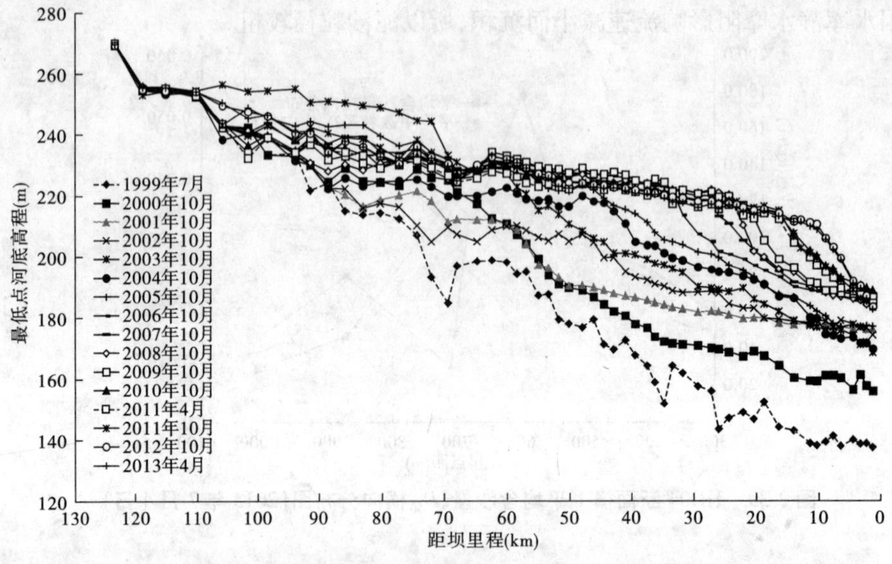

图2-40 1999~2013年小浪底库区最低点河底高程

统计2001~2013年小浪底水库异重流的形成演进情况(见表2-14),2001年小浪底水库异重流测验基本上由中游洪水形成,自2002年黄委进行黄河首次调水调沙试验,小浪底水库异重流基本上由水库运用和人工调控形成。随着小浪底水库多年来不断冲淤变化和水库汛期调控,小浪底水库异重流形成时的潜入点不断由水库上游向下游推进,潜入点距离小浪底水库大坝距离也越来越短,异重流在水库里传播时间也越来越短,演进速度从2010~2013年明显加快,2009年异重流演进速度为0.31 m/s,而到了2010年异重流推进速度达到了1.07 m/s,2010~2013年异重流演进速度都达到了0.90 m/s以上,从而使得异重流更好地排沙出库,水库排沙取得良好的效果。

表2-14 历年异重流形成演进情况

年份	次数	形成原因	潜入点			到达坝前时间	传播时间(h)	演进速度(m/s)
			时间	位置	距坝里程(km)			
2001	1	中游洪水	8月20日10时	HH31断面附近	52.29	8月21日15时	29	0.50
2002	1	三门峡运用+中游洪水	7月6日2时	HH37断面附近	63.26	7月7日8时	30	0.59
2003	1	三门峡运用+中游洪水	8月1日14时	HH36断面附近	60.96	8月2日19时	29	0.57
2004	1	人工塑造异重流	7月5日18时	HH35断面附近	58.51	7月8日13时48分	67.8	0.24

续表 2-14

年份	次数	形成原因	潜入点			到达坝前时间	传播时间(h)	演进速度(m/s)
			时间	位置	距坝里程(km)			
2005	1	人工塑造异重流	6月27日18时30分	HH25断面附近	41.1	6月29日16时	45.5	0.25
2006	1	人工塑造异重流	6月25日9时	HH27断面下游200 m	43	6月26日0时30分	15.5	0.77
2007	1	人工塑造异重流	6月27日18时30分	HH19断面下游1 200 m	30.65	6月28日15时	20.5	0.42
2008	1	人工塑造异重流	6月28日15时	HH15断面上游300 m	24.73	6月29日6时	15	0.46
2009	1	人工塑造异重流	6月29日18时15分	HH14断面	22.1	6月30日14时15分	20	0.31
2010	1	人工塑造异重流	7月4日6时35分	HH12断面上游150 m	18.9	7月4日11时20分	4.9	1.07
2011	1	人工塑造异重流	7月4日13时40分	HH9+5断面	12.8	7月4日17时34分	3.9	0.91
2012	1	人工塑造异重流	7月4日7时20分	HH9+5断面	12.9	7月4日11时	3.7	0.97
2013	1	人工塑造异重流	7月4日11时30分	HH06断面	7.74	7月4日13时30分	2	1.08

二、小浪底水库各河段综合阻力

进入小浪底水库的洪水过程是不恒定的，所产生的异重流也是不恒定的，而且并不是所有的异重流都流动到坝前，异重流能否运动到坝前，与水流能量和阻力损失有关，而阻力损失包括沿程阻力损失和局部能量损失。

从水流形态来讲，属于渐变流范围内的阻力损失叫沿程损失。异重流运动方程和能量方程的结构与一般明渠流一样，只是将重力加速度用重力修正系数 η_g 进行修正，异重流运动研究的焦点集中于其阻力特性上。浑水异重流是一种潜流，与一般明渠流或有压管流的根本差异是具有特殊的边界条件。异重流的上边界是可动的清水水层，一方面清水层对其下面的异重流运动有阻力作用；另一方面本身可被异重流拖动，形成回旋流动，并且在一定条件下清水和异重流交界面会出现波状起伏，类似于沙质河床在水流作用下出现的沙波运动一样。此外，清浑水还有掺混现象等。上边界会随异重流运动而发生变化，反过来必然对异重流阻力产生不同的影响，使异重流阻力问题显得非常复杂。因此，异重流运动方程和能量方程中的阻力通常用一个包括床面阻力系数 λ_0 及交界面阻力系数 λ_i 在内的综合阻力系数 λ_m 来表示。

异重流的阻力公式与一般明流相同，只是需要考虑异重流的有效重力加速度，可写为

$$v = \sqrt{\frac{8}{\lambda_m} \cdot \frac{\Delta\gamma}{\gamma'} gRJ_0} \tag{2-25}$$

异重流平均阻力系数值 λ_m 采用范家骅的阻力公式。即在恒定条件下，$\partial_v/\partial_t=0$，从异重流不恒定运动方程

$$\frac{\Delta\gamma}{\gamma'}\left(J_0-\frac{\partial h}{\partial s}\right)+\frac{v^2}{gh}\frac{\partial h}{\partial s}-\frac{\lambda_m v^2}{8gR}-\frac{1}{8}\frac{\partial v}{\partial t}=0 \tag{2-26}$$

可以得出

$$\lambda_m=8\frac{R}{h}\frac{\frac{\Delta\gamma}{\gamma'}gh}{v^2}\left[J_0-\frac{\mathrm{d}h}{\mathrm{d}x}\left(1-\frac{v^2}{\frac{\Delta\gamma}{\gamma'}gh}\right)\right] \tag{2-27}$$

式中：λ_m 为综合阻力系数；J_0 为河底比降；γ' 为浑水容重；$\Delta\gamma$ 为浑水与清水容重差；R 为水力半径；$\mathrm{d}h/\mathrm{d}x$ 为异重流厚度沿程变化，可根据相邻两个断面求得。异重流的湿周比明渠流多了一项交界面宽度 B，所以异重流水力半径计算应考虑这一问题。用式(2-27)计算小浪底水库不同测次异重流沿程综合阻力系数结果见表 2-15。

表 2-15　小浪底水库异重流综合阻力系数

断面	异重流厚度(m)	流速(m/s)	含沙量(kg/m³)	综合阻力系数	河段平均综合阻力系数
HH05	0.95	0.16	45.2	0.025 194 21	0.022
HH09	3.28	0.33	55.5	0.038 988 791	
HH13	1.04	0.33	67.6	0.012 124 987	
HH17	2.19	0.47	54.6	0.013 515 647	
HH29	6	0.69	40	0.020 287 513	
HH05	1.5	0.36	170	0.027 479 085	0.021 9
HH09	2.36	0.41	60.4	0.019 719 889	
HH13	1.8	0.44	165	0.027 229 383	
HH17	8.6	0.87	28	0.008 072 712	
HH29	9.9	1.22	105	0.027 040 68	
HH05	3.85	0.36	63.8	0.028 151 097	0.023 8
HH09	3.49	0.44	66.8	0.027 896 949	
HH13	4.8	0.43	67.8	0.033 053 031	
HH17	4.04	0.42	51.1	0.017 895 137	
HH29	5.9	0.54	14.6	0.012 074 802	
HH05	1.48	0.21	57.3	0.028 674 033	0.028 2
HH09	1.28	0.24	60.4	0.031 213 873	
HH13	1.29	0.29	65.9	0.019 004 181	
HH17	1.4	0.21	65.8	0.031 660 3	
HH29	1.5	0.45	106	0.030 383 05	

续表 2-15

断面	异重流厚度（m）	流速（m/s）	含沙量（kg/m^3）	综合阻力系数	河段平均综合阻力系数
HH05	0.71	0.15	62.1	0.029 135 888	0.025 5
HH09	0.89	0.22	71.5	0.030 373 414	
HH13	0.99	0.27	81.1	0.020 519 749	
HH17	1.38	0.22	50.5	0.022 024 88	

HH01 ~ HH37 断面 λ_m 的平均值一般为 0.022 ~ 0.029，范家骅水槽试验 λ_m 为 0.025，官厅水库为 0.02 ~ 0.025，这说明小浪底水库异重流的综合阻力系数也接近于常数，与水槽试验和官厅水库接近，因此只有在一定的流量、水量、含沙量、河床比降条件下才能持续向坝前推移，能否达到坝前还与水库的回水长度和库区地形有关。

三、异重流的运动特性

（一）异重流持续运动的条件

理论和实测资料均表明，影响异重流持续运行的因素包括水沙条件及边界条件：

（1）洪峰持续时间。若入库洪峰持续时间短，则异重流持续时间也短。当上游流量减小，不能为异重流运行提供足够的后续能量，则异重流就会逐渐停止而消失。

（2）进库输沙率对异重流的影响最大。在一般情况下，进库输沙率大产生的异重流强度大，使异重流有较大的初始速度及运行速度。

（3）地形条件影响。异重流通过局部地形变化较为强烈的地方，将损失部分能量。若库区地形复杂，如扩大、弯道、支流等，使异重流能量不断损失，甚至不能继续向前运动。

（4）库底比降。异重流运行速度同库底比降有较大的关系，库底比降大，则异重流运行速度大，反之亦然。

（5）水库闸门提升高度和过水大小，对近坝段水流阻力有影响，对坝附近异重流运行影响较大。

（二）异重流到达坝前的条件

异重流能否运行至坝前与上述各项因素有关外，还受库水位和泥沙颗粒级配影响较大。为预估异重流是否能够到达坝前，收集了 2001 ~ 2005 年上游不同来水来沙条件下异重流到达坝前附近消失的临界资料，并点绘关系图。由于库区地形和比降变化不大，异重流能否到达坝前主要与上游河段输沙率和库区平均水深关系最为密切。采用坝前主槽水深的 1/2（假定能代表潜入点到坝前主槽平均水深）与上游输沙率建立关系。初步认为输沙率与水深为指数关系（见公式(2-28)，关系图见图 2-41），此关系有待于收集资料进一步论证。

$$Q_s = 0.42e^{0.12[(Z-Z_{底})/2]} \tag{2-28}$$

式中：Q_s 为三门峡或河堤水沙因子站输沙率，t/s；Z 为小浪底水库坝前水位，m；$Z_{底}$ 为小浪底水库坝前河底高程，m。

输沙率与断面流量乘积、水深关系，采用指数趋势线进行拟合，得到表达式为公式(2-29)，关系图见图 2-42。

$$(Z-Z_{底})/2 = 4.1\ln(Q^2C_s/1\ 000) - 7.9 = 4.1\ln(Q_sQ/1\ 000) - 7.9 \tag{2-29}$$

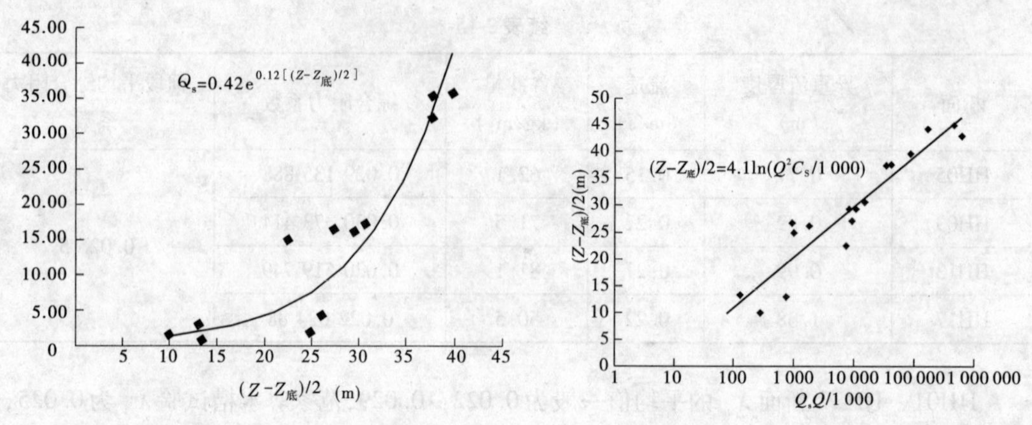

图 2-41　Q_s 与 $(Z-Z_底)/2$ 关系　　　　图 2-42　$(Z-Z_底)/2$ 与 $Q_sQ/1\ 000$ 关系

式中：Q_s 为三门峡或河堤水沙因子站输沙率，t/s；Q 为三门峡或河堤水沙因子站流量，m^3/s；C_s 为三门峡或河堤水沙因子站断面平均含沙量，kg/m^3；Z 为小浪底水库坝前水位，m；$Z_底$ 为小浪底水库坝前河底高程，m。

由以上任一计算公式，只要知道坝前水位和坝前主槽河底高程（暂用 175 m），当上游来水来沙值大于计算值，异重流就会运行至坝前。

根据公式(2-29)分别计算出水位 245 m、235 m、215 m 时的最小流量和含沙量及绘制的关系图，见图 2-43。

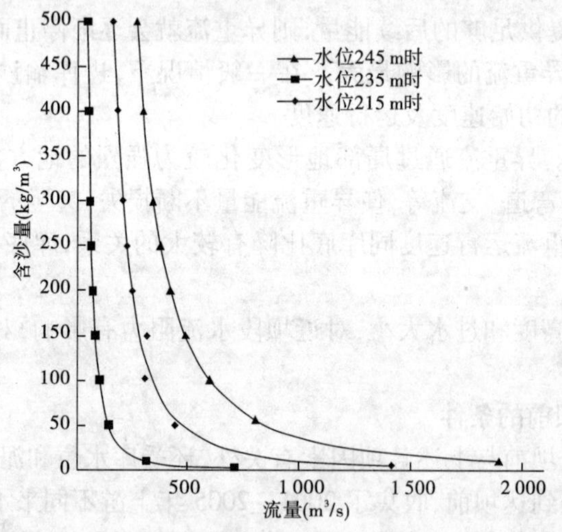

图 2-43　水位 245 m、235 m、215 m 时的最小流量和含沙量及绘制的关系

（三）异重流到达坝前的推算时间

当三门峡水库下泄洪水，运行到小浪底水库坝前时间为 $T_总$，时间包括在上游段自然河道运行时间（运行至异重流潜入点时间）T_1 和潜入点起至坝前时间 T_2。

$$T_总 = T_1 + T_2 \tag{2-30}$$

设潜入点到坝前的距离为 L，自然河道平均流速为 v(m/s)，则由三门峡至小浪底大坝 129 km 由下式计算出 T_1。

$$T_1 = \frac{129 - L}{v} \tag{2-31}$$

异重流的运行速度主要受上游来水来沙和水库边界条件决定。来水流量大小、含沙量高低及泥沙颗粒级配组成,库中水深、水温、河床坡降,闸门开启大小都会对异重流的运行速度造成影响。根据韩其为提出的公式

$$T_2 = \frac{cL}{(QC_s J)^{\frac{1}{3}}} \tag{2-32}$$

我们认为,异重流运行速度和能否到达坝前与上游来水来沙大小,水沙峰是否一致与闸门出水孔位置和提升高度有关,与闸门放水大小有关,根据实测资料,分别计算出水沙峰基本一致(适用于自然洪水)和水峰在前、沙峰在后(适用于调水调沙,三门峡水库先放清水后放浑水)计算公式。

水沙峰一致经验公式:

$$T_{总} = \frac{129 - L}{3.6v} + \frac{1.67L}{[(3Q_{三} + Q_{小})/4C_s^{0.8} \cdot J]^{\frac{1}{3}}} \tag{2-33}$$

水峰在前、沙峰在后经验公式:

$$T_{总} = \frac{129 - L}{3.6v} + \frac{2.64L}{[(3Q_{三} + Q_{小})/4C_s^{0.8} \cdot J]^{\frac{1}{3}}} \tag{2-34}$$

式中:$Q_{三}$ 为三门峡站流量,m^3/s;$Q_{小}$ 为小浪底站流量,m^3/s;C_s 为三门峡至河堤站河段平均含沙量,kg/m^3 或直接用河堤站含沙量;J 为异重流河段平均河床坡降(‱);L 为异重流潜入点至坝前距离,km;C 为综合系数。

由于水深是影响异重流运行时间的关键参数,所以为在计算中方便,采用某一专用断面水深代替异重流潜入点距离,将式(2-33)和式(2-34)中的后半部分中的 L 换成水深。现以 HH17 断面水深进行分析计算得出综合系数水沙峰一致取 2.66,水峰在前、沙峰在后取 4.41,计算出来的结果见表 2-16 和表 2-17。

表 2-16　异重流实际运行时间与计算时间比较(水沙峰一致计算结果)

(单位:流量 Q,m^3/s;含沙量 C_s,kg/m^3;时间,h)

三门峡		三门峡流量	小浪底流量	平均含沙量	比降(‱)	距离(km)
日期(年-月-日)	时间(时:分)					
2001-08-20	02:00	700	150	244	8	53
2002-06-24	06:00	3 990	636	24.7	8	78.5
2002-07-06	03:00	2 190	2 750	355	6	77.3
2002-07-07	21:48	3 780	2 600	153	6	76
2003-08-01	14:12	1 970	916	297	6	60
2003-08-27	00:36	3 140	228	135	7	74
2003-10-03	04:00	4 100	1 200	72	7	94
2004-08-22	03:00	2 960	993	154	7	46.2
2004-07-07	14:06	5 130	2 630	35.5	6	56
2004-07-07	18:00	3 920	2 630	68.1	6	56

续表 2-16

桐树岭		实际总时间 $T_总$	按距离计算 $LT_总$	按 HH17 计算 $HT_总$	计算平均 $T_总$	时间误差
日期（年-月-日）	时间（时:分）					
2001-08-21	08:00	30	30.5	24.1	27.3	2.7
2002-06-26	08:00	40	45.7	48.3	47.0	-7.0
2002-07-08	09:10	30	26.1	27.3	26.7	3.3
2002-07-09	06:30	30.5	27.4	28.6	28.0	2.5
2003-08-02	15:00	24.8	24.9	23.0	23.9	0.9
2003-08-28	08:00	31.4	30.8	28.5	29.6	1.8
2003-10-04	16:00	36	39.5	43.8	41.6	-5.6
2004-08-23	02:00	21	20.4	21.5	21.0	0.0
2004-07-08	19:20	29.3	26.1	28.6	27.3	2.0
2004-07-08	19:20	25.3	24.4	26.7	25.6	-0.3

从表 2-16 计算结果来看，水沙峰一致的情况下，最大误差为 17%，大部分误差都在 10% 以下，计算时间和异重流实际运行到坝前的时间符合比较好。

表 2-17 异重流实际运行时间与计算时间比较表（水峰在前、沙峰在后）

（单位：流量 Q，m^3/s；含沙量 C_s，kg/m^3；时间，h）

三门峡		三门峡流量	小浪底流量	平均含沙量	比降（‰）	距离（km）
日期（年-月-日）	时间（时:分）					
2003-07-18	00:00	700	150	400	0.000 6	60
2005-06-28	00:00	1 470	3 000	252	0.000 6	53
2005-07-04	14:00	1 570	400	303	0.000 6	45
2005-08-20	20:00	2 000	300	200	0.000 6	53
桐树岭		$T_总$	$LT_总$	$HT_总$	计算 $T_总$	时间误差
日期（年-月-日）	时间（时:分）					
2003-07-21	14:00	50	51.4	44.7	48.1	1.9
2005-06-29	15:00	39	37.1	38.6	37.9	1.1
2005-07-05	17:30	30.5	34.1	38.2	36.2	-5.7
2005-08-22	15:00	43	40.0	40.0	40.0	3.0

对于水峰在前、沙峰在后的情况，除个别外，大部分计算时间与实际运行时间误差都在5%左右。因此，我们认为用此两个经验公式计算的结果有比较好的实用价值。

（四）异重流演进速度关系浅析

异重流潜入点到坝前的演进速度受诸多因素影响，如入库水量多、流量大对异重流有强大的推动力；异重流含沙量高有利于异重流的稳定；异重流到坝前演进速度分别与入库水量因子（$W\overline{Q}$）、坝前水深、潜入时含沙量和库底比降关系，各因子见表2-18。

表2-18　异重流演进速度影响因子分析

年份	潜入发生时间（月-日 时:分）	演入点距坝里程（km）	到达坝前时间（月-日 时:分）	演进速度（m/s）	潜入时坝前水深 H(m)	潜入点以下深泓点比降（‰）
2001	08-20 10:00	52.29	08-21 15:00	0.50	56.1	0.46
2002	07-06 02:00	63.26	07-07 08:00	0.59	56.5	0.62
2003	08-01 14:00	60.96	08-02 19:00	0.57	45.1	0.53
2004	07-05 18:00	58.51	08-28 15:00	0.24	55.8	0.83
2005	06-27 18:30	41.1	06-29 16:00	0.25	55.2	0.92
2006	06-25 09:00	43	06-26 00:30	0.77	52.1	1.00

年份	入库总水量情况		80%入库水量情况			潜入时含沙量（kg/m³）	公式(2-35)计算速度（m/s）
	水量（亿m³）	时段长（h）	水量（亿m³）	时段长（h）	$W\overline{Q}$		
2001	9.50	286	7.63	224	0.26	70.3	0.57
2002	7.70	173	6.15	105	0.36	46.3	0.51
2003	7.80	231	6.23	166	0.23	9.0	0.60
2004	6.70	103.5	5.34	77	0.37	19.8	0.32
2005	3.90	83	3.09	40	0.24	14.9	0.22
2006	5.36	89	4.26	42	0.43	27.6	0.70

入库水量（W）与入库平均流量（$\overline{Q}$）的乘积作为自变量反映了异重流的推动条件。总水量大但流量小，对异重流的推动作用就小；反之，流量大但总水量小，持续时间就不长，对异重流的演进也不利。借用美国土壤流失通用方程中侵蚀指标（$P \cdot I_{30}$——P为次降雨总量，I_{30}为次降雨中最大30 min雨强）的概念，用（$W\overline{Q}$）作为异重流演进的推动力指标。为了消除长时间小流量的影响，W和$\overline{Q}$取80%入库水量及其80%水量最短时间内的平均流量。

一般认为库底比降对异重流的演进应有正函数关系。这是因为，异重流一旦产生之后，正如一般的明渠流一样，维持其前进的动力也是重力。由公式$V=\sqrt{\gamma' gh \cdot J}$可见，底坡$J$较大时，运行速度$V$相应较快，演进历时自然就小。但在2001～2006年观测比较详细的6次异重流资料中，2004年和2005年比较特殊。2004年异重流的第一阶段，由于下泄清水冲刷小浪底库尾形成异重流，其泥沙粒径粗，含沙量较小，且后续动力不够，在HH05断面下游附近停止演进，待第二阶段加大入库流量后才演进到坝前出库，因此流速小，这种受到“波折”的异重流不具有代表性；同理，2005 年异重流演进速度小，也与入库水量少有关。由于 2004 年和 2005 年两个特殊点的影响，使得异重流演进速度与库底比降关系不好，若不看这两个点，关系应该是很好的，见图 2-44。

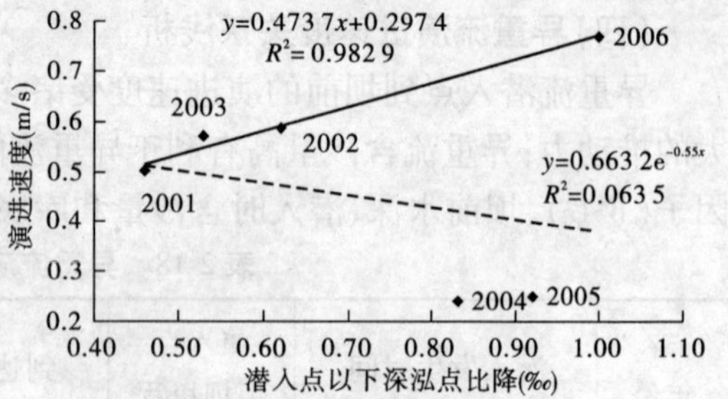

图 2-44　异重流演进速度与潜入点以下深泓点比降相关图

根据以上的讨论，由于小浪底库区异重流只有 6 个实测资料较好的点据，若加进库底比降作为自变量，就必须舍弃 2004 年和 2005 年两个点，那么系列长度就成了 4，就更无法建立综合相关关系，故暂不考虑库底比降，以前三个自变量与流速建立经验关系为：

$$v = 5.62 \times 10^{10}(W \cdot \overline{Q})^{0.633} S^{0.658} H^{-6.77} \tag{2-35}$$

其中：
$$\overline{Q} = \frac{W}{T}$$

式中：v 为潜入点到坝前演进速度，m/s；W 为三门峡出库 80% 的水量，亿 m^3；T 为三门峡放水 80% 水量所对应的最短时间，h；H 为潜入点形成时坝前水深，m。

实测结果与计算值比较见图 2-45，这一经验关系式中所反映的各因素对流速影响的逻辑关系是合理的，但因资料太少，关系式中的指数和系数可随着资料的积累而进一步优化。根据对演进速度的预测，可为排沙洞的开闭调度服务。

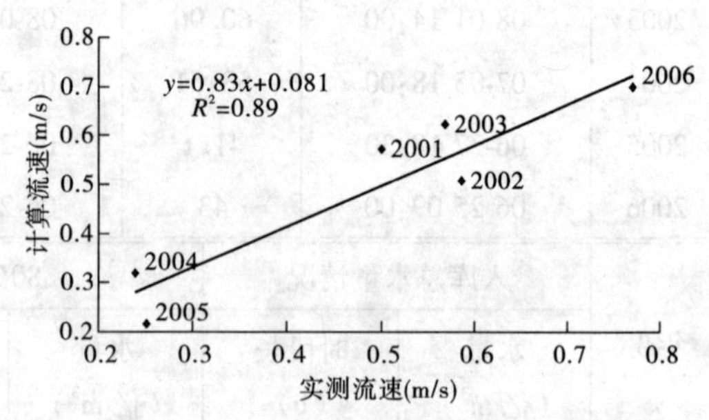

图 2-45　流速实测值与计算值比较

四、未运行至坝前的异重流特性分析及其对后续异重流的影响

在 2001 ~ 2013 年异重流观测期间，2004 年异重流的第一阶段比较特殊，即 7 月 5 日 18 时在 HH34 断面（距坝里程 57 km）以上附近潜入库区后，经过 30 多个小时的运行，于 7 月 7 日 0 时后，消失在黄河 HH05 断面下游附近。2004 年异重流是人类治黄历史上第一次人工塑造异重流排沙出库的伟大壮举，所以影响较大，对其分析，才能更好地发现其潜入、运行及排沙规律。

2004 年黄河第三次调水调沙试验于 7 月 2 日 12 时开始，黄河万家寨水库开闸泄洪，下泄流量 1 200 m^3/s，7 月 5 日 14 时 30 分三门峡水库开始下泄清水，见图 2-46，5 日 15 时 24 分流量达到 2 540 m^3/s，三门峡水库 7 月 5 日平均下泄流量小于 1 000 m^3/s，6 日下泄流量继续保持在 1 000 m^3/s 左右，下泄水流对沿程河道产生冲刷和库尾泥沙扰动船扰动起来的泥沙形成高含沙洪水，形成异重流，其泥沙粒径粗，含沙量较小，且后续动力不够，在 HH05 断面下游附近停止演进。7 月 7 日三门峡水库加大拉沙下泄，7 日 14 时流量达到 5 130 m^3/s，最大含沙量达 368 kg/m^3（7 日 23 时），此时因为下泄流量、含沙量均较大，使已形成的异重流得到加强，顺利到达坝前。

此次异重流特点是：

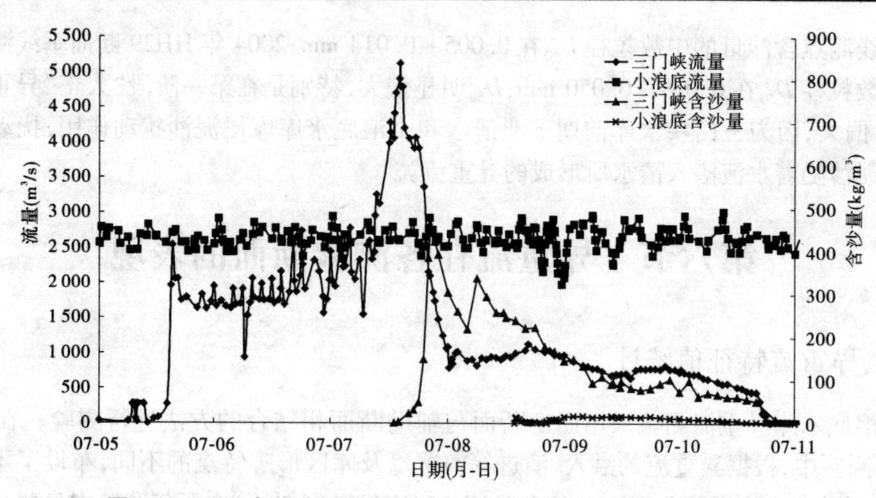

图 2-46　2004 年调水调沙期间三门峡、小浪底站流量含沙量过程线

(1)水沙异源。人工塑造异重流水沙异源,第一次"人工"异重流是利用三门峡水库下泄清水,小浪底水库库尾由泥沙扰动船扰动起来的泥沙形成了第一次异重流水沙来源。

(2)异重流潜入点变动范围大。一般来讲,异重流潜入点位置及其变化与进库流量、含沙量、库水位及河床边界条件有关,当流量增大或库水位降低,潜入点位置下移,当库水位升高或含沙量增大时,潜入点会上移,潜入点区域见表 2-19,2004 年潜入点变动范围则是在 HH35 断面至 HH30 断面约 7.0 km 的库段上频繁变化,这显然与三门峡水库闸门升降频繁,入库流量变幅太大有关。

表 2-19　2001～2013 年异重流潜入点区域范围

年份	次数	潜入点变化范围(断面)	距坝里程(km)
2001	1	潜入点在 HH29 断面至 HH31 断面	3.7
2002	1	HH43 断面上游 100 m 至 HH41 断面	2.4
2003	1	HH36 断面上下游 500～1 000 m 变动	1.0
2003	2	HH39 断面以下至 HH38 断面附近	3.1
2004	1	HH35 断面至 HH30 断面之间	7.0
2005	1	HH25 断面以下至 HH23 断面附近	4.0
2005	2	未观测潜入点区域	
2006	1	HH27 断面下游 200 m 至 HH25 断面上游 1 000 m	3.0
2007	1	HH19 断面下游 1 200 m 至 HH15 断面	6.0
2008	1	HH16 断面至 HH15 断面	1.6
2009	1	HH15 断面至 HH14 断面	2.3
2010	1	HH14 断面至 HH12 断面	3.4
2011	1	HH12 断面至 HH09 断面	7.3
2012	1	HH11 断面至 HH09 断面	5.0
2013	1	HH06 断面至 HH05 断面	1.2

(3)垂线测点含沙量的中数粒径在潜入区和 HH29 断面较往年偏大。其他年份 HH29

断面垂线测点含沙量的中数粒径 D_{50} 在 0.005 ~ 0.014 mm，2004 年 HH29 断面垂线测点含沙量的中数粒径 D_{50} 在 0.009 ~ 0.050 mm，D_{50} 明显偏大，特别是在第一阶段“人工”异重流期间 D_{50} 明显偏大，因为三门峡水库前期下泄清水和小浪底水库库尾泥沙扰动作用，扰动起来的粗颗粒泥沙随着水流潜入清水所形成的异重流。

第六节　异重流在各测验断面的表现

一、异重流特征值统计

小浪底水库异重流测验采用固定断面与辅助断面相结合的方法进行测验。在 2001 ~ 2013 年测验中，根据异重流的潜入、演进等情况以及库区形态特点的不同，布设了不同的测验断面，其中 HH29、HH17、HH13、HH09、HH05、HH01（桐树岭）在历年测验中只要处于潜入点以下，均布设为测验断面，采用横断面、主流三线、主流一线等方法进行测验，取得了丰富的异重流实测数据，为研究异重流演进规律提供了数据支持。图 2-47 给出了小浪底库区平面展布图，小浪底异重流测验断面的布设以能控制水库形态的变化为原则。表 2-20 给出了部分断面 2001 ~ 2013 年异重流特征值统计。

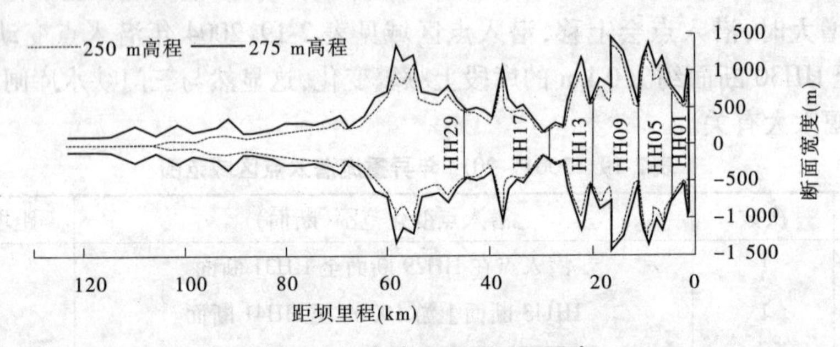

图 2-47　小浪底库区平面展布

二、异重流流速、含沙量在各断面垂线分布规律

异重流流速、含沙量垂线分布在各断面有不同的表现，绘制 HH01、HH09、HH17、HH29 断面异重流垂向分布（见图 2-48 ~ 图 2-51）。从图中可以看出，在垂线方向上，各断面流速、含沙量的规律基本相同，流速、含沙量极值均位于异重流层内，清水部分流速较小。

流速分布基本上表现为两种形态：第一种形态是流速极值相对靠近异重流底部或库底，在极值以下流速迅速减少。此形态在库区上游断面经常出现。第二种形态是流速极值相对靠近清、浑水界面，如图 2-50 中 2001 年垂线分布，极值点以下流速随水深减小较为缓慢，至异重流底部或库底流速减小为 0。此形态在库区下游河道中会出现，原因在于异重流在库区内运行时，受沿程河库阻力、清水阻力的影响及水深的增加，异重流厚度增加，从而导致流速极值出现在靠近清浑水界面的流速分布形态。流速极值位于异重流层内，但是极值点相对水深却有所不同。HH29 断面极值点多处于 0.9 ~ 0.75，HH17 断面和 HH09 断面多处于 0.9 附近，HH01 断面则大多处于 0.9 以下，表现为愈往下游流速极值点相对水深愈靠近库底。同时从图 2-48 ~ 图 2-51 也可以看出，异重流厚度占水深的比例也愈往下游愈小。

表 2-20　小浪底水库异重流测验特征值统计(2001～2013 年)

断面	年份	水位(m)		水深(m)		界面高程(m)		厚度(m)		最大流速(m/s)		含沙量(kg/m³)		D_{50} (mm)
		最高	最低	最大	最小	最高	最低	最大	最小	测点	平均	测点	平均	
HH29	2001－1	210.29	204.61	24	7.4	202.66	194.31	10.6	2.38	2.78	1.36	416	186	0.014
	2001－2	217.53	210.81	30.4	12.7	201.62	191.51	12.4	0.26	0.93	0.65	234	119	0.007
	2002	234.17	227.72	39	31	212.48	200.25	17	3.53	2.01	1.16	539	81.9	0.016
	2003	225.87	221.65	15.6	12.1	215.87	210.67	5.4	0.98	1.57	0.99	315	55.4	0.009
	2004	233.34	230.88	27.5	0	221.80	213.08	11.2	1	2.49	1.2	822	199	0.021
	2005－1	229.15	227.18	8.8	4.5	224.60	223.52	3.21	0.89	1.16	0.78	114	63.6	0.019
HH17	2001－1	210.27	205.45	37	28.7	193.61	185.15	17.2	8.3	3	1.84	363	102	0.010
	2001－2	217.51	210.79	38.4	30.1	193.47	189.47	14.4	7.5	0.83	0.31	929	90.8	0.008
	2002	234.19	227.66	52.4	41	199.04	194.13	15.2	7.5	2.36	1.85	823	140	0.012
	2003	250.09	221.83	59.6	31.6	206.64	192.54	15.3	1.41	1.92	1.38	486	186	0.009
	2004	233.59	229.28	40.7	13.9	217.04	193.76	10.4	0.38	1.94	0.88	807	405	0.016
	2005－1	229.37	224.58	33.4	28	203.56	197.96	6.9	1.28	1.18	0.82	335	51.3	0.016
	2007	227.57	224.86	25.4	16.8	217.88	212.98	13	1.98	3.41	1.64	172	48.2	0.030
HH13	2001－1	210.24	207.98	36	34.2	193.44	188.8	18.5	15.8	0.73	0.33	596	180	0.013
	2001－2	217.49	210.84	41	35.3	192.49	188.47	15.5	8.5	0.38	0.18	442	127	0.007
	2003	249.98	222.03	62.7	35.6	207.44	189.45	14.6	1.58	1.47	0.72	609	264	0.014
	2004	233.79	228.84	44.8	35.6	230.77	190.13	41	0.2	0.8	9.18	695	256	0.009
	2005－1	229.28	224.35	36.6	32.2	199.63	193.24	6.3	0.49	0.59	0.4	1 110	89.5	0.016
	2007	228.54	227.56	32.6	30.6	211.64	198.98	14.7	2.74	1.28	0.55	102	36.4	0.021
	2008	228.05	227.11	23.7	22.2	213.50	205.22	8.6	0.87	1.04	0.64	39	21.7	0.010
	2009	226.17	220.73	23.4	13	217.27	208.57	14.6	1.14	2.42	1.26	591	140	0.050

续表 2-20

断面	年份	水位(m)		水深(m)		界面高程(m)		厚度(m)		最大流速(m/s)		含沙量(kg/m³)		D_{50} (mm)
		最高	最低	最大	最小	最高	最低	最大	最小	测点	平均	测点	平均	
HH09	2001－1	210.27	207.78	48	20	193.10	185.77	20.2	2.96	0.81	0.44	463	112	0.009
	2001－2	217.52	210.79	51.9	21.5	192.45	188.49	17	5.5	0.2	0.16	337	89.2	0.007
	2002	233.9	227.27	60	46.6	199.38	194.74	15	9.5	0.76	0.35	470	111	0.01
	2003	250.12	222.31	72	45	204.97	185.71	13	0.3	1.21	0.88	440	204	0.008
	2004	233.2	228.69	54.6	39.5	220.05	185.24	39.4	0.35	0.89	2.86	708	238	0.012
	2005－1	228.77	224.43	47.4	42.2	190.01	185.23	5.1	0.49	0.6	0.43	277	114	0.015
	2005－2	225.16	220.6	42.5	34.9	197.97	185.82	14.2	0.19	1.56	0.91	776	80.1	0.031
	2006	229.48	225.28	44.2	12.4	224.33	188.19	19	1.24	2.1	1.05	855	77.7	0.046
	2007	227.73	223.58	41.2	32.8	198.95	189.22	10.7	0.39	1.46	0.85	323	55.4	0.021
	2008	227.47	222.57	40.8	29.7	205.34	192.65	13.1	1.02	2.27	0.98	834	153	0.05
	2009	226.14	219.96	35.5	27.8	201.33	191.96	10.7	0.2	1.2	0.87	811	240	0.02
	2010	220.7	217.77	27.5	23.3	206.16	195.11	13.5	0.29	2.71	1.36	816	249	0.05
	2011	219.33	214.83	18.9	9.8	215.34	202.75	15.3	0.5	2.72	1.35	1 490	306	0.04
	2012	221.01	213.88	20.2	8.2	216.27	206.26	16.1	1.28	3.71	1.66	960	499	0.06
HH05	2001－1	210.26	207.96	36	34	193.05	186.92	17.5	11	0.52	0.29	365	107	0.008
	2001－2	217.66	210.87	56.8	46.6	192.06	189.13	17	9.5	0.13	0.09	387	102	0.007
	2002	233.76	227.59	69.6	42.6	202.15	194.56	16.4	9	0.51	0.25	458	96.1	0.008
	2003	249.92	222.49	79.8	51.5	204.64	185.36	22.1	0	1.04	0.52	370	180	0.008
	2004	234.91	228.48	60.9	45.5	186.05	182.75	3.85	0.3	0.73	0.36	556	136	0.01
	2005－1	227.64	224.33	51.7	48.2	184.17	182.82	2.38	0.79	0.63	0.44	386	99.9	0.014
	2005－2	225.14	220.63	47.2	41.7	196.30	183.45	13.2	0.3	0.75	0.43	514	144	0.022
	2006	229.39	227.34	49.4	42.2	189.08	186.49	2.24	0.5	0.53	0.37	232	198	0.017

续表 2-20

断面	年份	水位(m)		水深(m)		界面高程(m)		厚度(m)		最大流速(m/s)		含沙量(kg/m³)		D_{50}
		最高	最低	最大	最小	最高	最低	最大	最小	测点	平均	测点	平均	(mm)
HH05	2007	227.87	227.51	47.5	45.8	188.52	186.56	3.19	0.99	0.6	0.41	283	64.2	0.014
	2008	227.49	226.99	44.6	34.3	196.31	189.08	8.8	0.93	0.65	0.39	474	54.5	0.02
	2009	226.17	219.94	40.5	29	191.22	186.59	6.8	0.5	0.67	0.41	743	61	0.02
	2010	220.69	218.27	31.7	27.8	202.96	190.64	14.3	0.27	1.76	0.8	911	244	0.05
	2011	219.28	215.19	25.8	23	208.83	194.84	15.5	1.25	1.81	1.28	1 090	260	0.04
HH01	2002	236.47	227.00	61.9	35	201.44	184.2	17.9	3.89	0.52	0.26	478	88.9	0.008
	2003	250.04	221.99	77	41	204.27	180.13	19.7	0.29	0.49	0.25	475	144	0.007
	2004	232.73	228.39	61.3	49.8	184.31	181.23	2.98	0.5	0.74	0.57	742	126	0.009
	2005 - 1	227.55	224.03	47.6	43.8	183.43	180.74	3.67	0.19	0.76	0.47	529	176	0.015
	2005 - 2	225.14	220.72	45.5	42	196.00	181.23	16.2	0.06	0.61	0.4	536	112	0.015
	2006	229.43	225.03	50.2	45.5	182.59	179.74	2.49	0.16	0.9	0.7	507	149	0.025
	2007	227.76	223.31	67	43	198.32	180.28	17.6	0.09	1.25	0.8	603	97	0.022
	2008	227.59	221.20	47.3	42.1	191.52	179.21	18.3	0.09	1.11	0.8	952	80.3	0.02
	2009	226.20	220.70	46	40.3	188.26	182.20	8	0.59	0.89	0.52	414	183	0.01
	2010	220.70	216.12	39.7	34	204.76	183.47	21.2	1.98	1.17	0.84	990	137	0.03
	2011	219.24	215.30	36.4	30.7	207.92	185.44	24.6	0.39	1.54	1.11	927	95.4	0.03
	2012	220.96	213.91	38.2	27.5	212.04	186.51	27.8	1.23	1.66	0.9	1 140	300	0.06
	2013	217.35	211.80	37.2	22.3	211.55	189.89	31.2	0.55	1.64	1.02	1 100	315	0.05

注:本表为不完全统计,只统计测次较多的断面。

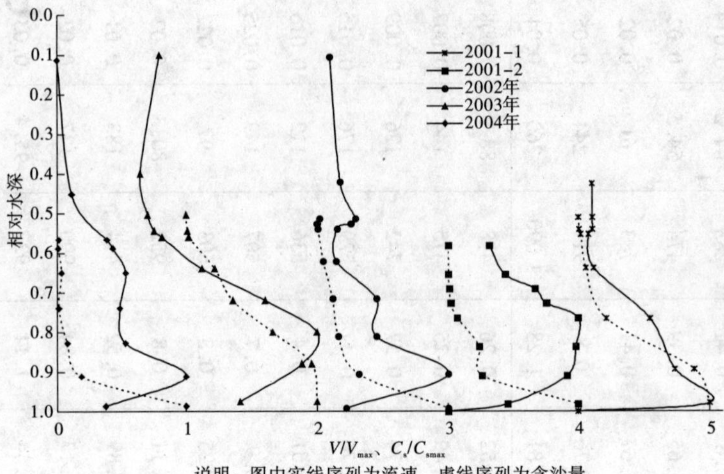

说明：图中实线序列为流速，虚线序列为含沙量。

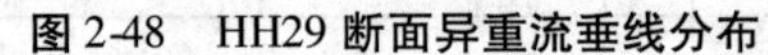

图 2-48　HH29 断面异重流垂线分布

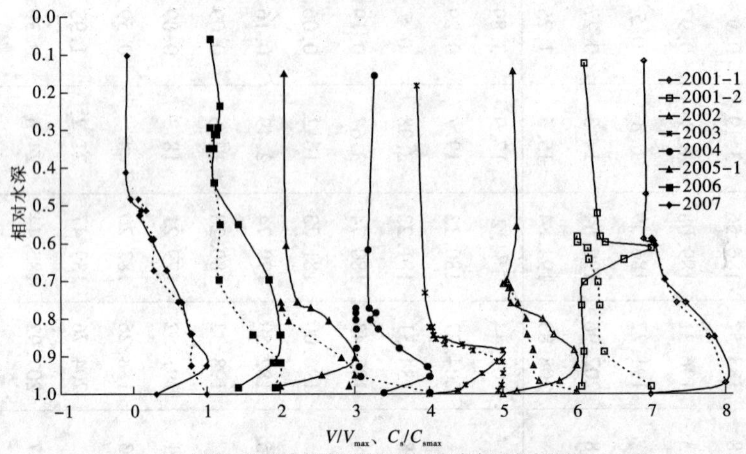

说明：图中实线序列为流速，虚线序列为含沙量。

图 2-49　HH17 断面异重流垂线分布

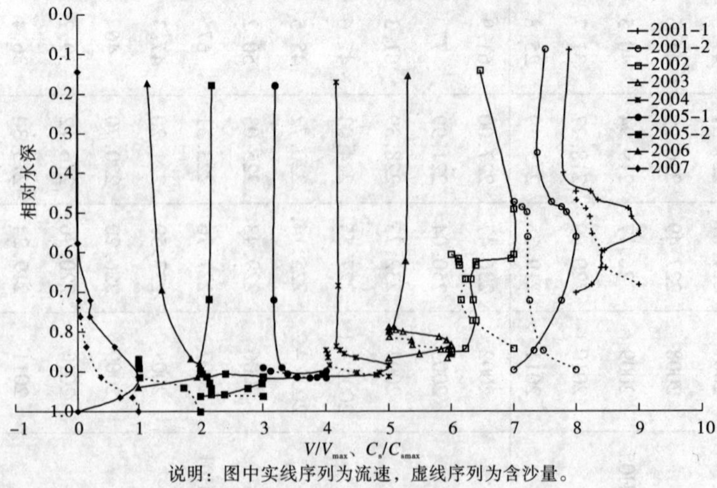

说明：图中实线序列为流速，虚线序列为含沙量。

图 2-50　HH09 断面异重流垂线分布

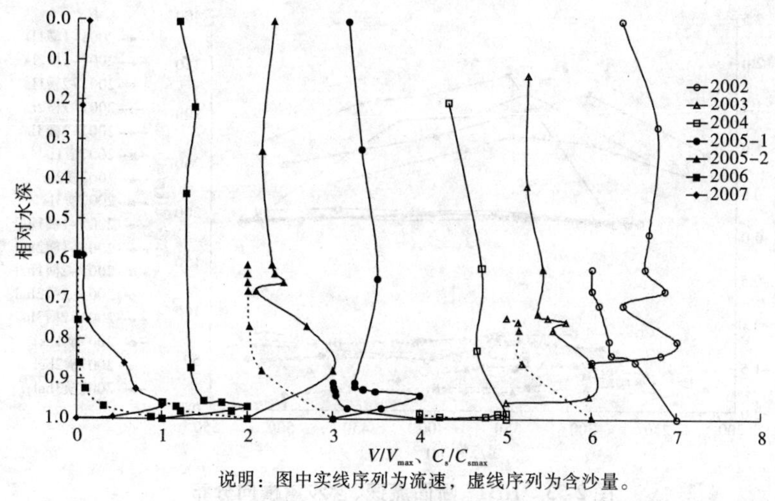

说明：图中实线序列为流速，虚线序列为含沙量。

图 2-51　HH01 断面异重流垂线分布

含沙量极值点均位于近库底位置，含沙量垂向变化递度随水深的增加而变大，近库底含沙量递度最大。泥沙粒径的垂线分布一般上细下粗。

三、流速、含沙量、异重流厚度横向分布

在异重流测验横断面测验法中根据断面河道形态、水流形态，布置 5 ~ 7 条垂线进行测验，异重流横向分布是选择各断面横断面法实测资料，绘制其横向分布图（见图 2-52 ~ 图 2-66），分析研究其横向分布规律。异重流流速、含沙量在各断面横向上的表现有如下几个特征：

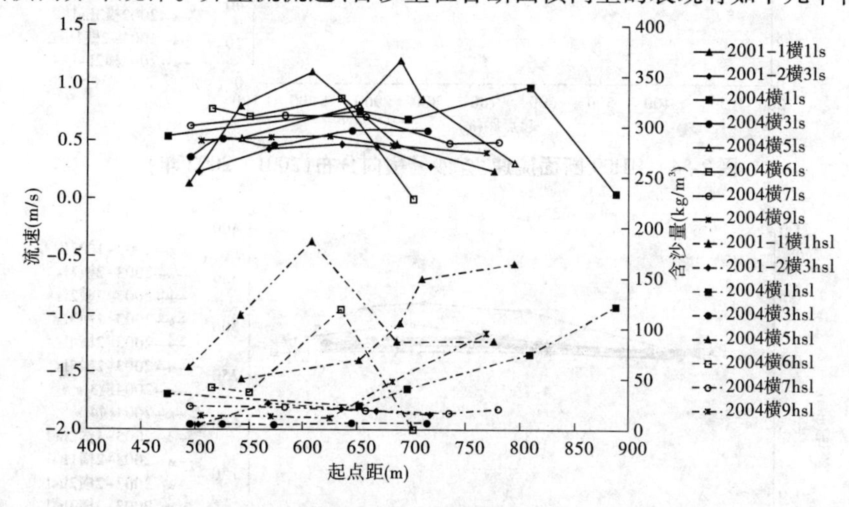

注：ls 为流速，hsl 为含沙量。下同。

图 2-52　HH29 断面流速、含沙量横向分布

（1）流速、含沙量、厚度横向分布基本为主槽大、边流小。横向上流速、含沙量、厚度极大值往往出现在主槽部分，这与异重流在库区内演进规律是相符的：边壁摩阻力较大，异重流能量损失较大，而主流部分摩阻力小，其流速、含沙量、异重流厚度相对较大。表现为横向分布上，就是主槽大（厚）、边流小（薄）。

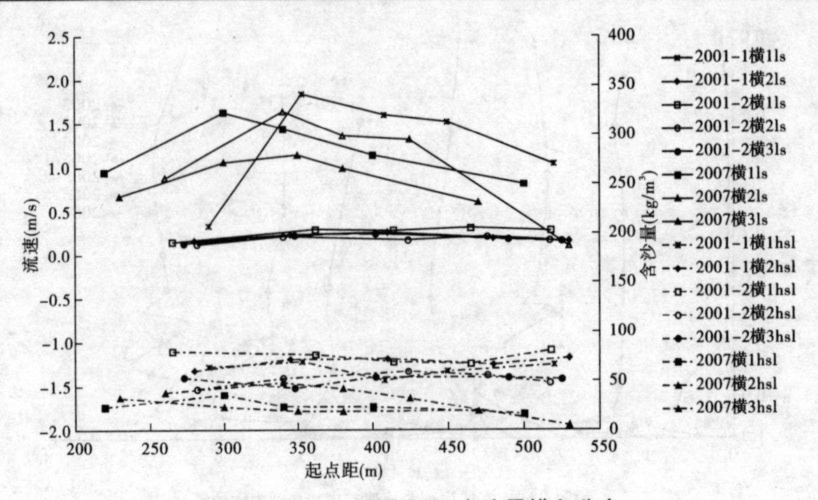

图 2-53　HH17 断面流速、含沙量横向分布

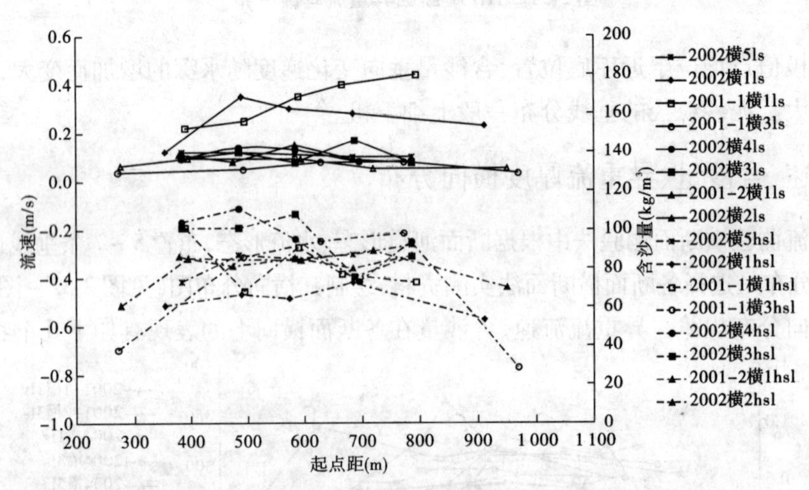

图 2-54　HH09 断面流速、含沙量横向分布(2001～2002 年)

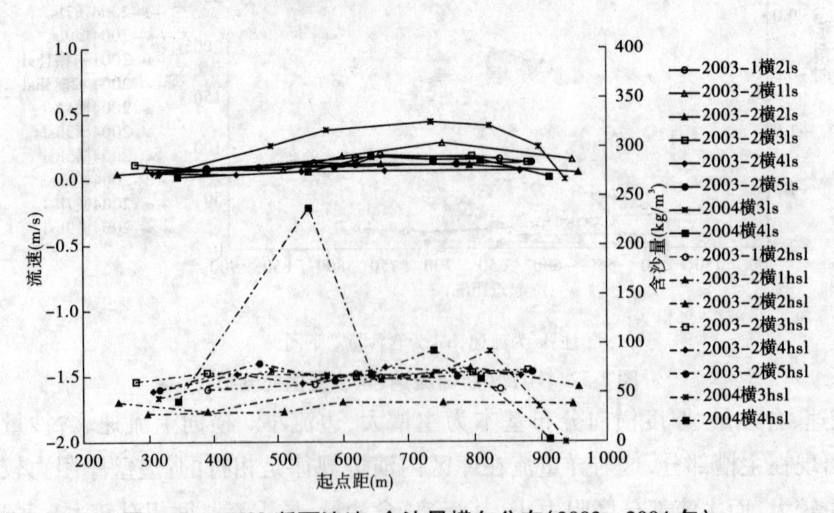

图 2-55　HH09 断面流速、含沙量横向分布(2003～2004 年)

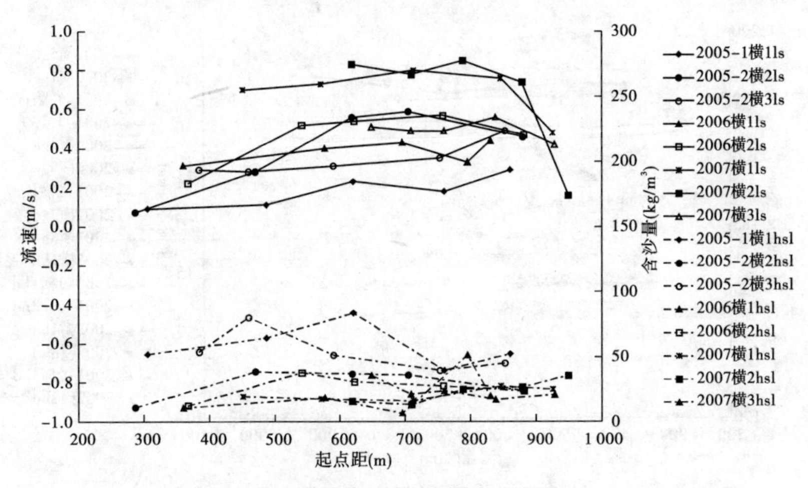

图 2-56　HH09 断面流速、含沙量横向分布(2005～2007 年)

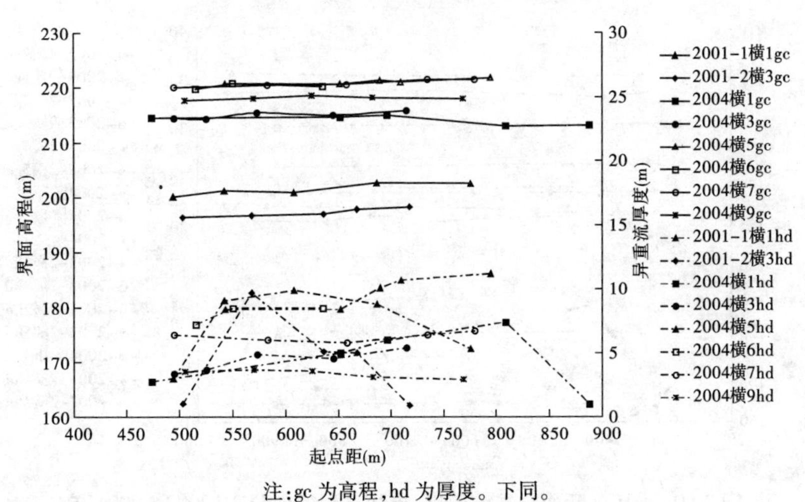

注:gc 为高程,hd 为厚度。下同。

图 2-57　HH29 断面异重流厚度、界面高程横向分布

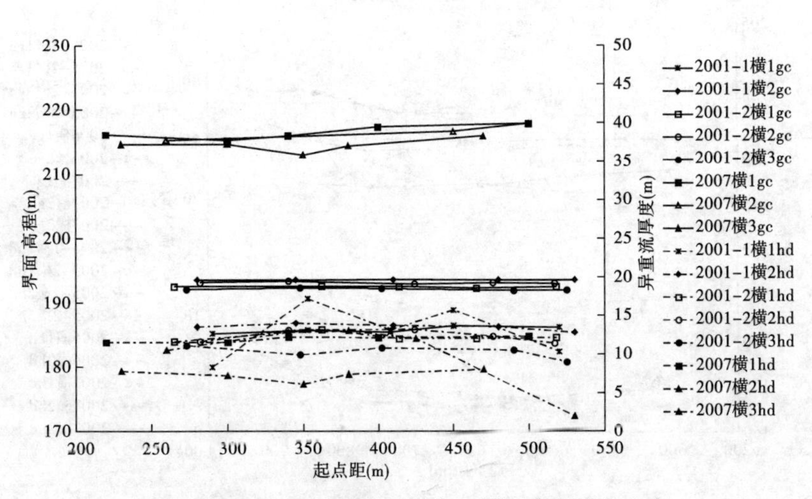

图 2-58　HH17 断面异重流厚度、界面高程横向分布

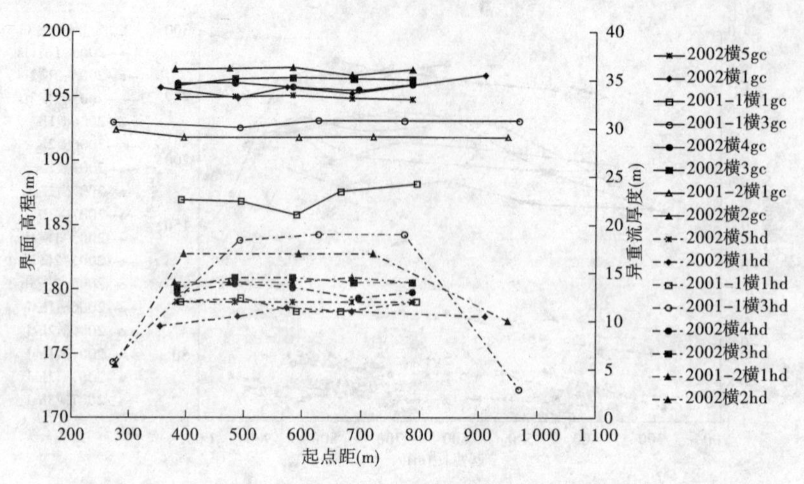

图2-59　HH09断面异重流厚度、界面高程横向分布(2001~2002年)

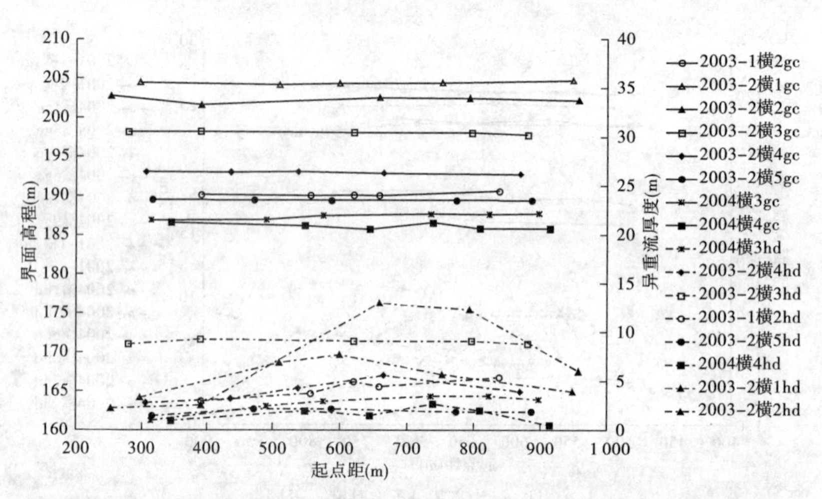

图2-60　HH09断面异重流厚度、界面高程横向分布(2003~2004年)

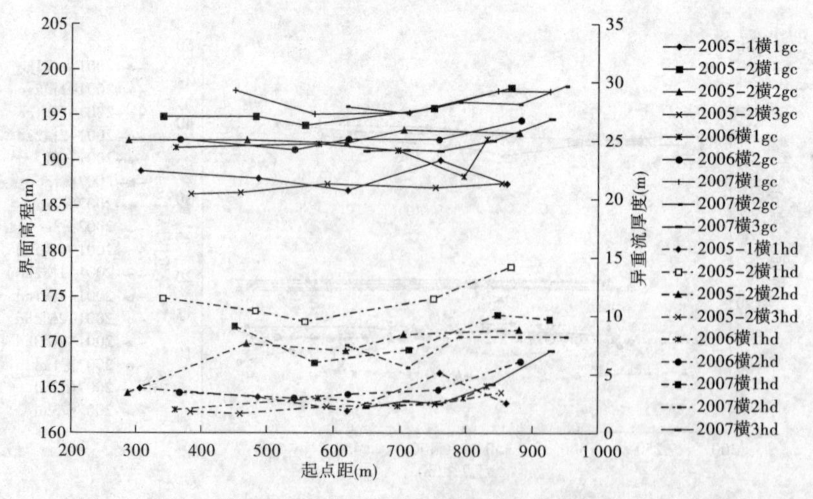

图2-61　HH09断面异重流厚度、界面高程横向分布(2005~2007年)

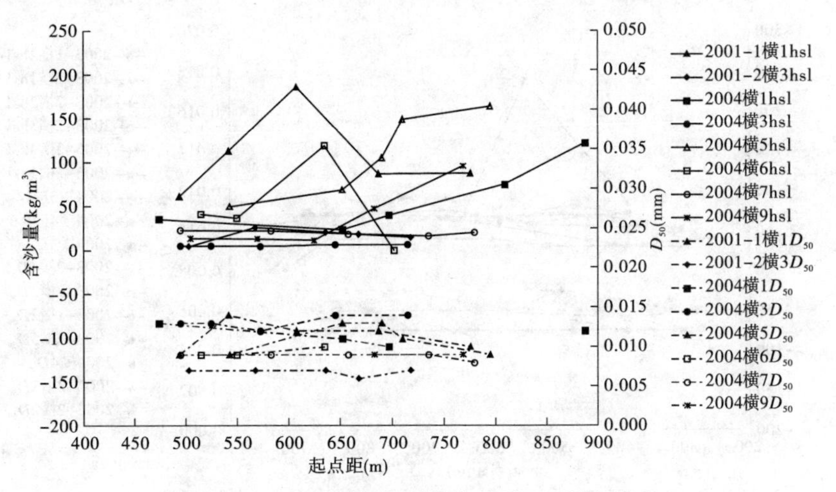

图 2-62　HH29 断面异重流含沙量、D_{50}横向分布

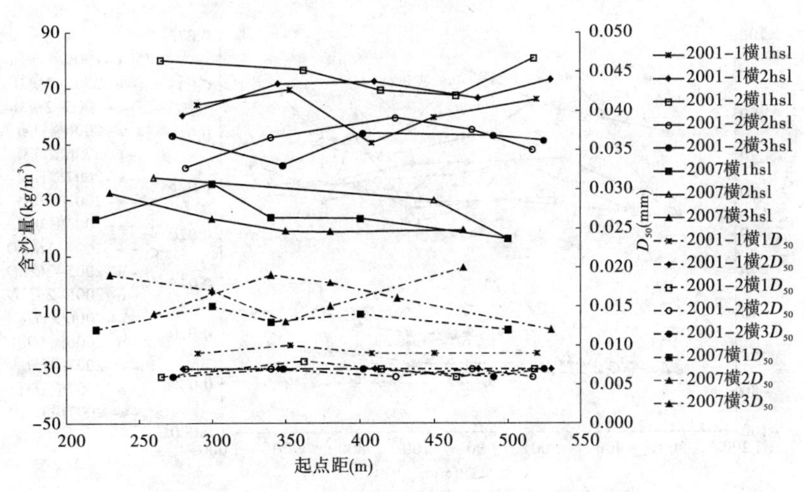

图 2-63　HH17 断面异重流含沙量、D_{50}横向分布

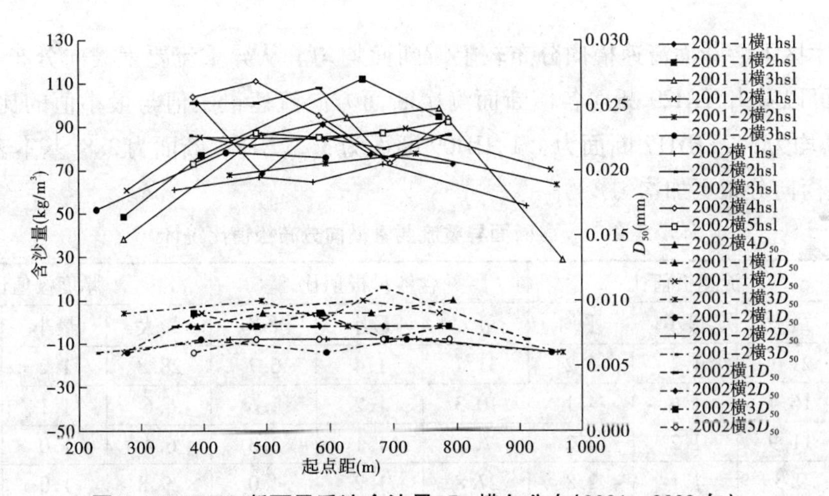

图 2-64　HH09 断面异重流含沙量、D_{50}横向分布(2001～2002 年)

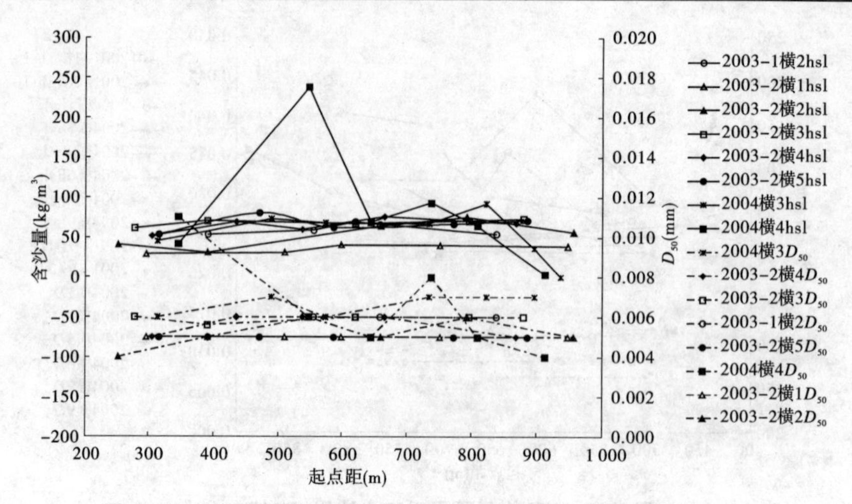

图 2-65　HH09 断面异重流含沙量、D_{50} 横向分布(2003～2004 年)

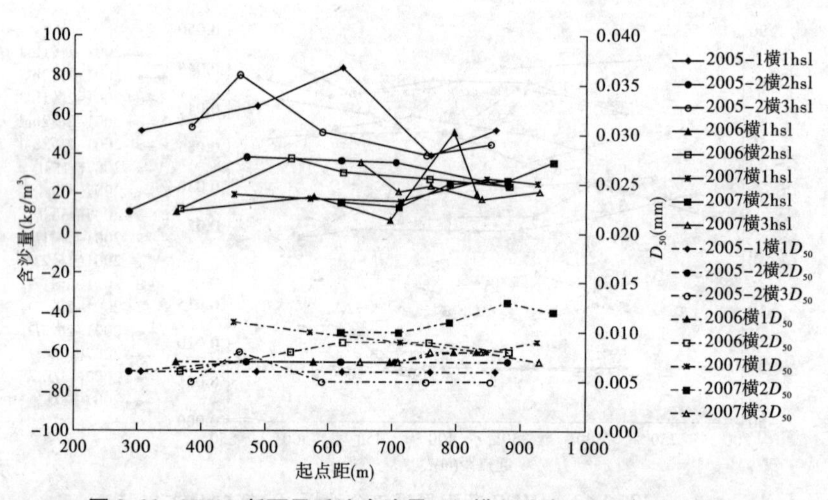

图 2-66　HH09 断面异重流含沙量、D_{50} 横向分布(2005～2007 年)

(2)库区下游断面流速横向分布较上游断面均匀。从异重流要素横向分布极值比(见表 2-21)可以看出,HH29 断面各横断面测次断面方向流速最大值与最小值的比值 2001～2013 年平均为 5.2,HH17 断面为 4.1,HH09 断面为 3.2,HH01 断面为 2.8,基本表现为愈到下游流速横向分布更加均匀。

表 2-21　各断面异重流要素横向分布极值比统计

断面名称	流速极值比			含沙量极值比			厚度极值比		
	最大	最小	平均	最大	最小	平均	最大	最小	平均
HH29	21.1	1.3	5.2	31.1	1.4	6.7	28.8	1.2	6.0(3.7)
HH17	16.4	1.6	4.1	10.3	1.2	2.6	6.6	1.1	2.0(1.3)
HH09	11.9	1.2	3.2	7.6	1.1	2.3	6.4	1.0	2.3(2.2)
HH01	9.3	1.1	2.8	27.8	1.2	4.0	29.8	1.0	3.2(2.1)

注:为了消除测验中偶然因素的影响,厚度极值比平均中带括号的数据为剔除各断面历年异重流厚度横向分布极值序列中的明显偏大的数据后计算所得。

(3)库区下游断面含沙量横向分布上游断面变化更为剧烈。其中 HH29 断面各横断面测次断面方向含沙量最大值与最小值的比值 2001～2013 年平均为 6.7,HH17 断面为 2.6,HH09 断面为 2.3,HH01 断面为 4.0,基本表现为下游断面含沙量横向分布上游断面变化更为剧烈。

(4)与流速、含沙量横向分布相比,异重流厚度横向变化较小(见表 2-21)。从统计表中可以看出,其中各断面异重流厚度横向变化幅度最大为 HH29 断面,也仅为 3.7,明显比流速、含沙量变化幅度小。由于异重流在横向上存在能量交换,导致各条垂线异重流厚度趋向平衡,因此异重流厚度横向上变化幅度较小。

(5)与流速横向分布变化幅度上、下游规律相同,库区上游断面异重流厚度横向变化幅度较大,但是到库区下游断面如 HH09、HH01 断面其变化幅度较小,其中 HH09 断面 2.2,HH01 断面 2.1。

(6)受泥沙沿程沉降、分选,各断面横向分布中数粒径变幅较小。粒径与含沙量横向分布规律基本相同,但其变化幅度较含沙量为小。横向上粒径值比最大为 2.2,出现在 2004 年 HH29 断面第 4 次横断面测验中,其最大中数粒径为 0.011 mm,最小中数粒径为 0.005 mm。

四、小结

综合本节所述,可得出以下结论:

(1)异重流垂向分布规律。流速垂向分布基本上表现为两种形态:第一种形态是流速极值相对靠近异重流底部或库底,在极值以下流速迅速减少。此形态在库区上游断面经常出现。第二种形态是流速极值相对靠近清浑水界面,极值点以下流速随水深减小,至异重流底部或库底流速减小为 0,此形态在库区下游河道中会出现。含沙量极值点均位于近库底位置,含沙量垂向变化梯度随水深的增加而变大,近库底含沙量梯度最大。泥沙粒径的垂线分布一般上细下粗。

(2)异重流横向分布。流速、含沙量、厚度横向分布基本表现为主槽大(厚)、边流小(薄)。原因在于边壁摩阻力较大,异重流能量损失较大,而主流部分摩阻力小,其流速、含沙量、异重流厚度相对较大。

异重流横向分布在不同断面的不同主要表现为:上游断面异重流横向变化较大,愈往下游愈趋向均匀,但是在坝前由于排沙洞的开启,异重流排沙出洞,异重流横向分布就适应排沙洞,表现为横向分布不均匀,各要素横向变化较大。

第七节　异重流沿程纵向演进

异重流在库尾段潜入后,沿库底向前推进,其推进速度与入库水沙过程以及库区河道形态有直接的关系。异重流沿程纵向演进,对于掌握异重流演进规律,预测异重流到达坝前的时间,适时科学调度排沙洞的启闭,有效利用异重流实现水库排沙减淤,具有重要意义。在历年的异重流测验中,各断面都严密监测异重流的出现时间、异重流流速、含沙量、厚度等情况,为分析、研究异重流在小浪底库区的演进情况积累了丰富的实测数据。

一、异重流演进速度变化

异重流在水库库尾段潜入后,其运行至坝前所用的时间是不同的(见表2-22),表现在速度上,2001~2009年异重流在库区运行的平均速度在0.24~0.77 m/s,而自2010年以后,异重流传播速度发生较大变化,2011~2013年异重流在库区运行的平均速度达到0.91~1.08 m/s,如2013年异重流于7月4日11时30分在HH06断面附近潜入,于7月4日13时30分到异重流排沙出库,运行速度达到1.08 m/s,但是2004年调水调水期间人工塑造异重流,7月6日18时56分在HH05断面监测到异重流后,桐树岭和坝前410 m断面在预测时间内却一直未监测到异重流,直到7月8日15时才在桐树岭断面监测到异重流,异重流运行速度仅为0.24 m/s,最快与最慢比值达到4倍以上。这说明在不同的水沙和库区形态情况下,异重流沿水库纵向演进的规律是不同的。

表2-22　异重流演进速度统计

年份	潜入发生时间 (月-日 时:分)	潜入点 距坝里程(km)	到达坝前时间 (月-日 时:分)	演进速度 (m/s)
2001	08-20 10:00	52.29	08-21 15:00	0.50
2002	07-06 02:00	63.26	07-07 08:00	0.59
2003	08-01 14:00	60.96	08-02 19:00	0.57
2004	07-05 18:00	58.51	07-08 15:00	0.24
2005	06-27 18:30	41.1	06-29 16:00	0.25
2006	06-25 09:00	43.0	06-26 00:30	0.77
2007	06-27 18:30	30.6	06-28 15:30	0.40
2008	06-28 15:00	24.73	06-29 06:00	0.46
2009	06-29 18:15	22.1	06-30 14:15	0.31
2010	07-04 06:35	18.9	07-04 11:20	1.07
2011	07-04 13:40	12.8	07-04 17:34	0.91
2012	07-04 7:20	12.9	07-04 11:00	0.97
2013	07-04 11:30	7.74	07-04 13:30	1.08

二、异重流平均流速、含沙量沿程变化

异重流的产生演进过程可分为三个阶段,分别为产生阶段、持续来水来沙阶段(异重流持续阶段)和异重流消弱、衰退直到消失阶段。异重流在库区内运动,受断面形态、后续来

水来沙等情况的不同变化,异重流在不同的时段会呈现不同的沿程变化。在异重流行进过程中,流速的变化受沿程阻力的影响总体呈减小趋势,初期阶段受局部地形的影响较大。

图 2-67～图 2-71 分别绘制了 2001～2013 年不同年份流速、含沙量的沿程分布。从沿程变化情况看,HH17 断面以上流速递减速度快;受八里胡同地形的影响,异重流形成初期 HH17 断面流速有较大幅度增加,之后异重流逐渐稳定;入库流量减小,局部流速变化梯度减小,沿程表现为缓慢递减;HH13 断面以下沿程流速基本稳定。

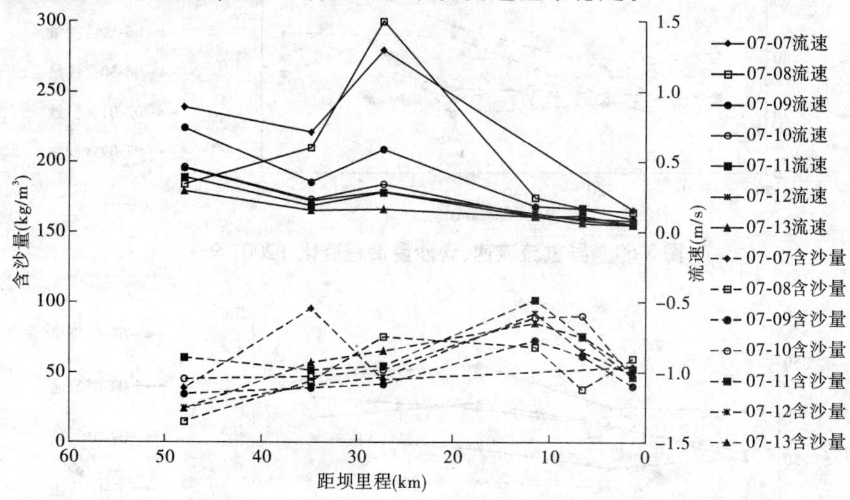

图 2-67　异重流流速、含沙量沿程变化（2002 年）

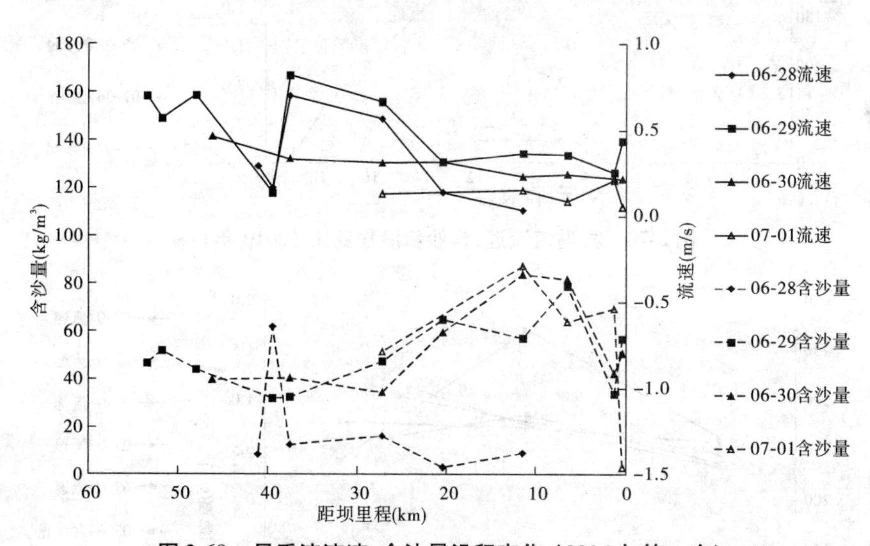

图 2-68　异重流流速、含沙量沿程变化（2005 年第一次）

三、异重流厚度沿程变化

异重流厚度是异重流强弱的一个重要参数,由于在运行中异重流层泥沙会和上层清水有掺混过程,所以在异重流的界面附近形成一个低含沙量的水层,需要以一定含沙量作为确定异重流界面的指标,在异重流资料分析中,一般以含沙量为 3 kg/m³ 的水深作为异重流的界面高度,其高程就为异重流的界面高程。

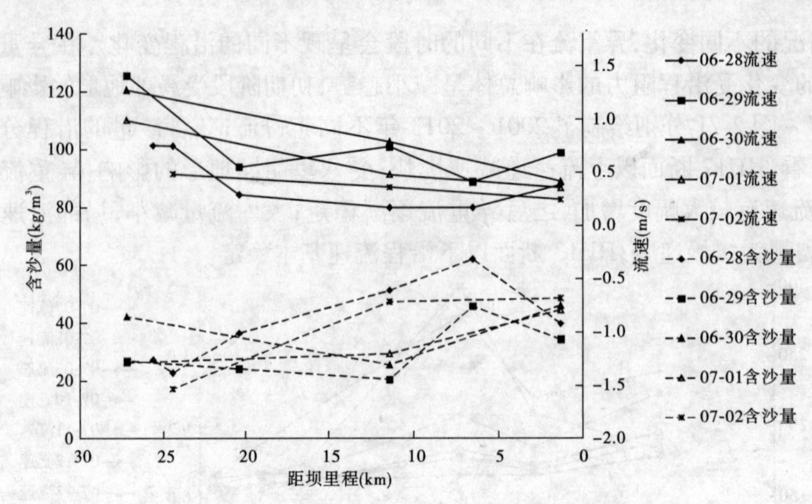

图 2-69　异重流流速、含沙量沿程变化（2007 年）

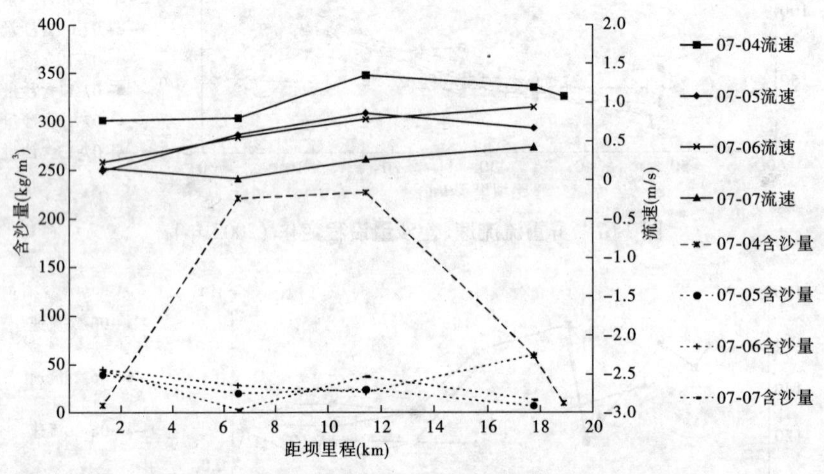

图 2-70　异重流流速、含沙量沿程变化（2010 年）

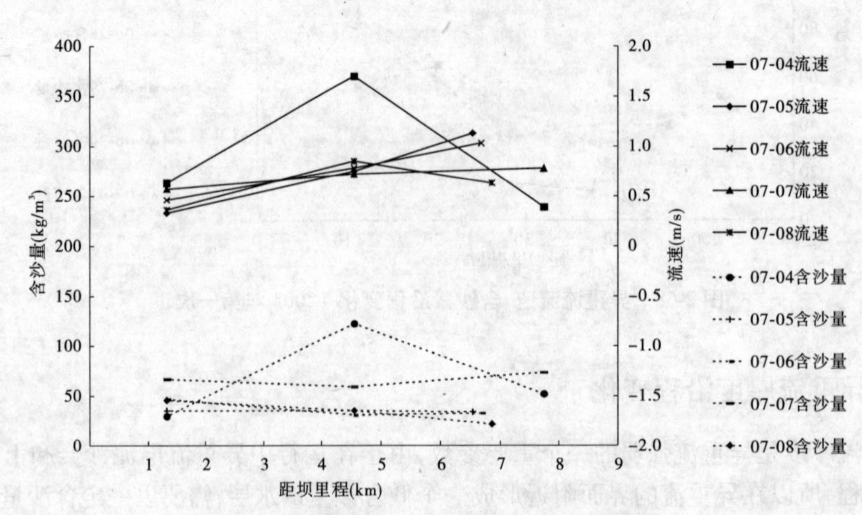

图 2-71　异重流流速、含沙量沿程变化（2013 年）

图 2-72 ~ 图 2-76 绘制了小浪底水库 2002 ~ 2013 年不同年份异重流界面高程、异重流厚度变化图。异重流厚度与库区断面形态的关系较为密切，库尾段异重流潜入后，受沿程阻力的影响，异重流动能转化为势能，导致异重流界面逐渐抬高，加之河道比降水深增大，异重流厚度沿程变厚，如 2003 年第一次异重流期间，8 月 3 日河堤断面（HH37）异重流厚度为 0.92 m，沿程逐渐变厚，HH34 断面 2.1 m，HH29 断面 4.37 m，至 HH17 断面异重流厚度增加为 6.4 m，HH17 断面以下由于河道变宽，异重流宽度增加，异重流厚度沿程变薄。当异重流到达坝前范围后，一般是 HH05 断面以后，会出现异重流界面壅高、厚度增加的现象。

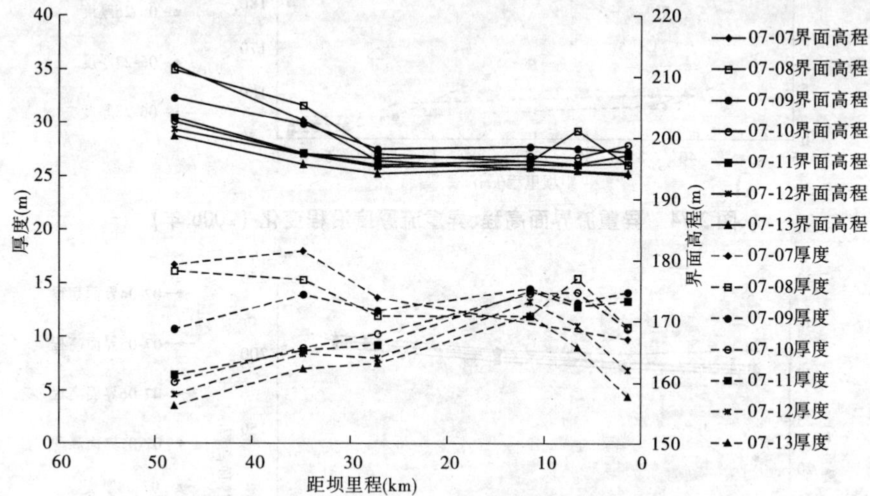

图 2-72　异重流界面高程、异重流厚度沿程变化（2002 年）

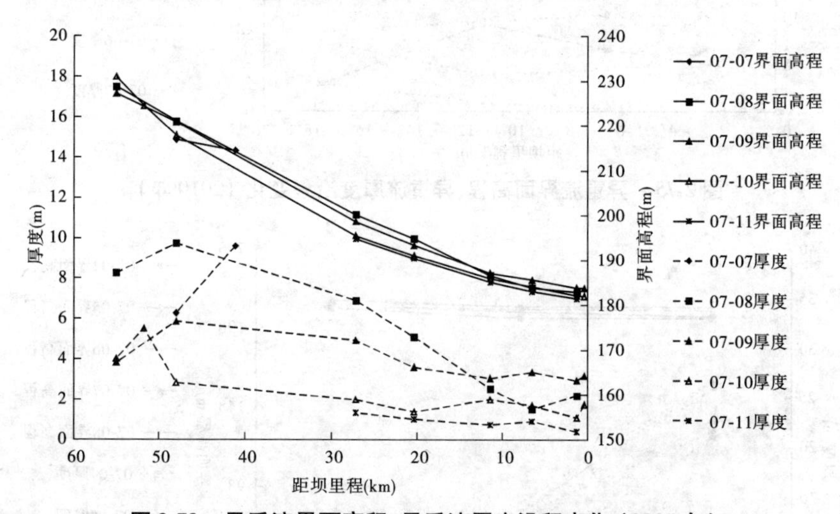

图 2-73　异重流界面高程、异重流厚度沿程变化（2004 年）

四、中数粒径沿程变化

图 2-77 ~ 图 2-81 绘制了小浪底水库 2002 ~ 2013 年不同年份异重流中数粒径、含沙量沿程变化图。异重流中数粒径、含沙量沿程变化异重流在库区运动过程中泥沙颗粒沿程不断筛选，粗颗粒沉降、淤积，而细泥沙悬浮于水中继续向坝前推移，泥沙组成自上游向下细化、均匀。

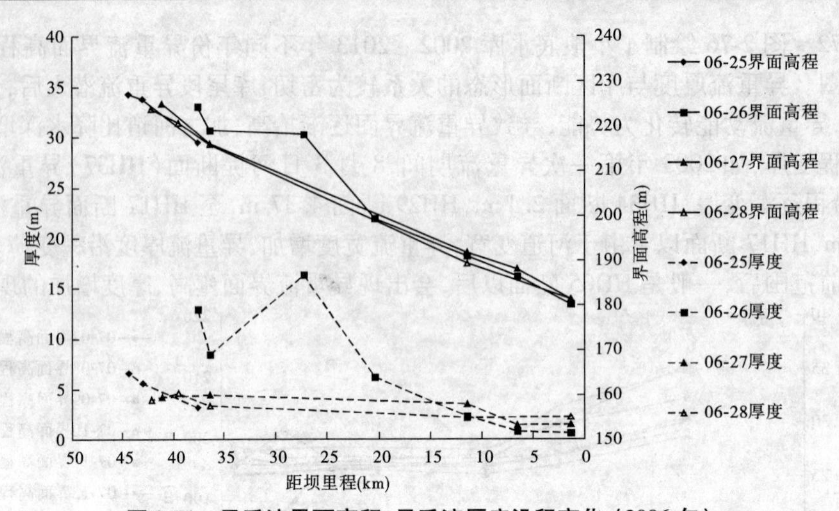

图 2-74　异重流界面高程、异重流厚度沿程变化（2006 年）

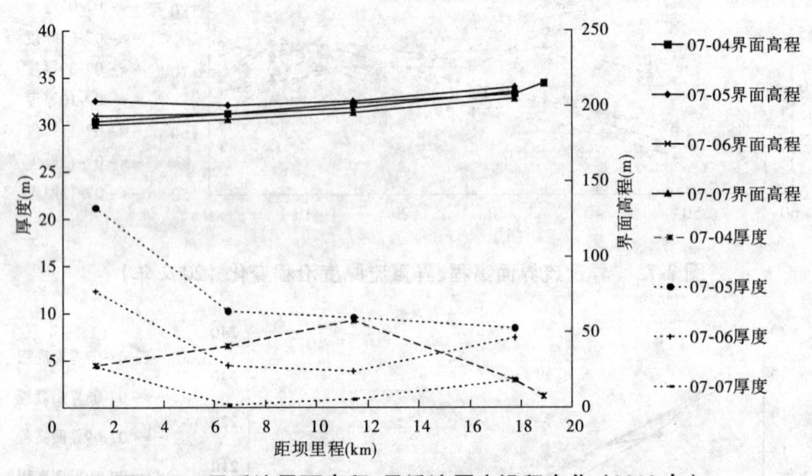

图 2-75　异重流界面高程、异重流厚度沿程变化（2010 年）

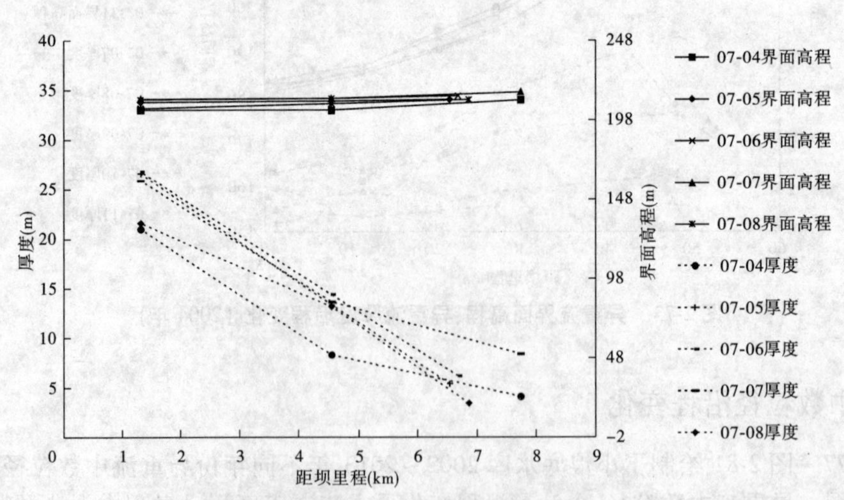

图 2-76　异重流界面高程、异重流厚度沿程变化（2013 年）

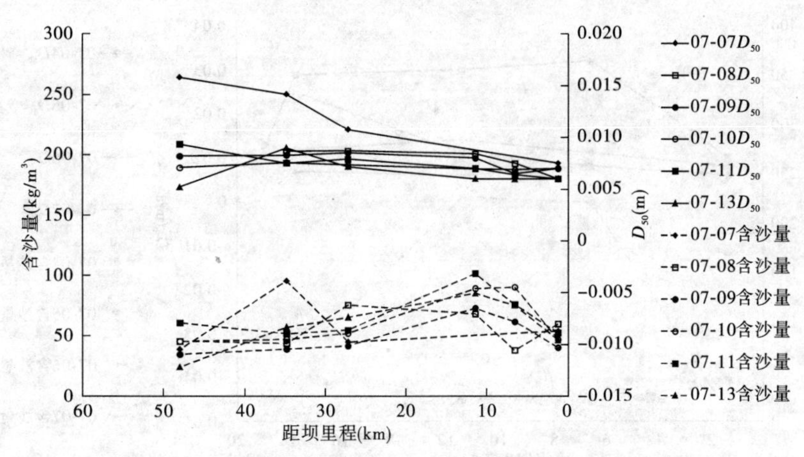

图 2-77　异重流中数粒径 D_{50}、含沙量沿程变化（2002 年）

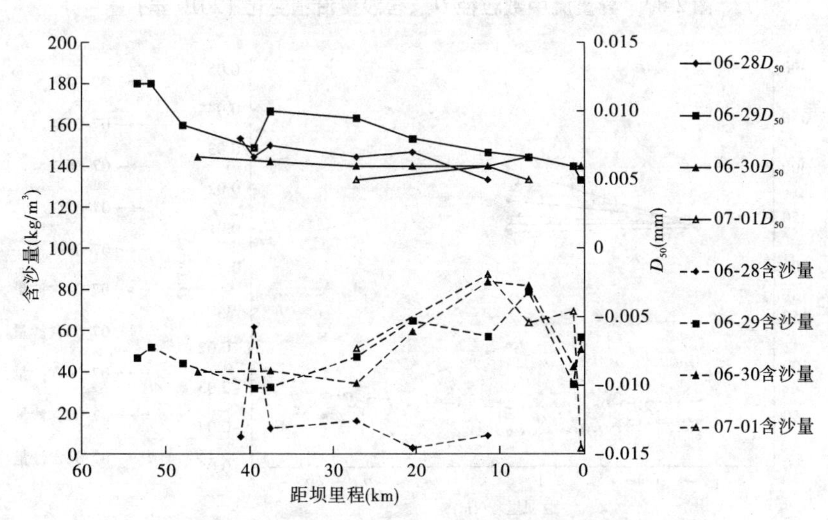

图 2-78　异重流中数粒径 D_{50}、含沙量沿程变化（2005 年第一次）

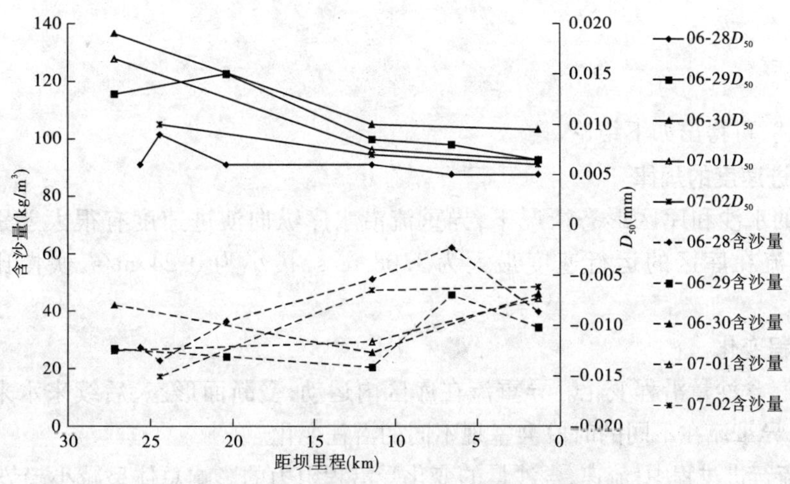

图 2-79　异重流中数粒径 D_{50}、含沙量沿程变化（2007 年）

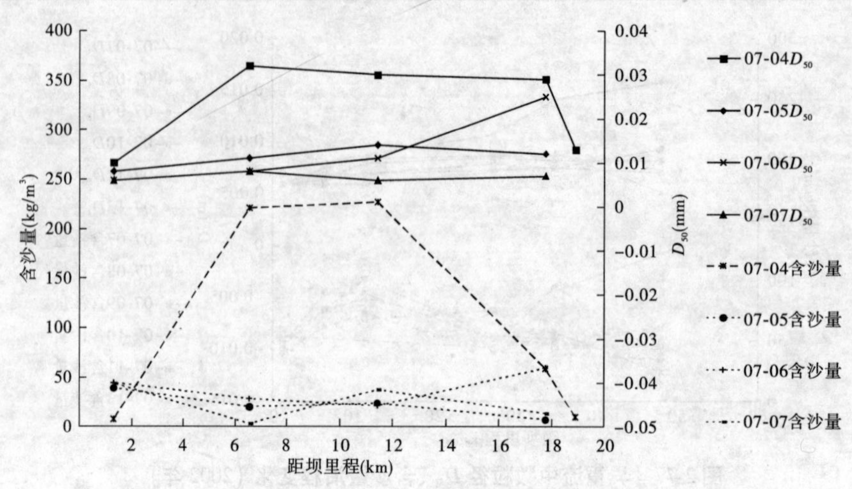

图 2-80　异重流中数粒径 D_{50}、含沙量沿程变化（2010 年）

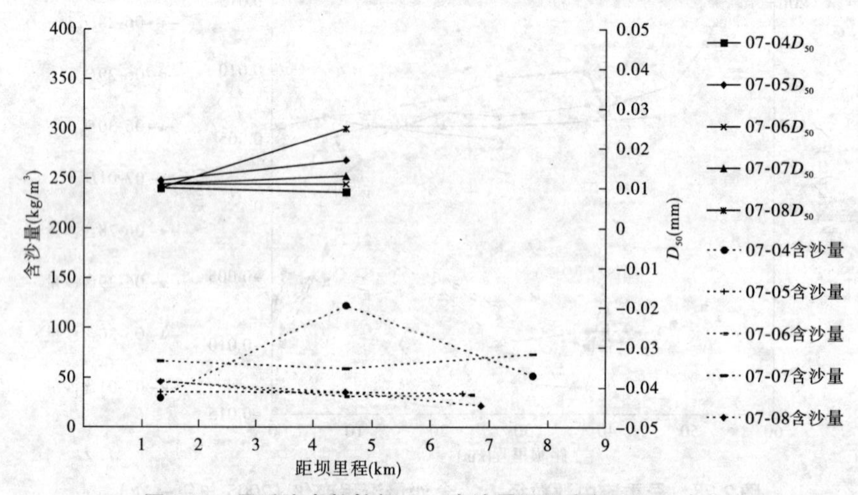

图 2-81　异重流中数粒径 D_{50}、含沙量沿程变化（2013 年）

五、小结

综上所述,可得出如下结论。

(一)演进速度的规律

在不同的水沙和库区形态情况下,异重流沿水库纵向演进速度有很大差别。2001 ~ 2013 年异重流在库区的运行速度最大为 1.08 m/s,最小为 0.24 m/s,快慢比值达到 4 倍以上。

(二)沿程变化

(1)流速、含沙量沿程变化。异重流在库区内运动,受断面形态、后续来水来沙等情况的不同变化,异重流在不同的时段会呈现不同的沿程变化。

在异重流行进过程中,流速、含沙量的变化受沿程阻力的影响总体呈减小趋势, HH17 断面以上流速、含沙量递减速度快;受八里胡同地形的影响,异重流形成初期 HH17 断面流速、含沙量有较大幅度增加,之后逐渐稳定;随着入库流量的减小,局部流速、含沙量变化梯度减小,沿程表现为缓慢递减;HH13 断面以下沿程流速基本稳定,含沙量在坝前有增大的趋势。

(2)厚度沿程变化。异重流厚度与库区断面形态的关系较为密切,库尾段异重流潜入后,受沿程阻力的影响,异重流动能转化为势能,导致异重流界面逐渐抬高,加之河道比降水深增大,异重流厚度沿程变厚,HH17 断面以下由于河道变宽,异重流宽度增加,异重流厚度沿程变薄。当异重流到达坝前范围后,一般是 HH05 断面以后,会出现异重流界面壅高、厚度增加的现象。

(3)中数粒径沿程变化。异重流在库区运动过程中泥沙颗粒沿程不断筛选,粗颗粒沉降、淤积,而细泥沙悬浮于水中继续向坝前推移,泥沙组成自上游向下细化、均匀。

第八节　异重流在支流河口的表现

干流入库水沙过程形成的异重流在向下游坝前运行时,如遇支流口门大的清水水体时,就会以异重流的形式倒灌入支流,上游干流来水来沙产生的异重流在支流河口会产生倒灌现象。由于进入支流后异重流能量沿程衰减,在河口区异重流挟带泥沙淤积,导致支流河口河床局部高程抬高,使得支流水量宣泄不畅,从而在支流河口形成倒锥体的淤积,甚至形成拦门沙,使支流河口区淤积量增大,库床局部高程抬高,在枯水季节当库水位明显降低时,支流水量会因河口区高程太高而泄流不畅。小浪底水库支流众多,大的支流有沇西河、西阳河、东洋河等,在支流河口进行异重流观测,对研究异重流对支流河口区淤积的影响程度及其对异重流沿程演进规律有着重要的意义。因此,在直接入库支流河口进行异重流观测,对研究异重流对支流河口区淤积的影响程度有着重要意义。

一、小浪底水库支流情况

小浪底水库库区河谷上窄下宽,水库上段(67 km 以上)河谷底宽 200 ~ 900 m,下段河谷底宽 500 ~1 600 m ,距坝约 30 km 以上有河长约 4 km 的八里胡同,河谷宽 300 ~500 m。库区有大峪河、煤窑沟、畛水河、石井河、东洋河、大交沟、西阳河、峪里河、沇西河、亳清河、板涧河等十多条大支流汇入,集中分布在库区下段,库区地形复杂,主要支流特征值见表 2-23。

表 2-23　小浪底水库主要支流情况统计

河名	距坝里程(km)	河道长度(km)	流域面积(km^2)	河道比降(‰)	历史调查最大洪水(m^3/s)	淤积断面布设情况
大峪河	4.4	55	258	10.0	3 000	
畛水河	18.0	53.7	431	17.81	1 280	
石井河	22.0	22	140	12.0	2 200	
东洋河	30.2	60	571	9.2	2 530	
西阳河	40.8	53	404	10.6	2 360	
沇西河	56.3	72	576	12.8	3 000	
亳清河	57.1	52	647	9.0	4 420	

二、支流河口异重流测验情况

2001～2013 年共在支流河口施测异重流过程 3 次，其中 2003 年、2004 年在沇西河口，2005 年在西阳河口进行测验，共施测主流线 26 次。测点最大流速 1.42 m/s，最大含沙量 1 070 kg/m³。异重流层最大平均流速 0.77 m/s，最大含沙量 477 kg/m³，最大中数粒径 0.031 mm。小浪底水库支流河口异重流测验情况统计见表 2-24。

表 2-24　小浪底水库支流河口异重流测验情况统计

年份	支流断面	距坝里程(km)	测次	最大水深(m)	最大异厚(m)	最大流速(m/s)		最大含沙量(kg/m³)		最大中数粒径(mm)
						测点	平均	测点	平均	
2003	沇西河 1	56.3	9	12.2	6.4	0.46	0.29	934	256	0.015
2004	沇西河 1	56.3	11	16.8	10.2	1.42	0.77	946	477	0.031
2005	西阳河 1	40.8	6	20.6	5.0	0.56	0.21	1 070	104	0.008

三、流速、含沙量垂线分布

支流河口异重流是干流入库水沙过程形成的异重流在向下游坝前运行时遇到支流口门清水水体后，以异重流的形式倒灌入支流，故其方向与支流水流方向相反，异重流测验中支流河口流向以向上游为正。支流河口异重流流速含沙量垂线分布规律如下。

在韩其为所著《水库淤积》中概化了异重流倒灌时异重流及清水运行图形（见图 2-82）。根据概化图形，异重流在支流河道中行进时，清水不断从异重流中析出并在表层中向支游下游流动，在支流下游表现为 0 流速，随着异重流在支流中不断向上游行进，界面不断抬高，清水不断析出，表层清水逐渐表现为负流向（向支流下游），且从支流河口下游向上游，表层负流速越来越大。

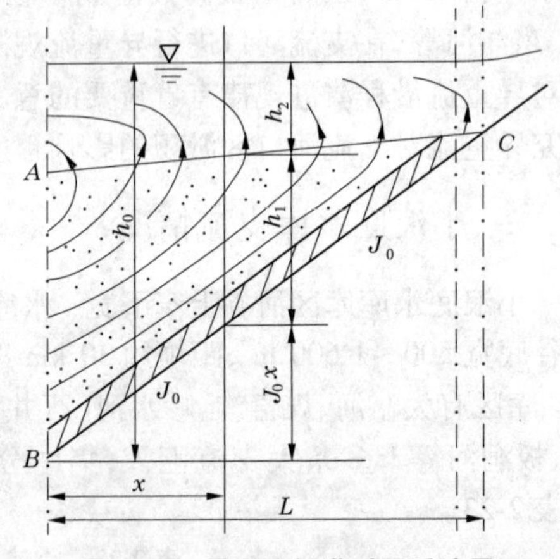

图 2-82　异重流倒灌时异重流及清水运行概化图形

在垂线方向上流速有两个极大值，第一个极大值位于异重流界面上方，靠近界面，其流向为负，向下游水库方向流动。第二个极大值位于异重流层，其流向为正，向水库支流上游流动。

支流河口含沙量垂线分布与干流分布基本相同，最大值靠近河床底部。

流速、含沙量垂线分布见图 2-83、图 2-84。

四、支流河口异重流变化规律

（一）支流河口异重流厚度及清浑界面高程变化

由于异重流在支流河口的向上扩散和支流来水的顶托作用，使得异重流在此区域内的

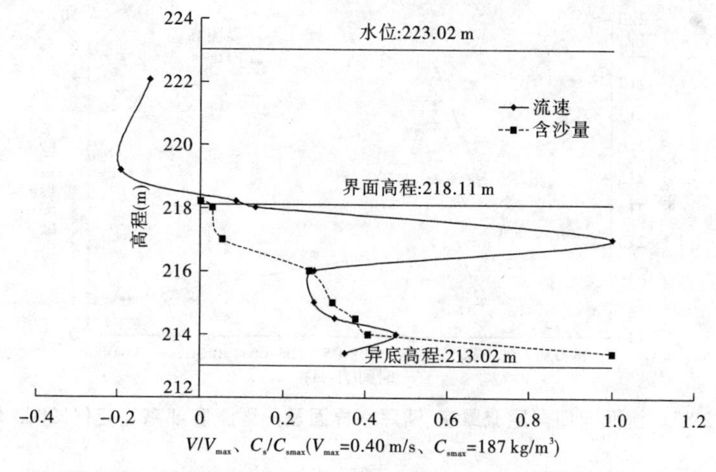

图 2-83　沇西河口流速、含沙量垂线分布(2003 年主 3－1)

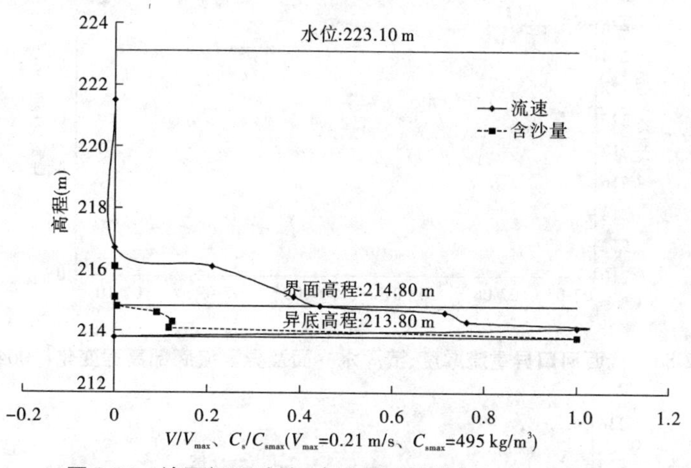

图 2-84　沇西河口流速、含沙量垂线分布(2003 年主 4)

能量有所减小,在河口区会有部分泥沙淤积或浑水层出现部分停滞,异重流的厚度、清浑界面和底部高程都有一定的变化。2003 年、2004 年、2005 年连续 3 年小浪底水库异重流测验中,在支流沇西河口、西阳河口设置了观测断面,并取得了宝贵的实测资料。

从图 2-85 ~ 图 2-87 中可以看出,在异重流形成、增强阶段,支流河口的清浑界面高程较高,河床高程随淤积增大也有所抬高,异重流厚度也较大,如 2003 年沇西河口厚度最大 6.2 m。随着入库水沙的减少,支流河口清浑水界面高程显著降低,异重流底部高程会降低,厚度减小,直至消失。

(二)支流河口流速、含沙量、中数粒径的变化

受库区异重流和支流来水的相互作用,支流河口区流速分布较不稳定,流速、含沙量大小多变。主要表现为以下几点:

(1)流速较小。这是由于异重流在支流河口倒灌时受支流来水顶托,能量损耗较大。2003 年 8 月 2 日沇西河口最大实测流速为 0.46 m/s,而同时间 HH34 断面最大实测流速达到 1.77 m/s, HH29 断面最大实测流速为 1.57 m/s。2005 年 6 月 28 日西阳河口最大实测

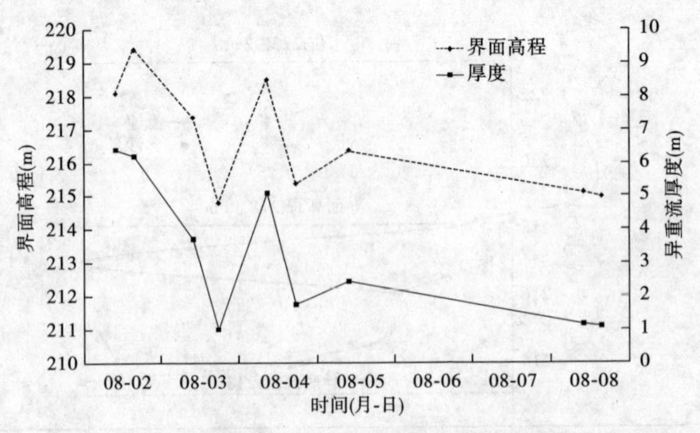

图 2-85 沇西河口异重流厚度、清浑水界面及异重流底部高程变化(2003 年)

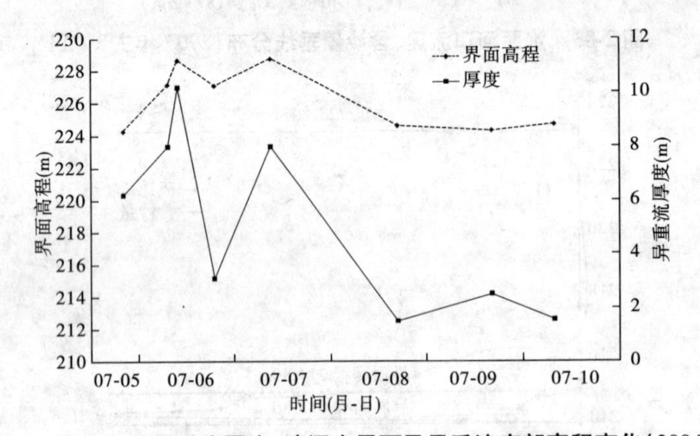

图 2-86 沇西河口异重流厚度、清浑水界面及异重流底部高程变化(2004 年)

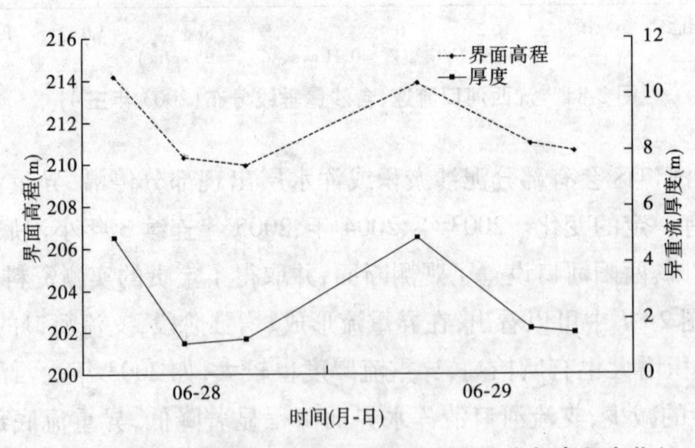

图 2-87 西阳河口异重流厚度、清浑水界面及异重流底部高程变化(2005 年)

流速为 0.56 m/s,HH23 断面最大实测流速为 1.15 m/s。

(2)异重流流速与含沙量变化同步性较好,这一点可以从图 2-88 看出。

受库区异重流和支流来水的相互作用,在河口区流速分布较不稳定,流速、含沙量大小多变。从沇西河、西阳河口主流线异重流层平均流速、平均含沙量变化过程(见图 2-89 ~ 图 2-94)中可以看出,平均流速、平均含沙量的变化过程基本同步。在异重流产生初期,上

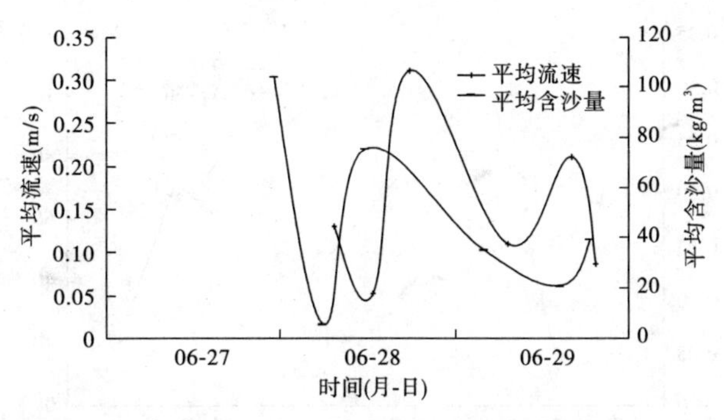

图 2-88　西阳河口主流线平均流速、平均含沙量变化过程

游段支流泥沙粒径较粗，如沇西河口 2003 年 8 月 2 日 D_{50}为 0.014 mm，2004 年 7 月 6 日 D_{50}达到 0.021 mm，随着异重流强度的减弱，泥沙颗粒迅速变细，维持在 0.006～0.008 mm。向下游河段泥沙粒径逐渐变细，且趋向于均匀，如西阳河口 2004 年 6 月主流线异重流层含沙量、D_{50}变化过程图。

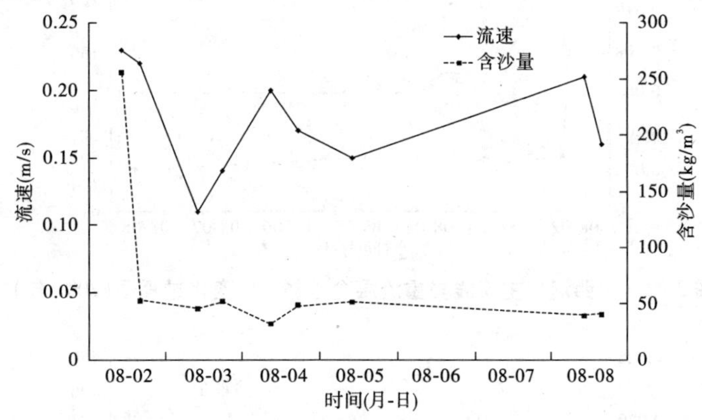

图 2-89　沇西河口主流线异重流层流速、含沙量变化过程(2003 年)

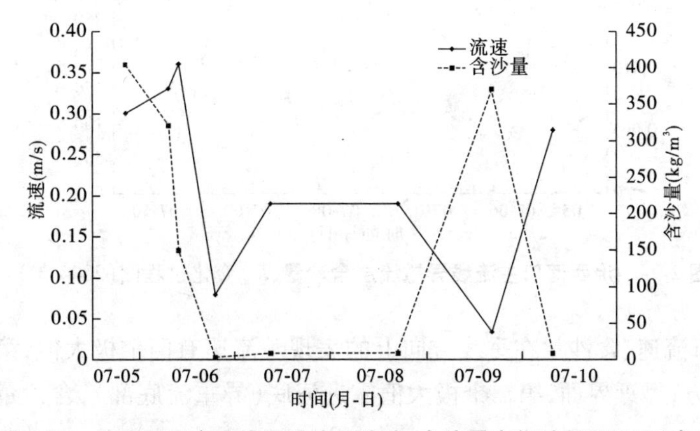

图 2-90　沇西河口主流线异重流层流速、含沙量变化过程图(2004 年)

五、小结

综上所述，可得出如下结论：

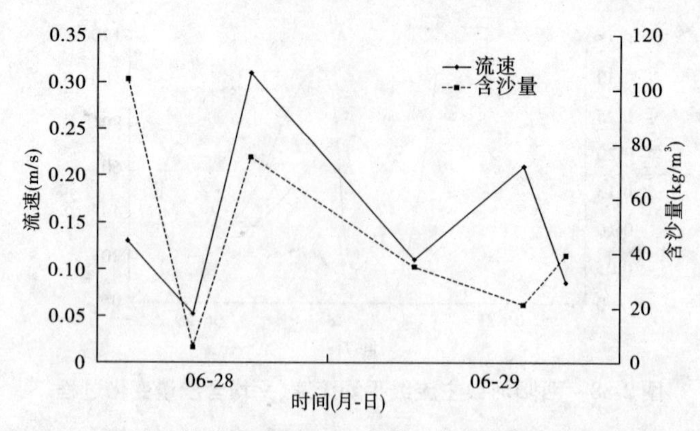

图 2-91　西阳河口主流线异重流层流速、含沙量变化过程图(2005 年)

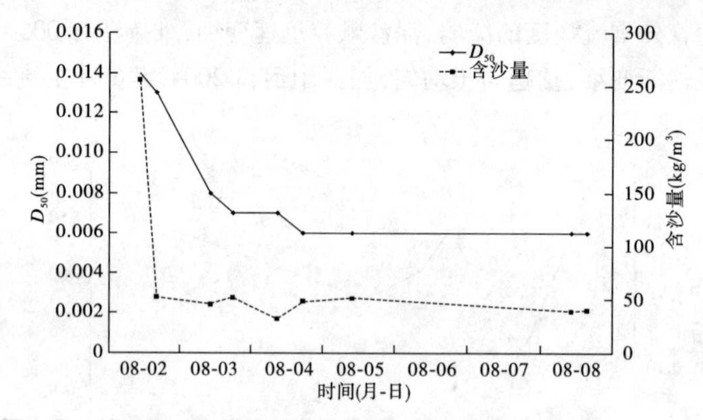

图 2-92　沇西河口主流线异重流层含沙量、D_{50} 变化过程图(2003 年)

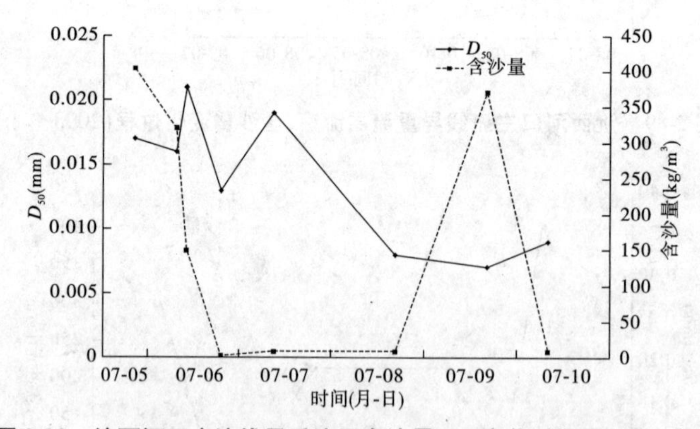

图 2-93　沇西河口主流线异重流层含沙量、D_{50} 变化过程图(2004 年)

(1)支流河口流速、含沙量在垂线方向上的表现。流速有两个极大值,第一个极大值位于异重流界面上方,靠近界面,第二个极大值靠近河底(异重流底部),含沙量最大值靠近河床底部。

(2)在异重流形成、增强阶段,支流河口的清浑界面高程较高,河床高程随淤积增大也有所抬高,异重流厚度也较大。随着入库水沙的减少,支流河口清浑水界面高程显著降低,异重流底部高程会降低,厚度减弱,直至消失。

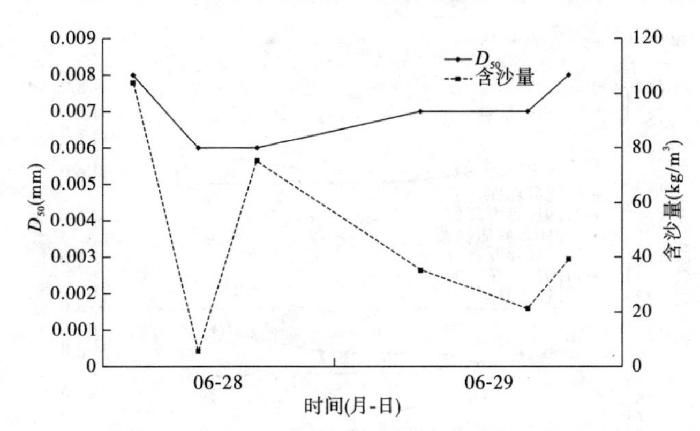

图 2-94 西阳河口主流线异重流层含沙量、D_{50}变化过程图(2004 年)

第九节 异重流在坝前的表现

水库异重流从潜入点形成后,经过在库区内的运行,到达坝前区后,异重流界面壅高,厚度增加,随排沙洞的开启排沙出库。在整个演进过程中,沿程异重流层与清水层会有部分水量的交换,运行到坝前区的异重流对水库排沙运用有着重要意义。因此,分析异重流在坝前区的表现及变化规律尤为重要。

一、异重流厚度、界面高程在坝前的表现

(一)坝前断面界面高程、异重流厚度的横向分布

根据历年来小浪底水库桐树岭断面界面高程和异重流厚度横向分布(见图 2-95 ~ 图 2-99)可以看出,异重流清浑水交界面在坝前区的横向分布基本上是等高的,异重流界面高程在 179.94 ~ 212.04 m。随着上游来水来沙和水库调度情况,异重流厚度在坝前区桐树岭断面的横向分布是不均匀的,厚度在 0.09 ~ 31.2 m(见表 2-25)。

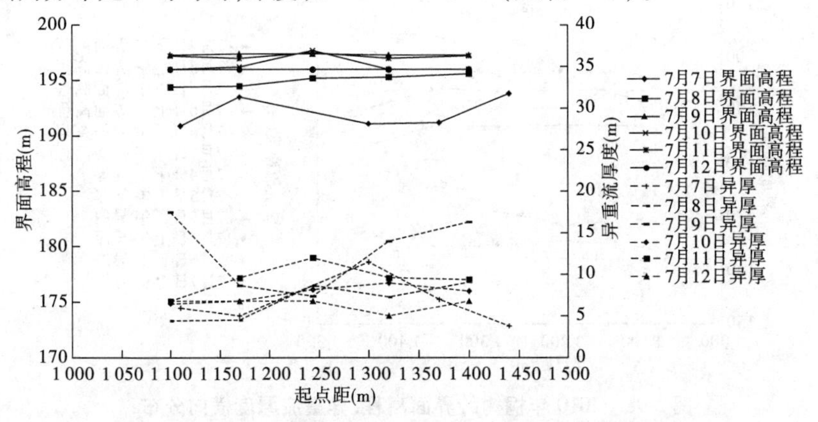

图 2-95 2002 年桐树岭界面高程、异重流厚度横向分布

(二)坝前异重流界面壅高和增厚

异重流运行抵达坝前时,当上游异重流流量大于孔口排出的浑水流量或由于闸门未及

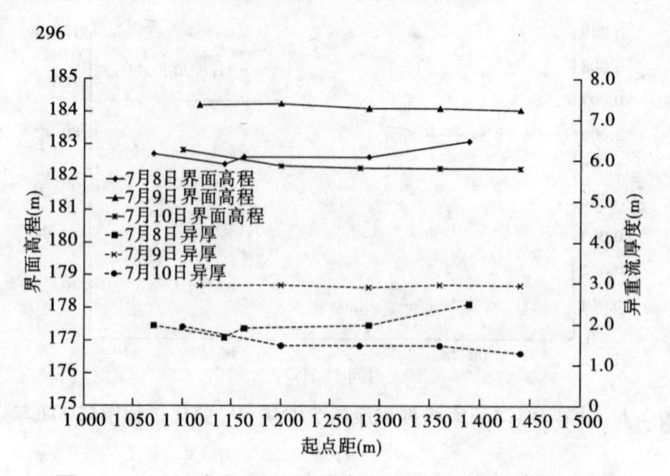

图 2-96　2004 年桐树岭界面高程、异重流厚度横向分布

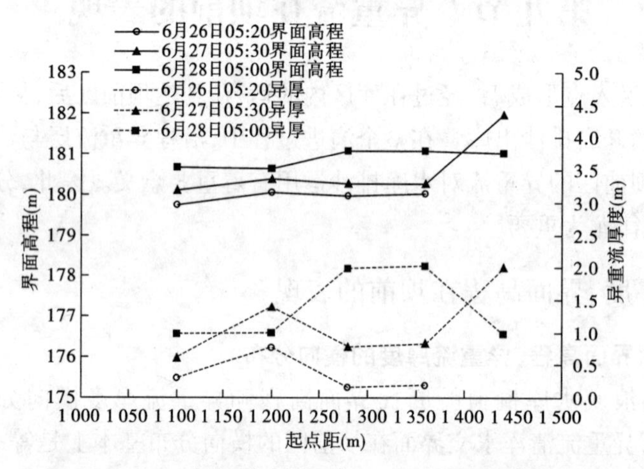

图 2-97　2006 年桐树岭界面高程、异重流厚度横向分布

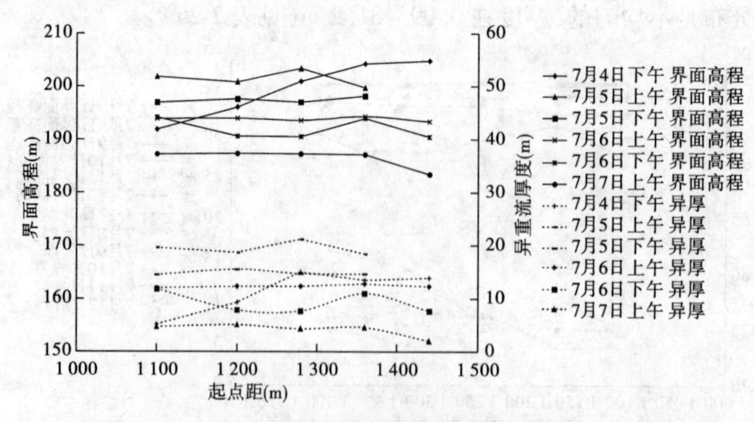

图 2-98　2010 年桐树岭界面高程、异重流厚度横向分布

时开启，将在坝前引起浑水壅高现象，在坝前形成浑水水库，异重流流速减小，交界面升高，厚度增加。异重流界面壅高和厚度增加是异重流在坝前的一个重要特征。由于坝前断面异重流界面高程的壅高和异重流厚度的增加，异重流挟带大量泥沙，此时如果调度得当，及时

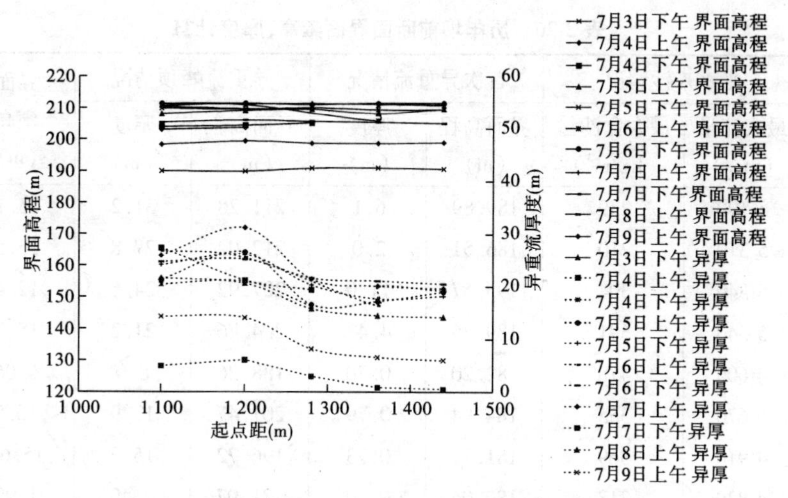

图 2-99　2013 年桐树岭界面高程、异重流厚度横向分布

打开排沙洞，将为异重流排沙出库创造更好的条件，出库泥沙显著增大。

表 2-25　2002～2013 年坝前异重流界面高程和厚度极值

年份	界面高程(m)		厚度(m)	
	最高	最低	最大	最低
2002	197.70	190.90	3.80	17.5
2003－1	188.47	180.07	5.40	0.30
2003－2	204.23	190.03	17.4	0.50
2004	184.24	181.53	2.98	0.35
2005－1	183.43	180.74	3.67	0.99
2005－2	196.00	181.23	16.2	0.15
2006	181.97	179.94	2.49	0.16
2007	198.32	181.68	17.6	0.61
2008	201.47	181.00	18.3	0.09
2009	188.26	183.00	8.0	0.59
2010	204.76	183.47	21.2	1.98
2011	207.92	185.44	24.6	0.39
2012	212.04	187.33	27.8	1.23
2013	211.55	189.89	31.2	0.55

表 2-26 列出了历年各次异重流测验中坝前断面界面高程抬高与厚度增加。从表 2-26 中看出，2004 年坝前 HH01 断面的异重流厚度在峰顶时期较之首测次异重流增加了 1.08 m，异重流清浑水层界面高程壅高了 1.49 m，厚度增加和界面壅高为历年最少。

2013 年坝前 HH01 断面的异重流厚度在峰顶时期较之首测次异重流增加了 21.4 m，异重流清浑水层界面高程壅高了 25.1 m，厚度增加和界面壅高为历年最多。

表 2-26 计算了历年各次异重流测验中坝前断面界面高程与厚度增加情况。

表 2-26　历年坝前断面界面壅高、厚度计算

测次	来水来沙情况		首次异重流情况		异重流峰顶情况		界面壅高(m)	厚度增加(m)
	最大流量(m/s)	最大含沙量(kg/m^3)	界面高程(m)	厚度(m)	界面高程(m)	厚度(m)		
2013	5 190	239	189.89	6.1	211.28	31.2	25.1	21.4
2012	5 310	210	186.51	2.0	212.02	27.8	25.5	25.8
2011	5 340	304	195.57	11.0	207.92	24.6	12.4	13.6
2010	5 340	591	189.75	4.47	204.76	21.2	15.0	16.7
2009	4 600	478	182.20	0.70	188.26	8.0	6.06	7.7
2008	5 670	355	184.94	0.79	201.47	17.9	16.5	17.1
2007	4 910	369	181.11	0.73	196.72	15.3	15.61	14.6
2006	4 830	318	180.04	0.76	181.97	2.49	1.93	1.73
2005－1	4 420	325	180.74	0.19	183.43	3.67	2.69	3.48
2005－2	2 980	349	181.23	0.15	196.00	13.6	14.8	13.4
2004	5 510	442	182.60	1.90	184.09	2.98	1.49	1.08
2003	3 260	474	190.29	0.71	204.21	14.6	13.9	13.9

表 2-27 列出了历年各次异重流排沙比。

表 2-27　历次异重流排沙比统计

年份	次数	入库水沙量				出库水沙量				排沙比(%)
		径流		泥沙		径流		泥沙		
		Q_m(m)	W(亿 m^3)	S_m(kg/m^3)	W_s(万 t)	Q_m(m)	W(亿 m^3)	S_m(kg/m^3)	W_s(万 t)	
2001	1	2 900	9.50	536	19 953	513	1.54	198	941	4.7
2002	1	3 780	7.70	517	17 818	3 250	14.6	99.4	1 771	9.9
2003	1	2 210	7.80	916	8 403	1 260	1.95	3.6	119	1.4
	2	3 260	42.8	474	35 715	1 930	16.2	149	7 709	21.6
2004	1	5 110	6.70	442	4 323	3 020	6.2	12	427	9.9
2005	1	4 420	3.90	349	4 448	3 370	4.12	11	223	5
	2	2 980	4.23	325	7 082	2 530	7.84	138	3 142	44.4
2006	1	4 830	5.36	318	2 296	4 200	9.88	53.7	706	30.8
2007	1	4 910	8.48	369	5 999	3 930	12.67	107	2 430	40.5
2008	1	5 670	6.90	355	6 600	4 380	14.5	147	4 820	73
2009	1	4 600	8.32	478	5 510	4 080	12.3	12.1	360	6.5
2010	1	5 340	7.27	591	3 517	3 530	16.9	288	5 268	150
2011	1	5 340	6.09	304	2 870	3 240	6.92	263	3 639	126
2012	1	5 310	12.3	210	2 970	3 060	13.6	398	5 030	169
2013	1	5 190	11.1	239	1 950	3 780	15.0	121	6 270	222

异重流排沙比与入库水沙过程、坝前水位、排沙洞开启情况等因素有关,2003 年异重流排沙效果较差,排沙比仅为 1.4%,为历年排沙效果最差的一次。2013 年由于水沙调度合理,潜入点离大坝较近,即使上游来水较小,异重流也很容易排沙出库,这一点在 2013 年 7 月 3 日的异重流变现就能够很好看出。2013 年异重流排沙效果较好,排沙比达到 222%,为历年排沙效果最好的一次。

2001～2013 年,几乎每年都有异重流的泥沙排出水库,但各年排沙比差异较大。

2001 年 8 月 10 日,库区形成异重流,但小浪底水库处于蓄水阶段,排沙洞只有部分短时开启,因而排沙比较小,为 4.7%。

2002 年 7 月 6 日,库区形成异重流,但小浪底水库为了形成坝前铺垫防渗,排沙不多,排沙比为 9.9%。

2003 年 8 月 1 日,库区形成异重流,因不在调水调沙期,基本没有排沙;8 月 27 日形成异重流,9 月 6～18 日开展了第二次调水调沙试验,借此机会,小浪底部分排沙洞开放,排沙比较高,达 21.6%。

2004 年 7 月 7 日,库区出现异重流,7 月 8 日开始出库,出库前后三条排沙洞虽一直处于开启状态,但排沙比并不大,为 9.9%,小浪底水文站实测最大含沙量为 13.3 kg/m^3,历时只有 3 d。这次异重流潜入点的细泥沙含量仅占 31.6%,是三次人工塑造异重流中细颗粒泥沙含量最低的一次;同时,水库水位高,潜入点离大坝距离远,受库区沿程河势变化及支流的影响,能量损失较大,演进速度慢,故排沙比较小。

2005 年可计算排沙比的异重流有两次,第一次为 6 月 27 日出现的异重流,排沙比只有 5.0%,这次异重流入库总水量较小,只有 3.9 亿 m^3,属异重流后续动力不够,同时坝前断面库底较深,异重流排出爬高也要消耗能量。第二次是 7 月 5 日因渭河来水,三门峡敞泄形成了异重流,本次异重流排沙比高达 44.6%,这次异重流排沙比高,与上次异重流部分浑水在本次出库有关,因而不具有代表性。

2006 年 6 月 25 日形成的异重流,因潜入点靠下,异重流在库区运行速度快,潜入点到坝前平均演进速度达 0.77 m/s。同时,坝前库底高程接近排沙洞底高程,再加之排沙洞提前开启和排沙洞开启时间较长等因素,排沙效果良好,排沙比达到 30.8%。

2007 年 6 月 27 日形成的异重流,由于合理调配下泄清浑水时机及流量大小,配以合适坝前水位,加上小浪底排沙洞在异重流期间一直开启,排沙效果良好,排沙比达到 40.5%。

2008 年异重流,由于合理调配下泄清浑水时机及流量大小,排沙效果良好,排沙比达到 73%。

2009 年异重流排沙比仅为 6.5%,比 2008 年的 73% 的排沙比要小很多。不过综览 2001～2009 年这 9 年人工塑造异重流排沙比,2009 年的排沙比还不是最小的,最低的是 2003 年,人工塑造异重流排沙比仅为 1.4%,三门峡水库下泄的泥沙基本上都淤积在小浪底水库。水库的河道形态每年都在发生变化,人工塑造异重流的不可控因素较多,从最近几年的排沙效果来看,2009 年的排沙效果不理想主要存在以下几个方面的原因:

(1)水沙调度不及时。从潜入点处的异重流厚度变化情况来看,异重流被分成两个阶段,下泄清水产生的异重流与高含沙水流所产生的异重流之间没有衔接上,中间出现间断,出现异重流厚度先增大,然后大流量产生的异重流过去后,厚度减小,接着高含沙水流产生的异重流才到达,前后出现较大的间断,这属于水沙调度不及时。

(2)三门峡下泄泥沙在自然河段淤积较多。三门峡下泄泥沙含沙量最大值为478 kg/m³,而到了HH37断面的河堤水文站测验断面,含沙量最大值为141 kg/m³,高含沙水流下泄过程中,在HH37以上河段形成较大淤积。

(3)三门峡水库下泄的清水对库位的自然河段冲刷不够。本次的水量调度情况来看,前期并未使用2008年的方案,下泄1 000 m³/s的清水流对自然河段先进行部分冲刷,有利于后期的大水流能够更大限度地冲刷河道挟带泥沙形成异重流。

(4)异重流的能量小,流速小。从本次异重流前的流速来看,本次异重流最大流速为潜入点下游断面HH13断面的2.42 m/s,其他距离大坝较近的断面流速都相对于2008年的异重流小得多,如本次异重流HH01断面的最大流速为0.89 m/s,而2008年的最大流速为1.11 m/s。

(5)异重流挟沙能力弱。由于异重流能量小,流速小,造成异重流挟沙能力弱,2009年异重流在坝前断面处的中数粒径D_{50}在0.005~0.009 mm,而在HH13断面处的中数粒径D_{50}在0.011~0.045 mm,HH09断面处的中数粒径D_{50}在0.004~0.015 mm,这也就说明,异重流潜入后,粗沙在HH13断面迅速沉降,大部分泥沙都淤积在了HH13~HH09断面间。后期三门峡下泄高含沙水流时,由于流量小,无法提供持续足够的动力推动粗泥沙前行。

2010年异重流排沙比为142%,比2009年的6.5%的排沙比要大得多。自2001年至2010年10年人工塑造异重流以来,2010年的排沙效果是最好、最成功的一次,最低的是2003年,人工塑造异重流排沙比仅为1.4%,三门峡水库下泄的泥沙基本上都淤积在小浪底水库。水库的河道形态每年都在发生变化,人工塑造异重流的不可控因素较多,从最近几年的排沙效果来看,2010年的排沙效果较为理想主要存在以下几个方面的原因:

(1)水沙调度合理。本次入库水沙采用直接加大流量下泄冲刷小浪底水库库尾自然河道,冲刷河床泥沙效果较为显著。从潜入点处的异重流厚度变化情况来看,异重流被分成两个阶段,下泄清水产生的异重流与高含沙水流所产生的异重流之间衔接上虽然出现短暂间断,但第一阶段大流量冲刷自然河道形成高含沙水流,并形成强度较大的异重流,出现异重流厚度、流速、含沙量均较大,接着高含沙水流产生的异重流到达,及时地补充了前一阶段的异重流强度,使得大强度的异重流得到有效补充。

(2)三门峡水库下泄的清水对库尾的自然河段冲刷不错。本次的水量调度情况来看,直接下泄3 000~5 000 m³/s的大流量清水流对自然河段进行冲刷,最大限度地冲刷了自然河道,并且挟带大量泥沙形成异重流。

(3)小浪底水库水位低。前几年异重流时水位大都在225 m以上,而本次异重流前期,小浪底水库水位降至220 m左右,大水流在自然河道运行时间长,有利于蓄积足够的能量潜入,使得异重流流速大,挟沙能力大大增加,库水位的降低也使得异重流运行距离缩短,加之流速大,从而使得异重流在水库运行时间缩短,有效地减少了泥沙在水库的沉积。从本次异重流前的流速来看,本次异重流最大流速为潜入点下游断面HH11+4断面的2.75 m/s,HH09断面最大流速为2.71 m/s,HH09断面最大流速为1.76 m/s,HH01断面最大流速为1.17 m/s,这较之2009年增大不少,使得泥沙在水库运行时间短,有利于排沙出库。

(4)异重流对水库底层软泥层有效冲刷。从测验情况看,2010年异重流最大特点是,HH11断面到HH01段断面之间水库底层软泥层得到有效冲刷,这种现象与往年的情况截然不同,以前在库区段,在水库底部还有很大一部分软泥层在异重流期间无流速,不能被冲刷出库。本次异重流能量大,流速快,挟沙能力较强,潜入库区后,推动软泥层泥沙向下游输送,有效地减少了水库淤积,使得异重流排沙效果得到极大增强。

异重流排沙比与入库水沙过程、坝前水位、排沙洞开启情况等因素有关,2011 年由于水沙调度合理,异重流的能量较强,挟沙能力强,排沙效果较好,排沙比达到 126%,仅次于 2010 年排沙效果,2010 年排沙比达到 150%,连续两年的排沙成功为今后的水库联合调度找到了较好的解决问题的方法。

2012 年由于水沙调度合理,异重流的能量较强,挟沙能力强,潜入点离大坝较近,排沙效果较好,排沙比达到 169%。

2013 年由于水沙调度合理,潜入点离大坝较近,即使上游来水较小,异重流也很容易排沙出库,这一点在 2013 年 7 月 3 日的异重流变现就能够很好看出。2013 年异重流排沙效果较好,排沙比达到 222%,为历年排沙效果最好的一次。

二、坝前区异重流层流速及含沙量分布

水库坝前区异重流流速、含沙量、厚度和交界面等诸因子分布变化除受进库流量、含沙量变化及沿库地区地形等条件影响外,还受库水位升降、出库流量、不同泄流建筑物的启闭等因素的影响。图 2-100 为桐树岭断面 2002 年 7 月 3 ~ 12 日异重流流速、含沙量垂线分布变化过程,图 2-101 为桐树岭断面 7 月 3 ~ 12 日异重流平均流速、含沙量过程变化。从图 2-100和图 2-101 可知,异重流平均流速、平均含沙量、交界面高程、最大流速的大小和位置等因子变化过程为非恒定流特性。另从图 2-100 可知,坝前区异重流流速垂线分布仍具有一般分布的特性,而最大流速的位置在高程 180 ~ 195 m 范围内,还受排沙洞泄流吸力的作用,而含沙量的垂线分布比较均匀,没有明显变化。图 2-102 为桐树岭断面异重流等流速线分布变化图,从图中可以看出,最大流速等值线在起点距 1 100 ~ 1 300 m。异重流交界面以上清水部分仍有较大流速,这种现象除与进库流量较大外,还与泄洪洞开启有关。

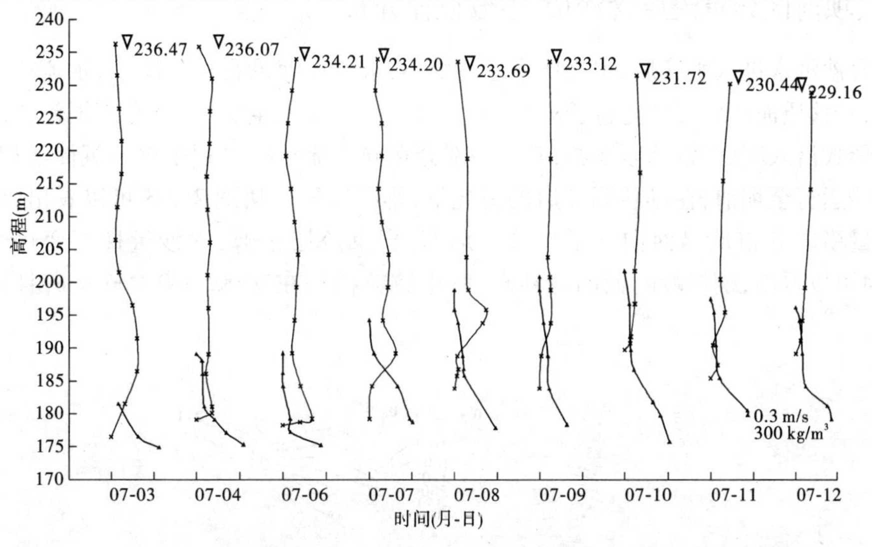

图 2-100　2002 年桐树岭断面异重流流速、含沙量垂线分布变化过程(主流线)

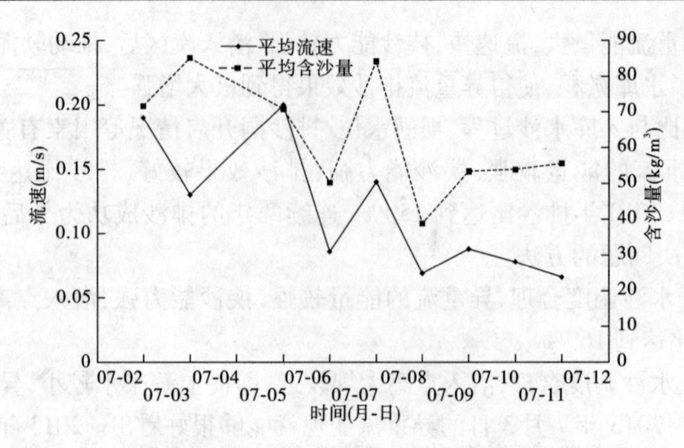

图 2-101　2002 年桐树岭断面异重流层平均流速、含沙量变化过程

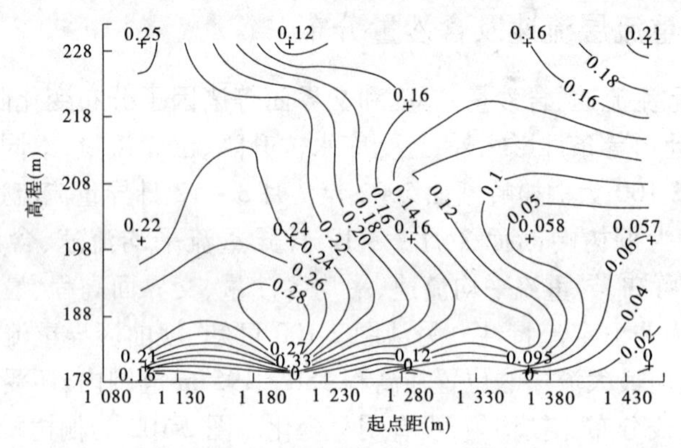

图 2-102　桐树岭断面流速等值线(2006 年 6 月 26 日)

三、坝前区异重流层含沙量、中数粒径分布

高含沙洪水进入水库后，水面比降逐渐变小，水流流速沿程逐渐减小，水流挟沙能力逐渐减弱，悬移质泥沙粒径发生拣选淤积，绝大部分粗泥沙发生沉积，其余细泥沙在前坡段以异重流形式潜入库底，输移至下游，其中一部分在异重流运行过程中逐渐沉淀淤积，而另一部分细沙运行至坝前，在排沙洞开启的情况下，排出库外。从图 2-103 可以看出，桐树岭断面含沙量横向分布从界面向下呈现分层形态，异重流层很薄，含沙量梯度变化较大。从图 2-104可以看出，桐树岭断面的泥沙较细，中数粒径均在 0. 005 ~ 0. 006 mm，且横向分布

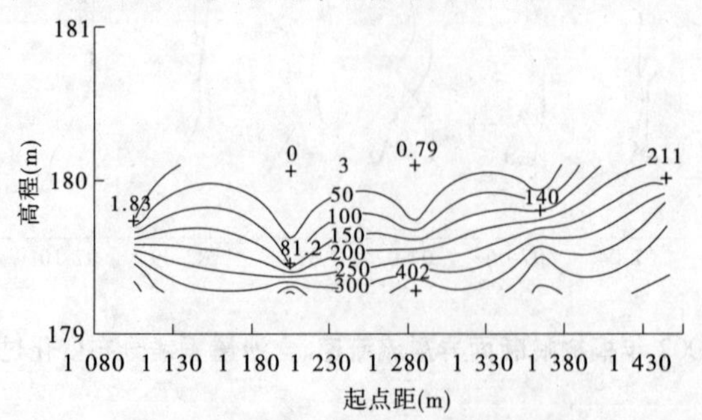

图 2-103　桐树岭断面含沙量等值线(2006 年 6 月 26 日)

均匀。

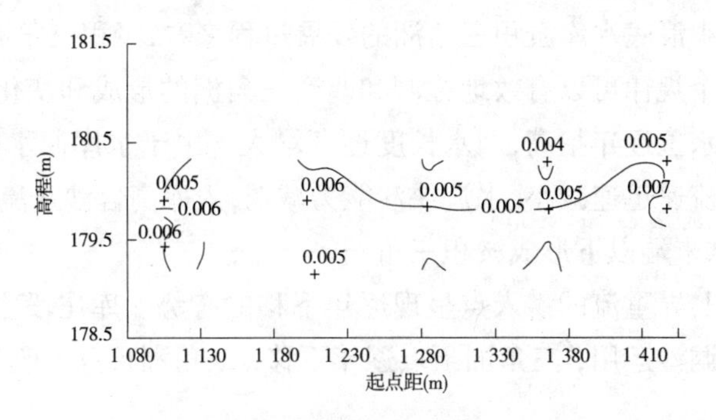

图 2-104　桐树岭断面中数粒径等值线(2006 年 6 月 26 日)

第十节　库区冲淤变化对异重流形成的影响

统计 2001 ~ 2013 年的历次异重流测验情况,随着泥沙在库尾段形成比较大的淤积,库尾段河底高程逐年在加大,在同样的设计水位下,潜入点相应的逐年下移,从最高的 2002 年 HH37 断面(潜入点)到 2013 年 HH06 断面(潜入点)。

一、库尾段泥沙冲淤变化情况

历次异重流过程中,库尾段泥沙冲淤变化都比较明显,库尾上游为自然河道,上游有高含沙水流来时,一般都在库尾段潜入成为异重流(见表 2-28)。

表 2-28　2001 ~ 2013 年历次异重流潜入点断面情况

年份	异重流潜入点情况		
	潜入点位置	距坝里程(km)	出现时间
2001	HH31 断面附近	52.9	8 月 20 日 10 时
2002	HH37 断面附近	63.26	7 月 6 日 2 时
2003	HH36 断面附近	60.96	8 月 1 日 14 时
2004	HH35 断面附近	58.51	7 月 5 日 18 时
2005	HH25 断面附近	41.1	6 月 27 日 18.5 时
2006	HH27 断面附近	43.0	6 月 25 日 9 时
2007	HH19 断面附近	31.84	6 月 27 日 18 时 30 分
2008	HH15 断面附近	24.73	6 月 28 日 15 时
2009	HH14 断面附近	22.1	6 月 29 日 18 时 15 分
2010	HH12 断面附近	18.9	7 月 4 日 6 时 35 分
2011	HH9 + 5 断面附近	12.8	7 月 4 日 13 时 40 分
2012	HH9 + 5 断面附近	12.9	7 月 4 日 7 时 20 分
2013	HH06 断面附近	7.74	7 月 4 日 11 时 30 分

(一)库尾段纵向淤积变化

从1999年以来小浪底水库淤积三角洲的发展过程来看,淤积三角洲的形成和变化具有一定的规律,利用这个规律可以有效地控制和改变三角洲的形成和变化。1999年小浪底水库蓄水后,水库运用水位逐年抬高,回水长度逐渐增大。由于水库回水的影响,改变了原来河道水力特性,断面流速迅速减小,水流挟沙能力减弱,入库高含沙水流进入库区后,挟带的较粗泥沙在水库回水末端以下形成淤积三角洲。

随着不断的淤积,异重流的潜入点呈现逐年下移的态势。库尾段主要是三角洲淤积形态,随着水库的调水调沙运用,三角洲顶点逐年下移,三角洲顶点一般位于潜入点上游2~3个断面。

1999年10月至2000年5月,库区干流河底纵断面变化不大,在距坝50 km以内河底略有抬高;2000年5月至2001年5月,由于库区水位的抬高,在距坝35~88 km的范围内形成了明显的淤积三角洲,三角洲的顶点在距坝60 km处,顶点高程为217.91 m,坡顶最大淤积厚度37.09 m。

2001年汛期小浪底库区先后出现2次异重流过程,受异重流的影响,2001年8月实测干流纵断面在距坝55.02~88.54 km范围内发生冲刷,淤积三角洲下移,高程下降,最大冲刷深度为25.3 m。距坝50 km以下河底高程抬高,坝前淤积厚度约10 m,三角洲的下坡段河底比降变缓,淤积三角洲的坡顶河段回淤,淤积厚度约20 m,淤积形态较2001年5月有所变化,主要表现为坡顶高程降低比降增大。

2002年汛期在距坝88 km以下的干流普遍发生淤积,在距坝55~88 km形成淤积三角洲,三角洲的顶点在距坝78 m处,其上坡段的长度大于下坡段。在此期间小浪底库区出现了一次较强的异重流过程,潜入点在距坝78 km处,为控制小浪底下泄沙量,在异重流期间水库排沙洞没有开启,异重流到达坝前后向上爬升并形成浑水水库。同时,对后续异重流产生顶托,减小异重流动力,降低挟沙能力,在异重流消失的过程中,挟带的泥沙沿程淤积。

2003年汛后小浪底水库运用水位较高,库区最高水位达到265.58 m。同时,由于2003年秋季洪水的影响,加上三门峡水库畅泄运用,使得上游洪水挟带的大量泥沙淤积在小浪底库区。2003年5~11月小浪底库区共淤积泥沙4.8亿m^3,其中4.2亿m^3淤积在干流。从淤积形态来看,干流淤积的泥沙主要集中在距坝50~110 km的上半段,最大淤积厚度在距坝71 km处,河底淤高42 m。淤积三角洲的顶点较2003年5月上提约22 km,顶点高程在250 m以上,部分河段已经侵占了设计有效库容。

2004年第三次调水调沙试验期间,为降低小浪底库区尾部的河底高程,改善库尾淤积形态,在河堤以上河段开展了人工泥沙扰动试验,并在小浪底库区成功塑造了异重流。提供以上措施有效地改善了库尾河段的淤积形态,降低了库区的淤积高程。在距坝70~110 km河底发生了明显的冲刷,平均冲刷深度近20 m,利用异重流的输沙特性,将该河段的泥沙向下输移30 km左右,以及三角洲的顶点下移24 km,高程降低23.69 m,被侵占的设计有效库容全部得到恢复。

2005年汛期末期,三门峡站出现了一次较大的流量过程,最大流量在4 000 m^3/s左右,由于洪水入库时小浪底库区水位较高,使得入库泥沙在小浪底库区干流上部产生淤积,导致干流上部的河底高程又有了明显的抬高，特别是距坝 45 km 以上抬高的幅度较大，距坝 88 km 处河底高程抬升的幅度最大，最低点河底高程抬高近 20 m。

2006 年汛期小浪底库区干流的淤积形态发生了较为明显的变化，主要反映在：一是淤积三角洲顶点明显下移，三角洲顶点下移至距坝约 33 km 处(HH20 断面)；二是三角洲顶坡高程降低、纵比降变缓，和 2006 年 4 月相比，顶坡高程降低 10 m 左右；三是距坝 10 km 范围内的河底高程明显抬高(抬高约 10 m)。造成这种变化的主要原因是前汛期水库运用水位较低，特别是在调水调沙运用期间库区水位较低，在人工塑造异重流前，库区水位已经降到了 225 m 以下，通过人工塑造异重流，利用异重流的输沙特性，将库区上部 HH39 断面以上约 0.54 亿 m^3 的泥沙输移到了库区下游的近坝段，使得淤积三角洲顶点下移顶点以下最低点河底高程普遍抬高 5 ~ 10 m 以上。

2007 年汛期小浪底库区三角洲顶点下移至距坝约 26 km 处(HH16 断面)，三角洲顶点首次进入八里胡同区间，造成八里胡同区间河床普遍发生较大淤积，河床明显抬高，约有 12 m。人工塑造异重流将库区上部泥沙输移到了库区下游的近坝段，造成下游特别是八里胡同河底高程普遍抬高 10 m 以上。八里胡同下游河道淤积较少，最低点河底高程抬高约为 5 m。

2008 年汛期小浪底库区三角洲顶点下移至距坝约 24.4 km 处(HH15 断面)，较之 2007 年略有下移，这是因为出八里胡同后，断面宽度骤然变宽，淤积三角洲顶点下移速度变慢。人工塑造异重流将库区上部泥沙输移到了库区下游的近坝段，八里胡同河段河底高程变化不大。八里胡同下游 HH16 断面至 HH14 断面河道淤积较多，最低点河底高程抬高 5 ~ 10 m。

2009 年汛期小浪底库区三角洲顶点下移至距坝约 22.1 km 处(HH14 断面附近)，较之 2008 年略有下移。人工塑造异重流将库区上部泥沙输移到了库区下游的近坝段，八里胡同河段以上断面冲淤变化不大。八里胡同下游 HH14 断面至 HH12 断面河道淤积较多，最低点河底高程抬高 4 ~ 11 m。

2010 年汛期小浪底库区三角洲顶点下移至距坝约 18.8 km 处(HH12 断面附近)。人工塑造异重流将库区上部泥沙输移到了库区下游的近坝段，八里胡同河段以上断面冲淤变化不大。八里胡同下游 HH12 断面至坝前断面河段普遍发生较大淤积，上游靠近 HH12 断面淤积较大，最低点河底高程抬高约 10.2 m，靠近大坝断面淤积较少，最低点河底高程抬高约 2 m。

2011 年汛期小浪底库区三角洲顶点至距坝约 16.4 km 处(HH11 断面附近)。HH20 断面至坝前断面河段河底高程较之 2010 年汛后降低 2 ~ 4 m，越靠近坝前降低越多，说明 2011 年汛期调水调沙异重流排沙效果较好，有效地延缓了小浪底水库淤积速度。

2012 年汛期小浪底库区三角洲顶点至距坝约 10.3 km 处(HH08 断面附近)。人工塑造异重流将库区上部泥沙输移到了库区下游的近坝段，使得 HH10 + 3(距坝约 14 km)断面至坝前河段发生较大淤积。

2013 年汛期小浪底库区三角洲顶点至距坝约 10.3 km 处(HH08 断面附近)，人工塑造异重流将库区上部泥沙输移到了库区下游的近坝段，HH10 + 3(距坝约 14 km)断面至坝前河段继续发生淤积。

汛前库尾淤积大量泥沙,使得潜入点以下河道比降加大。由于潜入点附近库尾段淤积较为严重,库尾段高程逐年加高,使得潜入点上游的库底深泓点比降逐年减小,2001 年为 1.10‰,到 2007 年则变成了 0.61‰。相应地对于潜入点下游河道,潜入点处断面高程增大,则使得潜入点下游的比降逐年增大,2001 年为 0.46‰,到 2013 年变成了 3.05‰。综合来看图 2-105 和表 2-29,可以很明显地看出,随着库尾段的淤积,异重流潜入点逐年下移,距坝越来越近,潜入点下游比降加大,异重流流速也越来越快,只要上游来水来沙合适,合理开启排沙洞,异重流能很好地排沙出库,获得大的排沙比。

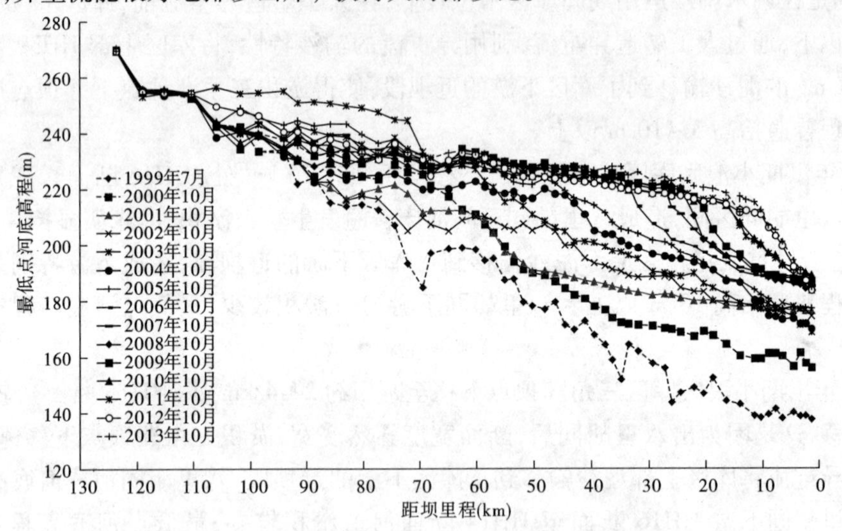

图 2-105　1999 ~ 2013 年小浪底库区深泓点高程

表 2-29　2001 ~ 2013 年库底比降统计

异重流潜入时间 (年-月-日 时:分)	断面位置	最低库底高程 (m)	断面间距 (m)	库底深泓点 比降(‰)
2001-08-20 10:00	HH56	269.72		
	潜入点	191.26	71 533	1.10
	HH01	167.94	50 560	0.46
2001-07-06 02:00	HH56	270.10		
	潜入点	212.41	60 918	0.95
	HH01	174.51	61 175	0.62
2003-08-01 14:00	HH56	269.30		
	潜入点	208.04	61 983	0.99
	HH01	176.45	60 110	0.53
2004-07-05 18:00	HH56	270.28		
	潜入点	223.57	64 903	0.72
	HH01	175.90	57 190	0.83

续表 2-29

异重流潜入时间(年-月-日 时:分)	断面位置	最低库底高程(m)	断面间距(m)	库底深泓点比降(‰)
2005-06-27 18:30	HH56	269.72		
	潜入点	209.91	82 306	0.73
	HH01	173.27	39 787	0.92
2006-06-25 09:00	HH56	270.00		
	潜入点	219.73	79 378	0.63
	HH01	176.99	42 715	1.00
2007-06-29 18:00	HH56	269.92		
	潜入点	213.68	91 563	0.61
	HH01	183.32	30 530	0.99
2008-06-25 15:00	HH56	270.20		
	潜入点	211.04	98 680	0.60
	HH01	185.13	23 410	1.11
2009-06-29 18:15	HH56	270.00		
	潜入点	210.30	101 310	0.59
	HH01	184.90	20 780	1.22
2010-07-04 06:35	HH56	270.00		
	潜入点	205.40	104 510	0.62
	HH01	186.90	17 580	1.05
2011-07-04 13:40	HH56	270.00		
	潜入点	204.85	110 610	0.59
	HH01	188.90	11 480	1.39
2012-07-04 07:20	HH56	270.10		
	潜入点	202.8	110 510	0.61
	HH01	184.70	11 580	1.56
2013-07-04 11:30	HH56	269.4		
	潜入点	203.1	115 670	0.57
	HH01	183.5	6 420	3.05

(二)库尾段横向淤积变化

库尾段横向淤积变化,重点分析历次异重流潜入点断面的冲淤变化情况。历年潜入点位置见表2-29 。潜入点潜入断面处于变动回水区,受潜入点、蓄水位和干支流等地形影响较多,在调水调沙异重流期间冲淤较为频繁。

2001 年调水调沙期间异重流潜入点在 HH31 断面附近,如图 2-106 所示,汛前 HH31 断面河底高程处于高点,在调水调沙后,异重流潜入时,底部流速大,对河槽进行淘深,HH31 断面主河槽发生较为明显的冲刷,最大冲刷厚度为 7.3 m。同样的情况也发生在 HH37、HH36、HH35 断面(见图 2-107 ~ 图 2-109),这几个断面处于调水调沙的变动回水区,是大支流沇西河的上游断面,在 2001 ~ 2003 年的几次调水调沙中,其中 2001 年和 2002 年发生冲刷,2003 年发生较大程度的淤积,2004 年潜入点在 HH35 断面附近,这几个处于变动回水末端的几个断面又发生部分的冲刷。此后随着 2005 ~ 2007 年的潜入点逐年下移至 HH27、HH25、HH19 等断面附近,水库运用方式不同,HH31、HH35、HH36、HH37 断面则在调水调沙期间处于自然河道,冲淤变化则不大。

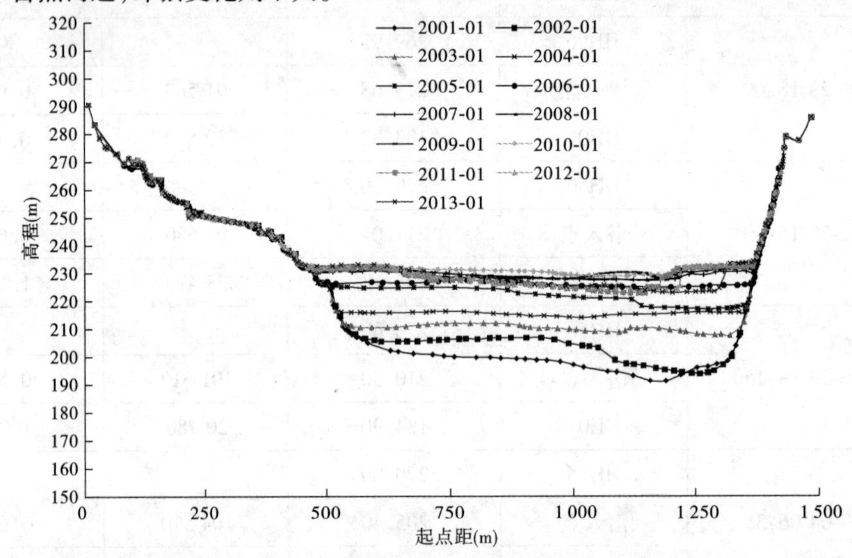

图 2-106　2001 ~ 2013 年 HH31 断面汛前断面套汇图

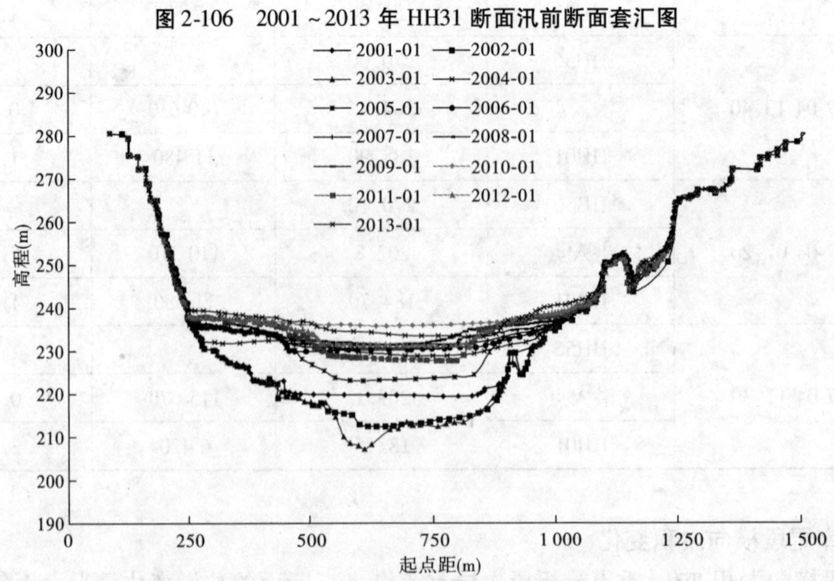

图 2-107　2001 ~ 2013 年 HH37 断面汛前断面套汇图

而对于 HH27、HH25 和 HH19 断面(见图 2-110 ~ 图 2-112),在 2001 ~ 2013 年期间,前期处于调水调沙潜入点的下游,高含沙水流潜入后,在这些靠近潜入点的下游断面发生较大淤积,其中 2003 年和 2004 年发生的淤积最为明显。随着水库的运用,这几个断面也是逐年发生淤积。

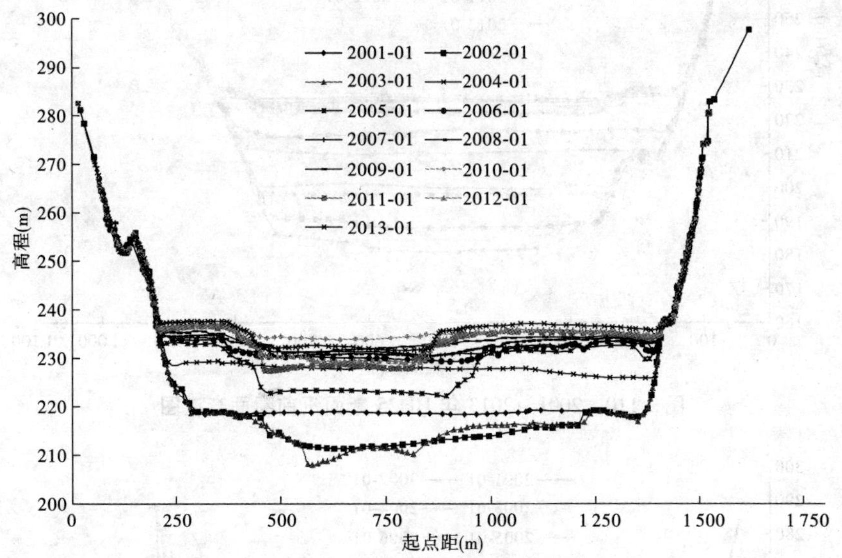

图 2-108　2001 ~ 2013 年 HH36 断面汛前断面套汇图

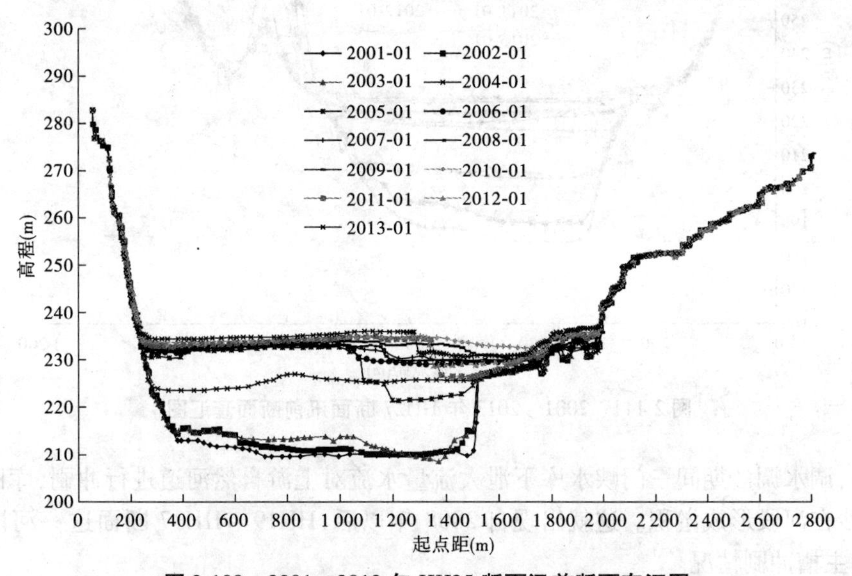

图 2-109　2001 ~ 2013 年 HH35 断面汛前断面套汇图

随着水库调水调沙运用,淤积三角洲逐渐下移,HH19 ~ HH37 断面这一河段淤积减缓,并出现主槽发生冲刷的情况 ,2006 年 HH27 断面上起点距 500 m 处河底高程 219. 73 m,2010 年起点距 500 m 处河底高程 227. 46 m,河底高程上升近 8 m,而 2013 年相同位置主槽河底为 223. 05 m,河底高程又出现下降 4. 4 m,这一河段出现了冲淤交替的现象。这与水库实际调度情况相一致,水库泥沙淤积逐渐靠向小浪底大坝,汛期库水位降低,上游河道变成

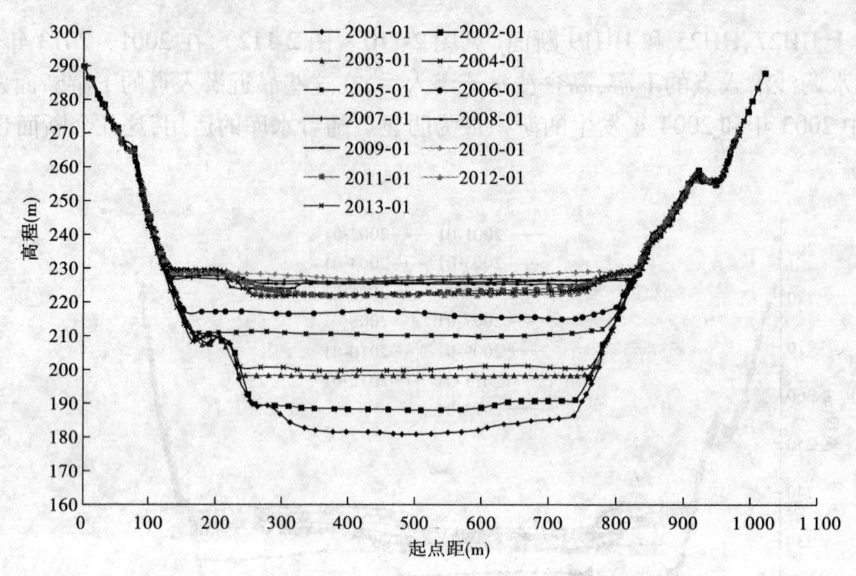

图 2-110　2001～2013 年 HH25 断面汛前断面套汇图

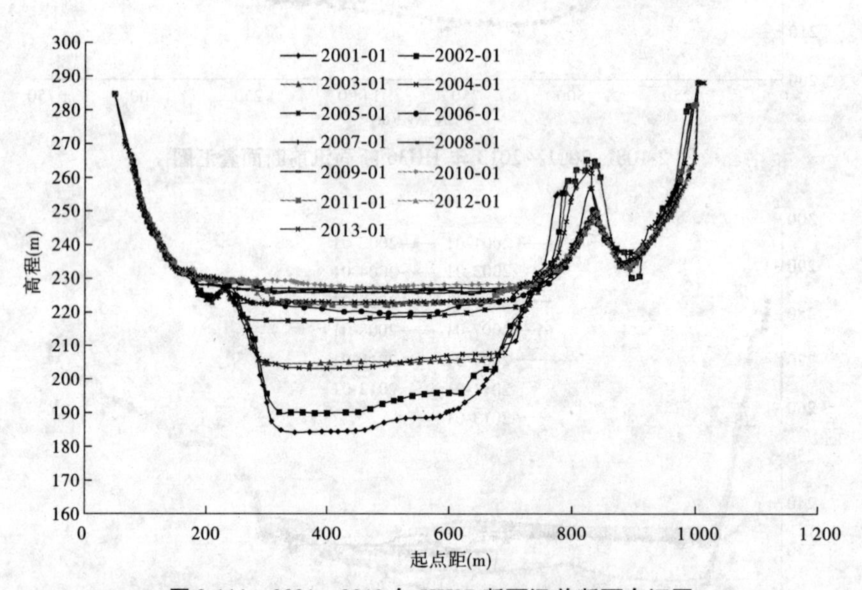

图 2-111　2001～2013 年 HH27 断面汛前断面套汇图

自然河道，调水调沙期间三门峡水库下泄大流量水流对上游自然河道进行冲刷，库区水位较高时，泥沙在河段形成淤积。这就出现自 2008 年以后，HH19～HH37 断面这一河段主要还是表现为主槽冲刷情况。

二、HH17 断面冲淤变化情况

HH17 断面位于小浪底水库中的八里胡同，所在断面处于小浪底水库异重流潜入点下游，支流东洋河的出口处，断面两岸地形为陡峭石壁，基本不会发生变化，断面形态比较规则，异重流进入八里胡同后，断面由宽变窄，流速增大，异重流厚度增加。因此，从图 2-113 中可以看出，在 HH17 断面，2001 年的水库异重流中主河槽形成比较大的淤积，淤积厚度最

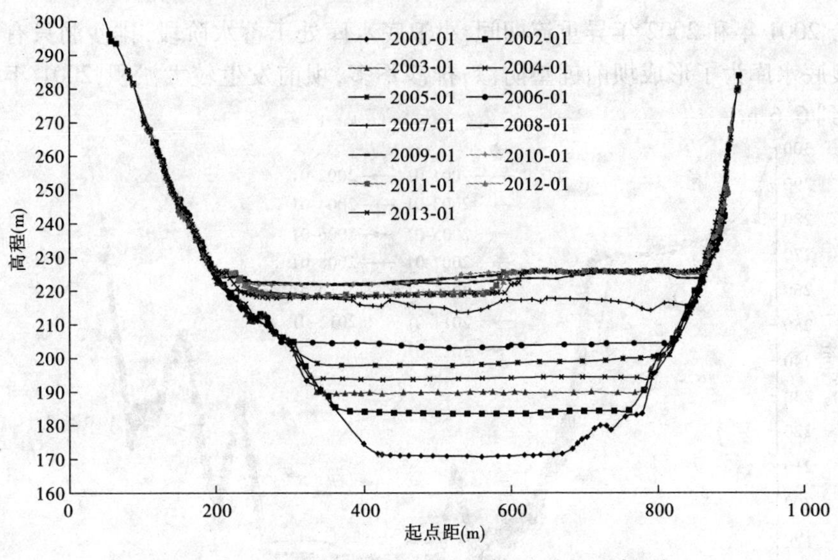

图 2-112　2001～2013 年 HH19 断面汛前断面套汇图

大达到 12. 3 m。而从 2002 年至 2009 年一直都是比较规律的淤积,主河槽淤积幅度较为均匀,基本上都是 3～6 m 的淤积厚度。

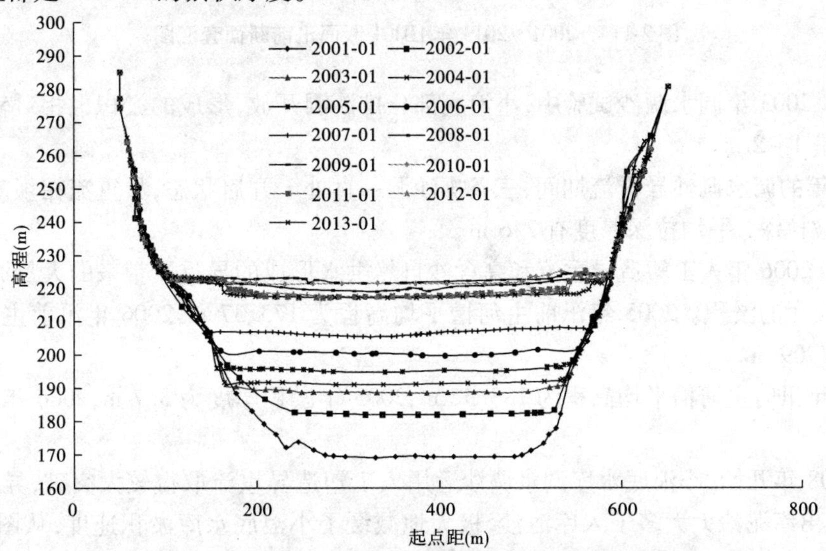

图 2-113　2001～2013 年 HH17 断面汛前断面套汇图

直到 2009 年后,在小浪底水库调水调沙的作用下,水库淤积三角洲下移到 HH15 断面左右,已经出了八里胡同狭窄河段,汛期库水位低,八里胡同段基本形成自然河道形态,汛期洪水对八里胡同河段进行冲刷,使得 2010～2013 年 HH17 断面主河槽河底高,平均下降约 4 m,总体冲淤变化态势保持动态平衡。

三、坝前(HH01 断面)泥沙冲淤变化

从图 2-114 坝前(HH01 断面)主槽河底高程图中看出,2001 年主河槽河底高程为

168. 44 m, 2001 年和 2002 年异重流期间,小浪底水库处于蓄水阶段,排沙洞只有部分短时开启,小浪底水库为了形成坝前铺垫防渗,排沙不多,坝前发生较大淤积,2001 年的淤积厚度最大达到 6. 6 m。

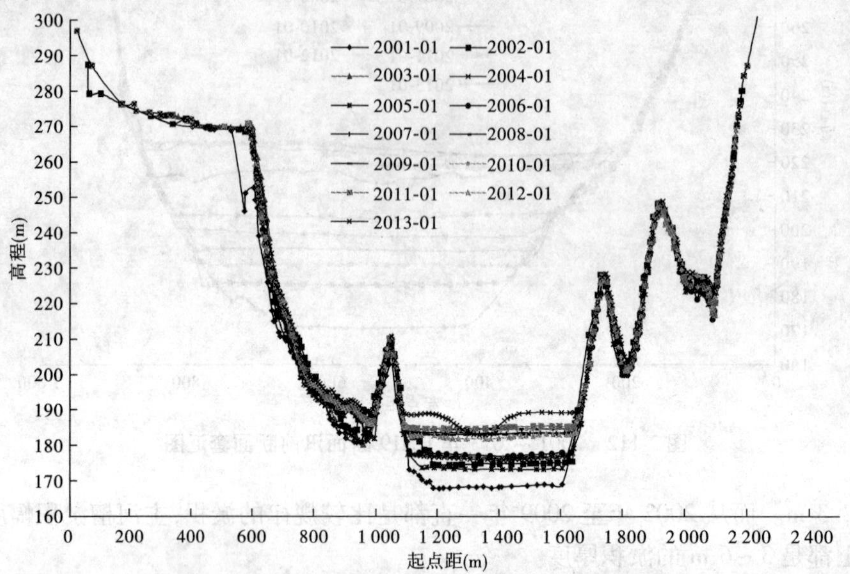

图 2-114　2001 ~ 2013 年 HH01 断面汛前断面套汇图

2002 ~ 2003 年调水调沙试验中,小浪底部分排沙洞开放,形成的淤积也相对较小,淤积厚度也只是 1 ~ 2 m。

2004 年的调水调沙异重流期间,三条排沙洞一直处于开启状态,异重流在坝前拉沙,使得主河槽被拉深, 平均拉深厚度有 2. 6 m。

2005 ~ 2006 年人工塑造异重流和高含沙自然洪水形成的异重流带来的大量泥沙,在坝前形成比较大的淤积。2005 年汛前主河槽平均高程为 173. 37 m,2006 年汛前主河槽平均高程为 177. 09 m。

2007 年汛前主河槽平均高程为 183. 52 m,2005 年淤积厚度为 3. 7 m,2006 年淤积厚度为 6. 4 m。

自 2008 年开始,小浪底水库调水调沙运用人工塑造异重流取得较大突破,异重流排沙效果良好,出库泥沙大大多于入库泥沙,极大地减缓了小浪底水库淤积速度,从图 2-114 上可以看出 2007 ~ 2012 年,HH01 断面河堤高程主要表现为冲刷态势,2007 年河底高程 184. 73 m,2012 年河底高程 181. 84 m。而从 2013 年汛前 HH01 断面套绘图看,靠近大坝出水口附近 1 100 ~ 1 400 m,最低点高程为 182. 82 m,而两边滩地高程约为 189. 22 m,河段呈现为深槽形态,这主要是由于汛期泥沙冲刷而形成。

综上所述,库区冲淤变化和异重流对于库区的地形变化是相互的:一方面,异重流所产生的大量泥沙在异重流潜入点附近产生较大淤积;另一方面,前次异重流形成的库区淤积使得后次异重流潜入点向下游迁移。久而久之,异重流潜入点随着对于淤积的影响,逐年下移。因此,把握好库区冲淤变化,可以制订好异重流的测验组织方案,为测验组织实施做好依据。

第十一节　小　结

黄河水少沙多,是条举世闻名的多沙河流,而小浪底水库处在承接上中游全部来沙的特殊位置。泥沙淤积是水库建设和运用必须考虑的问题。因此,进行调水调沙运用,利用异重流排沙,以减少库区内泥沙淤积,减轻黄河下游河道的淤积。

利用异重流能挟带大量泥沙而不与清水相混合的规律,来排泄水库泥沙,是减少水库淤积、延长水库寿命的一条重要途径,特别是像黄河这样的多沙河流,库底纵比降大,产生异重流的机会较多,形成的异重流有足够能量运行到坝前。因此,分析研究小浪底水库异重流的发生条件、发展过程、运行速度、挟沙能力、对支流河口淤积的影响,以及到达坝前的时机,掌握其运动规律并加以有效利用,为小浪底水库在异重流期间排沙和开展最大排沙量及最优排沙时段的预报服务,是开展水库异重流测验和演进规律分析的主要目的。

(1)异重流垂向分布规律。

流速垂向分布基本上表现为两种形态:第一种形态是流速极值相对靠近异重流底部或库底,在极值以下流速迅速减少。此形态在库区上游断面经常出现。第二种形态是流速极值相对靠近清浑水界面,极值点以下流速随水深减小,至异重流底部或库底流速减小为0,此形态在库区下游河道中会出现。含沙量极值点均位于近库底位置,含沙量垂向变化递减速度随水深的增加而变大,近库底含沙量递减速度最大。泥沙粒径的垂线分布一般上细下粗。

(2)异重流横向分布规律。

流速、含沙量、厚度横向分布基本表现为主槽大(厚)、边流小(薄)。原因在于边壁摩阻力较大,异重流能量损失较大,而主流部分摩阻力小,其流速、含沙量、异重流厚度相对较大。

异重流横向分布在不同断面的不同主要表现为:上游断面异重流横向变化较大,愈往下游愈趋向均匀,但是在坝前由于排沙洞的开启,异重流排沙出洞,异重流横向分布就适应排沙洞,表现为横向分布不均匀,各要素横向变化较大。

(3)沿程演进变化的规律。

在不同的水沙和库区形态情况下,异重流沿水库纵向演进速度有很大差别。2001～2013年异重流在库区的运行速度最大为1.08 m/s,最小为0.24 m/s,快慢比值达到4倍以上。

流速、含沙量沿程变化:异重流在库区内运动,受断面形态、后续来水来沙等情况的不同变化,异重流在不同的时段会呈现不同的沿程变化。

在异重流行进过程中,流速、含沙量的变化受沿程阻力的影响总体呈减小趋势,HH17断面以上流速、含沙量递减速度快;受八里胡同地形的影响,异重流形成初期HH17断面流速、含沙量有较大幅度增加,之后逐渐稳定;随着入库流量的减小,局部流速、含沙量变化梯度减小,沿程表现为缓慢递减;HH13断面以下沿程流速基本稳定,含沙量在坝前有增大的趋势。

厚度沿程变化:异重流厚度与库区断面形态的关系较为密切,库尾段异重流潜入后,受沿程阻力的影响,异重流动能转化为势能,导致异重流界面逐渐抬高,加之河道比降水深增大,异重流厚度沿程变厚,HH17断面以下由于河道变宽,异重流宽度增加,异重流厚度沿程变薄。当异重流到达坝前范围后,一般是 HH05 断面以后,会出现异重流界面壅高、厚度增加的现象。

中数粒径沿程变化:异重流在库区运动过程中泥沙颗粒沿程不断筛选,粗颗粒沉降、淤积,而细泥沙悬浮于水中继续向坝前推移,泥沙组成自上游向下细化、均匀。

(4)潜入点下游附近弗汝德数一般不大。范家骅的试验表明,潜入点附近弗汝德数的平方为0.6;曹汝轩的试验表明,潜入点附近的弗汝德数随含沙量增大而减小,在小浪底库区有限的异重流资料也反映出这一趋势。又由于测验位置一般在潜入点下游,使得计算的弗汝德数会更小。因此,在小浪底库区异重流潜入点下游附近测验资料计算的弗汝德数的平方不宜硬向0.6靠近。

(5)异重流演进时间经验公式。研究历年来的小浪底水库出入库的水沙量、异重流速度、实际运行时间,推算出来异重流演进时间经验公式,比较能够切合实际情况,时间误差基本上能满足实际生产需要,在异重流的测验中也能起到指导作用。

(6)小浪底水库库区冲淤变化和异重流对于库区的地形变化是相互的。一方面,异重流所产生的大量泥沙在异重流潜入点附近产生较大淤积;另一方面,前次异重流形成的库区淤积使得后次异重流潜入点向下游迁移。久而久之,异重流潜入点随着对于淤积的影响,逐年下移。因此,把握好库区冲淤变化,可以制订好异重流的测验组织方案,为测验组织实施做好依据。

第三章 水库淤积

第一节 库区淤积测验概况

小浪底水库水文泥沙站网的布设原则,是控制进出库水沙量及变化过程,掌握库区水沙数量及时空分布。通过测量能够快速、及时、准确地获得水库淤积数量、淤积部位、淤积形态及淤积物组成等资料,满足水库调水调沙运用及科学研究的需要。

小浪底水库水文泥沙及站网主要有进库站(三门峡站)、出库站(小浪底站)、库区3个代表性水文站,45个雨量站,库区8处水位站,库区174个淤积断面及坝下河段7个淤积断面,库区中部和坝前2处水沙因子站等组成。

水库库容和冲淤变化是水库泥沙观测研究的核心,小浪底库区布设断面174个,干流设56个,平均间距为2.20 km。以HH40断面为界,上段河长54.02 km布设16个断面,平均间距为3.38 km;下半库段69.38 km设40个断面,平均间距为1.73 km。在28条一级支流、12条二级支流共布设淤积断面118个,控制河段长179.76 km,平均断面间距为1.52 km。

根据1999年10月实测断面宽度(见表3-1),绘制小浪底库区断面河宽沿程分布图(见图3-1)。

表3-1 小浪底水库干流淤积断面特征值

断面名称	距坝里程(km)	275 m起点距(m)			主河槽起点距(m)			
		左	右	宽度	高程	左	右	宽度
HH01	1.32	212	2 173	1 961	145	1 224	1 434	210
HH02	2.37	41	1 137	1 095	145	465	794	329
HH03	3.34	45	1 438	1 394	145	754	996	242
HH04	4.55	98	1 633	1 535	141	312	620	308
HH05	6.54	87	2 492	2 405	147	1 856	2 177	321
HH06	7.74	101	2 154	2 053	147	661	1 024	363
HH07	8.96	52	2 797	2 746	150	666	964	298
HH08	10.32	138	2 342	2 204	150	928	1180	252
HH09	11.42	69	1 148	1 078	150	643	899	256
HH10	13.99	62	2 625	2 563	155	290	705	415
HH11	16.39	46	1 582	1 536	158	833	1 081	248
HH12	18.75	52	1 848	1 796	158	938	1 258	320
HH13	20.39	107	1 205	1 098	160	875	1 101	226
HH14	22.10	138	2 508	2 369	160	717	866	149
HH15	24.43	135	1 535	1 400	160	791	936	145
HH16	26.01	51	532	481	165	151	296	145
HH17	27.19	51	644	593	165	277	476	199

续表 3-1

断面名称	距坝里程(km)	275 m起点距(m)			主河槽起点距(m)			
		左	右	宽度	高程	左	右	宽度
HH18	29.35	87	416	329	170	186	365	179
HH19	31.85	99	904	804	170	418	670	252
HH20	33.48	28	1 105	1 077	170	594	844	250
HH21	34.80	105	1 099	994	173	528	732	204
HH22	36.33	122	1 408	1 286	173	696	942	246
HH23	37.55	125	2 238	2 113	173	1374	1 564	190
HH24	39.49	113	819	705	175	276	492	216
HH25	41.10	44	992	948	180	309	542	233
HH26	42.96	43	1 078	1 035	183	538	800	262
HH27	44.53	58	979	921	185	310	553	243
HH28	46.20	80	1 294	1 214	185	387	662	275
HH29	48.00	32	1 609	1 577	189	519	715	196
HH30	50.19	44	1 407	1 363	190	420	587	167
HH31	51.78	50	1 430	1 380	190	1 185	1 310	125
HH32	53.44	120	1 549	1 429	192	327	537	210
HH33	55.02	0	2 428	2 428	199	1 728	1 912	184
HH34	57.00	218	2 478	2 260	200	1 141	1 401	260
HH35	58.51	96	2 830	2 734	203	1 202	1 483	281
HH36	60.13	43	1 510	1 467	203	462	689	227
HH37	62.49	144	1 430	1 287	205	621	836	215
HH38	64.83	80	812	732	205	493	676	183
HH39	67.99	69	532	463	210	296	515	219
HH40	69.39	119	922	803	220	407	678	271
HH41	72.06	-4	601	605	220	122	390	268
HH42	74.38	-2	538	540	220	92	334	242
HH43	77.28	5	573	568	225	202	453	251
HH44	80.23	3	603	599	230	115	320	205
HH45	82.95	120	528	407	235	160	353	193
HH46	85.76	14	347	333	237	83	289	206
HH47	88.54	13	322	308	237	73	232	159
HH48	91.51	60	767	707	240	190	401	211
HH49	93.96	37	504	467	240	271	419	148
HH50	98.43	22	349	327	245	153	307	154
HH51	101.61	63	589	526	250	171	481	310
HH52	105.85	55	331	276	255	103	251	148
HH53	110.27	137	621	484	258	281	434	153
HH54	115.13	40	309	269	265	44	286	242
HH55	118.84	29	258	229	265	47	241	194
HH56	123.41	49	259	210	275	49	259	210

图 3-1　小浪底水库干流淤积断面河宽沿程分布

从图 3-1 可以看出,各断面主河槽一般在 200～300 m,275 m 高程河宽河堤以上及八里胡同河段一般在 300～700 m,河堤至八里胡同上口及八里胡同以下一般在 1 000～3 000 m。

第二节　水库运用及入库水沙概况

一、水库运用概况

从 1999 年 10 月开始蓄水运用到 2013 年 12 月,按照国家批复的小浪底水库拦沙初期的运用方式,以满足黄河下游防洪、减淤、防凌、防断流和供水、发电为主要目标,小浪底水库进行了防洪、防凌、调水调沙和供水等一系列的调度运用。

1999 年 10 月小浪底水库开始蓄水运用,当年由于三门峡水库入库水量较小,库区水位上升比较缓慢。

小浪底水库 1999～2013 年调度运用情况见图 3-2。

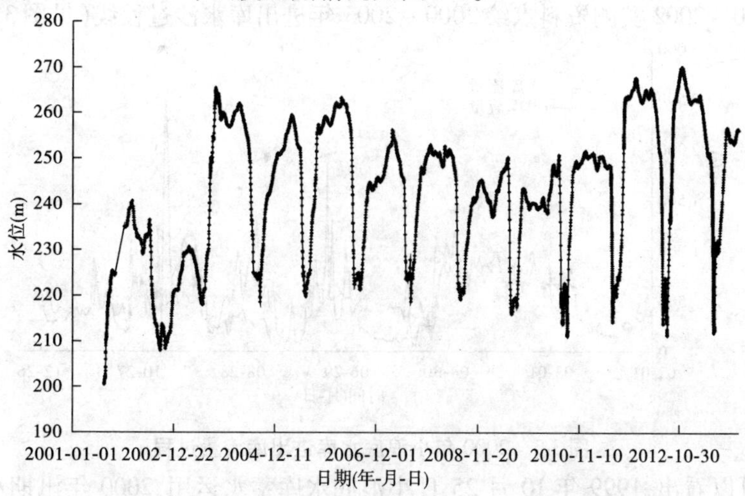

图 3-2　2001～2013 年小浪底水库坝前水位过程线图

从图 3-2 可以看出,小浪底水库 1999 年 10 月开始蓄水运用到 2013 年 12 月,库区水位可以分为 2 个明显的运用过程。1999 年蓄水到 2002 年开始调水调沙以前,库区水位基本在190～240 m变化，其中汛期最低水位基本控制在190 m左右，时间一般在7月中旬到下旬之间；非汛期最高水位一般在235 m左右，时间多在10月。

从2002年开始进行调水调沙试验，为利用小浪底水库蓄水制造人造洪峰，7月3日小浪底水库坝前水位达到当年最高水位(236.61 m)，调水调沙试验结束后库区水位降至汛限水位(225 m)以下运用。进入汛期后，小浪底水库上游入库水量遇偏枯年份，库区一直低水位运用，当年汛期的最高水位仅有230.11 m，是水库蓄水以来历年非汛期最高水位的最小值。

从2000年到2002年库区年平均水位逐年抬高，分别为208.88 m、219.51 m和224.81 m，汛期最高水位分别为214.88 m、211.25 m和215.65 m。

2003～2006年，历年汛期最低水位一般控制在220 m左右并呈逐年抬高的趋势，汛期最低水位分别为217.98 m、218.63 m、219.78 m和221.09 m；年最高水位的变化范围在242～265 m，其中最高运用水位出现在2003年10月15日，坝前水位达到265.48 m，历年平均运用水位分别为236.46 m、243.69 m、242.21 m和248.95 m。

2007～2010年，汛期最低水位分别为218.70 m、219.24 m、211.30 m和214.69 m；年最高水位的变化范围在251～256 m，其中最高运用水位出现在2007年3月30日，坝前水位达到256.04 m。

2011～2013年，小浪底水库开始试验高水位蓄水运用，其中2011年最高运用水位出现在2011年12月13～15日，坝前水位达到267.83 m；2012年最高运用水位出现在2012年11月20日，坝前水位达到270.11 m。2013年汛前最高水位只达到264.08，出现在2013年3月26日，由于汛期和汛后上游来水量减少，汛后小浪底水库最高水位为256.83，出现在2013年10月6日。

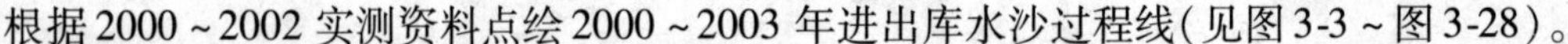

二、进出库水沙概况

根据2000～2002实测资料点绘2000～2003年进出库水沙过程线(见图3-3～图3-28)。

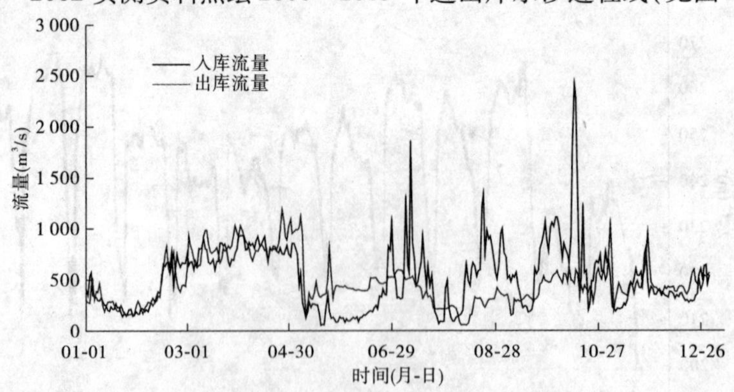

图3-3　2000年小浪底水库进出库流量过程

从图中可以看出，1999年10月25日小浪底水库蓄水运用，2000年汛期小浪底水库入库洪水偏枯，最大流量不到2 000 m^3/s，出库流量500 m^3/s左右，汛期库区水位控制在235 m以下。2000年汛期小浪底水库有3次较大的排沙过程，最大含沙量在150～300 kg/m^3，是比较典型的小水带大沙的洪水类型。由于小浪底水库刚开始运用，汛期主要以拦沙运用为主，入库泥沙全部拦蓄在库内，出库沙量很小。

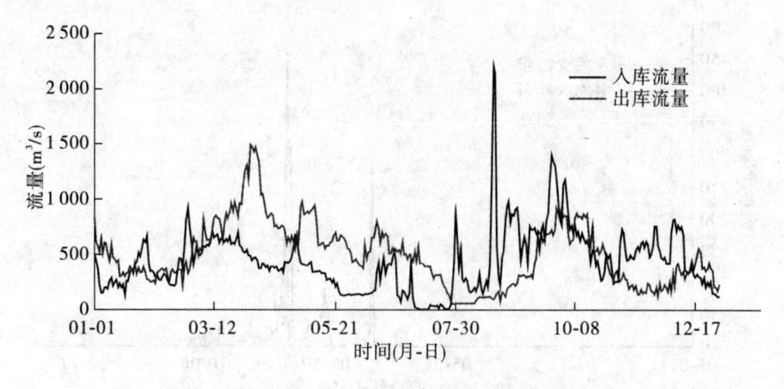

图 3-4　2001 年小浪底水库进出库流量过程

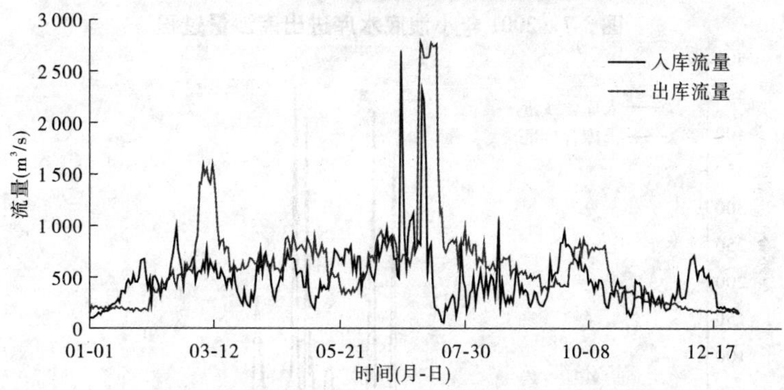

图 3-5　2002 年小浪底水库进出库流量过程

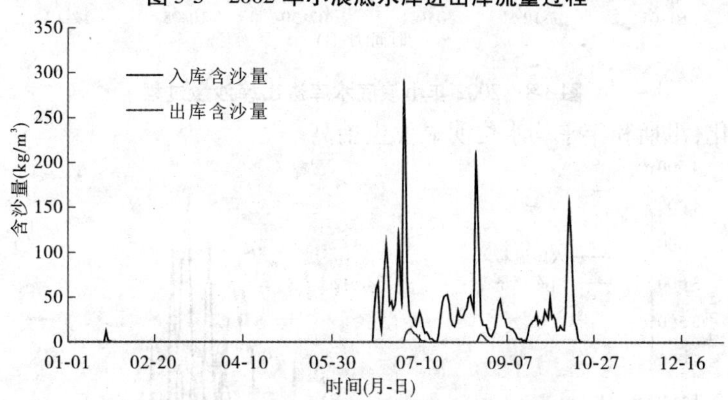

图 3-6　2000 年小浪底水库进出库沙量过程

2001 年共发生 4 次 1 000 m^3/s 以上的入库洪水，但入库总沙量较少，只有 8 月 17 日至 9 月 6 日之间的一场洪水输沙过程历时较长，和入库过程相比，存在着相对应的出库沙量过程。

2002 年汛期共发生 3 次 1 000 m^3/s 以上的入库洪水且都集中在汛初，其中 6 月下旬到 7 月中旬的一次，流量和含沙量均较大（洪峰 4 500 m^3/s，沙峰 457 kg/m^3）且历时较长，此次洪水在库区形成异重流并排沙出库，但整个汛期的出库沙量不大。从水库的运用情况来看，2002 年汛前为调水调沙试验，库区水位降低较多，从 7 月初的 237 m 下降到 7 月底的 215 m 左右，之后汛期一直保持底水位运用，整个汛期库区水位均为超过 215 m。

2003 年开始，小浪底水库入库水沙过程发生了较为明显的变化，水库蓄水运用过程发

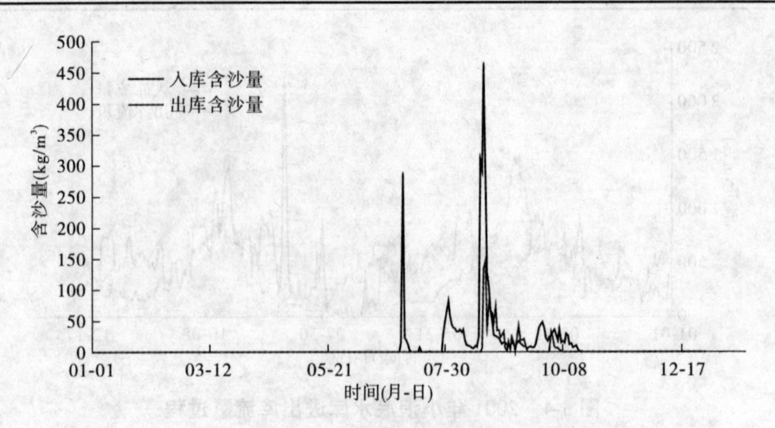

图 3-7　2001 年小浪底水库进出库沙量过程

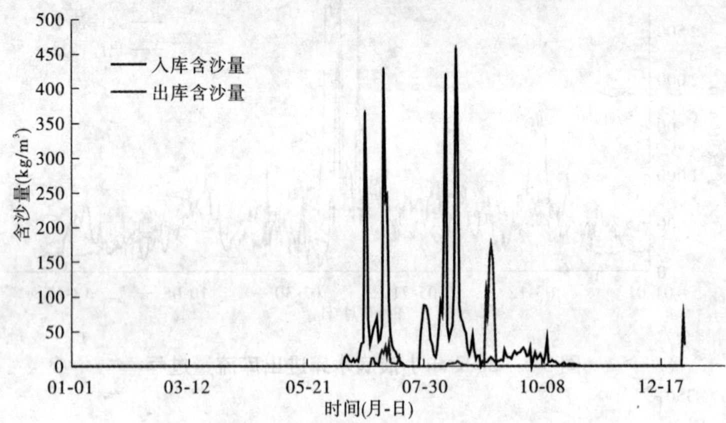

图 3-8　2002 年小浪底水库进出库沙量过程

生了一定的变化，汛期和年平均水位明显发生抬高。

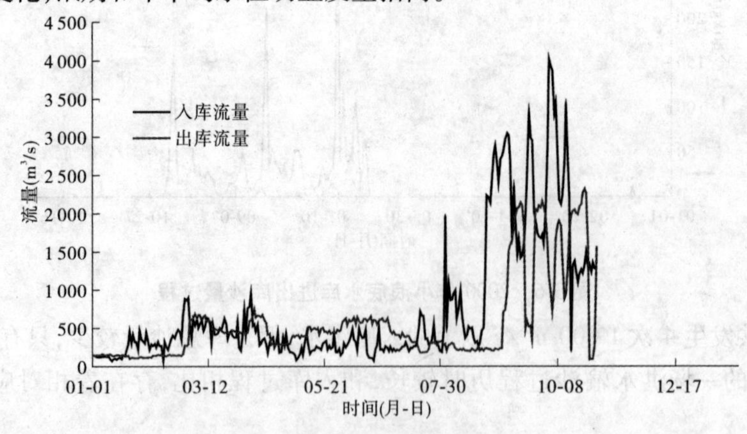

图 3-9　2003 年小浪底水库进出库流量过程

2003 年汛期受上游洪水的影响，入库水量较往年偏多，三门峡站入库水量主要集中在 8～10 月，入库沙量过程主要集中在 7～9 月。同时由于下游河道过洪能力的限制，水库下泄流量多维持在 2 500 m^3/s 以下，导致水库运用水位较高，库区最高水位到 10 月 15 日一度达到 265 m 以上。但和蓄水运用后历年出库过程相比，2003 年出库过程具有水量大、持续时间长、出库过程滞后等特点。由于 2003 年秋季黄河下游河道流量持续在 3 000 多 m^3/s

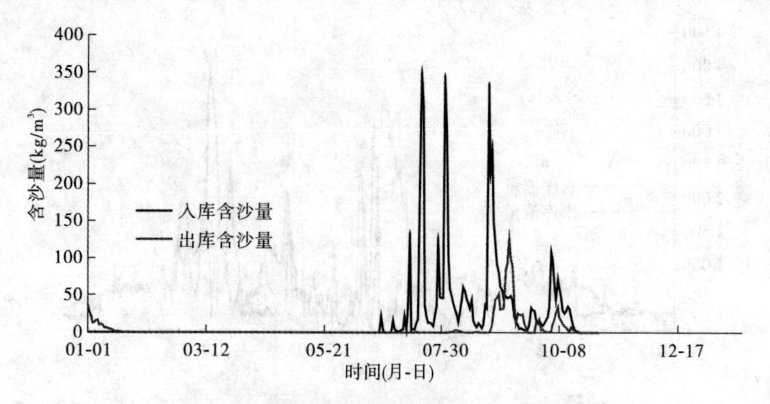

图 3-10　2003 年小浪底水库进出库沙量过程

左右，加上局部河道出现漫滩，限制了小浪底水库加大下泄流量，进出库水量的不平衡导致小浪底水库水位持续上升，从 7 月初的 220 m 一直上升到 9 月底的 260 m 以上，是小浪底水库运用以来库区水位最高的一年。

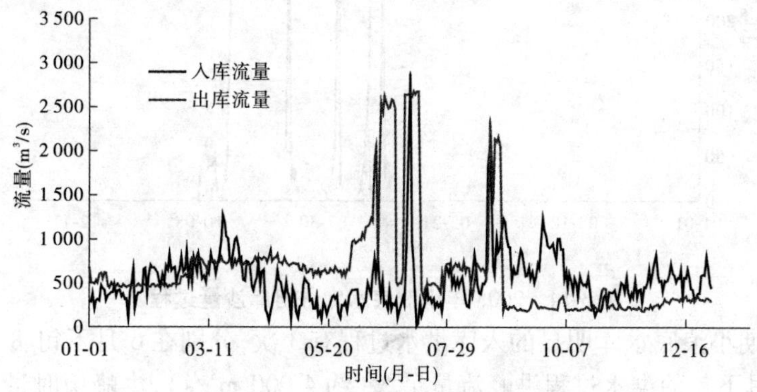

图 3-11　2004 年小浪底水库进出库流量过程

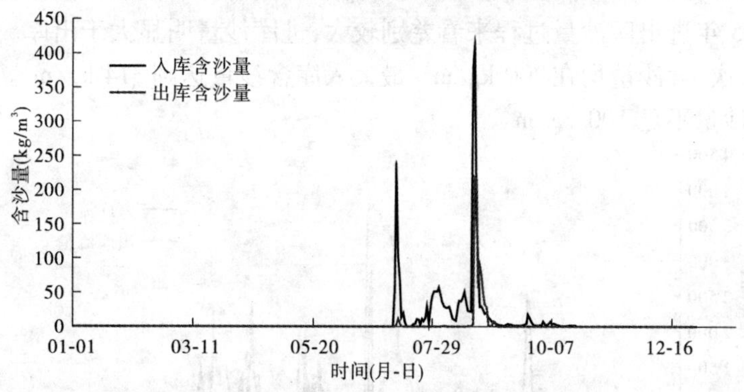

图 3-12　2004 年汛期小浪底水库进出库沙量过程

为降低小浪底水库的坝前水位，2004 年 6 月初就开始预泄运用，在汛前的调水调沙试验期间，出库流量基本保持在 2 800 m^3/s 左右，整个汛期出库流量过程大于入库流量过程，总水量出库大于入库，但入库沙量大于出库沙量，入库沙量为 2 个明显的沙峰过程，最大含沙量为 414 kg/m^3，出库沙量仅为 1 个，最大含沙量为 215 kg/m^3。2004 年汛前库区水位从 260 m 左右降至 7 月初的 225 m 左右，汛期水位基本保持在 235 m 以下，其中 7、8 月控制在 225 m 左右。

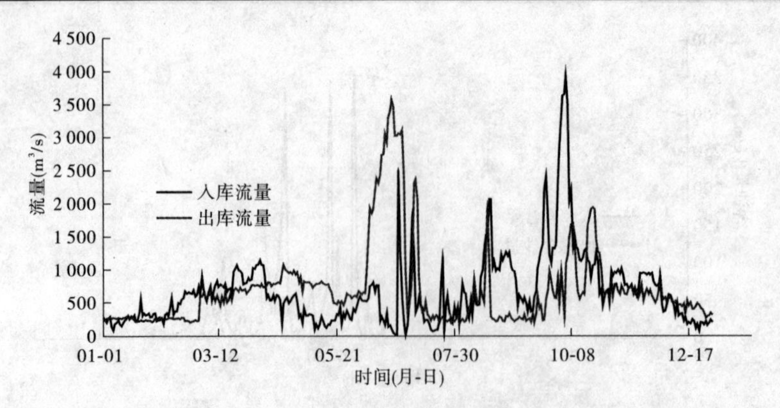

图 3-13 2005 年小浪底水库进出库流量过程

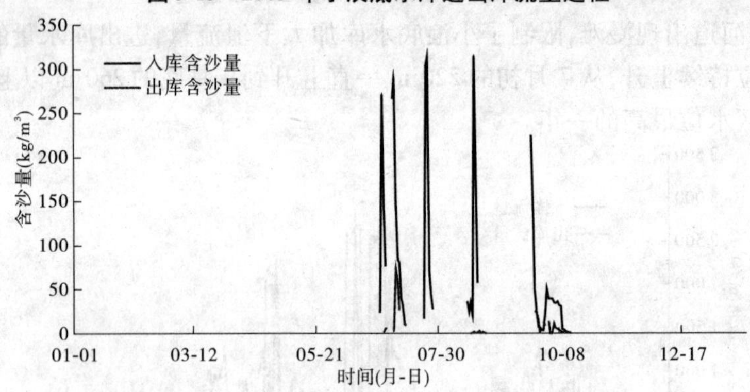

图 3-14 2005 年小浪底水库进出库沙量过程

2005 年汛期小浪底水库明显的入库洪水过程有 3 次,分别在 6 月下旬、8 月中旬和 9 月下旬。其中 9 月下旬的洪水过程洪峰流量最大(约 4 000 m^3/s),洪峰历时最长。相应的出库洪水过程也有 3 次,但以第一次(6 月)的洪峰流量最大,历时也最长,最大流量约为 3 600 m^3/s。但从 2005 年进出库沙量过程来看差别较大,进库沙量明显大于出库。较为明显的入库泥沙过程有 5 次,含沙量均在 200 kg/m^3,最大入库含沙量达到 314 kg/m^3。而出库过程仅有 1 次,最大含沙量不足 100 kg/m^3。

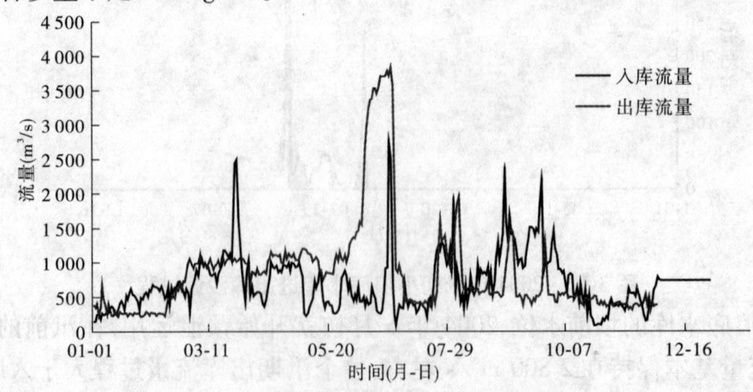

图 3-15 2006 年小浪底水库进出库流量过程

2006 年汛期,小浪底水库入库水沙量较 2005 年偏小,从水量分配上看,入库过程主要集中在 6 月下旬、8 月下旬至 9 月下旬。年最大流量为 6 月 25 日的 2 760 m^3/s,汛期最大流

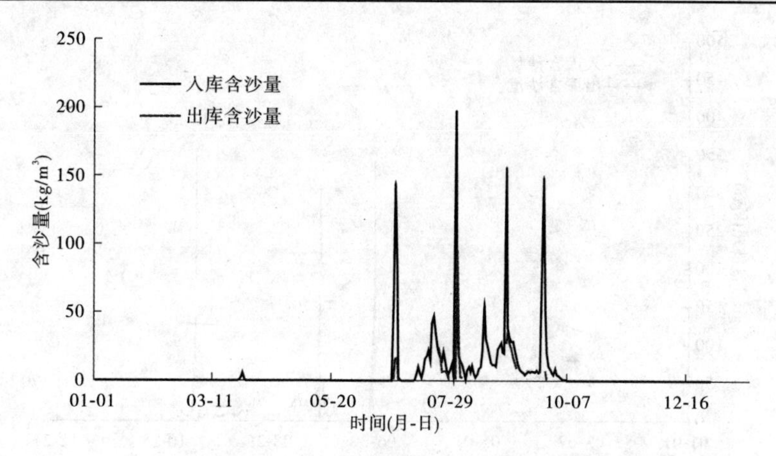

图 3-16　2006 年小浪底水库进出库沙量过程

量发生在 9 月 1 日，最大流量为 2 360 m³/s。年最大出库流量在汛前，6 月 26 日最大流量为 3 830 m³/s。汛期有 3 次出库流量过程，分别在 7 月、8 月和 9 月下旬，汛期最大出库流量不足 2 000 m³/s。

从水库运用情况来看，汛前库区水位较高，从 265 m 逐渐降低到 224.8 m，进入汛期基本维持在 225 m 以下，9 月开始逐渐抬高，10 月底达到 245 m 左右后略有下降。2006 年小浪底水库有 4 次明显的入库沙量过程，其中汛前调水调沙期间一次，汛期 7、8、9 月各一次。最大含沙量发生在 8 月 2 日，最大含沙量 198 kg/m³，其他 3 次均在 150 kg/m³ 左右。出库沙量过程有 2 次，分别在 8 月和 9 月，年最大出库含沙量为 8 月 2 日的 98 kg/m³。

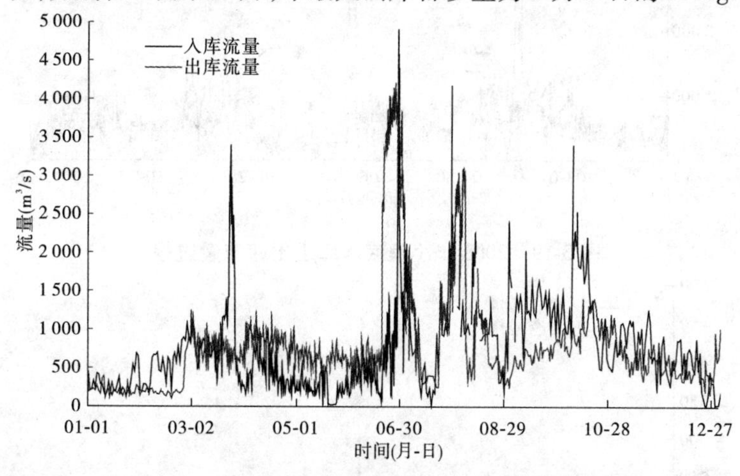

图 3-17　2007 年小浪底水库进出库流量过程

2007 年小浪底水库明显的入库洪水过程有 2 次，分别在 3 月下旬、6 月下旬至 7 月上旬、8 月中旬和 10 月上旬。其中 6 月下旬至 7 月上旬调水调沙期间的洪水过程洪峰流量最大，最大洪峰流量为 4 910 m³/s，洪峰历时最长。相应的出库洪水过程有 2 次，以 6 月下旬的洪峰流量最大，历时也最长，最大流量约为 4 210 m³/s。

从 2007 年小浪底水库进出库沙量过程来看，较为明显的入库泥沙过程有 3 次，6 月底至 7 月上旬最大入库含沙量达到 343 kg/m³，7 月底最大入库含沙量达到 311 kg/m³，10 月上旬最大入库含沙量达到 384 kg/m³，而出库过程有 2 次，其中第一次出现在 6 月底至 7 月上旬，出库最

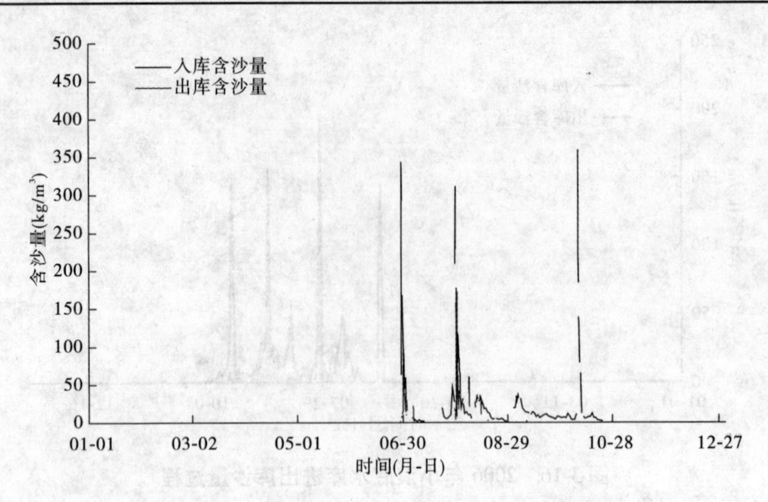

图 3-18　2007 年小浪底水库进出库含沙量过程

大含沙量为 100 kg/m³，第二次出现在 7 月底至 8 月上旬，出库最大含沙量为 177 kg/m³。

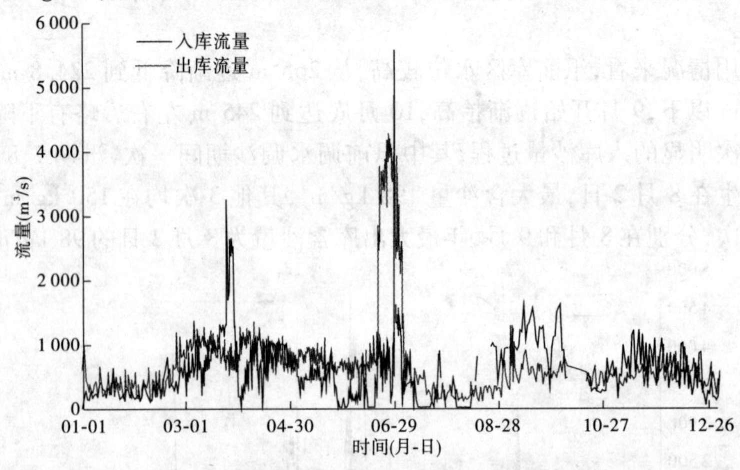

图 3-19　2008 年小浪底水库进出库流量过程

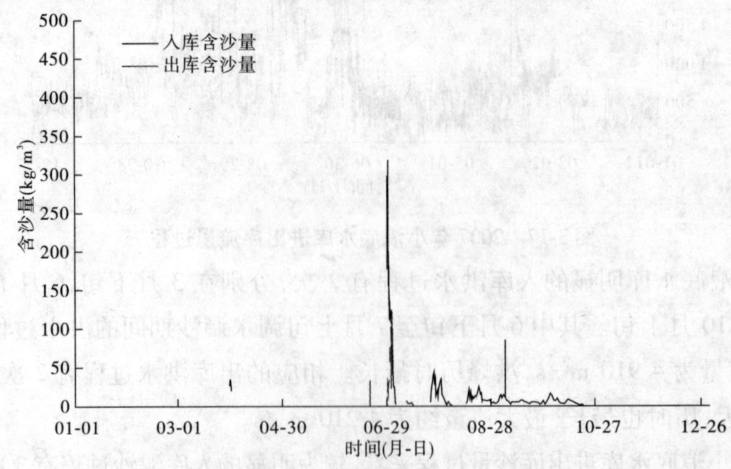

图 3-20　2008 年小浪底水库进出库含沙量过程

2008 年小浪底水库明显的入库洪水过程有 2 次，分别在 3 月下旬、6 月下旬至 7 月上旬。其中6月下旬至7月上旬调水调沙期间的洪水过程洪峰流量最大，最大洪峰流量为5 580 m^3/s，洪峰历时最长。相应的出库洪水过程仅有1次，出现在6月下旬调水调沙期间，最大洪峰流量约为4 280 m^3/s。

2008年小浪底水库进出库沙量较为明显的入库泥沙过程有1次，出现在6月底至7月上旬，最大入库含沙量达到318 kg/m^3，而对应的出库过程也仅有1次，出现在6月底至7月上旬，出库最大含沙量为154 kg/m^3。

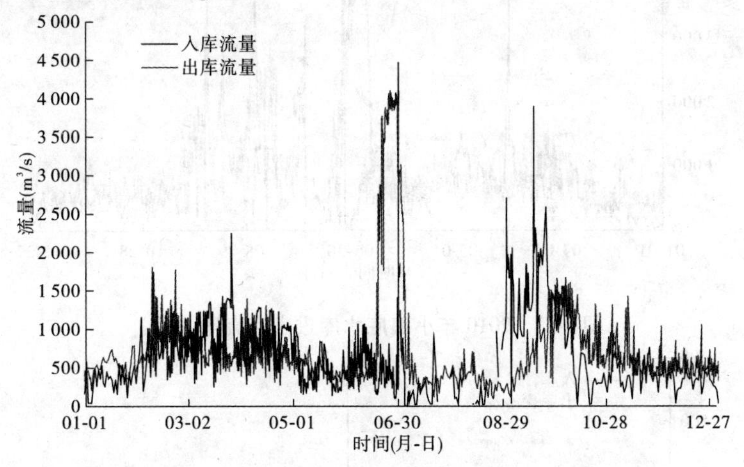

图3-21　2009年小浪底水库进出库流量过程

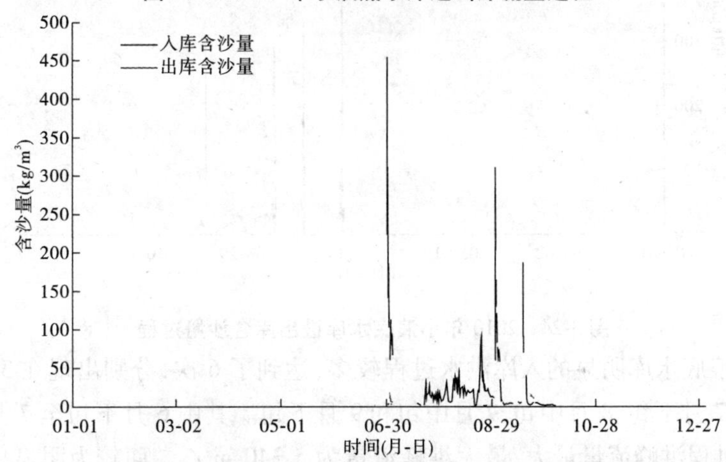

图3-22　2009年小浪底水库进出库含沙量过程

2009年小浪底水库明显的入库洪水过程有2次，分别在6月下旬至7月上旬、8月下旬至9月下旬。其中6月下旬至7月上旬调水调沙期间的洪水过程洪峰流量最大，最大洪峰流量为4 470 m^3/s，8月下旬至9月下旬洪峰历时最长，最大洪峰流量为3 900 m^3/s。而较为明显的出库洪水过程有1次，出现在6月下旬调水调沙期间，最大洪峰流量约为4 110 m^3/s。

2009年小浪底水库进出库沙量较为明显的入库泥沙过程有3次，出现在6月底至7月上旬、9月上旬和9月中旬，6月底至7月上旬最大入库含沙量达到454 kg/m^3，9月上旬最大入库含沙量达到311 kg/m^3，9月中旬最大入库含沙量达到187 kg/m^3，而对应的出库过程仅有1次,出现在6月底至7月上旬,出库最大含沙量仅为12.7 kg/m^3,2009年小浪底水库异重流排沙比仅为6.5%。

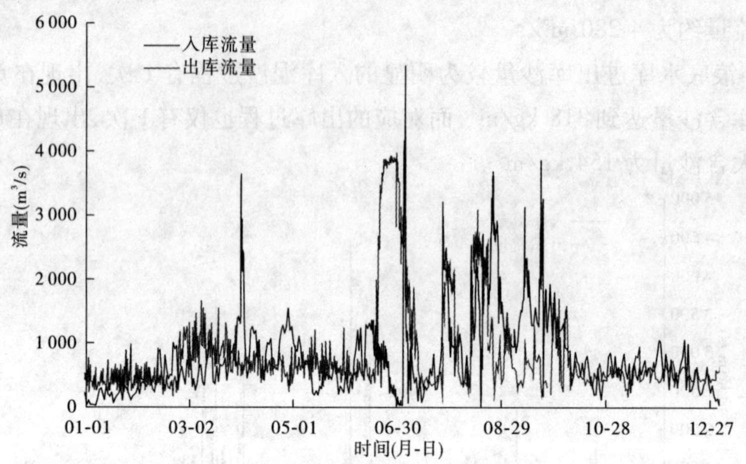

图3-23 2010年小浪底水库进出库流量过程

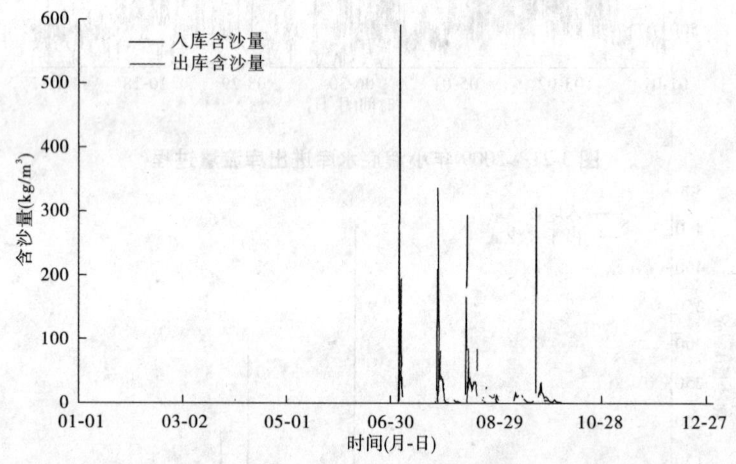

图3-24 2010年小浪底水库进出库含沙量过程

2010年小浪底水库明显的入库洪水过程较多,达到了6次,分别出现在3月下旬、6月底至7月上旬、7月下旬、8月中旬、9月中旬和9月下旬。其中6月下旬至7月上旬调水调沙期间的洪水过程洪峰流量最大,最大洪峰流量为5 340 m^3/s。而较为明显出库洪水过程有4次,分别出现在6月底至7月上旬、7月下旬、8月中旬、9月中旬和9月下旬,其中最大洪峰流量出现在6月下旬调水调沙期间,最大洪峰流量约为3 980 m^3/s。

2010年小浪底水库进出库沙量较为明显的入库泥沙过程有4次,分别出现在7月上旬、7月下旬、8月中旬和9月下旬,其中7月上旬最大入库含沙量达到591 kg/m^3,7月下旬最大入库含沙量达到337 kg/m^3,8月中旬最大入库含沙量达到294 kg/m^3,9月下旬最大入库含沙量达到305 kg/m^3;而对应的出库过程有3次,分别出现在7月上旬、7月下旬、8月中旬,其中7月上旬最大入库含沙量达到288 kg/m^3,7月下旬最大入库含沙量达到121 kg/m^3,8月中旬最大入库含沙量达到85.5 kg/m^3。

2011年小浪底水库明显的入库洪水过程有3次,分别出现在3月下旬、6月底至7月上

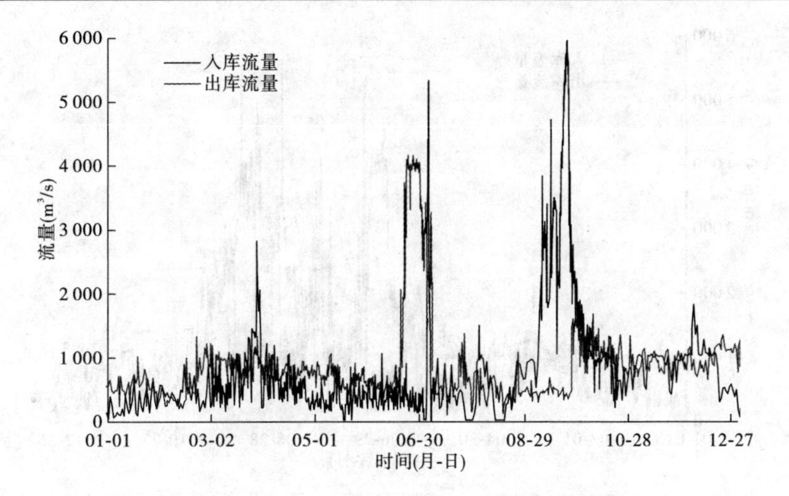

图 3-25　2011 年小浪底水库进出库流量过程

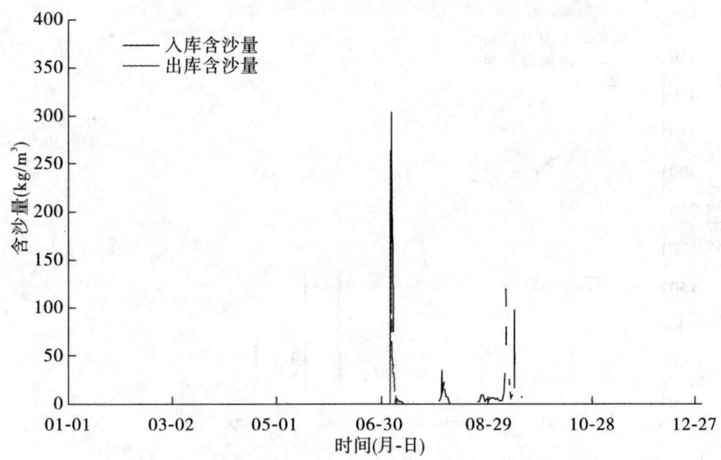

图 3-26　2011 年小浪底水库进出库含沙量过程

旬、9 月。其中 9 月的洪水过程洪峰流量最大，历时也最长，最大洪峰流量为 5 960 m^3/s。而较为明显出库洪水过程有 2 次，分别出现在 6 月底至 7 月上旬、9 月下旬，其中最大洪峰流量出现在 6 月下旬调水调沙期间，最大洪峰流量约为 4 160 m^3/s。

2011 年小浪底水库进出库沙量较为明显的入库泥沙过程有 3 次，分别出现在 7 月上旬、8 月上旬和 9 月上旬，其中 7 月上旬最大入库含沙量达到 304 kg/m^3，9 月上旬最大入库含沙量达到 120 kg/m^3；而对应的出库过程仅有 1 次，出现在 7 月上旬，最大入库含沙量达到 263 kg/m^3。

2012 年小浪底水库明显的入库洪水过程较多，共有 4 次，分别出现在 3 月下旬、6 月底至 7 月上旬、7 月下旬、8 月下旬至 10 月下旬。其中 8 月下旬至 10 月下旬的洪水过程洪峰流量最大，历时最长，最大洪峰流量为 5 680 m^3/s。而较为明显出库洪水过程有 4 次，分别出现在 6 月底至 7 月上旬、7 月下旬、8 月中旬和 9 月下旬，其中最大洪峰流量出现在 6 月下旬调水调沙期间，最大洪峰流量约为 4 780 m^3/s。

2012 年小浪底水库进出库沙量较为明显的入库泥沙过程有 3 次，分别出现在 7 月上旬、7 月下旬、8 月下旬，其中 7 月上旬最大入库含沙量达到 210 kg/m^3，7 月下旬最大入库含

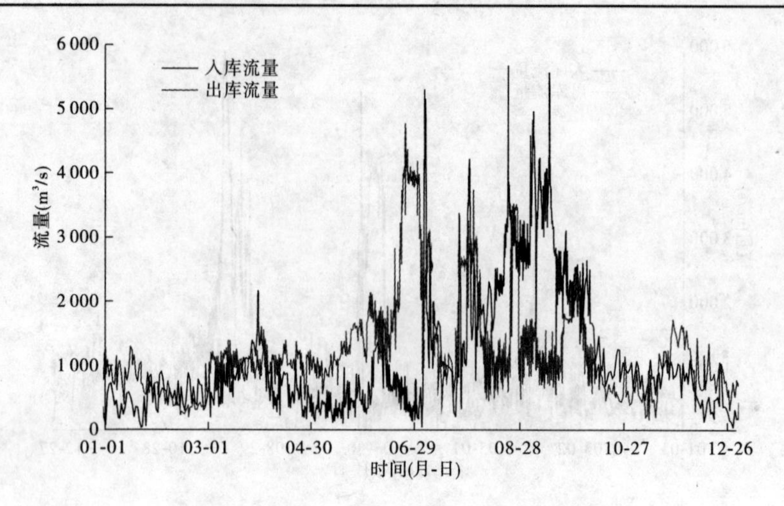

图 3-27 2012 年小浪底水库进出库流量过程

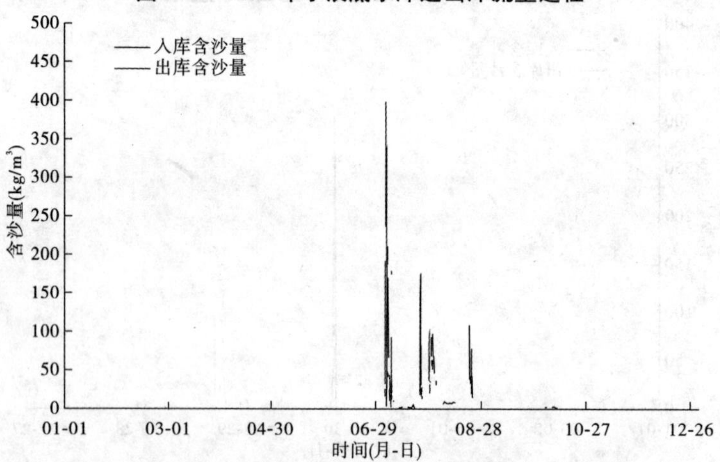

图 3-28 2012 年小浪底水库进出库含沙量过程

沙量达到 174 kg/m³,8 月下旬最大入库含沙量达到 108 kg/m³;而对应的出库过程有 3 次,分别出现在 7 月上旬、7 月下旬、8 月下旬,其中 7 月上旬最大出库含沙量达到 398 kg/m³,7 月下旬最大出库含沙量达到 98.4 kg/m³,8 月下旬最大出库含沙量达到 77.4 kg/m³。

第三节 历年库区冲淤量及其分布

一、历年库容及冲淤量分布

小浪底水库 1997 年 10 月截流,截流前实测 275 m 高程以下加密原始库容为 127.58 亿 m³,1999 年 10 月开始蓄水运用,1999 年 10 月实测 275 m 加密断面法库容为 127.46 亿 m³,2013 年 10 月实测断面法库容为 93.70 亿 m³,其中干流库容为 49.44 亿 m³,左岸支流库容为 21.08 亿 m³,右岸支流库容为 23.18 亿 m³,2013 年 10 月实测 275 m 以下库容曲线见图 3-29,历年库容变化情况见表 3-2。

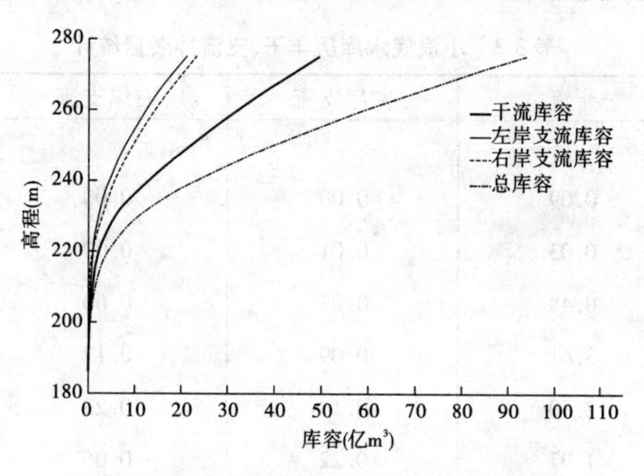

图 3-29　小浪底水库 2013 年 10 月库容曲线

表 3-2　小浪底水库历年库容变化统计　（单位：亿 m^3）

年份	干流库容	总库容	年际淤积量	累计淤积量
1997	74.91	127.58		
1998	74.82	127.49	0.09	0.09
1999	74.79	127.46	0.03	0.12
2000	74.31	126.95	0.51	0.63
2001	70.70	123.13	3.82	4.45
2002	68.20	120.26	2.87	7.32
2003	66.23	118.01	2.25	9.57
2004	61.6	113.21	4.8	14.37
2005	59.0	109.31	3.9	18.27
2006	56.47	105.88	3.43	21.7
2007	55.03	103.62	2.26	23.96
2008	54.76	103.35	0.27	24.23
2009	53.54	101.63	1.72	25.95
2010	52.39	99.48	2.15	28.1
2011	52.4	97.91	1.57	29.67
2012	51.23	96.58	1.33	31
2013	49.44	93.70	2.88	33.88

注：上年汛后至当年汛后的统计值为当年的库容或冲淤量。

历年干、支流冲淤量情况见表 3-3。

1999 ~ 2000 年库区淤积量很小，只有 6 000 万 m^3 左右。

表 3-3　小浪底水库历年干、支流冲淤量统计　　（单位：亿 m^3）

年份	干流	左岸支流	右岸支流	冲淤量
1997				
1998	0.09	0.00	0.00	0.09
1999	0.03	0.01	0.00	0.03
2000	0.48	0.03	0.00	0.51
2001	3.61	0.09	0.12	3.82
2002	2.50	0.14	0.23	2.87
2003	1.97	0.22	0.06	2.25
2004	4.63	0.13	0.04	4.80
2005	2.60	0.73	0.57	3.90
2006	2.53	0.49	0.48	3.43
2007	1.44	0.55	0.27	2.26
2008	0.27	-0.1	0.1	0.27
2009	1.22	0.21	0.29	1.72
2010	1.15	0.07	0.93	2.15
2011	-0.01	0.42	1.16	1.57
2012	1.17	0.12	0.04	1.33
2013	1.79	0.44	0.65	2.88
1997～2013	25.47	3.55	4.94	33.88

2001 年汛期库区淤积量急剧增大，年淤积总量达 3.82 亿 m^3，而且 95% 的淤积发生在干流，支流淤积量仅 0.21 亿 m^3。

2002 年库区淤积量略小于 2001 年，但支流淤积量有所增大。库区总淤积量为 2.87 亿 m^3，支流淤积量 0.37 亿 m^3，占总淤积量的 12.9%。

2003 年库区淤积量为 2.25 亿 m^3，支流淤积量为 0.28 亿 m^3，占总淤积量的 12.4%。

2003 年汛后至 2004 年汛前，由于水库运用水位较高，加上上游三门峡水库畅泄运用，大量泥沙进入小浪底库区并且主要淤积在干流。2004 年全库区共淤积 4.80 亿 m^3，干流淤积量为 4.63 亿 m^3，占库区总淤积量的 96.5%。通过 2004 年汛前第三次调水调沙试验期间的调度运用，小浪底库区不利的淤积形态得到了有效的调整，设计淤积平衡线以上被占用的库容得到全部恢复。调水调沙试验结束后，由于“04·8”洪水的作用，干流发生了较为明显的冲刷，支流则略有淤积。2004 年非汛期，小浪底水库整体淤积量很小，共计 0.55 亿 m^3，其中干流和上年度相比表现为略冲，冲刷量 0.14 亿 m^3，支流共淤积 0.68 亿 m^3。

2005 年，小浪底水库共淤积 3.90 亿 m^3，淤积主要发生在干流中上部，干流淤积量达到 2.60 亿 m^3，但支流淤积也有所增加，共淤积 1.3 亿 m^3。值得注意的是，干流的淤积形态接近 2004 年汛前的水平，干流冲淤量集中在中上部，河底高程明显抬高。

2006 年小浪底库区淤积量为 3.43 亿 m^3，淤积仍主要在干流，由于 2006 年汛期水库运用水位较低，干流淤积部位较以往靠近下游，淤积三角洲下移到距坝 33 km 处。2006 年支流淤积量是历年支流淤积较为严重的一年，其中左岸支流中沇西河淤积量最大(0.12 亿 m^3)，右岸支流以畛水河淤积量最大(0.37 亿 m^3)。造成这种现象的主要原因是干流淤积三角洲在下移的过程中，干流泥沙倒灌支流。

2007 年，小浪底水库共淤积 2.26 亿 m^3，淤积主要发生在干流中上部，干流淤积量达到 1.44 亿 m^3，支流共淤积 0.82 亿 m^3。

2008 年，小浪底水库共淤积 0.27 亿 m^3，是近些年来最少淤积年份，这是因为 2008 年小浪底水库汛期低水位运用，调水调沙期间人工塑造异重流效果较好，排沙比较大，淤积主要发生在干流中部，干流淤积量 0.27 亿 m^3，左支流淤积量 -0.1 亿 m^3，右支流淤积量 0.1 亿 m^3，左右岸冲淤平衡。

2009 年，小浪底水库共淤积 1.72 亿 m^3，淤积主要发生在干流下部，干流淤积量 1.22 亿 m^3，左支流淤积量 0.21 亿 m^3，右支流淤积量 0.29 亿 m^3。

2010 年，小浪底水库共淤积 2.15 亿 m^3，汛前调水调沙期间和汛期多场洪水对小浪底干流中下游和右岸支流造成较大淤积，干流淤积量 1.15 亿 m^3，左支流淤积量 0.07 亿 m^3，右支流淤积量 0.93 亿 m^3，其中右岸支流畛水河淤积较为严重，淤积量 0.68 亿 m^3。

2011 年，小浪底水库共淤积 1.57 亿 m^3，其中干流淤积量为 -0.01 亿 m^3，基本保持冲淤平衡，淤积主要发生在支流，其中左支流淤积量 0.42 亿 m^3，左岸支流沇西河淤积严重，产生淤积量为 0.60 亿 m^3；右支流淤积量 1.16 亿 m^3，右岸支流石井河淤积较为严重，产生淤积量为 1.06 亿 m^3。

2012 年，小浪底水库共淤积 1.33 亿 m^3，淤积主要发生在干流下游，干流淤积量 1.17 亿 m^3，左支流淤积量 0.12 亿 m^3，右支流淤积量 0.04 亿 m^3。

2013 年，小浪底水库共淤积 2.88 亿 m^3，是近几年来淤积较为严重的年份，淤积主要发生在干流下游，干流淤积量 1.79 亿 m^3，左支流淤积量 0.44 亿 m^3，右支流淤积量 0.65 亿 m^3。

总体来看，泥沙淤积的位置主要在干流和小浪底水库几条较大支流，如沇西河、石井河及畛水河，干流淤积量占库区总淤积量的 75%，支流淤积量占总淤积量的 25%。

二、不同区域的淤积情况

由于受小浪底库区地形条件的影响，库区淤积的分布在不同的区域具有不同的淤积特点。

从整个干流淤积过程来看，2003 年 5 月(2003-1)以前变化比较均匀，2003 年汛期发生了明显的跳跃，从 8 亿 m^3 增加到 13 亿 m^3。2004～2005 年变化不大，2005 年汛期又出现一次跳跃，从 13 亿 m^3 增加到近 15.8 亿 m^3，2006 年汛期又出现一次跳跃，从 15.8 亿 m^3 增加到近 18.3 亿 m^3。而这三次跳跃都与三门峡水库的出入过程的不利有关(见图 3-30)。2007～2009 年，水库干流累计淤积量 18 亿～19 亿 m^3，干流淤积量增幅减缓。2010～2013 年，水库干流累计淤积量 21 亿～25 亿 m^3，干流淤积量月增幅 2 亿 m^3。

但从历年板涧河以下累计冲淤过程看来，这种跳跃现象不如整个干流明显，说明三门峡不利的出库过程对干流板涧河以上的淤积更为显著点。

图 3-30　历年干流河道累计淤积过程

根据小浪底库区的地形特点，将库区分为大坝—八里胡同、八里胡同、八里胡同入口—沇西河和沇西河口—板涧河口四个区域，各个区域历年的冲淤变化情况见图 3-31。

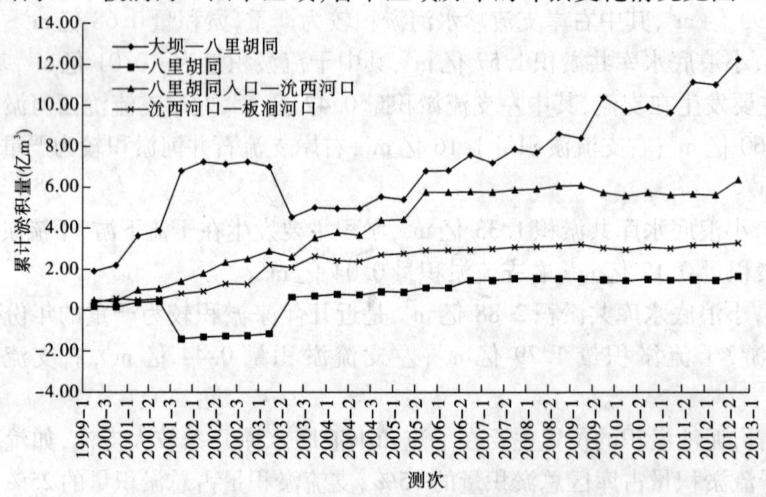

图 3-31　历年干流河道分区域累计淤积过程

三门峡水库的下泄过程和小浪底水库汛期运用方式对小浪底库区的淤积具有明显的影响作用。对于小浪底水库来说，不同的入库水沙过程会在库区产生不同的淤积效果。

2000 年、2001 年入库洪水过程比较相似，水沙量主要集中在汛期，最大流量均在1 500～2 000 m^3/s，小浪底水库运用水位都比较低，淤积主要发生在库区下部。2002 年开始调水调沙试验，汛前三门峡下泄流量较以前有所加大，年最大流量出现在汛前的 6 月下旬，汛期水量较枯，汛期最大入库流量不足 1 000 m^3/s，但汛期的入库含沙量较大，由于缺少水量的输送，入库泥沙主要淤积在库区中部的开阔区段(距坝 60 km 以下)。

2003 年和 2005 年汛前，三门峡出库水沙过程均表现为洪水总量较丰、洪峰流量较大、出现时间偏后的特点。由于三门峡水库汛期的运用方式是敞泄运用，不能抬高运用水位运行，使得大量泥沙在不利的时机进入小浪底库区，导致淤积集中在小浪底库区尾部且淤积量较大，淤积部位不合理。2003 年汛后曾一度占用了设计防洪库容。

2004 年和 2006 年主要的入库水沙过程均发生在汛前和前汛期,洪水进入小浪底水库时库区水位较低,回水区以上属于自然河道,在入库洪水的作用下,库区上部淤积的泥沙发生明显的冲刷。和 2003 年、2005 年相比,2004 和 2006 年的淤积形态均为上部冲刷、下部淤积,使 2003 年、2005 年不利淤积形态得到不同程度的调整和改善。

从图 3-31 可以看出,八里胡同河段淤积变化比较均匀,但是 2002 年汛前至 2003 年汛后这两年时间,八里胡同段累计淤积量呈减少趋势,这主要是因为 2002 年第一淤积测验八里胡同段发生较大冲刷,冲刷量有 1.83 亿 m^3。而到了 2004 年汛前,八里胡同段淤积量为 1.78 亿 m^3,这主要是因为 2003 年华西秋雨带造成的洪水进入小浪底水库,对小浪底水库造成较大淤积,使得八里胡同段累计淤积量恢复到 2001 年汛后水平。自 2004 年以后八里胡同段累计冲淤量变化比较均匀,呈缓慢均匀上升的趋势,说明三门峡的入库过程对本河段的影响程度较小。

八里胡同以下淤积一致呈较快增长趋势,这是因为小浪底水库调水调沙作用下,对小浪底水库下游河段造成淤积,这种淤积态势一直会持续到淤积三角洲顶点到达小浪底水库坝前。

八里胡同入口—沇西河口河段在 2006 年 10 月以前一直出现淤积量的大增加,之后在 2007 年以后淤积量增长减缓,这与小浪底水库汛期水库运用方式有关,汛期这一河段一直呈现自然河道状况,上游来水来沙对这一河段保持冲淤平衡态势。

沇西河口—板涧河口河段在 2004 年 10 月以前一直出现淤积量的大幅度增加,之后在 2005 年以后淤积量增长减缓,这与小浪底水库汛期水库运用方式有关,汛期这一河段一直呈现自然河道状况,上游来水来沙对这一河段保持冲淤平衡态势。

三、库区淤积形态的变化情况

小浪底水库属于山区峡谷型水库,库区干流狭,河底比降大,两岸支流众多。干流库容占总库容的 70% 以上。水库蓄水运用后,由于上游入库泥沙的淤积,在回水末端形成淤积三角洲。淤积三角洲的位置对水库库容利用和支流拦门沙的形成有着明显的影响作用。从水库运用的角度出发,希望在水库运用初期,尽量使得入库泥沙淤积在近坝段的淤积库容以内,延长水库的使用寿命。

从 1999 年以来小浪底水库淤积三角洲的发展过程来看,淤积三角洲的形成和变化具有一定的规律,利用这个规律可以有效地控制和改变三角洲的形成与变化。

1999 年小浪底水库蓄水后,水库运用水位逐年抬高,回水长度逐渐增大。由于水库回水的影响,改变了原来河道水力特性,断面流速迅速减小,水流挟沙能力减弱,入库高含沙水流进入库区后,挟带的较粗泥沙在水库回水末端以下形成淤积三角洲。

1999 年 10 月至 2000 年 5 月,库区干流河底纵断面变化不大,在距坝 50 km 以内河底略有抬高;2000 年 5 月至 2001 年 5 月,由于库区水位的抬高,在距坝 35 ~ 88 km 的范围内形成了明显的淤积三角洲,三角洲的顶点在距坝 60 km 处,顶点高程为 217.91 m,坡顶最大淤积厚度 37.09 m(见图 3-32)。

2001 年汛期小浪底库区先后出现 2 次异重流过程,受异重流的影响,2001 年 8 月实测干流纵断面在距坝 55.02 ~ 88.54 km 范围内发生冲刷,淤积三角洲下移,高程下降,最大冲刷深度为 25.3 m。距坝 50 km 以下河底高程抬高,坝前淤积厚度约 10 m,三角洲的下坡段

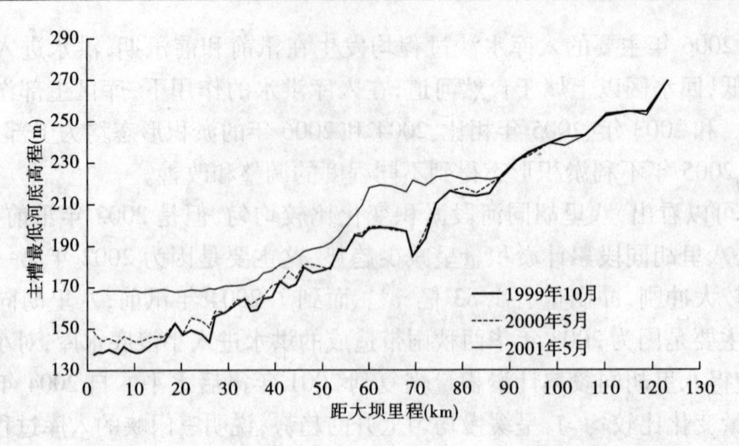

图 3-32　1999 年 10 月至 2001 年 5 月干流河底高程对照

河底比降变缓，淤积三角洲的坡顶河段回淤，淤积厚度约 20 m，淤积形态较 2001 年 5 月有所变化，主要表现为坡顶高程降低比降增大（见图 3-33）。

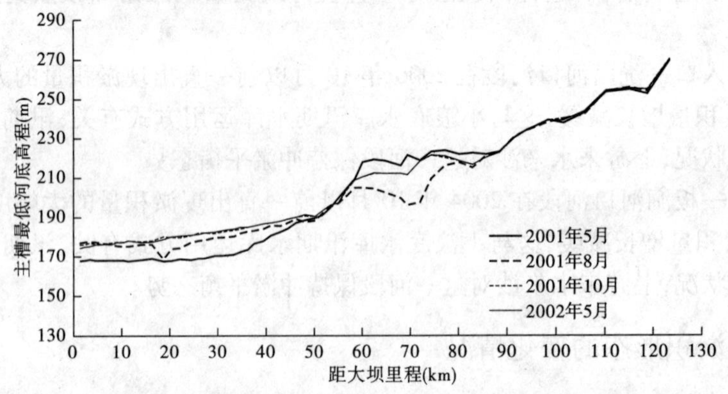

图 3-33　2001 年 5 月至 2002 年 5 月干流河底高程对照

2002 年汛期在距坝 88 km 以下的干流普遍发生淤积，在距坝 55 ~ 88 km 形成淤积三角洲，三角洲的顶点在距坝 78 m 处，其上坡段的长度大于下坡段。在此期间小浪底库区出现了一次较强的异重流过程，潜入点在距坝 78 km 处，为控制小浪底下泄沙量，在异重流期间水库排沙洞没有开启，异重流到达坝前后向上爬升并形成浑水水库。同时，对后续异重流产生顶托，减小异重流动力，降低挟沙能力，在异重流消失的过程中，挟带的泥沙沿程淤积。

2003 年汛后小浪底水库运用水位较高，库区最高水位达到 265.58 m。同时，由于 2003 年秋季洪水的影响，加上三门峡水库畅泄运用，使得上游洪水挟带的大量泥沙淤积在小浪底库区。2003 年 5 ~ 11 月小浪底库区共淤积泥沙 4.8 亿 m^3，其中 4.2 亿 m^3 淤积在干流。从淤积形态来看，干流淤积的泥沙主要集中在距坝 50 ~ 110 km 的上半段，最大淤积厚度在距坝 71 km 处，河底淤高 42 m。淤积三角洲的顶点较 2003 年 5 月上提约 22 km，顶点高程在 250 m 以上，部分河段已经侵占了设计有效库容。

2004 年第三次调水调沙试验期间，为降低小浪底库区尾部的河底高程，改善库尾淤积形态，在河堤以上河段开展了人工泥沙扰动试验，并在小浪底库区成功塑造了异重流。提供以上措施有效地改善了库尾河段的淤积形态，降低了库区的淤积高程。在距坝 70 ~ 110 km 河底发生了明显的冲刷，平均冲刷深度近 20 m，利用异重流的输沙特性将该河段的泥沙向下输移 30 km 左右，以及三角洲的顶点下移 24 km，高程降低 23.69 m，被侵占的设计有效库容全部得到恢复(见图 3-34)。

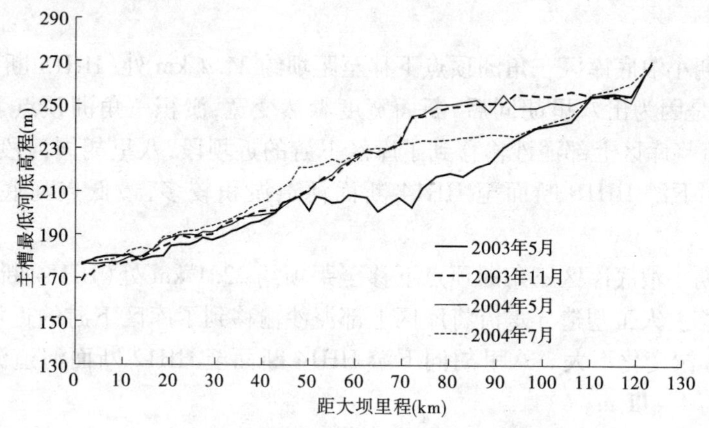

图 3-34　2003 年 5 月至 2004 年 7 月干流河底高程对照

2005 年汛期末期，三门峡站出现了一次较大的流量过程，最大流量在 4 000 m^3/s 左右，由于洪水入库时小浪底库区水位较高，使得入库泥沙在小浪底库区干流上部产生淤积，导致干流上部的河底高程又有了明显的抬高，特别是距坝 45 km 以上抬高的幅度较大，距坝 88 km 处河底高程抬升的幅度最大，抬高近 20 m，2005 年小浪底库区干流主槽最低河底高程变化情况见图 3-35。

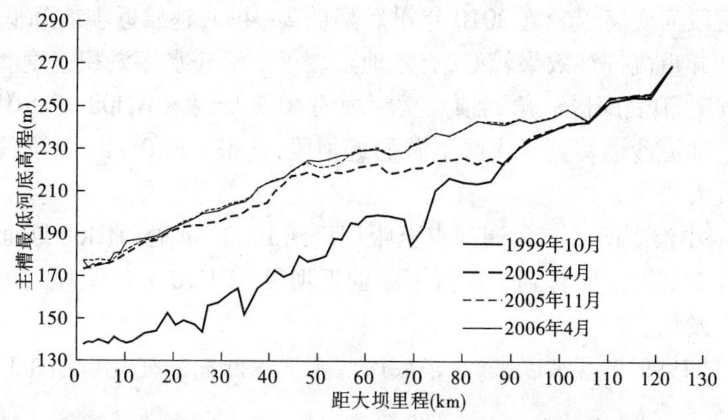

图 3-35　小浪底水库干流主槽最低河底高程沿程变化对照

2006 年汛期小浪底库区干流的淤积形态发生了较为明显的变化，主要反映在：一是淤积三角洲顶点明显下移，三角洲顶点下移至距坝约 33 km 处(HH20 断面)，是历年三角洲顶点最靠近大坝的一年；二是三角洲顶坡高程降低、纵比降变缓，与 2006 年 4 月相比，顶坡高程降低 10 m 左右；三是距坝 10 km 范围内的河底高程明显抬高(抬高约 10 m)。造成这种变化的主要原因是前汛期水库运用水位较低，特别是在调水调沙运用期间库区水位较低，在人工塑造异重流前，库区水位已经降到了 225 m 以下，通过人工塑造异重流，利用异重流的输沙特性，将库区上部 HH39 断面以上约 0.54 亿 m^3 的泥沙输移到了库区下游的近坝段，使得淤积三角洲顶点下移，顶点以下河底高程普遍抬高 5～10 m 以上。

2007 年汛期小浪底库区三角洲顶点下移至距坝约 26 km 处(HH16 断面)，三角洲顶点首次进入八里胡同区间，造成八里胡同区间河床普遍发生较大淤积，河床明显抬高，约有 12

m。人工塑造异重流将库区上部泥沙输移到了库区下游的近坝段，造成下游特别是八里胡同河底高程普遍抬高 10 m 以上。八里胡同下游河道淤积较少，最低点河底高程抬高约为 5 m。

2008 年汛期小浪底库区三角洲顶点下移至距坝约 24.4 km 处（HH15 断面），较之 2007 年略有下移，这是因为出八里胡同后，断面宽度骤然变宽，淤积三角洲顶点下移速度变慢。人工塑造异重流将库区上部泥沙输移到了库区下游的近坝段，八里胡同河段河底高程变化不大。八里胡同下游 HH16 断面至 HH14 断面河道淤积较多，最低点河底高程抬高 5 ~ 10 m。

2009 年汛期小浪底库区三角洲顶点下移至距坝约 22.1 km 处（HH14 断面附近），较之 2008 年略有下移。人工塑造异重流将库区上部泥沙输移到了库区下游的近坝段，八里胡同河段以上断面冲淤变化不大。八里胡同下游 HH14 断面至 HH12 断面河道淤积较多，最低点河底高程抬高 4 ~ 11 m。

2010 年汛期小浪底库区三角洲顶点下移至距坝约 18.8 km 处（HH12 断面附近）。人工塑造异重流将库区上部泥沙输移到了库区下游的近坝段，八里胡同河段以上断面冲淤变化不大。八里胡同下游 HH12 断面至坝前断面河段普遍发生较大淤积，上游靠近 HH12 断面淤积较大，最低点河底高程抬高约 10.2 m，靠近大坝断面淤积较少，最低点河底高程抬高约 2 m。

2011 年汛期小浪底库区三角洲顶点至距坝约 16.4 km 处（HH11 断面附近）。HH20 断面至坝前断面河段河底高程较之 2010 年汛后降低 2 ~ 4 m，越靠近坝前降低越多，说明 2011 年汛期调水调沙异重流排沙效果较好，有效地延缓了小浪底水库淤积速度。

2012 年汛期小浪底库区三角洲顶点至距坝约 10.3 km 处（HH08 断面附近）。人工塑造异重流将库区上部泥沙输移到了库区下游的近坝段，使得 HH10 + 3（距坝约 14 km）断面至坝前河段发生较大淤积。

2013 年汛期小浪底库区三角洲顶点至距坝仍约 10.3 km 处（HH08 断面附近）。人工塑造异重流将库区上部泥沙输移到了库区下游的近坝段，HH10 + 3（距坝约 14 km）断面至坝前河段继续发生淤积。

总体来讲，自 1999 年蓄水以来，小浪底库区干流纵断面的变化（见图 3-36）可以分为以下几个河段：

（1）从坝前至距坝 60 km 处。该河段从 1999 年蓄水到 2004 年 7 月，河底高程逐年抬高并只淤不冲，属于比较明显的淤积河段。

（2）距坝 60 ~ 110 km。在此河段河底高程变化比较复杂，是常出现回水末端的河段。河底高程有升有降，有时甚至是大冲大淤，但其冲淤变化具有一定的规律。水库运用水位的高低和入库洪水发生的时机对该河段的淤积形态影响明显。通过控制小浪底水库的运用水位、调整三门峡水库出库水沙过程和泄水时机，能够有效调整该河段的淤积分布和形态。

（3）110 km 以上河段。蓄水以来该河段冲淤基本平衡，断面形态变化不大，属于比较稳定的河段。

四、支流拦门沙的发育情况

小浪底库区支流拦门沙开始发育是在干流淤积发展到了一定程度，河底高程抬升到一

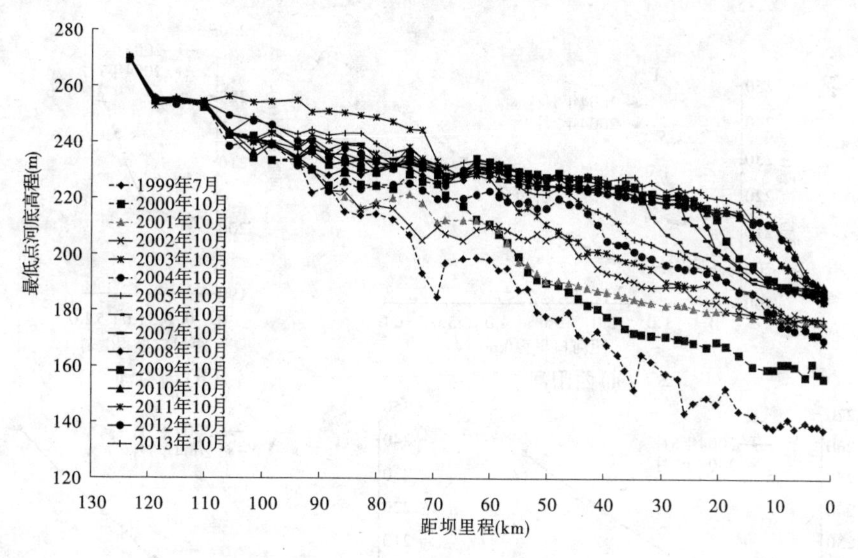

图3-36　1997年7月至2013年10月小浪底水库干流主槽最低河底高程沿程变化对照

定高度后逐渐开始出现的。2002年以前干流河底高程较低且库区运用水位也不高,库区淤积均发生在干流。2002年以后部分河段的河底高程已经接近或和个别支流河口河底高程相等。入库泥沙在水流的带动下开始向支流倒灌,拦门沙现象开始出现。

2002年调水调沙试验期间,较大支流大峪河、畛水河、石井河、东洋河、西阳河等沟口处淤积面较平,尚未形成明显"拦门沙"。而距坝较远的沇西河(距坝约53.5 km)沟口则以明显的倒坡初露拦门沙雏形,2002年6~7月各支流沟口断面平均河底高程上升0.44~3.28 m,西阳河沟口淤积厚度最大,淤厚3.28 m,主要是由于沟口处干流淤积面抬升较多。除西阳河外,愈靠近坝前,支流沟口淤积厚度越大。有个别支流沟口断面的平均河底高程已高出上游断面的平均河底高程(如沇西河)。

支流淤积主要为干流异重流倒灌淤积。库区发生异重流期间,水库运用水位较高,较大的支流均位于干流异重流潜入点下游,干流异重流沿河底倒灌支流,并沿程落淤,表现出沟口淤积较厚,支流沟口以上淤积沿程减少。随干流淤积面的抬高,支流沟口淤积面也同步抬高,支流淤积形态取决于沟口处干流的淤积面高程。

2004年调水调沙试验期间,库区支流共淤积0.40亿m^3,淤积主要分布在左岸几条较大支流上,淤积量为0.32亿m^3,右岸淤积量较小,仅0.08亿m^3。

根据调水调沙试验后的淤积测验资料,点绘了几条代表性支流的纵剖面图(见图3-37)。西阳河、芮村河、沇西河位于干流HH34~HH22断面之间左岸,现有库容7.37亿m^3,调水调沙试验期间共淤积0.19亿m^3,并且大部淤积在河口处。从图3-37中可以看出,3条支流均呈现出明显的河口抬高现象,其中芮村河1断面河底抬高达7.67 m,沇西河1断面河底抬高6.2 m。沇西河河口拦门坎的高度为5.93 m,西阳河河口拦门坎的高度为3.98 m。

造成该河段支流河口抬高的主要原因是干流泥沙的倒灌。在调水调沙试验期间,通过万家寨和三门峡水库的联合调度,在小浪底库区成功地塑造了异重流,异重流的潜入点位于HH36~HH34断面之间,紧靠该河段的上游。异重流形成后,挟带大量的泥沙向下输送,当高含沙水流到达支流河口时,由于干流的水位高于支流水位,增大了干流到支流的水面比降,使得部分高含沙水流进入支流。

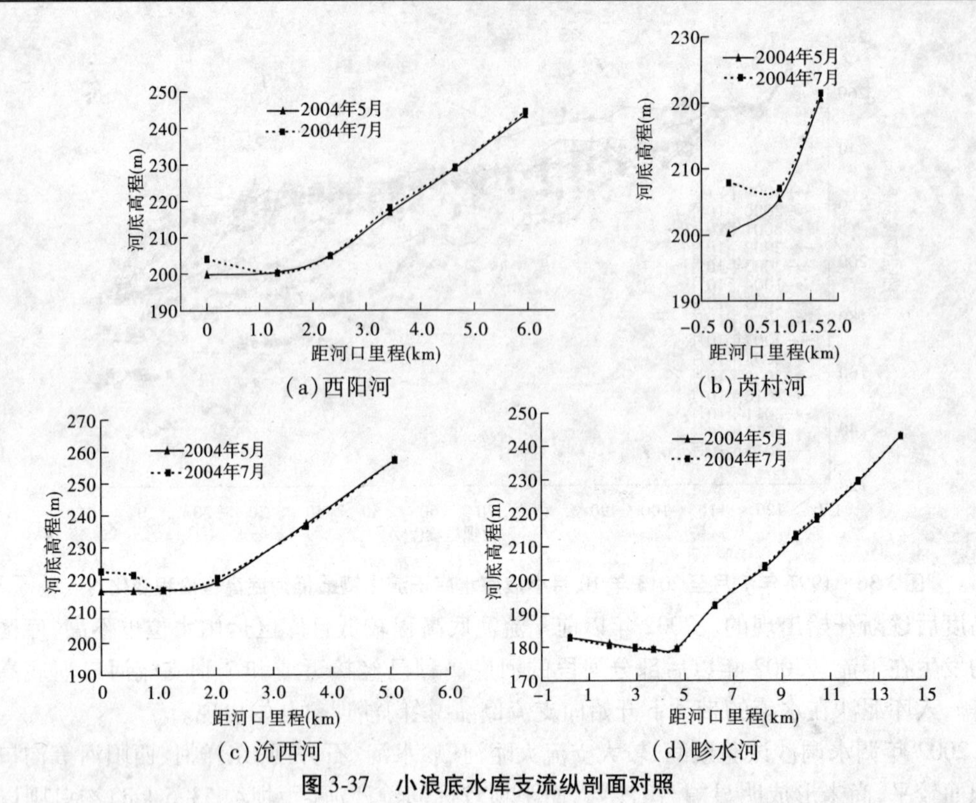

图 3-37　小浪底水库支流纵剖面对照

由于支流水体的顶托作用，进入支流的高含沙水流流速迅速减小，泥沙迅速沉降，淤积在河口附近，形成河口拦门坎。从图 3-37 中可以看出，泥沙向支流淤积的范围一般在 1 km 左右，说明进入支流的高含沙水流是以扩散的形式挟带泥沙的，异重流的主流仍然在干流中。

小浪底水库自 2011 年汛后开始进行主要支流纵断面测验，主要是为了监测重要支流的拦门沙发育情况。根据 2011 年 10 月至 2013 年 10 月实测资料点绘纵断面套绘图进行分析，部分支流拦门沙的发展较快。

畛水河位于干流 HH11 ~ HH12 断面之间左岸，为小浪底水库最大支流，2013 年汛前至 2013 年汛后调水调沙试验期间共淤积 0.19 亿 m^3，并且大部淤积在河口处。从图 3-38 可以看出，畛水河支流均呈现出明显的河口抬高现象，2013 年汛前畛水河口河底高程最高为 216.73 m，纵断面起点位于畛水河 3 断面左右，距离河口约为 4 km，最低点河底高程为 208.53 m，河口拦门坎的高度达到 8.2 m。2013 年汛后实测纵断面来看，河口拦门坎高程较 2013 年汛前抬高了 2.8 m，纵断面最低处较 2013 年汛前抬高了 7 m。

造成该河段支流河口抬高的主要原因是干流泥沙的倒灌。在调水调沙试验期间，通过万家寨和三门峡水库的联合调度，在小浪底库区成功地塑造了异重流，异重流的潜入点位于 HH09 断面附近，紧靠该河段的下游。异重流形成后，挟带大量的泥沙向下输送，当高含沙水流到达支流河口时，由于干流的水位高于支流水位，增大了干流到支流的水面比降，使得部分高含沙水流进入支流，干流泥沙倒灌对支流造成较大淤积。

五、库区主要断面淤积类型

小浪底库区断面冲淤变化，断面所处的地理位置的不同，在不同的水库运用阶段，其断

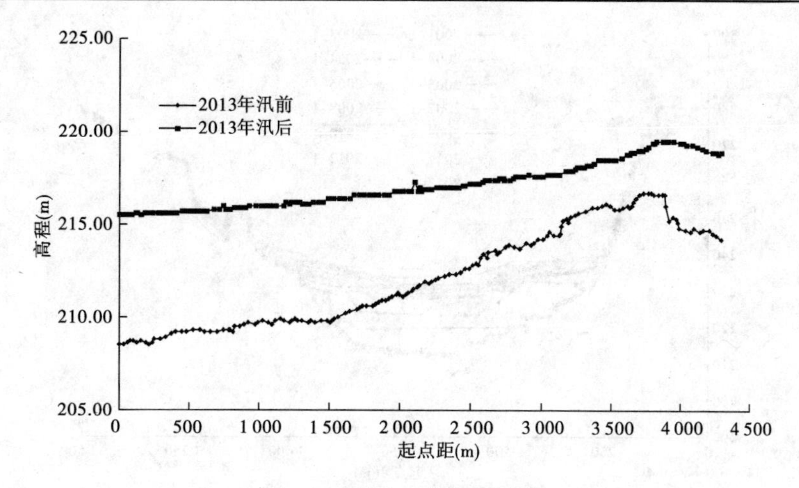

图 3-38 畛水河纵剖面对照

面形态的变化类型也不一样。但是在同一区域的断面，相同淤积阶段内的冲淤变化是基本一致的。

2001 ~2013 年库区主要断面汛前断面套绘图如图 3-39 ~ 图 3-46 所示。

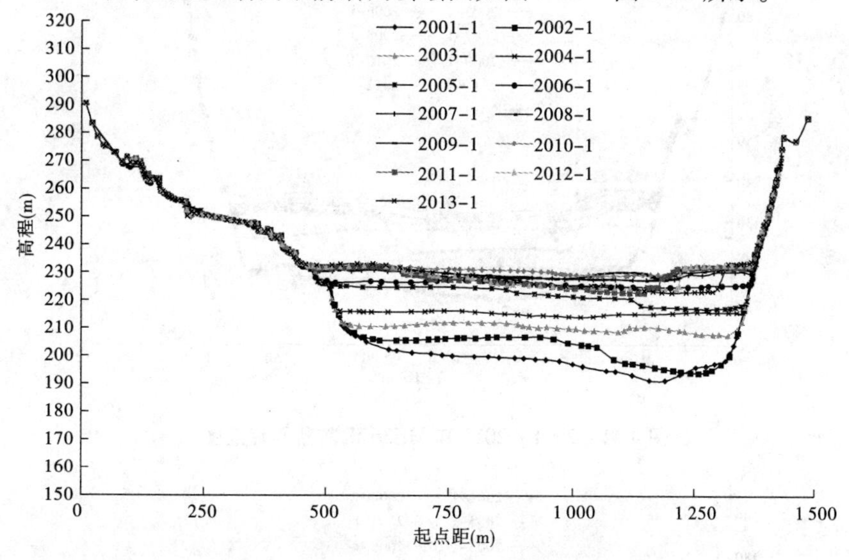

图 3-39 2001 ~2013 年 HH31 汛前断面套汇图

2001 年调水调沙期间异重流潜入点在 HH31 断面附近，汛前 HH31 断面河底高程处于高点，在调水调沙后，异重流潜入时，底部流速大，对河槽进行淘深，HH31 断面主河槽发生较为明显的冲刷，最大冲刷厚度为 7.3 m。同样的情况也发生在 HH37、HH36、HH35 断面，这几个断面处于调水调沙的变动回水区，是大支流沇西河的上游断面，在 2001 ~2003 年的几次调水调沙中，其中 2001 年和 2002 年发生冲刷，2003 年发生较大程度的淤积，2004 年潜入点在 HH35 断面附近，这几个处于变动回水末端的几个断面又发生部分的冲刷。此后随着 2005 ~2007 年的潜入点逐年下移至 HH27、HH25、HH19 等断面附近，水库运用方式不同，HH31、HH35、HH36、HH37 断面则在调水调沙期间处于自然河道，冲淤变化则不大。

而对于 HH27、HH25 和 HH19 断面，在 2001 ~2013 年期间，前期处于调水调沙潜入点的下游，高含沙水流潜入后，在这些靠近潜入点的下游断面发生较大淤积，其中 2003 年和

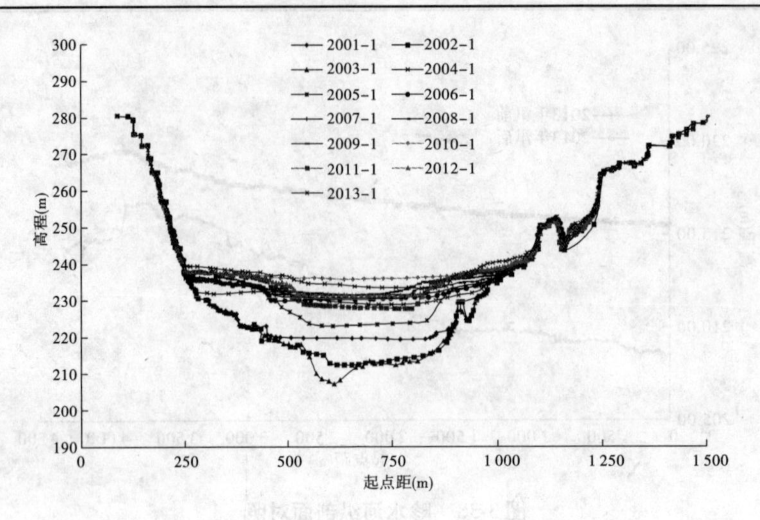

图 3-40　2001 ~ 2013 年 HH37 汛前断面套汇图

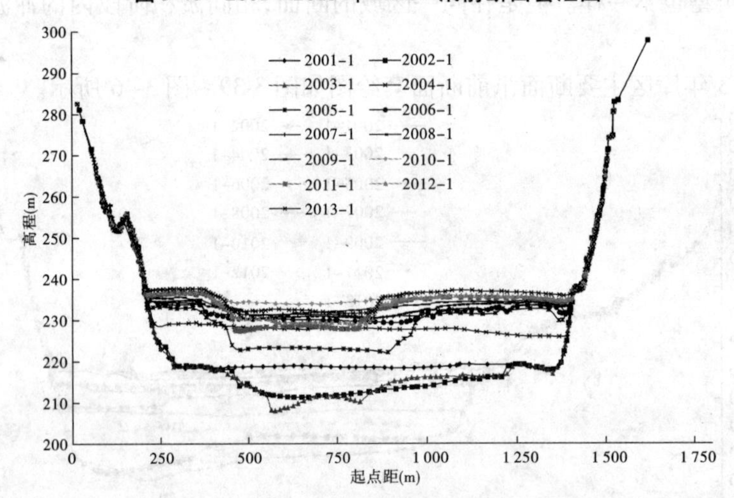

图 3-41　2001 ~ 2013 年 HH36 汛前断面套汇图

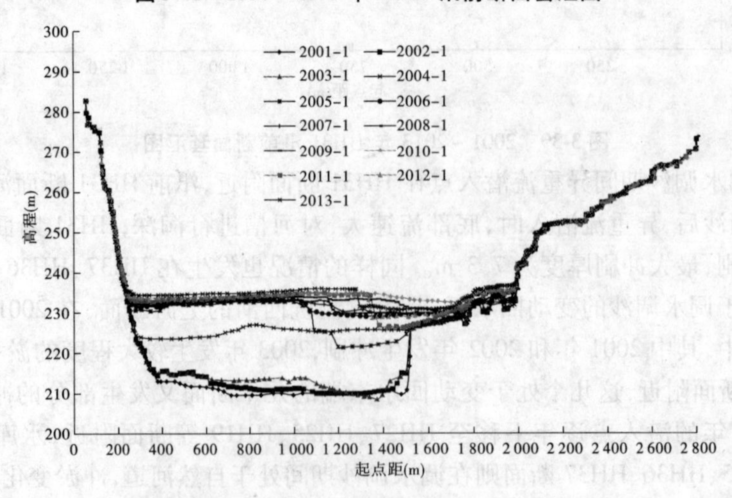

图 3-42　2001 ~ 2013 年 HH35 汛前断面套汇图

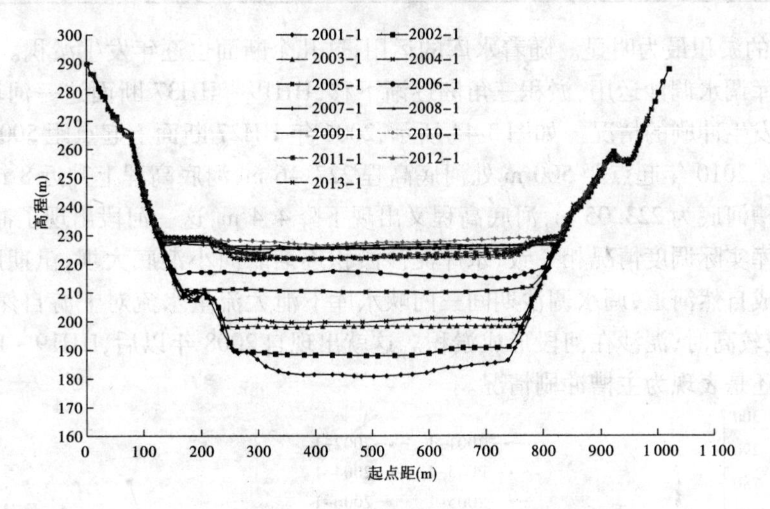

图 3-43　2001 ~ 2013 年 HH25 汛前断面套汇图

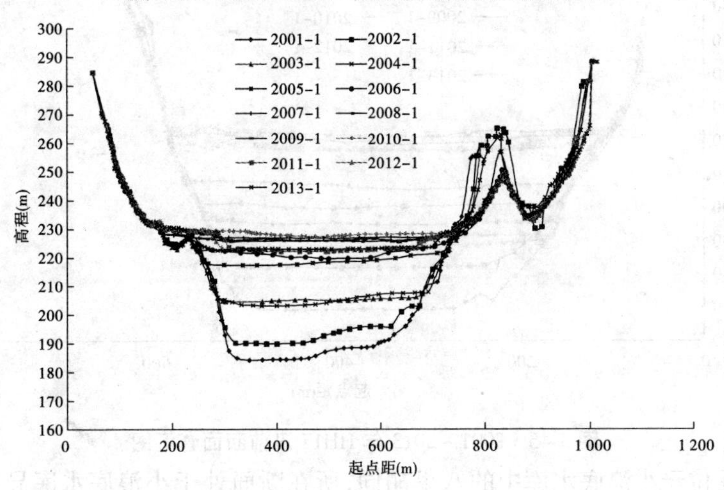

图 3-44　2001 ~ 2013 年 HH27 汛前断面套汇图

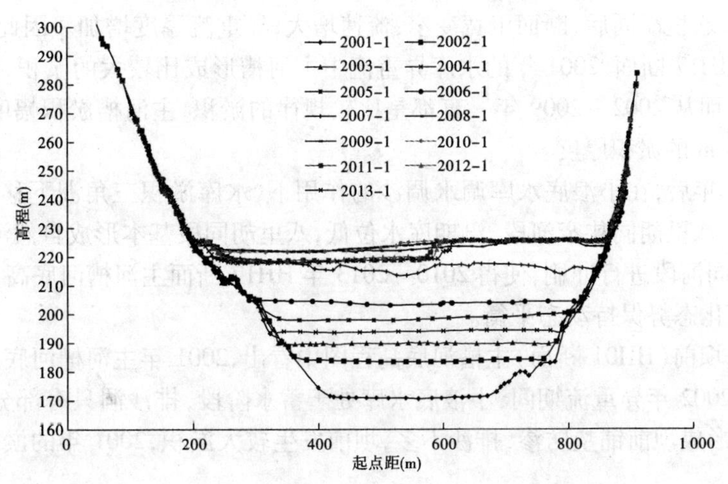

图 3-45　2001 ~ 2013 年 HH19 汛前断面套汇图

2004 年发生的淤积最为明显。随着水库的运用,这几个断面也逐年发生淤积。

随着水库调水调沙运用,淤积三角洲逐渐下移,HH19 ~ HH37 断面这一河段淤积减缓,并出现主槽发生冲刷的情况。如图 3-44 所示,2006 年 HH27 断面上起点距 500 m 处河底高程 219. 73 m, 2010 年起点距 500 m 处河底高程 227. 46 m,河底高程上升近 8 m,而 2013 年相同位置主槽河底为 223. 05 m,河底高程又出现下降 4. 4 m,这一河段出现了冲淤交替的现象。这与水库实际调度情况相一致,水库泥沙淤积逐渐靠向小浪底大坝,汛期库水位降低,上游河道变成自然河道,调水调沙期间三门峡水库下泄大流量水流对上游自然河道进行冲刷,库区水位较高时,泥沙在河段形成淤积。这就出现自 2008 年以后,HH19 ~ HH37 断面这一河段主要还是表现为主槽冲刷情况。

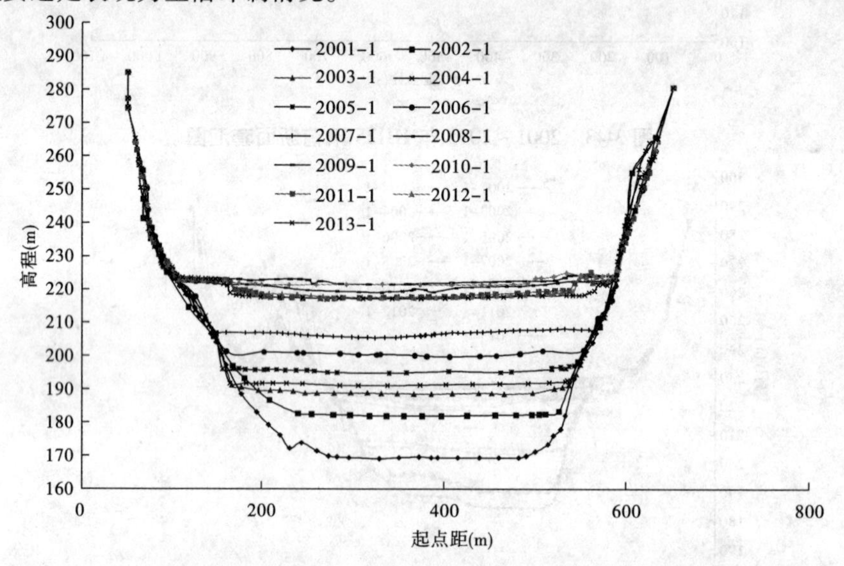

图 3-46 2001 ~ 2013 年 HH17 汛前断面套汇图

HH17 断面位于小浪底水库中的八里胡同,所在断面处于小浪底水库异重流潜入点下游,支流东洋河的出口处,断面两岸地形为陡峭石壁,基本不会发生变化,断面形态比较规则,异重流进入八里胡同后,断面由宽变窄,流速增大,异重流厚度增加。因此,从图 3-46 中可以看出,在 HH17 断面,2001 年的水库异重流中主河槽形成比较大的淤积,淤积厚度最大达到 12. 3 m。而从 2002 ~ 2009 年一直都是比较规律的淤积,主河槽淤积幅度较为均匀,基本上都是 3 ~ 6 m 的淤积厚度。

直到 2009 年后,在小浪底水库调水调沙的作用下,水库淤积三角洲下移到 HH15 断面左右,已经出了八里胡同狭窄河段,汛期库水位低,八里胡同段基本形成自然河道形态,汛期洪水对八里胡同河段进行冲刷,使得 2010 ~ 2013 年 HH17 断面主河槽河底高,平均下降约 4 m,总体冲淤变化态势保持动态平衡。

从图 3-47 坝前(HH01 断面)主槽河底高程图中看出,2001 年主河槽河底高程为 168. 44 m, 2001 年和 2002 年异重流期间,小浪底水库处于蓄水阶段,排沙洞只有部分短时开启,小浪底水库为了形成坝前铺垫防渗,排沙不多,坝前发生较大淤积,2001 年的淤积厚度最大达到 6. 6 m。

2002 ~ 2003 年调水调沙试验中,小浪底部分排沙洞开放,形成的淤积也相对较小,淤积厚度也只是 1 ~ 2 m。

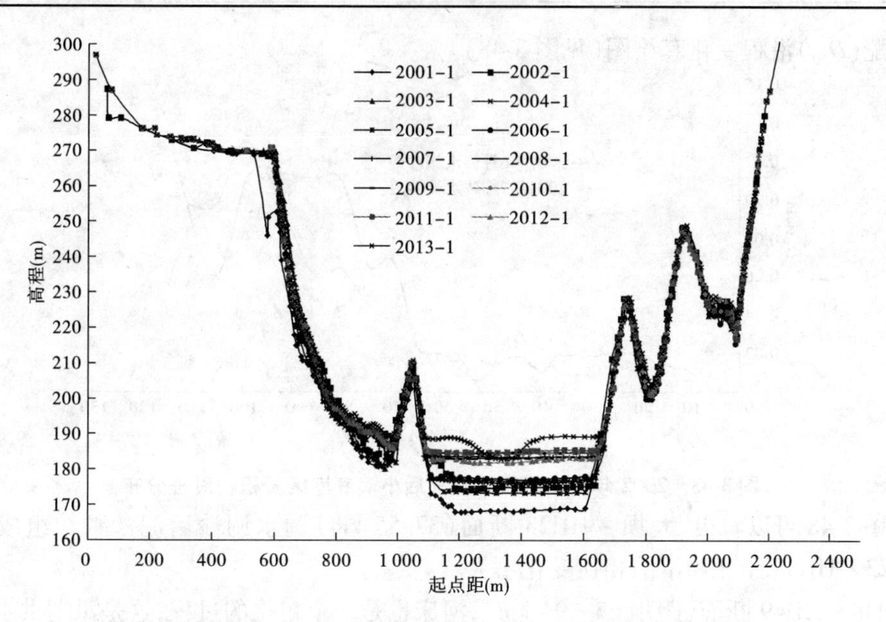

图 3-47　2001 ~ 2013 年 HH01 汛前断面套汇图

2004 年的调水调沙异重流期间，三条排沙洞一直处于开启状态，异重流在坝前拉沙，使得主河槽被拉深，平均拉深厚度 2. 6 m。

2005 ~ 2006 年人工塑造异重流和高含沙自然洪水形成的异重流，带来的大量泥沙，在坝前形成比较大的淤积。2005 年汛前主河槽平均高程为 173. 37 m，2006 年汛前主河槽平均高程为 177. 09 m。

2007 年汛前主河槽平均高程 183. 52 m。2005 年淤积厚度 3. 7 m，2006 年淤积厚度 6. 4 m。

自 2008 年开始，小浪底水库调水调沙运用人工塑造异重流取得较大突破，异重流排沙效果良好，出库泥沙大大多于入库泥沙，极大地减缓了小浪底水库淤积速度，从图 3-47 上可以看出，2007 ~ 2012 年，HH01 断面河堤高程主要表现为冲刷态势，2007 年河底高程 184. 73 m，2012 年河底高程 181. 84 m。而 2013 年汛前 HH01 断面套绘图看，靠近大坝出水口附近 1 100 ~ 1 400 m，最低点高程为 182. 82，而两边滩地高程约为 189. 22 m，河段呈现为深槽形态，这主要是由于汛期泥沙冲刷而形成的。

六、库区淤积物的变化

在施测小浪底库区淤积断面的同时进行库区淤积物的取样并进行颗粒级配分析。另外，在调水调沙试验期间和调水调沙运用中，也根据上游的水沙情况临时安排库区淤积物的取样及颗分工作。为分析小浪底库区淤积物的变化过程和淤积物沿程变化情况，下面以 2002 年、2004 年和 2006 年的实测资料，介绍库区淤积物的变化和沿程分布情况。

2002 年汛期分别在河堤站和桐树岭站对河床质进行了取样分析，取样期间，河堤站河床质中数粒径 d_{50} 一般在 0. 01 ~ 0. 05 mm，极少小于 0. 01 mm；桐树岭站河床质中数粒径 d_{50} 介于 0. 005 ~ 0. 02 mm，大部分在 0. 01 mm 以下，d_{90} 基本上都在 0. 062 mm 以下。

根据 2002 年汛前和调水调沙试验后的实测淤积物实测资料，绘制了小浪底库区淤积物颗粒级配(D_{50})沿程变化套绘图(见图 3-48)。

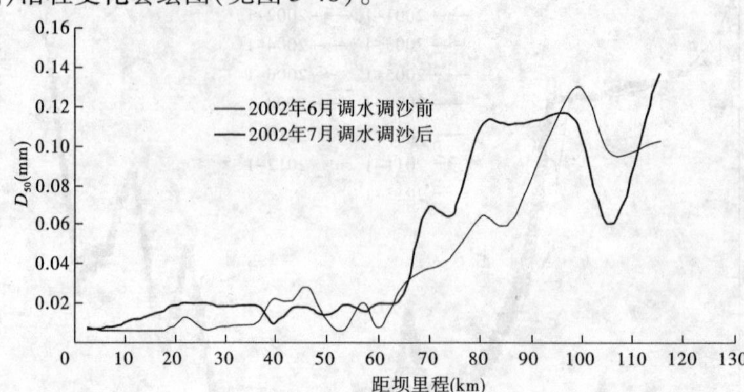

图 3-48　2002 年调水调沙试验前后小浪底库区淤积物沿程分布

由图 3-48 可以看出,大坝 ~ HH23 断面(37.55 km)调水调沙后泥沙颗粒组成比汛前粗;HH23 ~ HH38 断面和汛前相比变化不大。

HH38 ~ HH49 断面(距坝 65 ~ 94 km),河床也是一个粗化的过程,这是汛期洪水过程中三门峡来沙较粗造成的。坝前调水调沙后比汛前粗是因为调水调沙期间水库一直保持部分浑水下泄。2002 年调水调沙期间水库排沙比是 0.11,比 2001 年有明显提高,有更多的细沙排出库外,这是造成近坝段河床粗化的主要原因。

2004 年调水调沙前后,在库区实测了淤积物并进行了级配分析。从分析的结果可以看出,库区干流淤积物粒径沿库长变化的基本规律为距坝越近,断面平均中数粒径数值越小。

2004 年调水调沙前库区淤积物粒径分布情况是:HH24 断面至坝前断面平均中数粒径在 0.004 ~ 0.010 mm,HH24 ~ HH38 断面在 0.010 ~ 0.020 mm,至 HH44 断面平均中数粒径达到 0.050 mm,至 HH50 断面平均中数粒径达到 0.100 mm。库区支流淤积物粒径分布的基本规律和干流一样,距河口越近,断面平均中数粒径数值越小。支流河口淤积物粒径分布的具体情况是:大峪河 0.004 mm,东洋河 0.004 mm,西阳河 0.008 mm,沇西河 0.010 mm,亳清河 0.010 mm,畛水河 0.008 mm,石井河 0.005 mm。

调水调沙试验后,库区淤积物粒径分布为 HH14 断面至坝前断面平均中数粒径在 0.004 ~ 0.010 mm,HH14 ~ HH26 断面在 0.010 ~ 0.020 mm,至 HH30 断面平均中数粒径达到 0.048 mm,HH32、HH34 断面平均中数粒径大于 0.070 mm,HH36 断面平均中数粒径又减小至 0.044 mm。库区支流淤积物粒径分布的基本规律为距河口越近,断面平均中数粒径数值越小。支流河口淤积物粒径分布的具体情况是:大峪河 0.010 mm,东洋河 0.007 mm,西阳河 0.008 mm,沇西河 0.036 mm,亳清河 0.016 mm,畛水河 0.006 mm,石井河 0.015 mm。

通过对比分析看出,调水调沙试验前后库区淤积物粗颗粒泥沙明显地向坝前推移,库区各支流河口淤积物粒径也有不同程度的粗化现象。一般情况下,异重流形成之初,在潜入区粗颗粒泥沙大量落淤,稳定运行过程中泥沙组成也相对稳定。事实上,2004 年调水调沙试验期间库区淤积物发生了复杂的变化。首先,在库尾人工扰沙前提下,人工塑造的第一次异重流使 2003 年形成的淤积三角洲冲刷下移,但由于后续能量不足,本次异重流消失于 HH05 断面下游附近,为异重流挟带的泥沙创造了一个很好的落淤条件。然而,由于第二次异重流接踵而至,且势头更猛,消失于 HH05 断面下游附近的第一次异重流并没有分选落淤即被推至坝前。人工塑造的第二次异重流使2003年形成的淤积三角洲继续冲刷下移,至距坝约45 km的HH27断面附近趋于稳定,至距坝约20 km的HH13断面附近则基本没有了挟带而至的粗颗粒泥沙。由于三门峡水库的排沙运用,异重流挟带的泥沙颗粒较第一次过程偏细。调水调沙前后小浪底库区干流淤积物中数粒径沿程分布情况见图3-49。

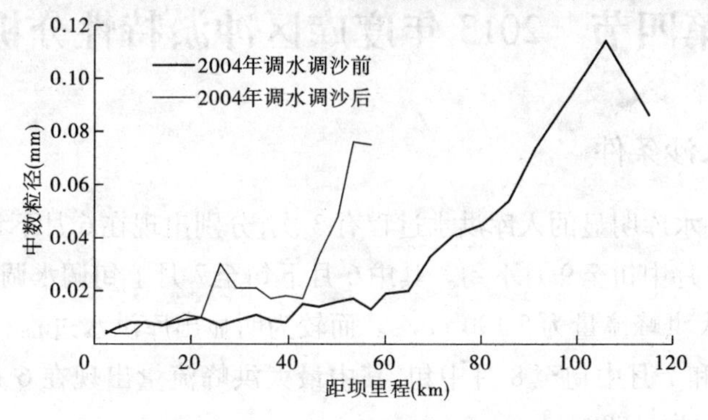

图3-49　小浪底水库淤积物中数粒径沿程分布

2006年调水调沙期间,通过三门峡、小浪底水库的联合调度,成功地塑造了小浪底库区异重流。由于异重流对水库冲淤形态的调整,使得淤积三角洲的形态发生了明显的变化,三角洲顶点明显下移。同时,异重流过程也使得干流河底淤积物的粒径发生了变化。在异重流前期,泥沙来源主要是小浪底库区尾部(距坝70 km以上)的泥沙,这部分泥沙多数为中数粒径0.02 mm左右的细泥沙,在异重流过程中一部分被异重流挟带向下游输移,一部分沿程沉积在库底。异重流后期,三门峡下泄泥沙进入小浪底库区,由于三门峡库区近坝段粒径较细的泥沙(小于0.02 mm)先进入小浪底水库并被异重流向下游输移,当三门峡库区较远段的粗颗粒泥沙进入小浪底库区后,小浪底水库异重流已经到了后期,输沙能力减弱,造成粗颗粒泥沙迅速淤积。

调水调沙后,三门峡水文站又出现了3次较大的水沙过程,但出库泥沙大部分是颗粒较细的泥沙(中数粒径在0.02 mm左右),对小浪底水库库底淤积物的粒径分布改变不大。到2006年10月,小浪底库区干流距坝85 km以下的干流河段库底淤积物的中数粒径均在0.025 mm以下,距坝85 km以上泥沙粒径突然粗化,中数粒径达到0.65 mm左右(见图3-50)。

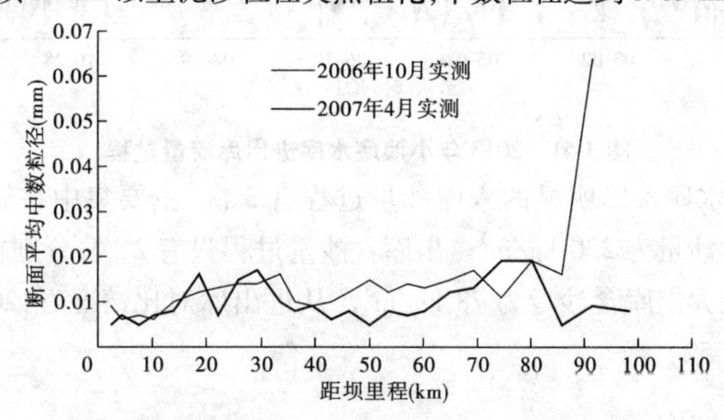

图3-50　2006年10月至2007年4月小浪底水库干流淤积物中数粒径对照

2006 年 10 月至 2007 年 4 月,三门峡水库出库沙量很小(约 600 万 t)且多为细沙,距坝 85 km 以下淤积物的粒径普遍细化但细化的幅度不大;但距坝 85 km 以上淤积物的粒径明显粗化,中数粒径由 2006 年 10 月的 0.05 mm 以上减小到 0.01 mm 以下。

第四节　2013 年度库区冲淤特性分析

一、进出库水沙条件

2013 年小浪底水库明显的入库洪水过程有 3 次,分别出现在 6 月下旬至 7 月上旬、7 月中旬至 8 月中旬、9 月中旬至 9 月下旬。其中 6 月下旬至 7 月上旬调水调沙期间的洪水过程洪峰流量最大,最大洪峰流量为 5 190 m^3/s。而较为明显出库洪水过程有 2 次,分别出现在 6 月底至 7 月上旬和 7 月中旬至 8 月中旬,其中最大洪峰流量出现在 6 月下旬调水调沙期间,最大洪峰流量约为 4 580 m^3/s。

2013 年小浪底水库进出库沙量较为明显的入库泥沙过程有 2 次,分别出现在 7 月上旬和 7 月中旬,其中 7 月上旬最大入库含沙量达到 239 kg/m^3,7 月中旬最大入库含沙量达到 349 kg/m^3;而对应的出库过程仅有 3 次,分别出现在 7 月上旬和 7 月中旬,其中 7 月上旬最大入库含沙量达到 121 kg/m^3,7 月中旬最大入库含沙量达到 77.6 kg/m^3(见图 3-51)。

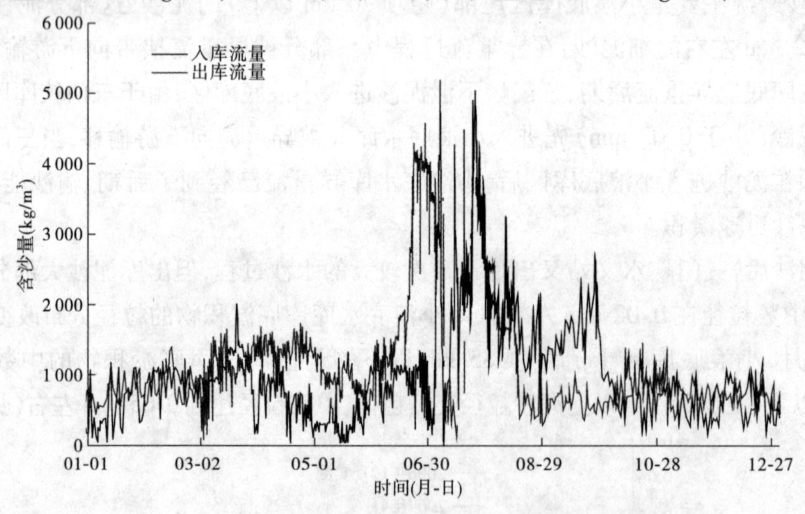

图 3-51　2013 年小浪底水库进出库流量过程

2007 年小浪底水库入库明显的入库沙量过程有 3 次,主要集中在调水调沙期间和汛期,汛期最大入库含沙量为 220 kg/m^3。出库含沙量过程只有 2 次,分别在调水调沙期间和汛期的 7 月下旬,最大出库含沙量为 78 kg/m^3。从进出库对比情况看,2007 年进库含沙量远大于出库(见图 3-52)。

二、库容分布情况

小浪底水库 1997 年 10 月截流,截流前实测 275 m 高程以下加密原始库容为 127.58 亿

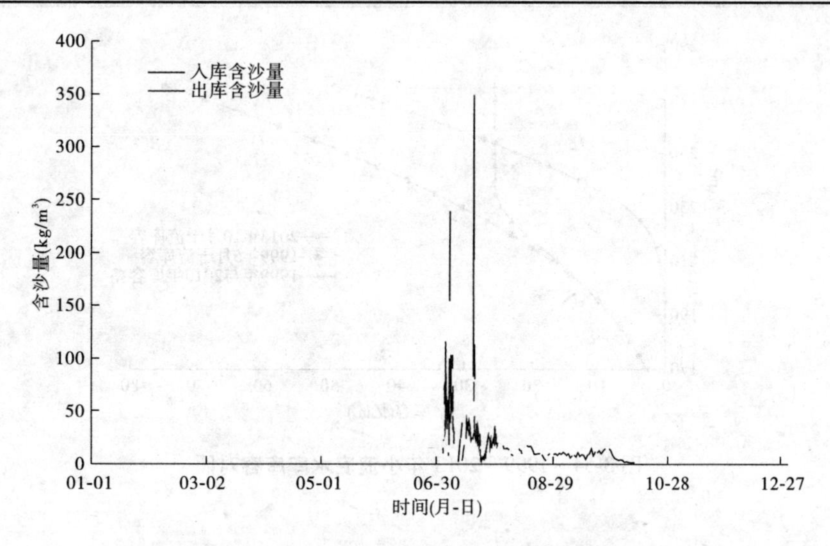

图 3-52 2013 年小浪底水库进出库含沙量过程

m^3,1999 年 10 月开始蓄水运用,1999 年 10 月实测 275 m 加密断面法库容为 127.46 亿 m^3,2013 年 10 月实测断面法库容为 93.70 亿 m^3,其中干流库容为 49.44 亿 m^3,左岸支流库容为 21.08 亿 m^3,右岸支流库容为 23.18 亿 m^3,2013 年 10 月实测 275 m 以下库容曲线见图 3-53,历年库容变化情况见图 3-54。

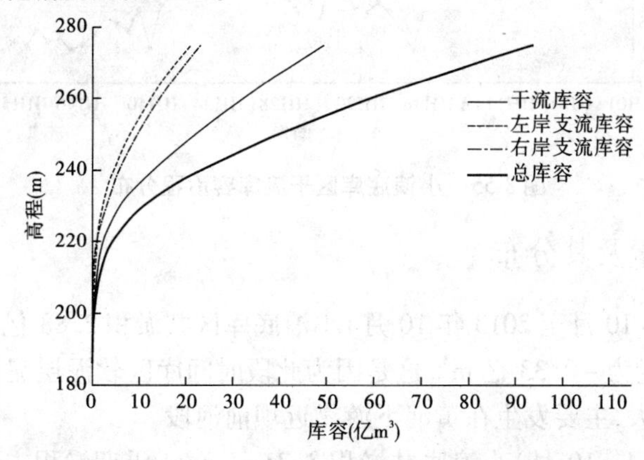

图 3-53 小浪底水库 2013 年 10 月库容曲线

从图 3-54 可以看出,截至 2013 年 10 月,库容变化主要在高程 220 m 以下,220 m 以上库容变化不大,淤积主要发生在高程 230 m 以下。总体来看,目前小浪底库区的库容主要分布在 225 m 以上,当水位超过 225 m 以上时,随着库区水位的升高,库容增加的幅度将明显增大。

2013 年 10 月小浪底库区干流库容为 49.44 亿 m^3,图 3-55 为干流库容的沿程分布情况。

从图 3-55 可以看出,小浪底库区干流的库容主要分布在 HH41 ~ HH23 断面之间和 HH17 断面以下,分别为 16.7 亿 m^3 和 24.7 亿 m^3,占干流总库容的 83.7%。HH41 断面以上库容为 5.05 亿 m^3,占干流库容的 10%。

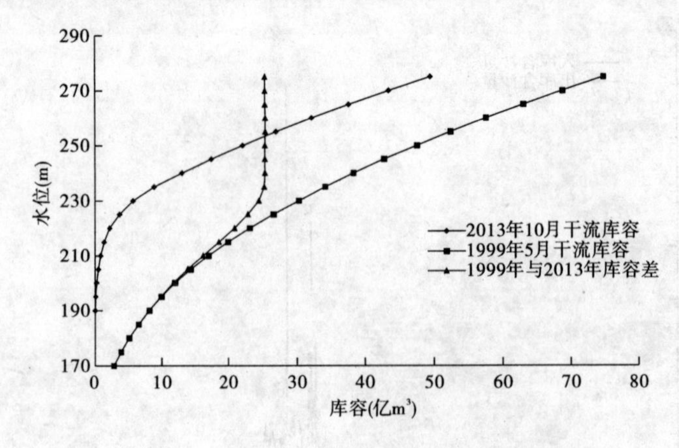

图 3-54　1999～2013 年小浪底水库库容对照

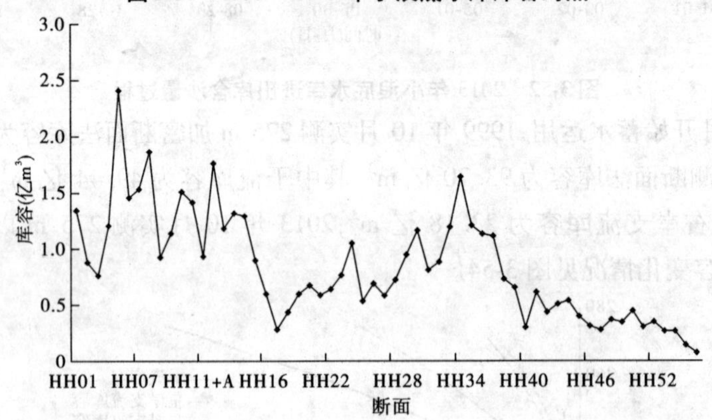

图 3-55　小浪底库区干流库容沿程分布

三、库区冲淤量及其分布

2013 年(2012 年 10 月至 2013 年 10 月)小浪底库区共淤积 2.88 亿 m³,2012 年 10 月至 2013 年 4 月间淤积量为 -0.33 亿 m³,这是因为此段时间库区软泥层泥沙发生沉降,使得库底高程降低,库容增大,主要发生在黄河下游靠近坝前河段。

而 2013 年汛期(4～10 月)小浪底共淤积 3.21 亿 m³。汛期淤积主要发生在干流,干流淤积 1.96 亿 m³,占汛期总淤积量的 61%;左岸支流淤积 0.49 亿 m³,占汛期淤积量的 15%;右岸支流淤积 0.76 亿 m³,占汛期淤积量的 24%(见表 3-4)。

表 3-4　2012 年 4 月至 2013 年 10 月各时段库容对照　　(单位:亿 m³)

测量时间	干流	左岸支流	右岸支流	总库容
2012 年 10 月	51.23	21.52	23.83	96.58
2013 年 4 月	51.40	21.57	23.94	96.91
2013 年 10 月	49.44	21.08	23.18	93.70

从表 3-4 可以看出,随着小浪底水库的淤积,干支流库容的比例也在不断发生变化。截至 2013 年 10 月,干流库容占总库容的 53%,支流库容占总库容的 47%,支流与干流库容已十分接近。

(一)冲淤量的沿程分布

2013 年汛期干流和支流冲淤量的分布情况见表 3-5、表 3-6。

表 3-5　2013 年汛期小浪底库区干流冲淤量统计　（单位:亿 m^3）

区段	库容		断面间冲淤体积	累计冲淤体积
	2013 年 4 月实测库容	2013 年 10 月实测库容		
HH00 ~ HH01	1.355	1.345	0.01	0.01
HH01 ~ HH02	0.894	0.88	0.014	0.024
HH02 ~ HH03	0.783 3	0.762 1	0.021 2	0.025 9
HH03 ~ HH04	1.248	1.204	0.044	0.025 9
HH04 ~ HH05	2.495	2.409	0.086	0.025 9
HH05 ~ HH06	1.516	1.456	0.06	0.025 9
HH06 ~ HH07	1.597	1.533	0.064	0.025 9
HH07 ~ HH08	1.959	1.862	0.097	0.025 9
HH08 ~ HH09	0.979 7	0.925 4	0.054 3	0.025 9
HH09 ~ HH09 + 5	1.207	1.137	0.07	0.025 9
HH09 + 5 ~ HH10	1.602	1.51	0.092	0.025 9
HH10 ~ HH10 + 3	1.51	1.414	0.096	0.025 9
HH10 + 3 ~ HH11	0.991 6	0.933 2	0.058 4	0.025 9
HH11 ~ HH12	1.885	1.764	0.121	0.025 9
HH12 ~ HH13	1.26	1.181	0.079	0.025 9
HH13 ~ HH14	1.405	1.316	0.089	0.025 9
HH14 ~ HH14 + 4	1.408	1.292	0.116	0.025 9
HH14 + 4 ~ HH15	0.957 9	0.898 8	0.059 1	0.025 9
HH15 ~ HH16	0.652 1	0.600 1	0.052	0.025 9
HH16 ~ HH17	0.317 6	0.284 1	0.033 5	0.025 9
HH17 ~ HH18	0.494 4	0.439 5	0.054 9	0.025 9
HH18 ~ HH19	0.667 5	0.601	0.066 5	0.025 9
HH19 ~ HH20	0.738 4	0.675 2	0.063 2	0.025 9
HH20 ~ HH21	0.647 5	0.589 7	0.057 8	1.171 3
HH21 ~ HH22	0.711 8	0.641 8	0.003 9	1.175 2
HH22 ~ HH23	0.835 8	0.765 8	0.004 2	1.179 4
HH23 ~ HH24	1.14	1.048	0.009	1.188 4
HH24 ~ HH25	0.587 8	0.534 8	-0.003 4	1.184 9

续表 3-5

区段	库容		断面间冲淤体积	累计冲淤体积
	2013 年 4 月实测库容	2013 年 10 月实测库容		
HH25 ~ HH26	0.750 3	0.689 3	−0.014 1	1.170 9
HH26 ~ HH27	0.624 8	0.582 3	−0.010 7	1.160 2
HH27 ~ HH28	0.767	0.723 6	−0.013 2	1.147
HH28 ~ HH29	0.993 1	0.946 7	−0.010 2	1.136 8
HH29 ~ HH30	1.218	1.164	−0.000 9	1.135 8
HH30 ~ HH31	0.855 4	0.813	−0.002 9	1.132 9
HH31 ~ HH32	0.917 6	0.881 4	0.000 7	1.133 6
HH32 ~ HH33	1.225	1.192	0.012 0	1.145 6
HH33 ~ HH34	1.671	1.642	0.014 9	1.160 5
HH34 ~ HH35	1.228	1.209	0.002 3	1.162 8
HH35 ~ HH36	1.145	1.13	−0.002 9	1.159 9
HH36 ~ HH37	1.111	1.112	−0.003 1	1.156 8
HH37 ~ HH38	0.732 2	0.731	−0.003 4	1.153 4
HH38 ~ HH39	0.685 8	0.655 2	−0.000 7	1.152 7
HH39 ~ HH40	0.307 7	0.301 8	0.004 2	1.156 9
HH40 ~ HH41	0.605 5	0.615 3	0.012 9	1.169 8
HH41 ~ HH42	0.422 7	0.438 3	0.024 2	1.194 1
HH42 ~ HH43	0.499 7	0.511 1	0.030 8	1.224 8
HH43 ~ HH44	0.513 9	0.539 6	0.024 3	1.249 1
HH44 ~ HH45	0.371 4	0.401 4	0.023 9	1.273 1
HH45 ~ HH46	0.288 8	0.313	0.024 1	1.297 2
HH46 ~ HH47	0.257 1	0.279 5	0.013 1	1.310 2
HH47 ~ HH48	0.343 9	0.368 5	0.012 9	1.323 2
HH48 ~ HH49	0.322 6	0.345 2	0.013 6	1.336 8
HH49 ~ HH50	0.400 1	0.449 6	0.028 8	1.365 6
HH50 ~ HH51	0.266 3	0.304 5	0.012 2	1.377 8
HH51 ~ HH52	0.302	0.352 1	−0.003 6	1.374 2
HH52 ~ HH53	0.249 5	0.267 6	−0.001 8	1.372 5
HH53 ~ HH54	0.264 8	0.265 7	−0.003 6	1.368 9
HH54 ~ HH55	0.140 9	0.141 5	−0.001 4	1.367 5
HH55 ~ HH56	0.072 9	0.073 7	−0.001 1	1.366 5

表 3-6　2013 年汛期小浪底库区支流冲淤量统计　（单位：亿 m^3）

区段	库容		断面间冲淤体积	累计冲淤体积
	2013 年 4 月实测库容	2013 年 10 月实测库容		
宣沟	0.594	0.586 5	0.007 5	0.007 5
大峪河	5.297	5.164	0.133	0.140 5
土泉沟	0.502 6	0.500 2	0.002 4	0.142 9
白马河	0.895 8	0.866 2	0.029 6	0.172 5
短岭	0.096 9	0.094 2	0.002 7	0.175 2
大沟河	0.579 4	0.562 8	0.016 6	0.191 8
五里沟	0.687	0.657 7	0.029 3	0.221 1
牛湾	0.285 2	0.276 2	0.009	0.230 1
东洋河	2.401	2.342	0.059	0.289 1
石牛沟	0.396 4	0.382 9	0.013 5	0.302 6
东沟	0.255 8	0.247 4	0.008 4	0.311
大交沟	0.504 9	0.485 1	0.019 8	0.330 8
百灵沟	0.325 8	0.310 3	0.015 5	0.346 3
西阳河	1.912	1.858	0.054	0.400 3
洛河	0.149 6	0.147 5	0.002 1	0.402 4
芮村河	1.251	1.212	0.039	0.441 4
安河	0.255 7	0.252 7	0.003	0.444 4
龙潭沟	0.084 2	0.083 4	0.000 8	0.445 2
沇西河	3.185	3.149	0.036	0.481 2
亳清河	1.378	1.371	0.007	0.488 2
板涧河	0.536 5	0.533 7	0.002 8	0.491
石门沟	1.569	1.564	0.005	0.496
煤窑沟	1.481	1.457	0.024	0.52
罗圈沟	0.160 4	0.159 9	0.000 5	0.520 5
畛水河	12.05	11.51	0.54	1.060 5
平沟	0.236 7	0.237 5	−0.000 8	1.059 7
竹园沟	1.478	1.441	0.037	1.096 7
仓西沟	1.247	1.226	0.021	1.117 7
南沟	0.072 4	0.072 6	−0.000 2	1.117 5
卷兹沟	0.179	0.179	0	1.117 5

续表 3-6

区段	库容		断面间冲淤体积	累计冲淤体积
	2013 年 4 月实测库容	2013 年 10 月实测库容		
马河	0.541 1	0.542 3	-0.001 2	1.116 3
仙人沟	0.124 3	0.124 9	-0.000 6	1.115 7
秦家沟	0.152 5	0.147 8	0.004 7	1.120 4
石井河	2.149	2.067	0.082	1.202 4
东村	0.751 9	0.739 3	0.012 6	1.215
大峪沟	0.173	0.163	0.01	1.225
峪里河	0.518 2	0.502 8	0.015 4	1.240 4
麻峪	0.254 9	0.251 5	0.003 4	1.243 8
宋家沟	0.052 6	0.051 9	0.000 7	1.244 5
涧河	0.745 6	0.741 4	0.004 2	1.248 7

点绘 2013 年汛期干流、左岸支流和右岸支流冲淤量分布图见图 3-56 ~ 图 3-58。从图 3-56 ~ 图 3-58 中可以看出，2013 年汛期小浪底库区干流的淤积主要分布在 HH39 以下断面，淤积量约为 2.30 亿 m^3。2013 年汛期小浪底水库低水运用，水库水位降低，HH40 断面以上河段呈自然河道，上游来水来沙对此段造成冲刷。HH39 以下断面出现普遍淤积状态，特别是 HH15 断面以下，淤积量约为 1.23 亿 m^3，占干流淤积量的 63%。

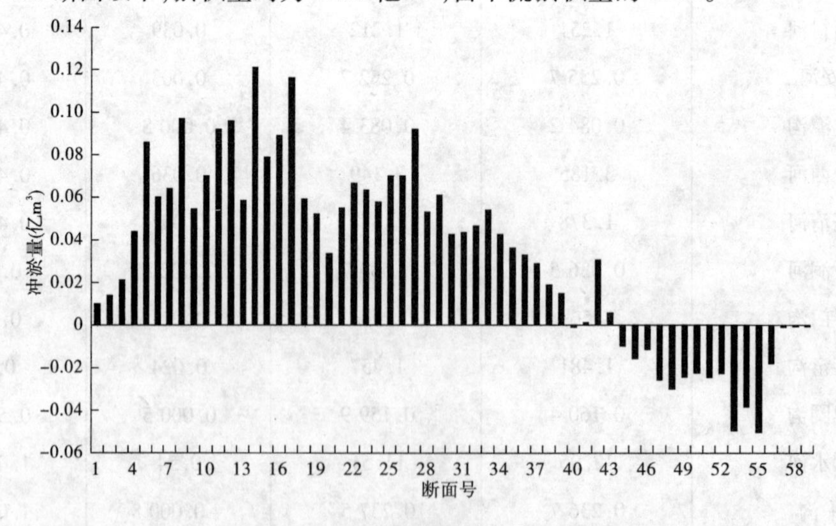

图 3-56 2013 年汛期小浪底水库干流冲淤量分布

2013 年汛期小浪底水库支流淤积量共计 1.25 亿 m^3，其中左岸支流淤积 0.49 亿 m^3，右岸支流淤积 0.76 亿 m^3。左岸支流的淤积主要分布沇西河、芮村河、西阳河、东洋河和大峪河上；右岸支流淤积主要发生在畛水河、石井河上。与以往年份相比，由于 2013 年水库运用水位较低，库区的淤积部位比较靠下，导致靠近下游的支流淤积量较大，且支流淤积量主要

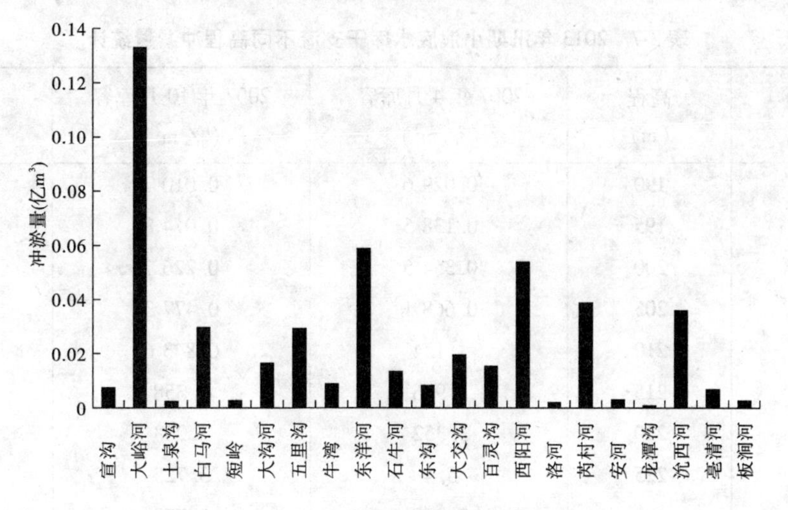

图 3-57　左岸支流冲淤量分布

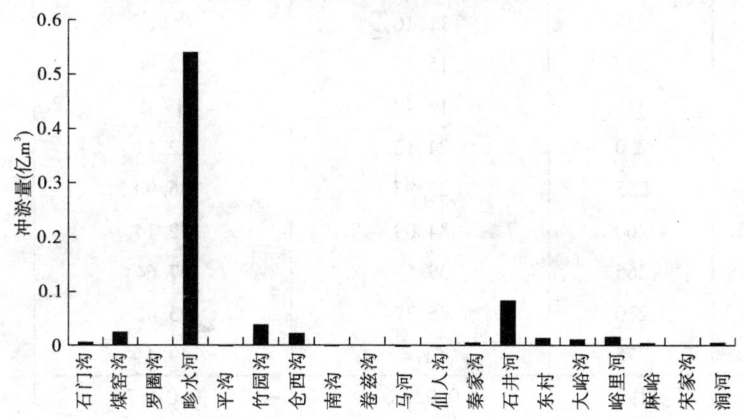

图 3-58　右岸支流冲淤量分布

发生在支流河口附近,比较有利于拦门沙的发育。

(二)冲淤量沿高程方向的分布

根据 2013 年 4 月和 10 月的实测资料,绘制小浪底库区干支流不同高程冲淤量对照图(见图 3-59),统计计算出 2013 年汛期小浪底库区干、支流不同高程的冲淤量(见表 3-7)。

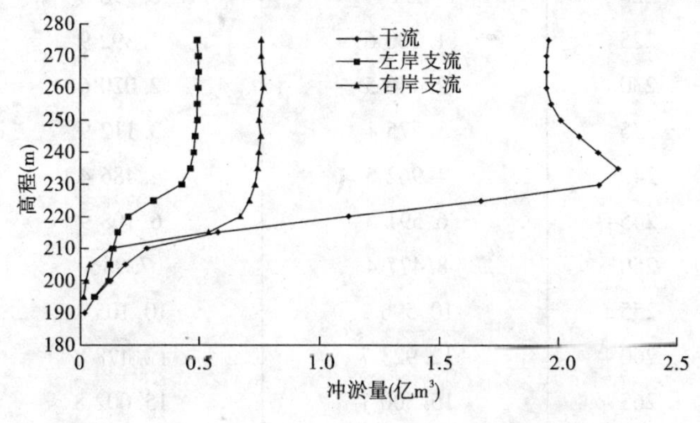

图 3-59　小浪底水库 2013 年汛期不同高程冲淤量对照

表 3-7 2013 年汛期小浪底水库干支流不同高程冲淤量统计

分区	高程(m)	2007 年 4 月库容(亿 m^3)	2007 年 10 月库容(亿 m^3)	冲淤量(亿 m^3)
干流	190	0.029 6	0.010 7	0.018 9
	195	0.138 5	0.074 8	0.063 7
	200	0.354 5	0.226 7	0.127 8
	205	0.668 1	0.477 3	0.190 8
	210	1.124	0.843 6	0.280 4
	215	1.936	1.358	0.578
	220	3.352	2.233	1.119
	225	5.4	3.725	1.675
	230	7.953	5.779	2.174
	235	11.16	8.907	2.253
	240	15.13	12.96	2.17
	245	19.49	17.4	2.09
	250	24.12	22.11	2.01
	255	28.95	26.98	1.97
	260	34.09	32.14	1.95
	265	39.59	37.64	1.95
	270	45.37	43.42	1.95
	275	51.4	49.44	1.96
左岸支流	190	0.029 6	0.010 7	0.018 9
	195	0.059 4	0.000 2	0.059 2
	200	0.208 6	0.090 7	0.117 9
	205	0.384 7	0.259 6	0.125 1
	210	0.593 6	0.455 2	0.138 4
	215	0.859 5	0.701 6	0.157 9
	220	1.2	0.998 5	0.201 5
	225	1.700 6	1.392 9	0.307 7
	230	2.446 5	2.020 6	0.425 9
	235	3.575 1	3.112 9	0.462 2
	240	4.962 5	4.486 4	0.476 1
	245	6.591 5	6.108 9	0.482 6
	250	8.477 4	7.986	0.491 4
	255	10.596 1	10.105 1	0.491
	260	12.923 7	12.428 8	0.494 9
	265	15.500 1	15.002 8	0.497 3
	270	18.383 2	17.887 3	0.495 9
	275	21.573 8	21.082 8	0.491

续表 3-7

分区	高程(m)	2007年4月库容(亿 m^3)	2007年10月库容(亿 m^3)	冲淤量(亿 m^3)
右岸支流	195	0.031	0.016 7	0.014 3
	200	0.075 1	0.049 8	0.025 3
	205	0.142 2	0.102 8	0.039 4
	210	0.317 4	0.190 2	0.1 272
	215	0.870 5	0.331 2	0.539 3
	220	1.638	0.967 5	0.670 5
	225	2.603 4	1.894 1	0.709 3
	230	3.710 5	2.978 1	0.732 4
	235	4.984 9	4.242 1	0.742 8
	240	6.487 5	5.739 6	0.747 9
	245	8.238 5	7.482 2	0.756 3
	250	10.272 6	9.524 1	0.748 5
	255	12.553 9	11.800 6	0.753 3
	260	15.056 3	14.289 6	0.766 7
	265	17.779 9	17.017 3	0.762 6
	270	20.746 8	19.989 4	0.757 4
	275	23.936 2	23.178 9	0.757 3

从图3-59可以看出，2013年汛期小浪底库区干流淤积主要发生在高程235 m以下，淤积量约为2.25亿 m^3，235 m以上冲刷，冲刷量为0.29亿 m^3。

左岸支流淤积主要分布在高程200 m以下和220～235 m。200 m以下淤积约0.11亿 m^3，200～220 m冲淤平衡，220～235 m淤积强度较大，淤积约0.26亿 m^3，235 m以上冲淤平衡。

右岸支流淤积主要分布在高程205～225 m，淤积量约0.67亿 m^3，225 m以上冲淤平衡。

（三）干流淤积形态的变化

经过2013年汛前调水调沙运用和汛期的调水调沙，使得库区干流的淤积形态得到进一步的调整，HH32～HH08断面之间河底抬升（见图3-60）。

由于汛前调水调沙后到8月下旬之间，小浪底库区的水位较低，基本上在230 m以下运用。因此，通过调水调沙运用和汛期入库洪水的作用，HH32～HH08断面之间产生较为明显的淤积，HH31断面河底抬升5 m左右，HH21断面河底抬升8 m以上。淤积三角洲的顶

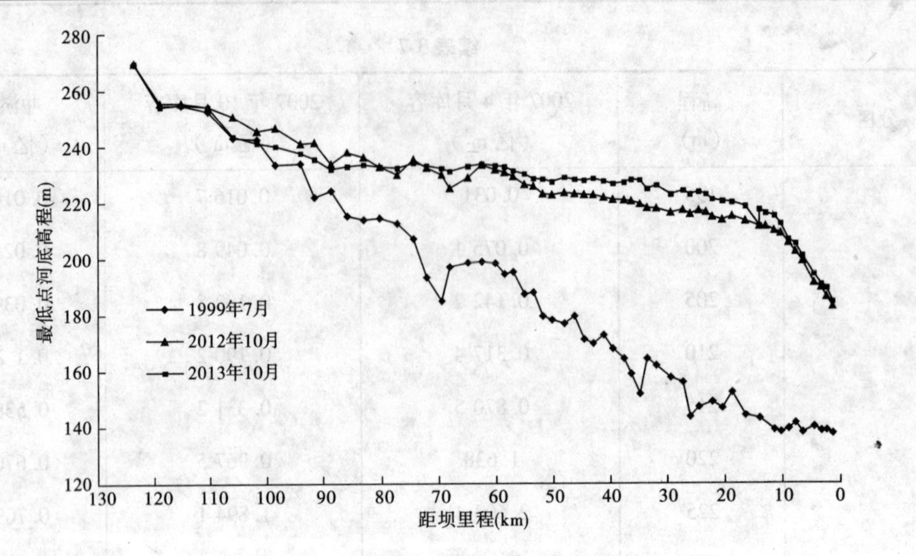

图 3-60 小浪底库区干流河底高程对照

点基本没有下移。2013 年 4 ~ 10 月,HH32 ~ HH08 断面之间淤积量约为 1.77 亿 m^3,占干流淤积总量的 90%。

(四)典型断面的冲淤变化

2013 年汛期小浪底库区冲淤变化主要分为三个部位,一是 HH40 断面以上,该段以冲刷为主;二是 HH32 ~ HH08 断面,该河段以淤积为主,汛期 90% 的淤积量产生在此河段;三是 HH08 断面以下河段,该河段以少量的淤积为主。从整个库区来看,2013 年汛期均表现为较为严重的淤积。

由于三门峡水库入库洪水的影响和汛期小浪底水库低水位运用,HH40 断面以上河段主要呈现为自然河道状态,而且该河段断面宽度较窄,洪水对 HH40 断面以上河段主要进行冲刷。断面冲淤变化情况如图 3-61 ~ 图 3-67 所示。在冲刷河段断面变化主要在底部,主河槽河底呈平行下降的趋势。

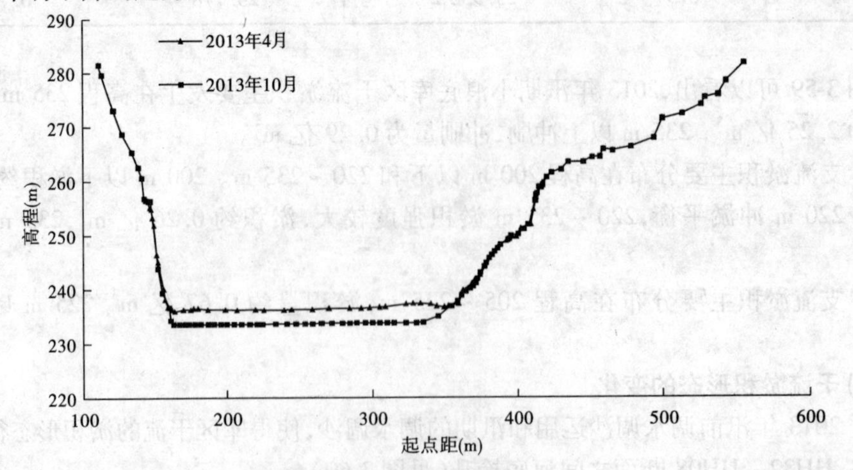

图 3-61 HH45 断面冲淤变化对照

从 HH39 开始,较粗粒径的泥沙基本淤积在河底,对 HH39 断面以下河段形成淤积靠近上游淤积较重,靠近下游淤积较小,河堤高程抬升较大的河段为 HH32 ~ HH08 断面。

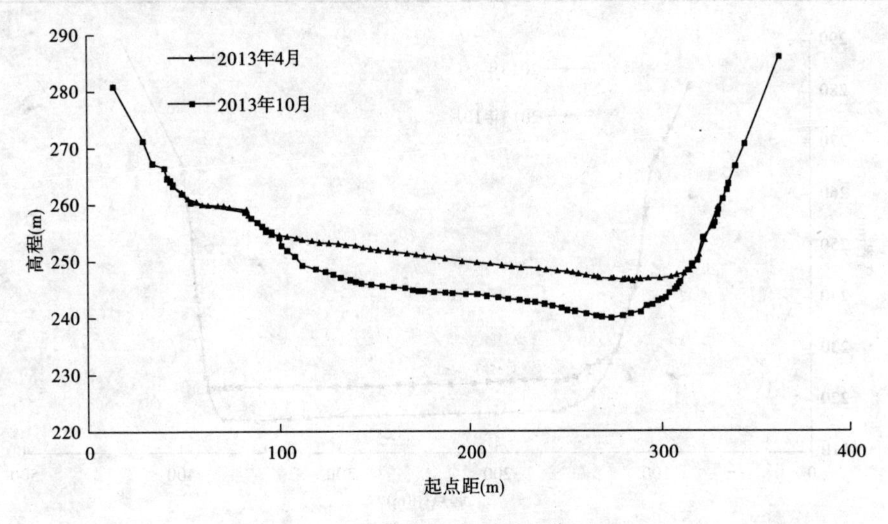

图 3-62　HH50 断面冲淤变化对照

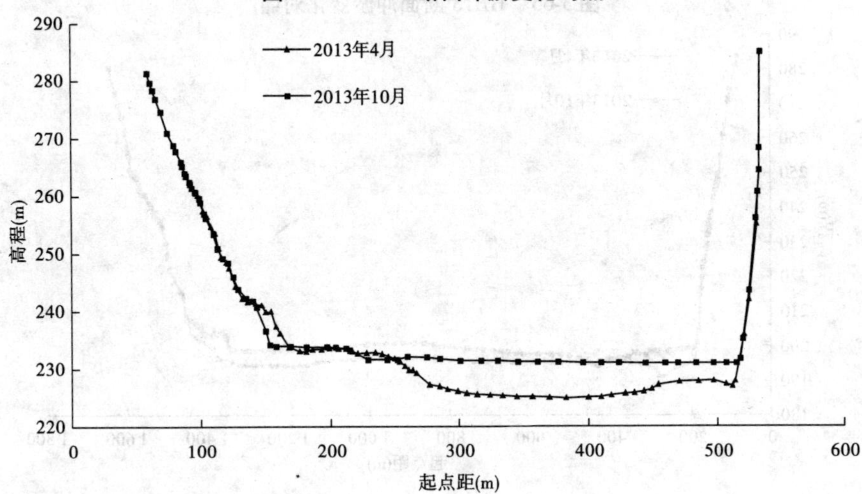

图 3-63　HH39 断面冲淤变化对照

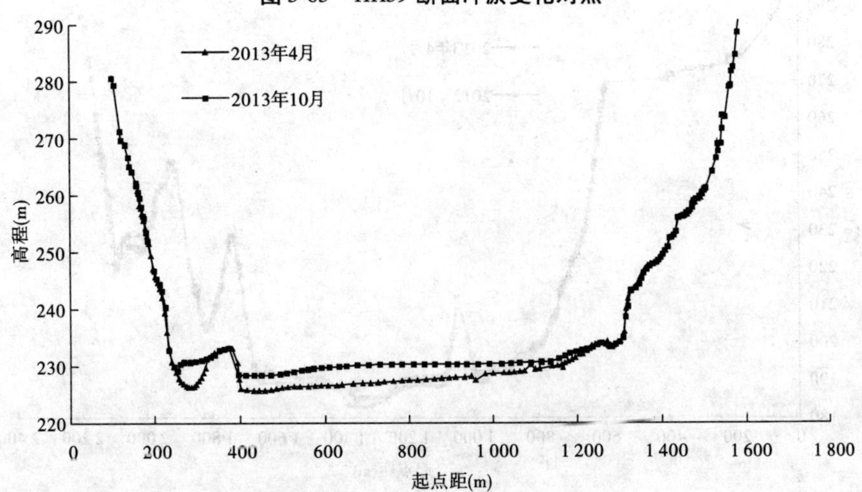

图 3-64　HH32 断面冲淤变化对照

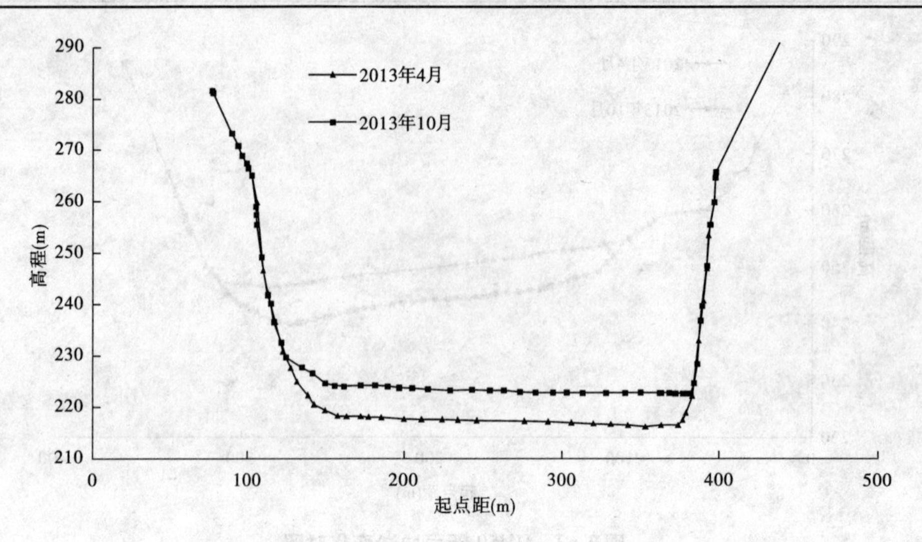

图 3-65　HH18 断面冲淤变化对照

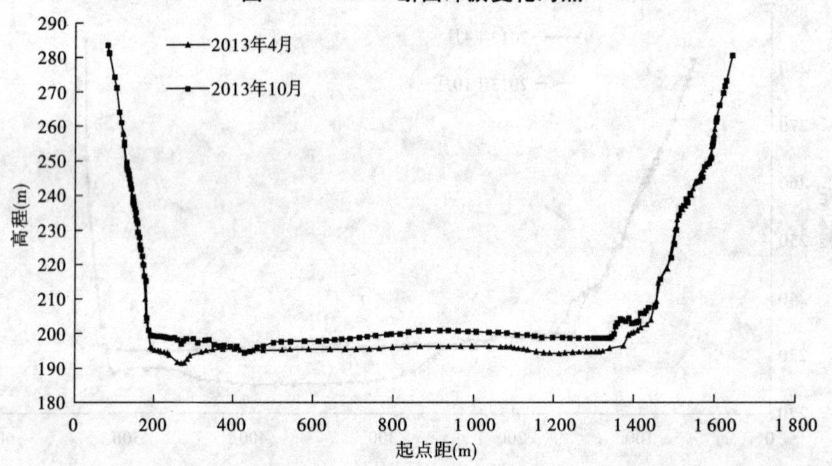

图 3-66　HH04 断面冲淤变化对照

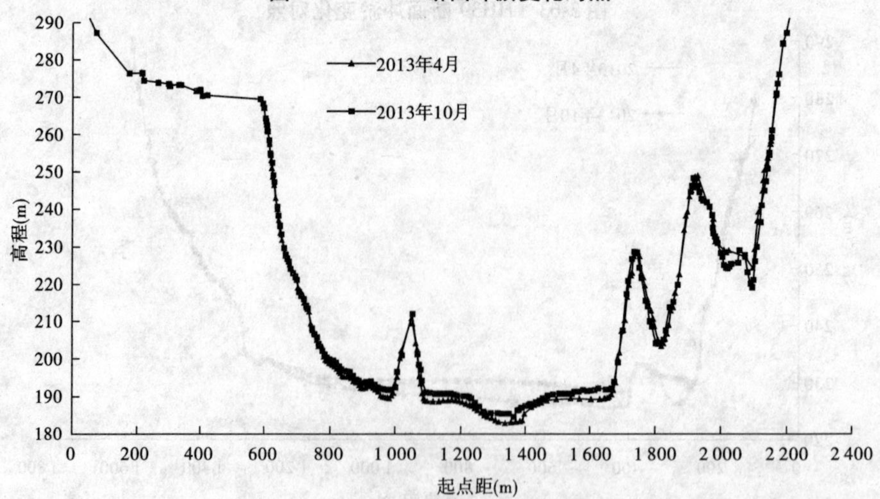

图 3-67　HH01 断面冲淤变化对照

HH08 断面是淤积三角洲的顶点位置，HH08 断面以下水深突然增加，河底比降增大。由于水深增加，河段靠近大坝，泥沙被阻挡，若水库出水口和排沙洞未能及时开启排沙，会对此河段造成一定程度的淤积，从 2013 年汛期异重流测验情况来看，利用异重流排沙效果良好，排沙比较大，HH08 断面以下河段发生轻微淤积，淤积强度较 HH32 ~ HH08 断面小。

从 2013 年汛期各个河段断面的冲淤变化来看，整个库区仍以淤积为主，淤积三角洲逐渐向下游移动，2013 年汛后淤积三角洲的顶点已经进入大坝近坝河段，到达 HH08 断面附近。库区淤积形态正在向有利的方向发展。

第五节　水库冲淤规律分析

一、库区淤积形态可调整性分析

小浪底水库自 1999 年开始蓄水运用，到 2013 年底已经运用 14 年，库区淤积总量已达到 33.88 亿 m^3。库区淤积主要集中在黄河干流，干流的淤积量占淤积总量的近 75%。因此，历年干流河底高程的变化反映了库区淤积形态的变化过程。

（一）1999 ~ 2003 年期间

1999 ~ 2003 年期间，小浪底水库刚开始运用，库区水位较低。汛前一般降至 195 ~ 210 m，年最高水位一般在 230 ~ 240 m。由于水库运用水位较低，HH19 断面以上还保持天然河道的基本特性，入库泥沙在小浪底大坝的拦蓄，淤积从坝前开始逐渐向上游发展。从大坝向上河底高程平行抬高。到达八里胡同河段后由于八里胡同的壅水作用，降低了水面比降，使得断面平均流速和输沙能力降低，导致淤积量加大、河底高程抬高较快，在八里胡同以上形成淤积三角洲，三角洲顶点的位置随着库区水位的变化上下移动（见图 3-68）。

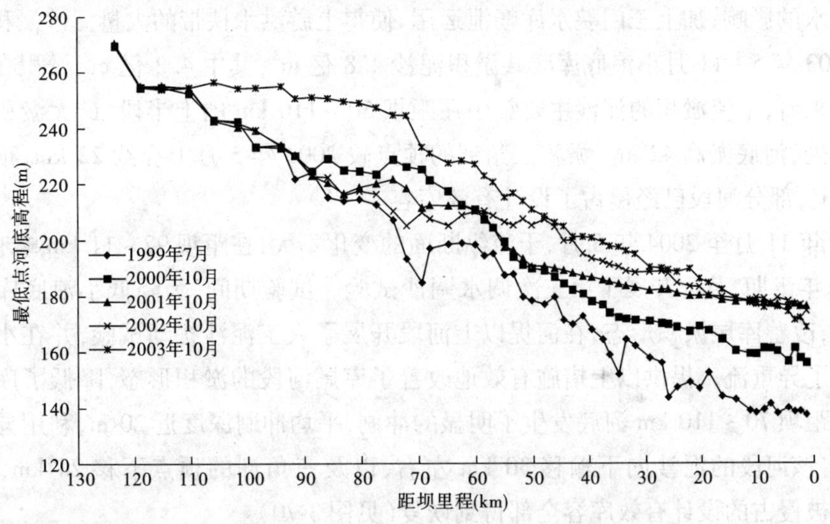

图 3-68　1999 ~ 2003 年小浪底库区干流河底高程变化过程

（二）2004 ~ 2007 年

2003 年秋季，黄河中游泾渭河先后出现 3 次较大的洪水过程，受上游洪水的影响，三门峡水文站从 8 月 25 日至 9 月 18 日产生了持续洪水过程，并呈现多次涨落。在此期间，三门峡站径流量达24.25亿m^3。为缓解下游河道的防洪压力，小浪底水库采用了高水位运用的调度方式，限制下泄流量，使得小浪底库区水位一直居高不下。从2003年9月20日开始，一直到2004年6月1日，库区水位一直保持在250 m以上，最高曾达到265.58 m(2003年10月15日)。2003年9月至调水调沙试验前，库区水位和蓄水量的变化过程见图3-69。

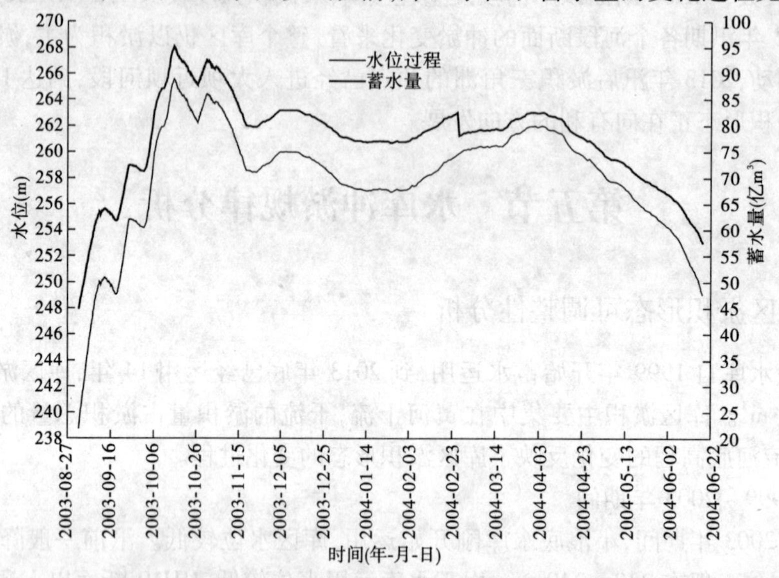

图3-69 小浪底库区水位、蓄水量过程线

2004年5月15日小浪底水库开始预泄，19日正式开始调水调沙试验。试验开始时小浪底坝上水位为248.98 m，调水调沙试验结束后水位落至224.56 m。

2003年汛后小浪底水库运用水位较高，库区最高水位达到265.58 m。同时，由于2003年秋季洪水的影响，加上三门峡水库畅泄运用，使得上游洪水挟带的大量泥沙淤积在小浪底库区。2003年5~11月小浪底库区共淤积泥沙4.8亿m^3，其中4.2亿m^3淤积在干流。从淤积形态来看，干流淤积的泥沙主要集中在距坝50~110 km的上半段，最大淤积厚度在距坝71 km处，河底淤高42 m。淤积三角洲的顶点较2003年5月上提约22 km，顶点高程在205 m以上，部分河段已经侵占了设计有效库容。

2003年11月至2004年5月，干流纵断面的变化不大，在距坝92~11 km略有冲刷。

2004年汛期，黄委开展了第三次调水调沙试验。试验期间，为降低小浪底库区尾部的河底高程，改善库尾淤积形态，在河堤以上河段开展了人工泥沙扰动试验，并在小浪底库区成功塑造了异重流。提供以上措施有效地改善了库尾河段的淤积形态，降低了库区的淤积高程。在距坝70~110 km河底发生了明显的冲刷，平均冲刷深度近20 m，利用异重流的输沙特性，将该河段的泥沙向下输移30 km左右，以及三角洲的顶点下移24 km，高程降低23.69 m，被侵占的设计有效库容全部得到恢复(见图3-70)。

2005年汛期，小浪底库尾淤积三角洲的形态发生了明显的变化，三角洲的顶部平均下降20多m，在距坝90~120 km的河段内，河槽的河底高程恢复到了1999年的水平，淤积三角洲的顶点向下游移动了30多km。2005年汛期，小浪底库区淤积量较大且大部分淤积在干流，使得干流的河底高程又有了明显的抬高，特别是距坝45 km以上抬高的幅度较大，距

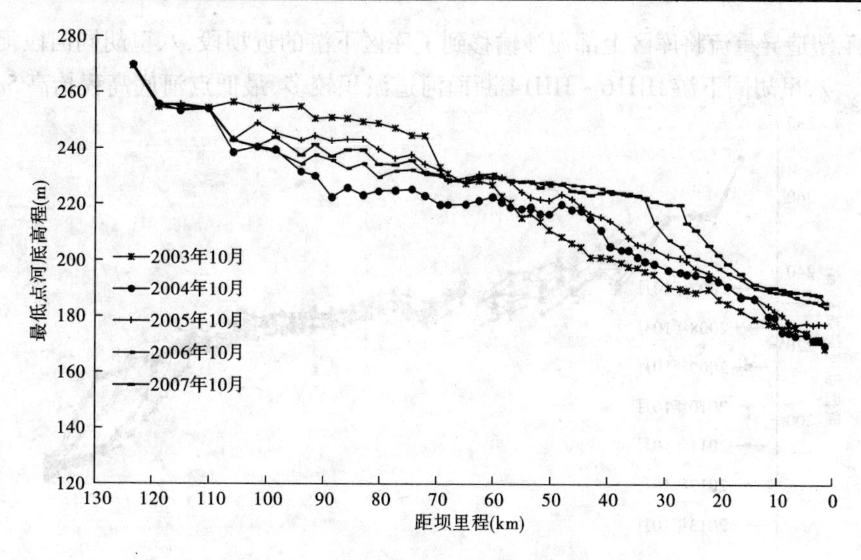

图 3-70　2003~2007 年小浪底库区干流河底高程变化过程

坝 88 km 处河底高程抬升的幅度最大，抬高 19.27 m，淤积三角洲和 2005 年 4 月相比明显上移。和 2004 年汛前相比，尽管淤积三角洲都在干流上部，但三角洲前坡的比降明显变缓，增大了改善干流淤积形态的难度。

由于 2006 年汛期水库运用水位较低和调水调沙期间异重流的影响，小浪底库区干流的淤积形态发生了较为明显的变化，主要反映在：一是淤积三角洲顶点明显下移，三角洲顶点下移至距坝约 33 km 处(HH20 断面)，是历年三角洲顶点最靠近大坝的一年；二是三角洲顶坡高程降低、纵比降变缓，与 2006 年 4 月相比，顶坡高程降低 10 m 左右；三是距坝 10 km 范围内的河底高程明显抬高(抬高约 10 m)。造成这种变化的主要原因是前汛期水库运用水位较低，特别是在调水调沙运用期间库区水位较低，在人工塑造异重流前，库区水位已经降到了 225 m 以下，通过人工塑造异重流，利用异重流的输沙特性，将库区上部 HH39 断面以上约 0.54 亿 m^3 的泥沙输移到了库区下游的近坝段，使得淤积三角洲顶点下移，顶点以下河底高程普遍抬高 5~10 m 以上。

2006 年 10 月至 2007 年 4 月，小浪底水库进库水沙量均很小，出库沙量为零。因此，除 HH51~HH53 断面河底发生冲刷外，其他断面基本无变化，库区的淤积形态变化很小。

2007 年汛期，小浪底库区出现了 3 次较大的入库流量过程，7~10 月入库沙量达到 2.3 亿 t，最大入库流量 4 180 m^3/s，最大含沙量 384 kg/m^3。小浪底出库最大流量 3 090 m^3/s，最大含沙量 177 kg/m^3。由于汛期入库洪水较大，在库区尾部 HH51~HH40 断面之间造成冲刷，河底高程降低 3~5 m。在洪水的作用下大量的入库泥沙向下游输移，较细粒径的泥沙随着水库下泄洪水排除小浪底水库，较粗粒径的泥沙开始沿程淤积。在 HH40~HH19 断面之间水流的输沙能力较强，该河段冲淤基本平衡。从 HH18 断面开始形成淤积，到达 HH17 断面形成淤积三角洲的顶点，淤积三角洲向坝前移动了 12 km。

(三)2008~2013 年

2008 年汛期小浪底库区三角洲顶点下移至距坝约 24.4 km 处(HH15 断面)，较之 2007 年略有下移(见图 3-71)，这是因为出八里胡同后，断面宽度骤然变宽，淤积三角洲顶点下移速度变慢。人工塑造异重流将库区上部泥沙输移到了库区下游的近坝段,八里胡同河段河底高程变化不大。八里胡同下游 HH16～HH14 断面河道淤积较多,最低点河底高程抬高 5～10 m。

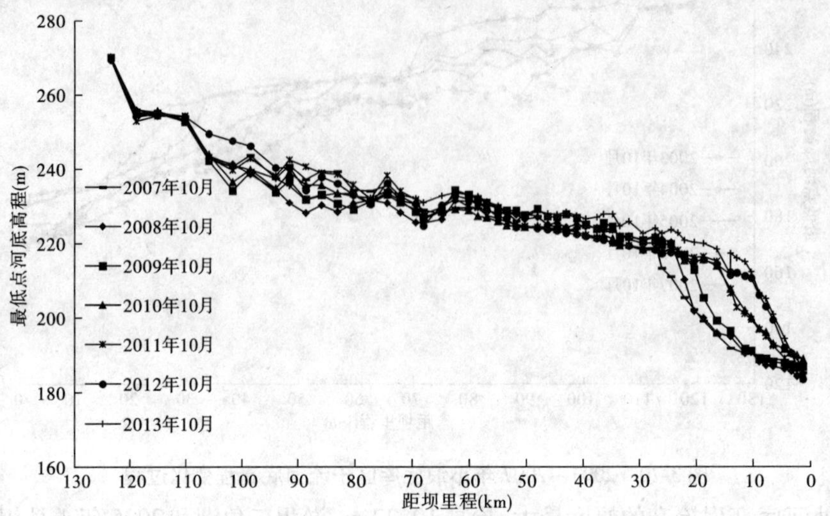

图 3-71 2008～2013 年小浪底库区干流河底高程变化过程

2009 年汛期小浪底库区三角洲顶点下移至距坝约 22.1 km 处(HH14 断面附近),较之 2008 年略有下移。人工塑造异重流将库区上部泥沙输移到了库区下游的近坝段,八里胡同河段以上断面冲淤变化不大。八里胡同下游 HH14～HH12 断面河道淤积较多,最低点河底高程抬高 4～11 m。

2010 年汛期小浪底库区三角洲顶点下移至距坝约 18.8 km 处(HH12 断面附近)。人工塑造异重流将库区上部泥沙输移到了库区下游的近坝段,八里胡同河段以上断面冲淤变化不大。八里胡同下游 HH12 断面至坝前断面河段普遍发生较大淤积,上游靠近 HH12 断面淤积较大,最低点河底高程抬高约 10.2 m,靠近大坝断面淤积较少,最低点河底高程抬高约 2 m。

2011 年汛期小浪底库区三角洲顶点至距坝约 16.4 km 处(HH11 断面附近)。HH20 断面至坝前断面河段河底高程较之 2010 年汛后降低 2～4 m,越靠近坝前降低越多,说明 2011 年汛期调水调沙异重流排沙效果较好,有效地延缓了小浪底水库淤积速度。

2012 年汛期小浪底库区三角洲顶点至距坝约 10.3 km 处(HH08 断面附近)。人工塑造异重流将库区上部泥沙输移到了库区下游的近坝段,使得 HH10＋3(距坝约 14 km)断面至坝前河段发生较大淤积。

2013 年汛期小浪底库区三角洲顶点至距坝仍约 10.3 km 处(HH08 断面附近)。人工塑造异重流将库区上部泥沙输移到了库区下游的近坝段, HH10＋3(距坝约 14 km)断面至坝前河段继续发生淤积。

自 1999 年小浪底水库开始蓄水以来,库区的淤积形态发生了很大的变化,从变化过程来看,淤积三角洲的位置随着入库水沙条件和水库运用水位的变化而变化,个别年份出现了不利的淤积形态。但是,如果根据当时的进出库水沙条件,科学进行水库调度,控制入库水沙过程和小浪底水库的运用水位,即使出现不利的淤积形态,也是可以进行调整的,关键的问题是科学、合理地调度三门峡入库水沙过程,控制小浪底水库的运用水位。

二、八里胡同特殊地形对库区淤积形态的影响

小浪底水库形态为狭长的河道型，库区干流河段属峡谷型山区河流，沿黄河干流两岸山势陡峭，河段总体呈上窄下宽趋势，自三门峡水文站（正常蓄水位回水末端）至 HH38 断面全长 58.58 km，河宽 210 ~ 800 m，比降 1.19‰。HH38 ~ HH19 断面有板涧河、涧河、亳清河、沇西河等支流加入，275 m 水位时水面宽达到 2 780 m。HH17 断面上下为约 4 km 长的八里胡同河段，八里胡同出口至大坝段 275 m 水位时河宽为 1 080 ~ 2 750 m，河段比降为 0.98‰。库区河道地形的收缩、扩展、弯道等变化影响入库洪水和泥沙运动及变化。

小浪底库区八里胡同河段位于距坝 26 km 的 HH16 ~ HH19 断面之间，河段长度约 4 km。该河段为全库区最狭窄河段，275 m 水位时河宽仅 330 ~ 590 m，河道顺直，两岸为陡峻直立的石山，河底比降较大，达到 3.2‰。

由于八里胡同河段特殊的边界条件，使得该河段对小浪底库区的淤积形态起到了较大的影响作用。当上游出现较大的水沙过程时，由于八里胡同的束水作用，使得上下游洪水的流速和含沙量分布会发生较大的变化。同时，不同的水库运用水位下，八里胡同的影响程度也不一样。因此，研究在不同的入库洪水条件和不同的水库运用条件下八里胡同对库区淤积形态的影响，对于科学调度入库洪水、改善库区淤积形态是十分必要的。

（一）八里胡同对历年冲淤分布的影响

小浪底水库蓄水初期，八里胡同河段还是典型的峡谷型河道，河道比降大，流速急，冲淤变化很小。随着水库运用水位的逐年抬高和水库淤积的增加，该河段的河底高程逐年抬高。

小浪底水库蓄水后库区干流及八里胡同河段历年冲淤量分布及变化过程见图 3-72、图 3-73。

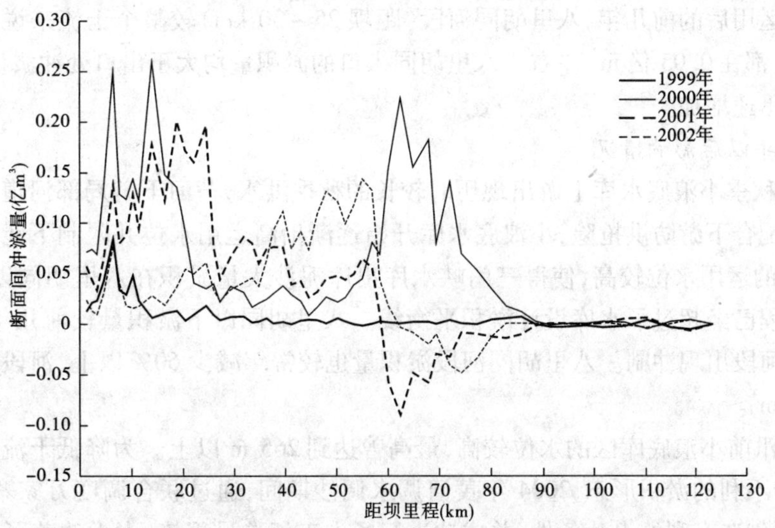

图 3-72 1999 ~ 2002 年小浪底库区干流冲淤量分布对照

小浪底库区的冲淤变化以八里胡同为界分为两个主要部位，一是八里胡同以上距坝 35 ~ 80 km（HH21 ~ HH44）之间库区中部开阔段，二是八里胡同以下开阔段。从冲淤量在时间上的分布来看，2002 年以前整个干流以淤积为主，2003 年以后八里胡同以上冲刷交替出现，八里胡同以下则以淤积为主。

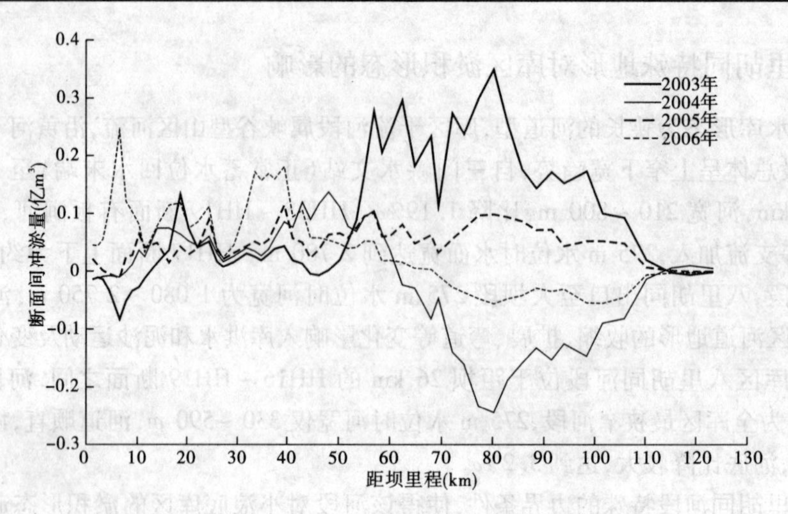

图 3-73　2003～2006 年小浪底库区干流冲淤量分布对照

1. 2002 年以前的影响情况

2000 年由于小浪底刚刚开始蓄水运用，为提高坝前淤积高程，排沙洞很少使用，整个库区均表现为淤积，从干流冲淤量的分布来看呈现为两个明显的驼峰，而八里胡同正好处于两驼峰的峰谷。2001 年汛期，由于小浪底水库运用水位最低降至 200 m 以下，同时整个汛期以蓄水拦沙运用为主，因此八里胡同以上淤积量相对较小，淤积主要发生在八里胡同以下，八里胡同以上部分河段由于库区水位的下降则发生冲刷。2002 年汛前，黄委进行了首次调水调沙试验，通过水库调度运用并实现了异重流排沙出库，减轻了八里胡同以下的淤积量，并使上部驼峰的重心明显下移。

在水库运用后的前几年，八里胡同河段(距坝 25～30 km)较整个干流来说冲淤量比较稳定，基本上都在 0.05 亿 m^3 左右。八里胡同入口的淤积量均大于出口处冲淤量，出八里胡同后淤积量迅速增加。

2. 2003 年以后影响情况

2003 年秋季小浪底水库上游出现历时较长的秋季洪水，黄河下游局部河道出现洪水漫滩险情。为配合下游防洪抢险，小浪底水库开始逐渐抬高运用水位并限制下泄流量。由于 2003 年汛期的运用水位较高，使得三门峡水库出库泥沙大量淤积在八里胡同以上，局部河段的河底高程已经超过了水库设计淤积平衡线。八里胡同以下淤积量较前几年明显偏小，靠近大坝的河段出现冲刷。八里胡同河段淤积量也较常年减少 60% 以上，河段累计淤积量不到 0.1 亿 m^3。

2004 年汛前小浪底库区的水位较高，最高曾达到 265 m 以上。为降低干流淤积三角洲的高程，改善不利的淤积形态，2004 年黄河调水调沙期间，通过联合调度万家寨、三门峡和小浪底水库，创造有利的水沙条件，并成功进行了人工塑造异重流，大大改善了不利的淤积形态。使得距坝 60 km 以上的河段普遍发生明显的冲刷，淤积三角洲顶点明显下移，三角洲坡顶高程降低。从冲淤量的沿程分布来看，八里胡同以下淤积量较少，八里胡同略有淤积，八里胡同至回水末端冲淤量大于八里胡同以下，回水末端以上则普遍冲刷。淤积河段仍然呈现为驼峰型，峰谷为八里胡同。

2005 年小浪底以上无较大的洪水入库，入库泥沙也较少，从库区的淤积分布来看，淤积主要发生在八里胡同以上，但淤积重心前移。八里胡同以下淤积量较小，平均断面间冲淤量在0.05亿m^3以下。2005年调水调沙期间库区运用水位较低，在人工塑造异重流时，通过三门峡和小浪底水库的联合调度，使得异重流的潜入点下移，缩短了异重流的运行距离，实现了异重流排沙出库，同时也改善了库区的淤积形态。

由于2006年汛期水库运用水位较低和调水调沙期间异重流的影响，小浪底库区干流的淤积形态发生了较为明显的变化，主要反映在：一是淤积三角洲顶点明显下移，三角洲顶点下移至距坝约33 km处（HH20断面），是历年三角洲顶点最靠近大坝的一年；二是三角洲顶坡高程降低、纵比降变缓，与2006年4月相比顶坡高程降低10 m左右；三是距坝10 km范围内的河底高程明显抬高（抬高约10 m）。造成这种变化的主要原因是前汛期水库运用水位较低，特别是在调水调沙运用期间库区水位较低，在人工塑造异重流前，库区水位已经降到了225 m以下，通过人工塑造异重流，利用异重流的输沙特性，将库区上部HH39断面以上约0.54亿m^3的泥沙输移到了库区下游的近坝段，使得淤积三角洲顶点下移顶点以下河底高程普遍抬高5～10 m以上。2006年小浪底库区干流的淤积主要发生在汛期，非汛期的淤积量很小。汛期淤积主要发生在HH34断面以下，其中大坝至HH17断面之间淤积1.48亿m^3、平均淤积量为0.087亿m^3，HH17～HH34断面之间共淤积1.60亿m^3、平均淤积量为0.09亿m^3。HH40断面以冲刷为主，HH40～HH53断面之间共冲刷0.52亿m^3、平均冲刷量为0.04亿m^3。

（二）八里胡同对上下游断面冲淤变化的影响

由于八里胡同特殊的边界条件影响，使得在不同的入库水沙过程和水库运用方式条件下，其上下游断面的冲淤变化规律也有较大的差别。下面通过对2006汛期和2007年汛期断面冲淤变化分析，研究八里胡同对水库冲淤变化的影响。

1.2006年汛期断面冲淤变化

2006年4月至2007年4月，断面发生较大冲淤变化的干流河段主要有2段，HH36～HH52断面之间主要表现为冲刷，大坝至HH36断面之间主要表现为淤积，断面的冲淤变化主要集中在汛期（2006年4～10月），非汛期断面变化很小。

由于2006年汛期水库运用水位较低和调水调沙期间异重流的影响，小浪底库区干流的淤积形态发生了较为明显的变化，主要反映在淤积三角洲顶点明显下移、三角洲顶坡高程降低、纵比降变缓。

1）HH39断面以上河段

HH53～HH38断面属小浪底库区上部的窄深河道，断面宽度一般在400～600 m，河底高程在235 m以上，河道纵比降为7.5‱。2006年汛前调水调沙期间随着库区水位的降低，该河段呈自然河道状态，在三门峡水库大流量清水下泄期间，冲刷河道造成该河段普遍发生冲刷。

HH52断面以上河段年内断面无变化，从HH51断面开始断面发生冲刷，到HH45断面冲刷最大，冲刷深度约9 m，HH45断面以下冲刷深度逐渐减小，到HH39断面冲淤平衡（见图3-74、图3-75）。

2）HH39～HH34断面区间

HH39断面以下水面逐渐展宽，最宽处达到2 720 m（HH35断面），库区水边在HH37断面以下发生90°的转弯，河底纵比降约为1‱，同时左岸有板涧河、右岸有涧河汇入。由于水

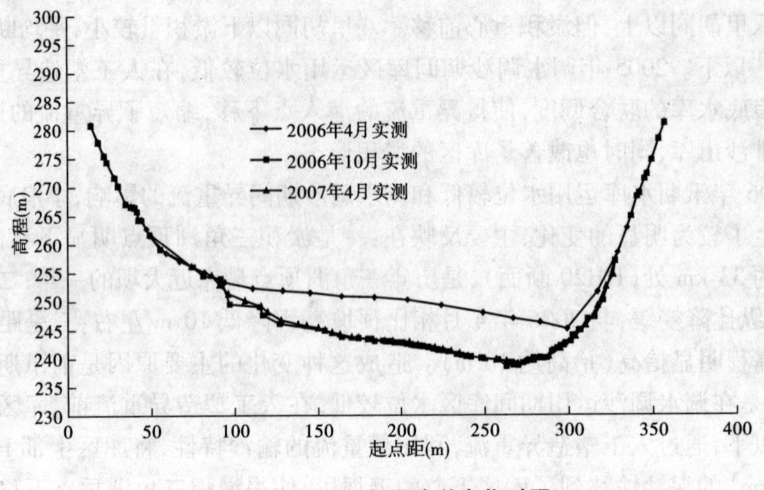

图 3-74　HH50 断面冲淤变化对照

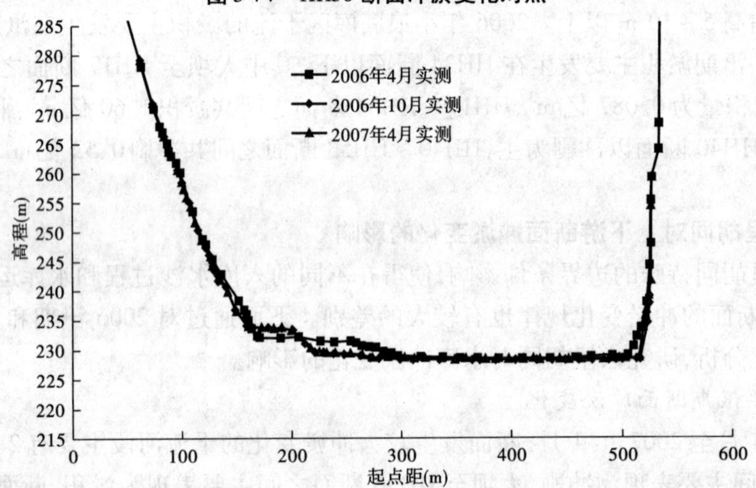

图 3-75　HH39 断面冲淤变化对照

面展宽、河底比降变缓，使得上游洪水到达此河段后流速减小、冲刷能力减弱，在 HH39 ~ HH34 断面之间冲淤基本平衡，断面形态无变化（见图 3-76、图 3-77）。

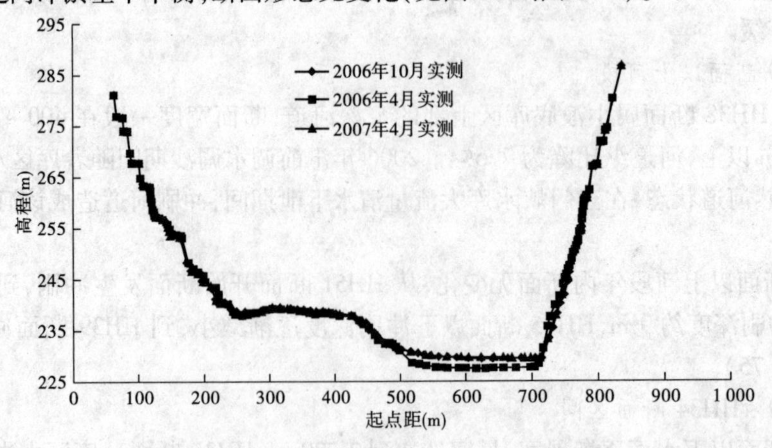

图 3-76　HH38 断面冲淤变化对照

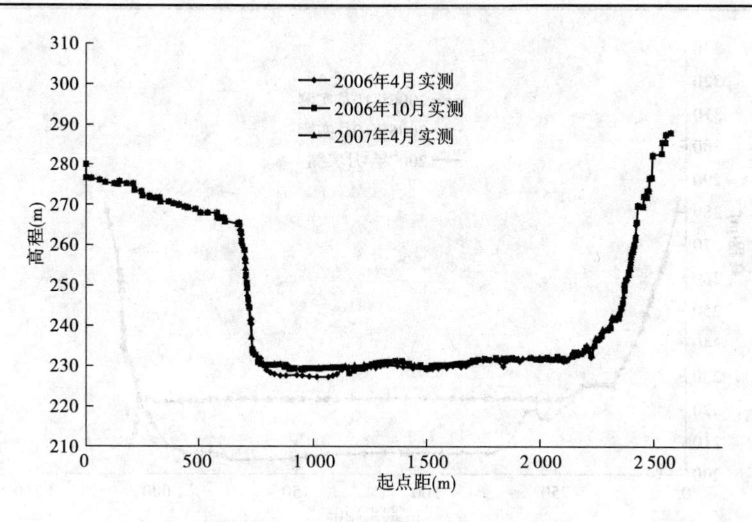

图 3-77 HH34 断面冲淤变化对照

3) HH33 ~ HH19 断面区间

HH33 ~ HH19 断面区间长度 23. 17 km, HH34 断面以下左岸有亳清河、沇西河、龙潭沟、安河、芮村河、西阳河、百灵沟等 7 条支流汇入,右岸有峪里河汇入,区间断面平均宽度1 280 m,河段纵比降约 2‱。由于该库段两岸地形复杂、支流汇入较多、库区平面形态弯曲多变,使得入库洪水流经该库段时流速减小、挟沙能力降低,水流中挟带的泥沙迅速下沉、淤积在库底,导致库底高程显著抬高。该库段是 2006 年汛期小浪底库区淤积的主要部位,区间淤积量为 1. 43 亿 m^3,区间河道长度仅占干流长度的 19%,而区间淤积量却占干流淤积量的 57%。

该区间断面淤积的形态主要表现是库底的平行抬高,由于流速的迅速减小,水流中挟带的较粗粒径的泥沙沿程下沉,均匀地淤积在库底,形成平底水库(见图 3-78、图 3-79)。

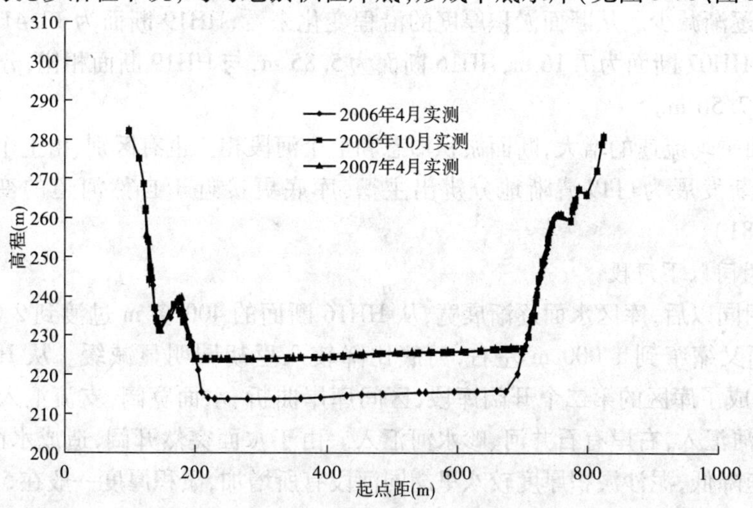

图 3-78 HH24 断面冲淤变化对照

由于在该库段泥沙大量淤积、河底高程迅速抬高,使得区间纵断面发生了明显的变化。与 2006 年 4 月实测资料相比,从 HH33 断面开始淤积厚度逐渐增大,到 HH20 断面(距坝 33. 48 km)达到最大值(18. 4 m),形成了新的淤积三角洲的顶点,并使三角洲顶点向下游移

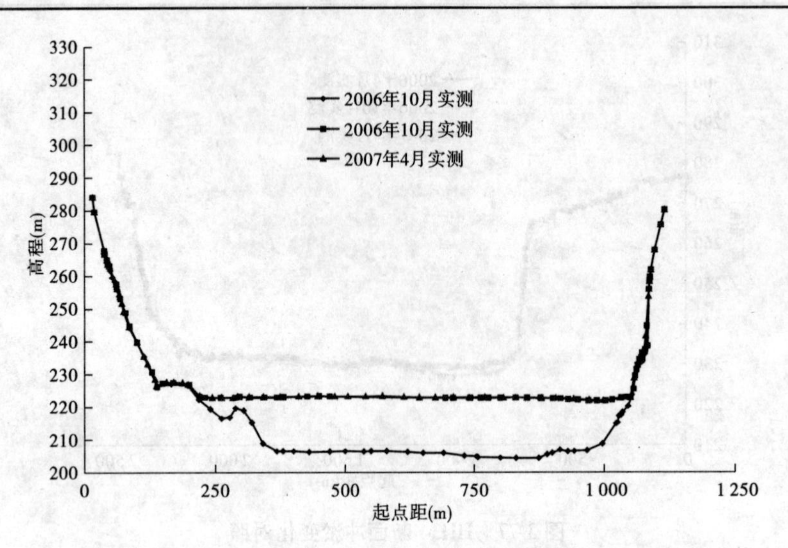

图 3-79　HH20 断面冲淤变化对照

动约 15 km,从 HH20 断面向下淤积厚度急剧减小,到 HH19 断面淤积厚度只有 13.41 m,淤积厚度减少 5 m。自 1999 年小浪底水库蓄水后,2006 年 10 月干流淤积三角洲顶点的位置是最靠近大坝的一年。

4)八里胡同区间

从 HH19 断面向下开始进入小浪底库区的八里胡同河段,出口断面为 HH16 断面。该河段河道顺直、两岸均为陡峭石山,区间断面宽度平均不足 470 m。左岸有大交河、秦沟、东洋河汇入,右岸有大峪沟汇入。

由于进入八里胡同后水面急剧收缩,过水面积减小,在入口处形成壅水,抬高了水位,加上入口下游河道顺直、初始比降较大,使得水面比降增加、流速逐渐加大、输沙能力逐渐增强,泥沙淤积逐渐减少。从断面淤积厚度的沿程变化来看,HH19 断面为 13.41 m,HH18 断面为 7.89 m,HH07 断面为 7.16 m,HH16 断面为 5.85 m,与 HH19 断面相比,分别减少 5.52 m、6.25 m 和 7.56 m。

由于断面平均流速的增大,断面淤积形态和上个河段相比也有区别,由上个河段的库底平行抬高,逐渐发展为可以清晰地分辨出主槽,库底更接近于自然河道的变化形态(见图 3-80、图 3-81)。

5)八里胡同以下河段

出八里胡同以后,库区水面逐渐展宽,从 HH16 断面的 400 多 m 过渡到 2 000 m 左右,到 HH09 断面又缩窄到 1 000 m 左右,河底比降较八里胡同明显减缓。从 HH15 断面至 HH09 断面形成了库区的第二个开阔库段,区间库岸曲折、水面宽阔,支流汇入较多。左岸有五里沟、安河汇入,右岸有石井河、畛水河汇入。由于水面突然开阔,造成水面比降变缓、断面平均流速降低,泥沙淤积厚度较八里胡同河段有所增加,淤积厚度一般在 5 m 左右。断面淤积的形态主要是河底高程的平行抬高(见图 3-82)。

库区在 HH09 断面开始到 HH06 断面形成了一个巨大的"S"形弯道,同时断面宽度再次逐渐展宽,从 1 000 m 左右展宽至 3 000 m 左右,形成坝前开阔区段。区间左岸有白马河、土泉沟、大峪河、宣沟汇入,右岸有煤窑沟、石门沟汇入。正常运用水位下 HH08 断面以下库岸比较顺直,随着库区水位的抬升或降低,河底高程变化较大,一般表现为汛期冲刷、非汛期淤

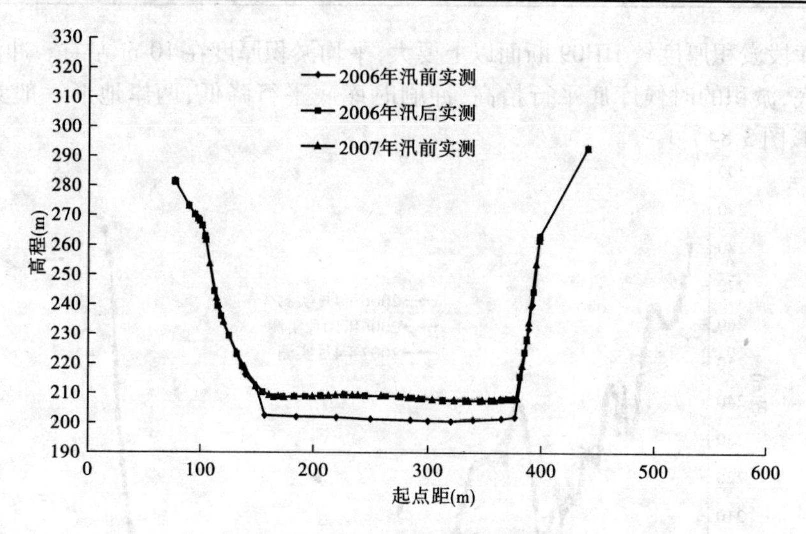

图 3-80　HH18 断面冲淤变化对照

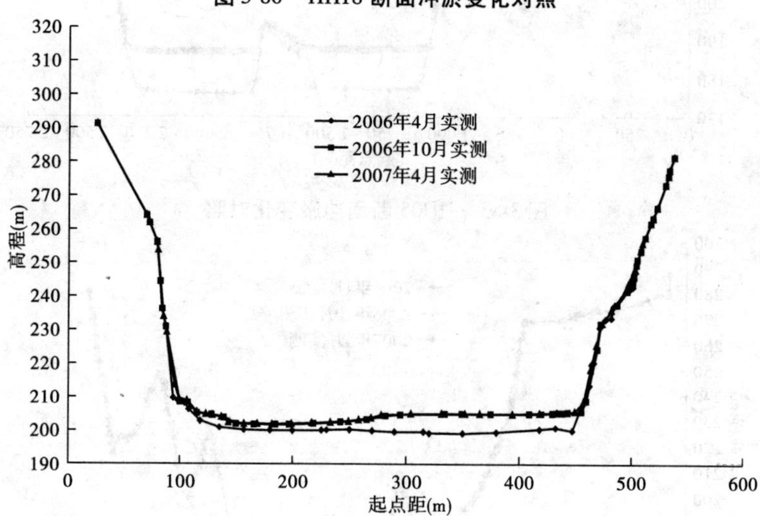

图 3-81　HH16 断面冲淤变化对照

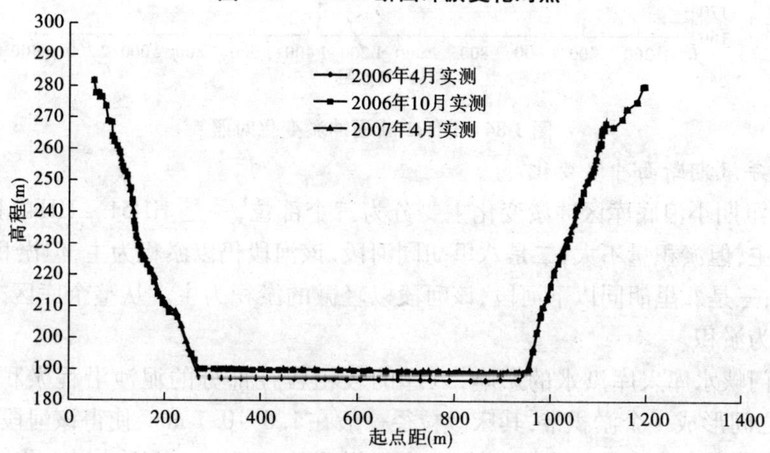

图 3-82　HH09 断面冲淤变化对照

积。在此库段淤积厚度较 HH09 断面以上要大，平均淤积厚度在 10 m 左右。冲淤变化主要集中在库底，淤积的时候库底平行抬高，冲刷时库底平行降低，两岸地形一般无明显变化（见图 3-83、图 3-84）。

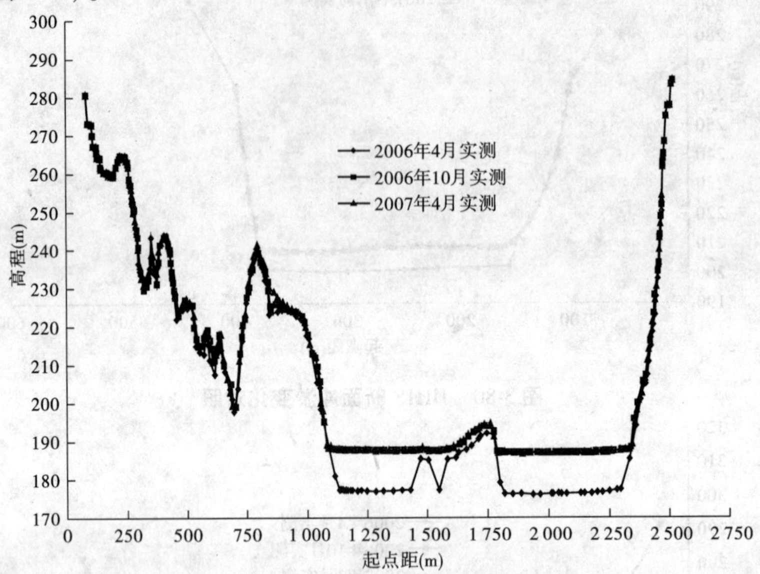

图 3-83　HH05 断面冲淤变化对照

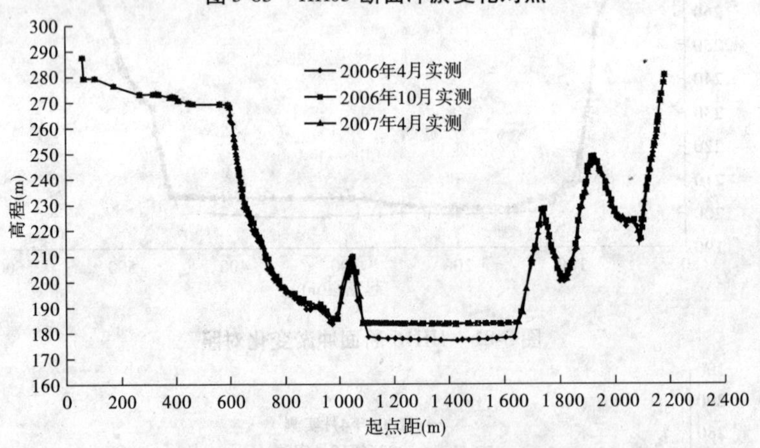

图 3-84　HH01 断面冲淤变化对照

2. 2007 年汛期断面冲淤变化

2007 年汛期小浪底库区冲淤变化主要分为三个部位，一是 HH51 ~ HH40 断面之间，该段以淤积为主，但淤积量不大；二是八里胡同河段，该河段仍以淤积为主，但淤积量要大于上游淤积河段；三是八里胡同以下河段，该河段以轻微的淤积为主。从整个库区来看，2007 年汛期均表现为淤积。

由于三门峡水库入库洪水的影响，入库的较粗粒径部分的泥沙沿程淤积，在 HH51 ~ HH41 断面之间形成一个淤积带，其床沙粒径一般在 1. 0 ~ 0. 7 mm，使得该河段在 2007 年汛期发生淤积，但由于该河段断面宽度较窄，所以淤积总量不大。断面冲淤变化情况如图 3-85 所示。在冲刷河段断面变化主要在底部，河底呈平行抬高的趋势，河底抬升的幅度越靠近下游越小。

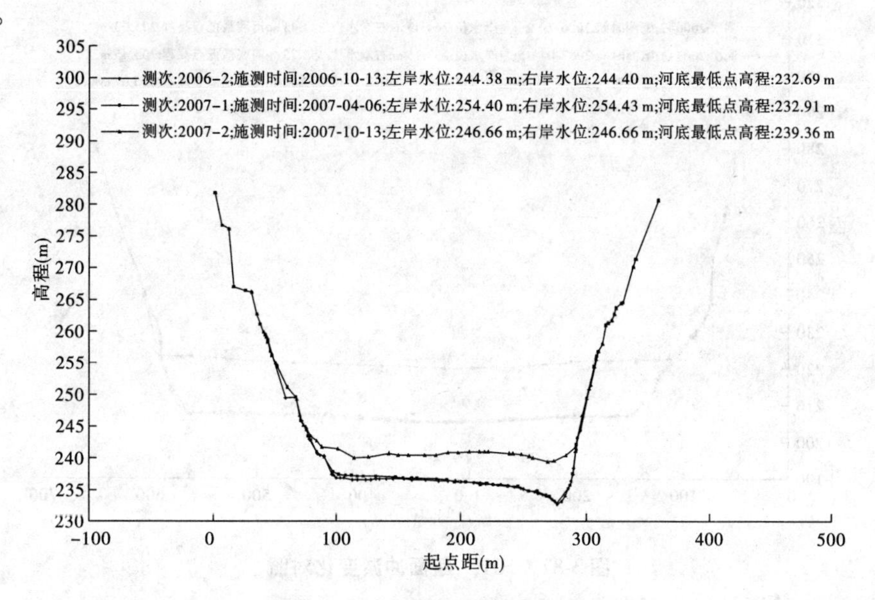

图 3-85　HH46 断面冲淤变化对照

从 HH40 开始,较粗粒径的泥沙基本淤积在河底,较细部分的泥沙被入库洪水挟带向下游输送,在 HH40 ~ HH20 断面之间水流的挟沙能力和含沙量基本平衡,该河段的床沙粒径基本在 0.03 ~ 0.01 mm,使得河段冲淤基本平衡。河底高程与 2006 年汛后相比基本无变化(见图 3-86)。

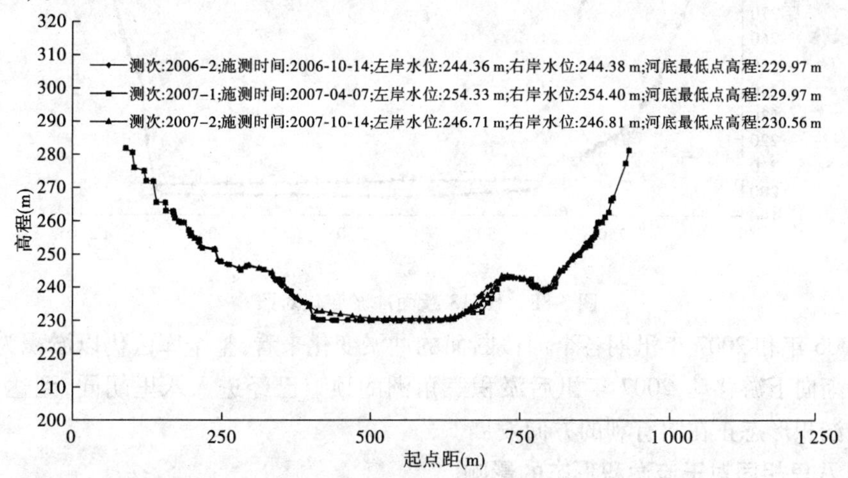

图 3-86　HH40 断面冲淤变化对照

HH19 断面是八里胡同入口上断面,从 HH18 断面开始进入八里胡同。在 2007 年汛前,淤积三角洲的顶点在 HH20 断面,HH20 断面以下水深突然增加,同时由于下游八里胡同的束水作用,在八里胡同入口处产生壅水,减小了水面比降。由于水深增加,水面比降减小,使得断面平均流速减小,水流挟沙能力降低,水流中挟带的泥沙开始淤积。当淤积发展到一定程度,河底高程抬高,河底比降接近上游稳定的河底比降后,淤积逐渐停止。从断面冲淤变化来看,导致从 HH19 断面开始断面淤积量突然增加,到 HH17 断面达到最大,之后逐渐减少,到 HH10 断面后冲淤基本平衡(见图 3-87、图 3-88)。

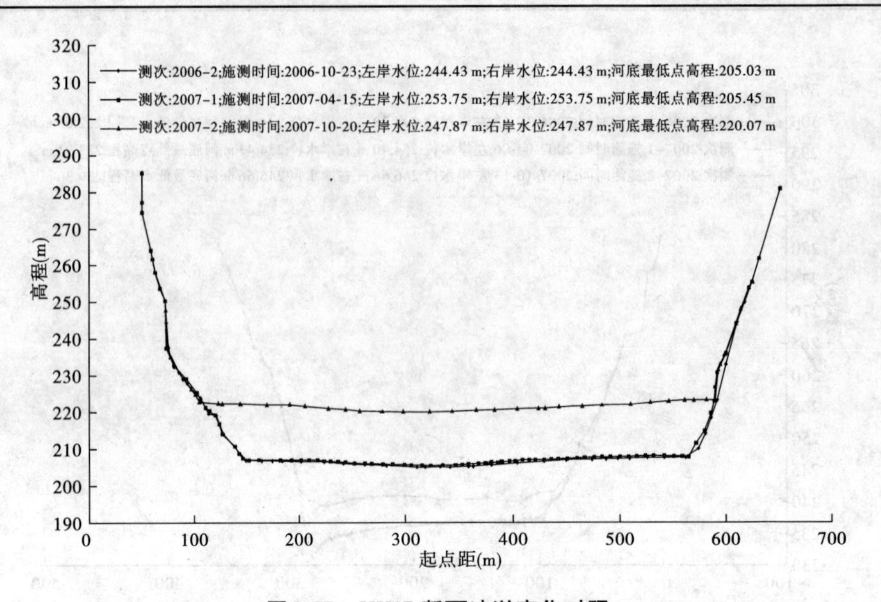

图 3-87　HH17 断面冲淤变化对照

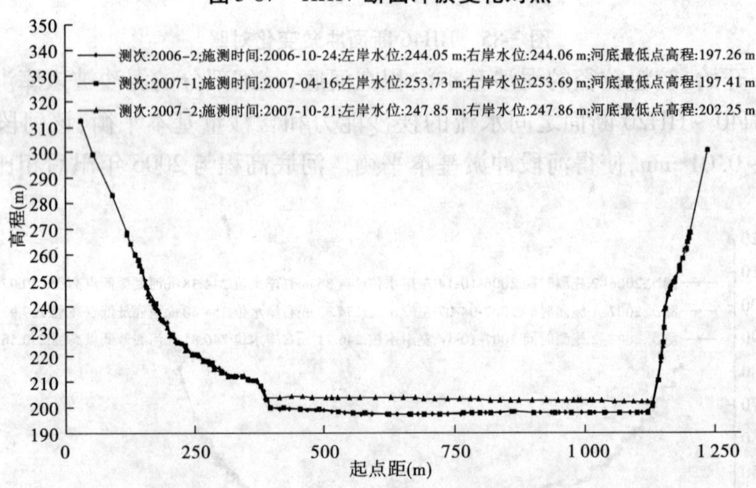

图 3-88　HH13 断面冲淤变化对照

从 2006 年和 2007 年汛期各个河段断面的冲淤变化来看,整个库区仍以淤积为主,淤积三角洲逐渐向下游移动,2007 年汛后淤积三角洲的顶点已经进入八里胡同,到达 HH17 断面。库区淤积形态正在向有利的方向发展。

(三)八里胡同对干流淤积形态的影响

1999～2003 年期间,小浪底水库刚开始运用,库区水位较低。汛前一般降至 195～210 m,年最高水位一般在 230～240 m。由于水库运用水位较低,1999～2001 年间八里胡同以上还保持天然河道的基本特性,入库泥沙在小浪底大坝的拦蓄,淤积从坝前开始逐渐向上游发展。从大坝到八里胡同出口范围内河底高程平行抬高。在八里胡同河段河底高程也随着下游河底的抬高逐渐抬高,但河底比降较下游增大。八里胡同以上河段由于八里胡同的壅水作用,降低了水面比降,使得断面平均流速和输沙能力降低,导致淤积量加大、河底高程抬高较快,在八里胡同以上形成淤积三角洲,三角洲顶点的位置随着库区水位的变化上下移动(见图 3-89)。

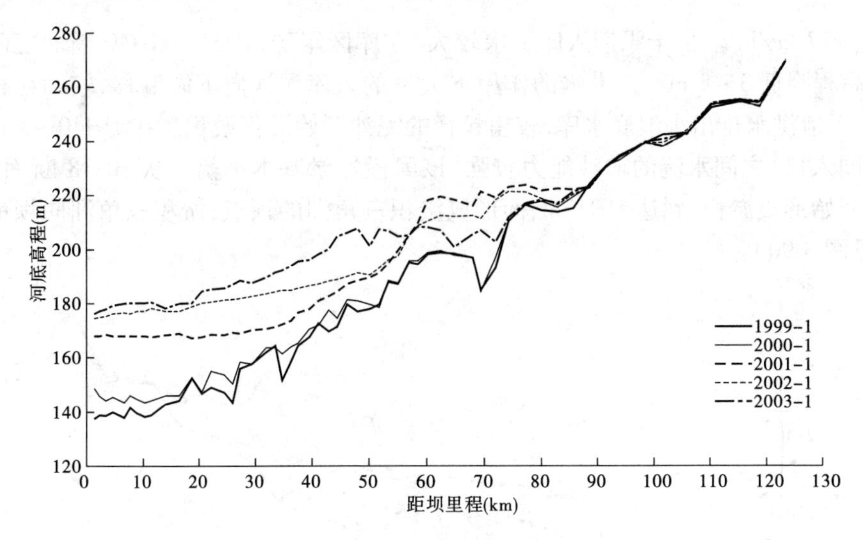

图 3-89　1999～2003 年小浪底库区干流河底高程变化过程

2003 年秋季，黄河中游泾渭河先后出现 3 次较大的洪水过程，受上游洪水的影响，三门峡水文站从 8 月 25 日至 9 月 18 日产生了持续洪水过程，并呈现多次涨落。在此期间，三门峡站径流量达 24.25 亿 m^3。为缓解下游河道的防洪压力，小浪底水库采用了高水位运用的调度方式，限制下泄流量，使得小浪底库区水位一直居高不下。从 2003 年 9 月 20 日开始，一直到 2004 年 6 月 1 日，库区水位一直保持在 250 m 以上，最高曾达到 265.58 m(2003 年 10 月 15 日)。

2004 年汛期，在八里胡同以上(距坝 70～110 km)河底发生了明显的冲刷，平均冲刷深度近 20 m，利用异重流的输沙特性将该河段的泥沙向下输移 30 km 左右，以及三角洲的顶点下移 24 km，高程降低 23.69 m，被侵占的设计有效库容全部得到恢复。但由于八里胡同当时的河底高程较低(195 m 左右)，对上游的壅水作用比较明显，上游的泥沙在八里胡同以上淤积，八里胡同以下淤积量不大。

2005 年汛期，小浪底库尾淤积三角洲的形态发生了明显的变化，三角洲的顶部平均下降 20 多 m，在距坝 90～120 km 的河段内，河槽的河底高程恢复到了 1999 年的水平，淤积三角洲的顶点向下游移动了 30 多 km。但是受八里胡同的影响，淤积仍然主要在八里胡同以上，少量泥沙通过八里胡同到达坝前。

由于 2006 年汛期水库运用水位较低和调水调沙期间异重流的影响，小浪底库区干流的淤积形态发生了较为明显的变化，主要反映在：一是淤积三角洲顶点明显下移，三角洲顶点下移至距坝约 33 km 处(HH20 断面)，是历年三角洲顶点最靠近大坝的一年；二是三角洲顶坡高程降低、纵比降变缓，与 2006 年 4 月相比，顶坡高程降低 10 m 左右；三是距坝 10 km 范围内的河底高程明显抬高(抬高约 10 m)。造成这种变化的主要原因是，前汛期水库运用水位较低，特别是在调水调沙运用期间库区水位较低，在人工塑造异重流前，库区水位已经降到了 225 m 以下，通过人工塑造异重流，利用异重流的输沙特性，将库区上部 HH39 断面以上约 0.54 亿 m^3 的泥沙输移到了库区下游的近坝段，使得淤积三角洲顶点下移顶点以下河底高程普遍抬高 5～10 m 以上。

2007 年汛期，小浪底库区出现了 3 次较大的入库流量过程，7～10 月入库沙量达到 2.3 亿 t，最大入库流量 4 180 m^3/s，最大含沙量 384 kg/m^3。小浪底出库最大流量 3 090 m^3/s，最大含沙量 177 kg/m³。由于汛期入库洪水较大,在库区尾部 HH51 ~ HH40 断面之间造成冲刷,河底高程降低 3 ~ 5 m。在洪水的作用下大量的入库泥沙向下游输移,较细粒径的泥沙随着水库下泄洪水排出小浪底水库,较粗粒径的泥沙开始沿程淤积。在 HH40 ~ HH19 断面(八里胡同入口)之间水流的输沙能力较强,该河段冲淤基本平衡。从 HH18 断面(八里胡同河段)开始形成淤积,到达 HH17 断面形成淤积三角洲的顶点,淤积三角洲向坝前移动了 12 km(见图 3-90)。

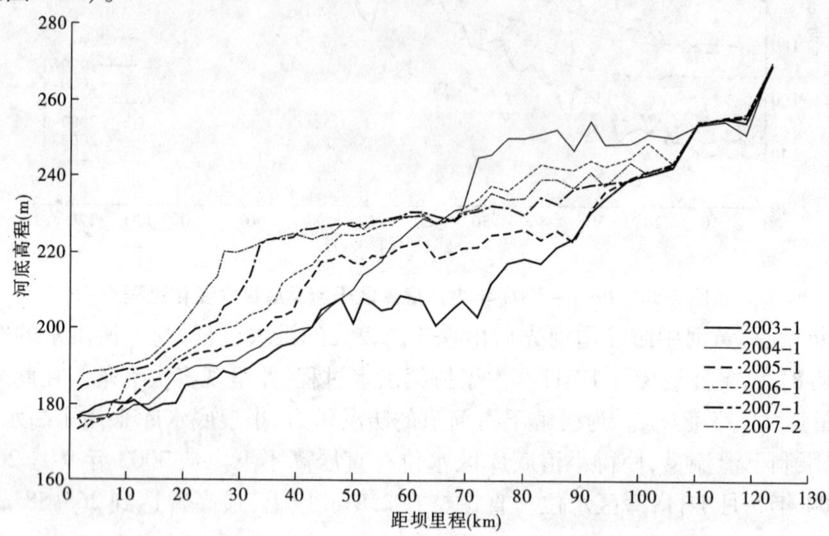

图 3-90　2003 ~ 2007 年小浪底库区干流河底高程变化过程

自 1999 年小浪底水库开始蓄水以来,八里胡同河段的河底高程持续抬高。2000 ~ 2003 年由于八里胡同河段的河底高程远低于电站进水口高程 190 m,同时排沙洞使用的较少,入库泥沙受大坝拦蓄,在坝前迅速淤积,使得河底高程抬升较快,每年淤高 20 m 左右,从大坝到八里胡同呈平行抬高的变化趋势。2003 年后,随着八里胡同河段河底高程接近并超过了电站的进水洞底坎高程,同时排沙洞使用的越来越频繁,八里胡同河段的河底高程抬升速度减慢。

2006 年以前,库区淤积三角洲均在八里胡同以上,八里胡同河段处在三角洲下游的缓坡段,河底比降变化不大,基本维持在 0.7‰左右。2007 年汛期,由于淤积三角洲顶点已经下移到八里胡同中部的 HH17 断面,使得河段内的河底比降增大,达到 1.3‰,较 2006 年以前增加 1 倍以上(见图 3-91)。

根据以上分析可以看出,由于八里胡同特殊的河道边界条件和所处的地理位置,使得八里胡同河段对于小浪底库区冲淤量的分布和淤积形态的改变具有明显的影响作用。其影响的程度和结果,又随着入库水沙条件和水库调度运用方式的不同而变化。

1. 不同水库运用水位条件下对水库冲淤的影响

八里胡同河段位于小浪底水库下段,是连接小浪底库区上下两个开阔库段的瓶颈,在不同的运用水位下,其上下游的水流特性和挟沙能力变化很大。1999 ~ 2002 年期间,小浪底水库刚开始运用,库区水位较低。汛前一般降至 195 ~ 210 m,年最高水位一般在 230 ~ 240 m(见图 3-92)。

在此期间,以八里胡同为界分为两大淤积区域,上部淤积重点在 HH46 ~ HH24 断面之

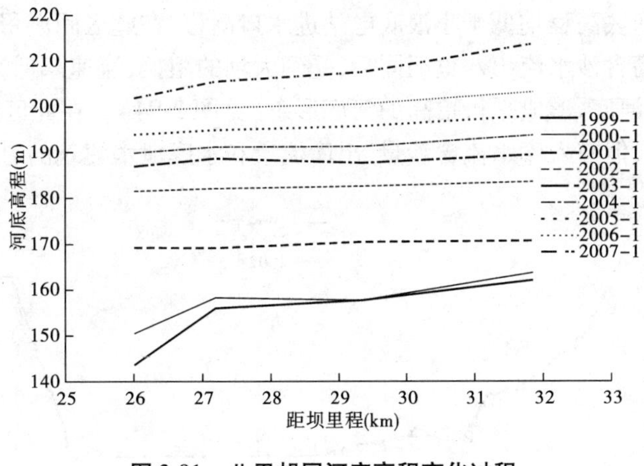

图 3-91　八里胡同河底高程变化过程

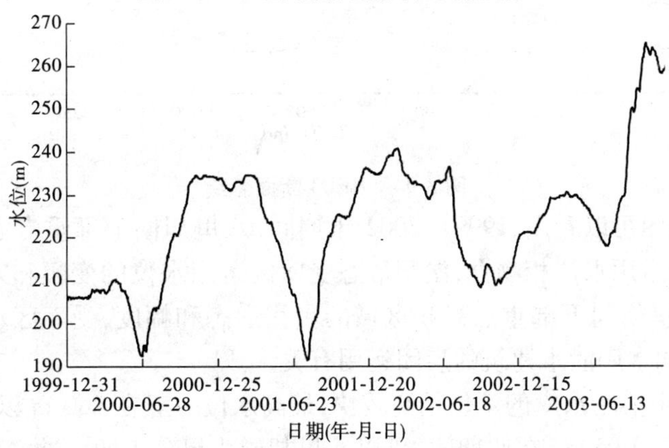

图 3-92　小浪底库区水位过程(1999～2003 年)

间(见图 3-93),其中 HH46 断面的河底高程和水库最高水位相近,HH24 断面的河底高程和最低水位相近。八里胡同下部重点区域在 HH15～HH04 断面,该区间位于近坝段的开阔区

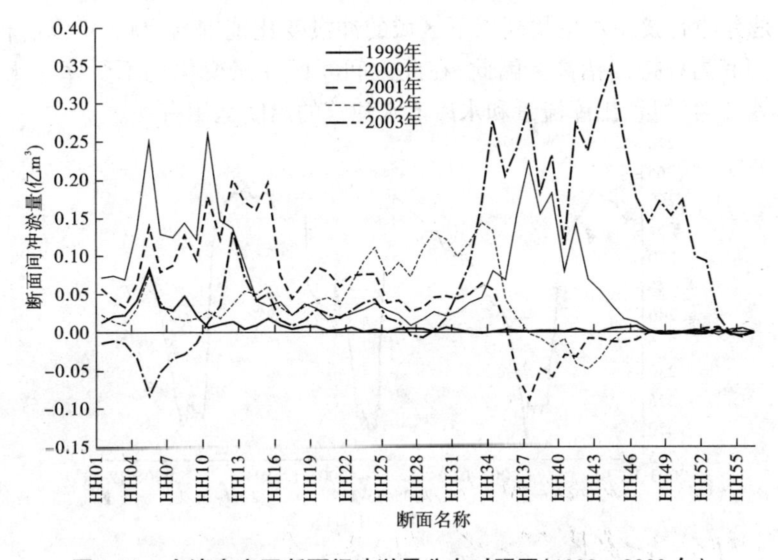

图 3-93　小浪底库区断面间冲淤量分布对照图(1999～2003 年)

域，该区域的断面河底高程均低于小浪底电站进水口高程，在此区间淤积的泥沙多为较细颗粒的细沙，当上游高含沙水流出八里胡同后，受到大坝的阻挡，流速降低，水流中悬浮的细颗粒泥沙逐渐沉积在河底，形成平行抬高的河底形态（见图 3-94）。在此区间断面冲淤不受库区水位变化的影响，但与入库水流含沙量、出库流量和水库泄水建筑的启闭运用有关。

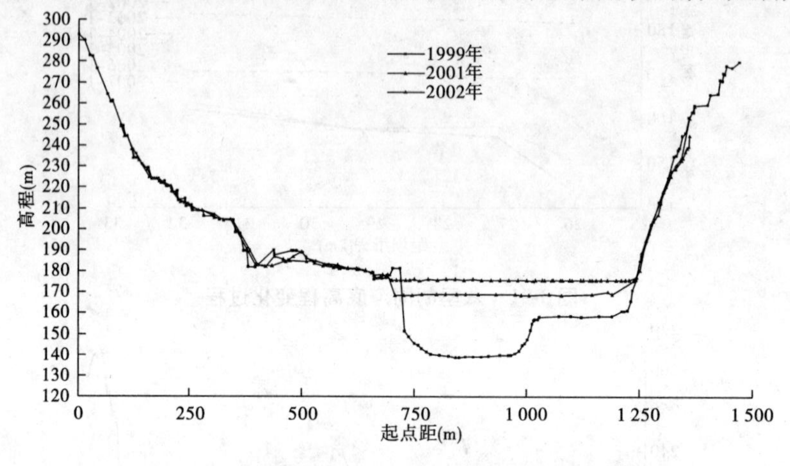

图 3-94　HH03 断面套绘

对照上面几幅图可以看出，1999～2002 年期间，八里胡同上部重点淤积区域的范围和库区的最高及最低运用水位相吻合，淤积形态受库区运用水位的变幅和入库流量及含沙量的大小所控制；八里胡同下部重点淤积区域的淤积形态和幅度，受库区水位变化的影响不大，但与出库流量和水库泄水建筑的启闭运用有关。

2003 年汛期，小浪底水库的水位抬高较快，最高水位一般在 260 m 以上，最低水位一般在 220 m 左右（见图 3-95）。在此期间，仍以八里胡同为界分为两大冲淤变化区域。由于该时段内水位的变化较大，上部区域的范围也较 2002 年以前要大。上部冲刷的重点在 HH52～HH19 断面之间（见图 3-96），其中 HH52 断面的河底高程和水库最高水位接近，HH19 断面的河底高程和最低水位接近（见图 3-97）。所不同的是，2002 年以前该区域是以淤积为主，2003 年后则是有冲有淤。八里胡同以下区域的冲淤变化范围与 2002 年以前相近，从 2003 年到 2007 年河底高程持续抬高。因此，在此区间断面冲淤变化仍不受库区水位变化的影响，但与入库水流含沙量、出库流量和水库泄水建筑的启闭运用有关。

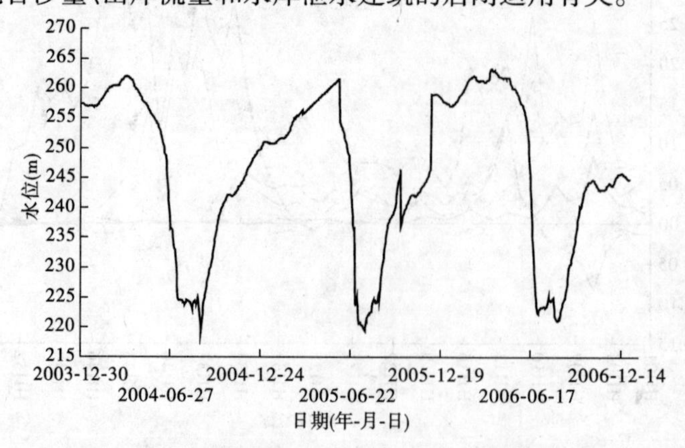

图 3-95　小浪底库区水位过程（1993～2006 年）

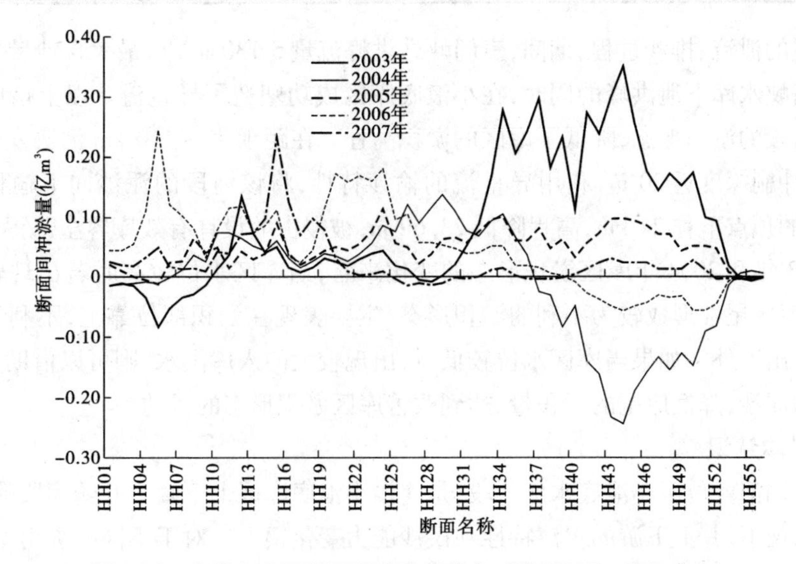

图 3-96　小浪底库区断面间冲淤量分布对照(2003～2007 年)

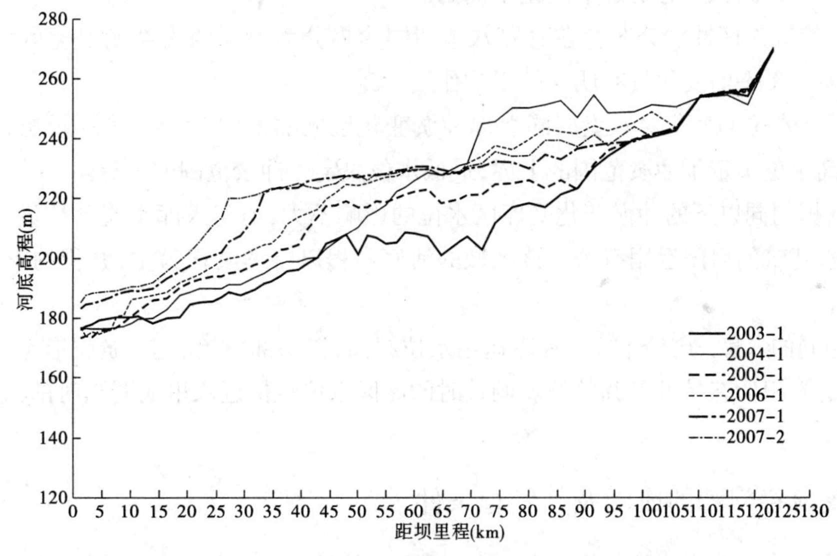

图 3-97　2003～2007 年小浪底库区干流河底高程变化过程

2. 不同水沙条件下八里胡同对库区淤积形态的影响

对于不同的进出库水沙条件,八里胡同对库区淤积形态的影响也是不同的。

2003 年汛后小浪底水库运用水位较高,库区最高水位达到 265.58 m。同时,由于 2003 年秋季洪水的影响,加上三门峡水库畅泄运用,使得上游洪水挟带的大量泥沙淤积在小浪底库区。2003 年 5～11 月小浪底库区共淤积泥沙 4.8 亿 m³,其中 4.2 亿 m³ 淤积在干流。从淤积形态来看,干流淤积的泥沙主要集中在距坝 50～110 km 的上半段,最大淤积厚度在距坝 71 km 处,河底淤高 42 m。淤积三角洲的顶点较 2003 年 5 月上提约 22 km,顶点高程在 250 m 以上,部分河段已经侵占了设计有效库容。

为降低小浪底库区尾部的河底高程,改善库尾淤积形态,2004 年汛期,黄委开展了第三次调水调沙试验。在调水调沙后期,当小浪底水库水位降至 225 m 左右时,三门峡水库下泄了一次明显的泄流、排沙过程，期间，三门峡站洪峰流量 5 130 m^3/s，最大含沙量 368 kg/m^3。

在三门峡水库下泄洪峰的同时，在小浪底库区成功塑造了异重流。以上措施有效地改善了库尾河段的淤积形态，降低了库区的淤积高程。在距坝 70 ~ 110 km 河底发生了明显的冲刷，平均冲刷深度近 20 m，利用异重流的输沙特性，将该河段的泥沙向下输移 30 km 左右，三角洲的顶点下移 24 km，高程降低 23.69 m，被侵占的设计有效库容全部得到恢复。

从 2003 年和 2004 年库区淤积形态的变化来看，当库区水位较高时若出现较大的入库洪水，会在库区尾部形成较为不利的淤积形态，主要表现在淤积部位靠上，不利于入库泥沙的下移并排出库外。如果当库区水位较低时，出现较大的入库洪水，则可以借助异重流冲刷尾部淤积的泥沙，降低库尾的淤积量，达到改善库区淤积形态的目的。

（四）基本认识

八里胡同河段位于小浪底水库下段，是连接小浪底库区上下两个开阔库段的瓶颈，在不同的运用水位下，其上下游的水流特性和挟沙能力变化很大。对于不同的进出库水沙条件，八里胡同对库区淤积形态的影响也是不同的。

（1）小浪底库区冲淤分布存在着以八里胡同为界分为上下两大冲淤变化区域，八里胡同对库区淤积形态的变化具有明显的影响作用。

（2）库区水位的变化对八里胡同上部冲淤变化区域的范围有着直接的影响，一般情况下库区最高水位决定了冲淤范围的上界，最低水位决定了冲淤范围的下界。

（3）八里胡同以下的冲淤变化受库区水位的影响不大，但与入库水流含沙量、出库流量和水库泄水建筑的启闭运用有关。该区域的河底高程以持续淤积为主，淤积的形态以平行抬升为主。

（4）相同的入库水沙条件下，水库运用水位越高，淤积部位越靠上，淤积形态越不利，但这种不利的淤积形态是可以调整的。调整时的库区水位越接近八里胡同当时的河底高程效果越好。

三、支流拦门沙的成因及其发育条件

小浪底水库形态为狭长的河道型，库区干流河段属峡谷型山区河流，沿黄河干流两岸山势陡峭，河段总体呈上窄下宽趋势，自三门峡水文站（正常蓄水位回水末端）至 HH38 断面全长 58.58 km，河宽 210 ~ 800 m，比降 1.19‰。HH38 ~ HH19 断面有板涧河、涧河、亳清河、沇西河等支流加入，275 m 水位时水面宽达到 2 780 m。HH17 断面上下为约 4 km 长的八里胡同河段，该河段为全库区最狭窄河段，275 m 水位时河宽仅 330 ~ 590 m，河道顺直，两岸为陡峻直立的石山，河堤至八里胡同河段比降为 1.14‰。八里胡同出口至大坝段 275 m 水位时河宽为 1 080 ~ 2 750 m，河段比降为 0.98‰。库区河道地形的收缩、扩展、弯道等变化影响入库洪水和泥沙运动及变化。

小浪底库区属土石山区，沟壑纵横，支流众多，且支流流域面积小，河长短，比降大。自三门峡至小浪底区间流域面积 5 734 km^2。各级支流有 52 条之多，其中大峪河、煤窑沟、畛水河、石井河、东洋河、西阳河、芮村河、沇西河、亳清河等 12 条支流库容大于 1 亿 m^3。小浪底水库原设计 275 m 水位时原始库容为 126.5 亿 m^3，1997 年 10 月实测断面法库容为

127.58 亿 m^3，其中黄河干流库容为 74.91 亿 m^3，支流库容 52.67 亿 m^3，支流库容占总库容的 41.3%。

在小浪底水库运用过程中，大量泥沙淤积在库区。由于库区支流数量虽然较多，但控制流域面积较小，支流产沙量很小，支流淤积泥沙的来源，主要是干流泥沙倒灌所致。从干流倒灌的泥沙往往从支流河口开始淤积，使得河口的河底高程逐渐抬高。当淤积发展的较快时，就会在支流口门形成拦门沙。一旦拦门沙形成后，低于拦门沙坎高程的支流库容就无法得到有效利用。由于小浪底库区支流库容所占比例较大，因此研究支流拦门沙的发生和发展规律，尽量减缓支流拦门沙的发展速度，对延长小浪底水库的使用寿命，充分发挥水库的效益是十分重要的。

（一）库区支流拦门沙发育概况

小浪底库区支流拦门沙开始发育是在干流淤积发展到了一定程度，河底高程抬升到一定高度后逐渐开始出现的。2002 年以前干流河底高程较低且库区运用水位也不高，库区淤积均发生在干流。2002 年以后部分河段的河底高程已经接近或与个别支流河口河底高程相等。入库泥沙在水流的带动下开始向支流倒灌，拦门沙现象开始出现。

1. 2002 年调水调沙期间支流淤积情况

2002 年调水调沙试验期间，小浪底库区支流淤积量为 0.199 亿 m^3，其中的 84% 淤积发生在 HH16 断面以下的支流。大峪河淤积量最大为 0.112 亿 m^3，占支流淤积总量的 56.3%；其他支流的淤积量均较小，如石井河淤积量为 0.004 9 亿 m^3，东洋河淤积量为 0.009 8 亿 m^3，西阳河淤积量为 0.008 8 亿 m^3；库区最大的支流畛水河淤积主要分布在 ZS2 断面（距沟口 1.85 km）以下，淤积 0.024 亿 m^3；各支流的详细淤积情况见表 3-8。

表 3-8 调水调沙试验前后库区支流冲淤量统计

左岸支流	库容（亿 m^3）		冲淤量（亿 m^3）	右岸支流	库容（亿 m^3）		冲淤量（亿 m^3）
	2002 年 6 月	2002 年 7 月			2002 年 6 月	2002 年 7 月	
宣沟	0.597 6	0.601 0	-0.003 4	石门沟	1.627 6	1.627 3	0.000 2
大峪河	5.660 4	5.548 7	0.111 6	煤窑沟	1.533 5	1.532 4	0.001 0
土泉沟	0.511 2	0.509 3	0.001 9	罗圈沟	0.158 9	0.158 7	0.000 2
白马河	0.985 9	0.987 9	-0.002 0	畛水河	13.422 2	13.549 1	-0.127 0
短岭	0.098 5	0.099 2	-0.000 7	竹圆沟	1.502 0	1.501 0	0.001 0
大沟河	0.655 0	0.656 8	-0.001 7	平沟	0.239 8	0.239 6	0.000 2
五里沟	0.753 0	0.753 9	-0.000 9	仓西沟	1.348 4	1.265 7	0.082 7
牛湾	0.356 2	0.352 6	0.003 6	马河	0.534 9	0.534 7	0.000 1
东洋河	2.651 1	2.644 3	0.006 8	仙人沟	0.124 5	0.124 9	-0.000 4
石牛沟	0.449 8	0.447 4	0.002 4	南沟	0.072 5	0.072 7	-0.000 2
东沟	0.323 1	0.322 1	0.001 1	卷子沟	0.181 0	0.180 8	0.000 2
大交沟	0.613 2	0.608 8	0.004 4	秦家沟	0.172 1	0.172 8	-0.000 8

续表 3-8

左岸支流	库容(亿 m^3)		冲淤量(亿 m^3)	右岸支流	库容(亿 m^3)		冲淤量(亿 m^3)
	2002 年 6 月	2002 年 7 月			2002 年 6 月	2002 年 7 月	
百灵沟	0.318 8	0.322 7	-0.003 8	石井河	3.979 1	3.974 2	0.004 9
西阳河	2.189 1	2.180 3	0.008 8	东村	0.754 1	0.754 9	-0.000 8
洛河	0.150 1	0.150 3	-0.000 1	大峪沟	0.267 8	0.262 6	0.005 2
芮村河	1.526 4	1.520 1	0.006 3	峪里河	0.551 8	0.554 3	-0.002 5
安河	0.343 2	0.345 9	-0.002 7	麻峪	0.276 6	0.275 0	0.001 6
龙潭沟	0.103 4	0.103 8	-0.000 4	宋家沟	0.056 9	0.057 2	-0.000 2
沇西河	4.052 0	4.049 8	0.002 1	涧河	0.825 4	0.826 9	-0.001 4
亳清河	1.375 9	1.377 9	-0.002 0				
板涧河	0.616 5	0.614 6	0.002 0				
合计	24.330 3	24.197 2	0.133 1		27.629 2	27.664 8	-0.035 6

较大支流大峪河、畛水河、石井河、东洋河、西阳河等沟口处淤积面较平，尚未形成明显“拦门沙”。而距坝较远的沇西河(距坝约 53.5 km)沟口则以明显的倒坡初露拦门沙雏形，2002 年 6 ~ 7 月各支流沟口断面平均河底高程上升 0.44 ~ 3.28 m，西阳河沟口淤积厚度最大，淤厚 3.28 m，主要是由于沟口处干流淤积面抬升较多。除西阳河外，越靠近坝前，支流沟口淤积厚度越大。有个别支流沟口断面的平均河底高程已高出上游断面的平均河底高程(如沇西河)，见图 3-98。

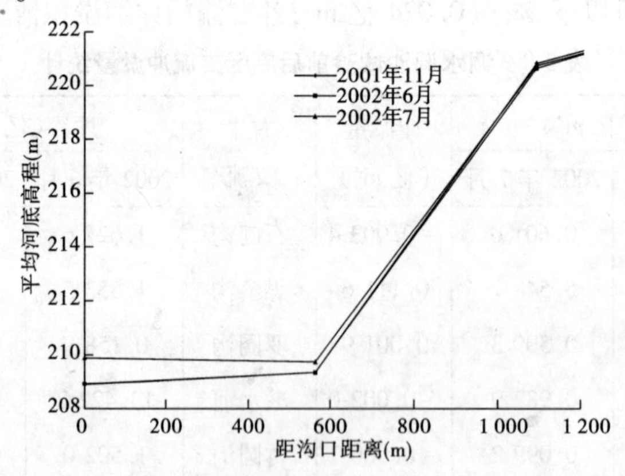

图 3-98　沇西河调水调沙前后河口断面纵断面图

从图 3-98 可以看出，调水调沙试验后，沇西河沟口断面(1 断面)的平均河底高程为 209.89 m，而上游相邻断面(2 断面)的平均河底高程为 209.74 m，高差为 0.15 m。由于沟口河段的断面密度目前还不能完全控制河口拦门沙的变化，断面数量偏少，拦门沙坎的坎底没有测到，其位置应在 1 断面和 2 断面之间，图 3-98 中所表现的并不是拦门沙坎坎顶到坎底的最大坡降，但已经表现出了拦门沙坎的雏形。

支流淤积主要为干流异重流倒灌淤积。库区发生异重流期间，水库运用水位较高，较大的支流均位于干流异重流潜入点下游，干流异重流沿河底倒灌支流，并沿程落淤，表现出沟口淤积较厚,支流沟口以上淤积沿程减少。随干流淤积面的抬高,支流沟口淤积面也同步抬高,支流淤积形态取决于沟口处干流的淤积面高程。

较大支流沟口横断面套绘见图3-99。

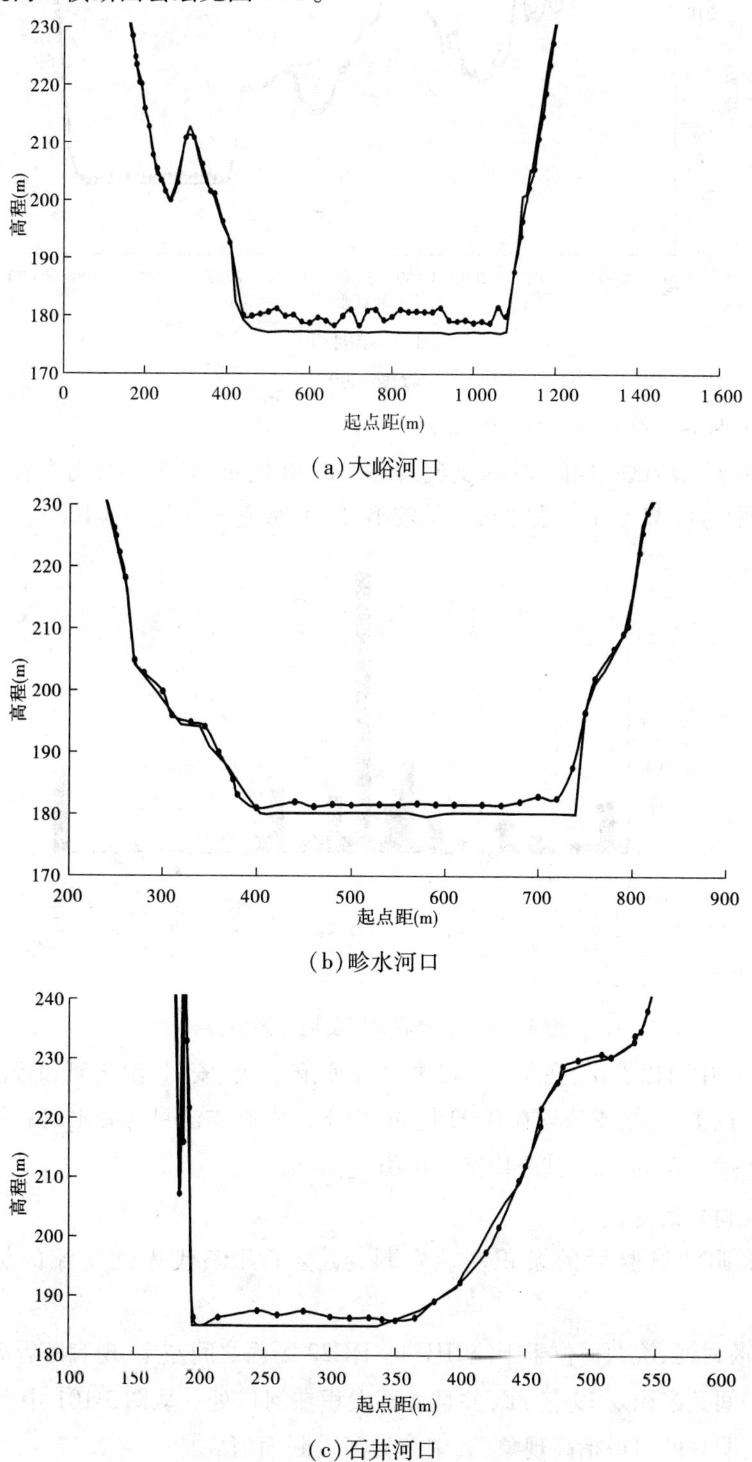

图3-99　小浪底库区较大支流沟口横断面套绘图

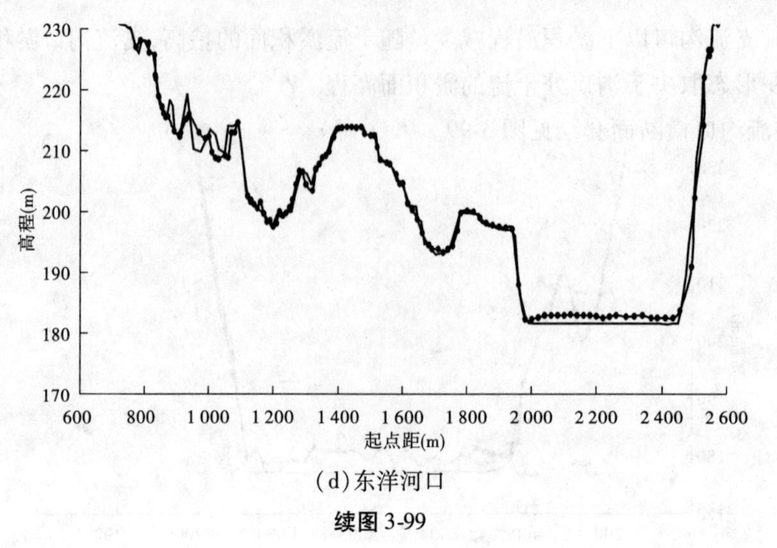

(d)东洋河口

续图 3-99

2. 2004 年调水调沙期间支流淤积情况

2004 年调水调沙试验期间，库区支流共淤积 0.40 亿 m^3，淤积主要分布在左岸几条较大支流上，淤积量为 0.32 亿 m^3，右岸淤积量较小，仅 0.08 亿 m^3（见图 3-100）。

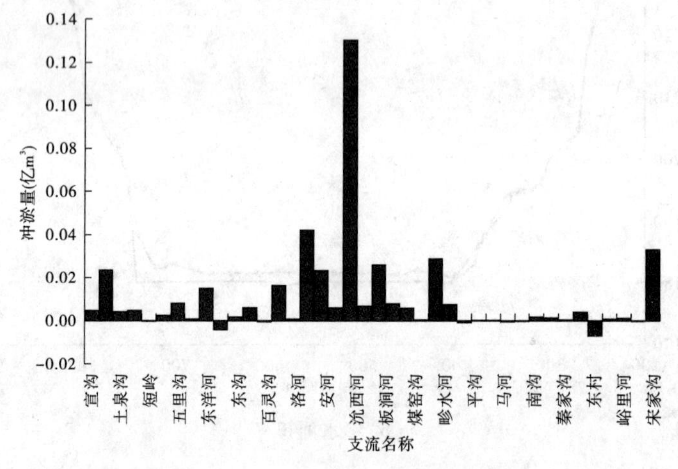

图 3-100　小浪底库区支流冲淤量分布

从图 3-100 中可以看出，在左岸支流中大峪河、芮村河、安河、沇西河和板涧河的淤积量在 0.02 亿 m^3 以上，其余支流均在 0.02 亿 m^3 以下。右岸支流只有畛水河和板涧河两条支流的淤积量超过 0.02 亿 m^3，其余均不足 0.01 亿 m^3。

1）支流纵向冲淤变化

根据调水调沙试验后的淤积测验资料，点绘了几条代表性支流的纵剖面图（见图 3-101）。

西阳河、芮村河、沇西河位于干流 HH34 ~ HH22 断面之间左岸，现有库容 7.37 亿 m^3，调水调沙试验期间共淤积 0.19 亿 m^3，并且大部淤积在河口处。从图 3-101 中可以看出，3 条支流均呈现出明显的河口抬高现象，其中芮村河 1 断面河底抬高达 7.67 m，沇西河 1 断面河底抬高 6.2 m。沇西河河口拦门坎的高度为 5.93 m，西阳河河口拦门坎的高度为

3.98 m。

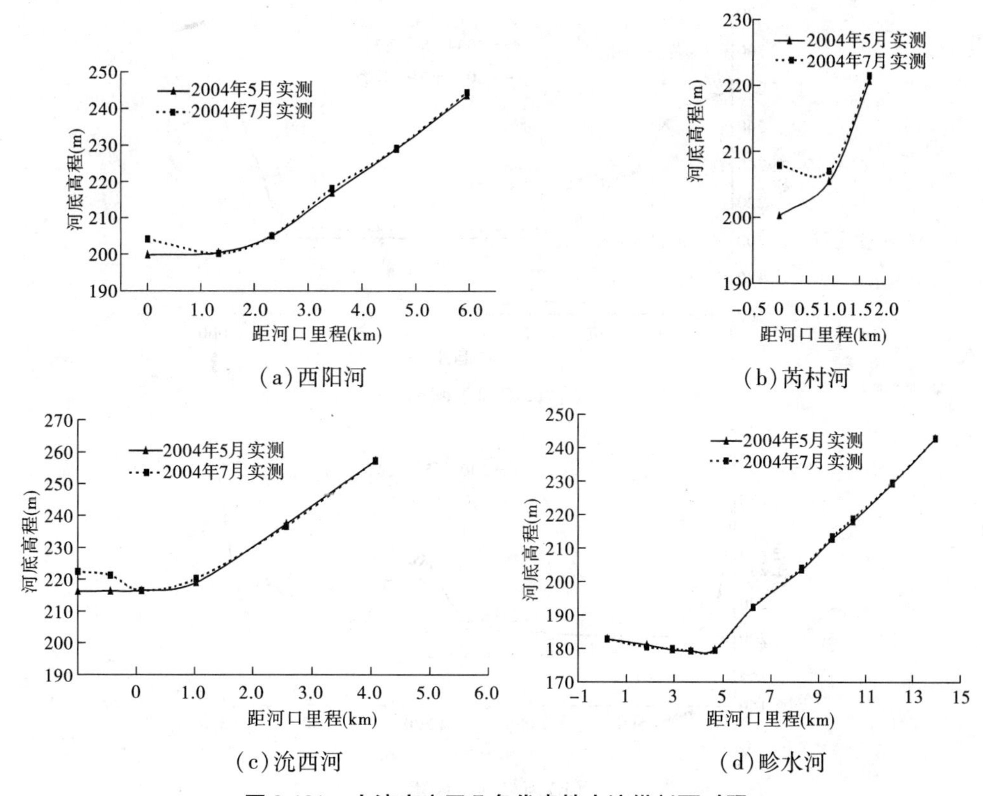

图 3-101　小浪底库区几条代表性支流纵剖面对照

造成该河段支流河口抬高的主要原因是干流泥沙的倒灌。在调水调沙试验期间,通过万家寨和三门峡水库的联合调度,在小浪底库区成功地塑造了异重流,异重流的潜入点位于HH36～HH34 断面之间,紧靠该河段的上游。异重流形成后,挟带大量的泥沙向下输送,当高含沙水流到达支流河口时,由于干流的水位高于支流水位,增大了干流到支流的水面比降,使得部分高含沙水流进入支流。

由于支流水体的顶托作用,进入支流的高含沙水流流速迅速减小,泥沙迅速沉降,淤积在河口附近,形成河口拦门坎。从图 3-101 中可以看出,泥沙向支流淤积的范围一般在 1 km左右,说明进入支流的高含沙水流是以扩散的形式挟带泥沙的,异重流的主流仍然在干流中。

在此河段右岸的峪里河和麻峪河,尽管河口断面也有淤积,但未形成河口拦门坎。

2)支流断面的横向变化

选取几条淤积量较大的支流河口断面,点绘调水调沙试验前后断面套绘图,分析试验期间支流的横向冲淤变化(见图 3-102)。

从图 3-102 可以看出,支流断面的横向冲淤变化主要以河底的均匀抬升为主,淤积厚度从上游向下淤递减。西阳河最大淤积厚度为 4.47 m,芮村河最大淤积厚度为 8.77 m,沇西河最大淤积厚度为 8.70 m。干流泥沙向支流倒灌时河底流速不大,河底接近水平。

由于大部分支流的淤积量在 0.01 亿 m^3 左右,除上述几条支流外,其他支流断面形态和河底高程与调水调沙试验前相比,均无明显的变化。

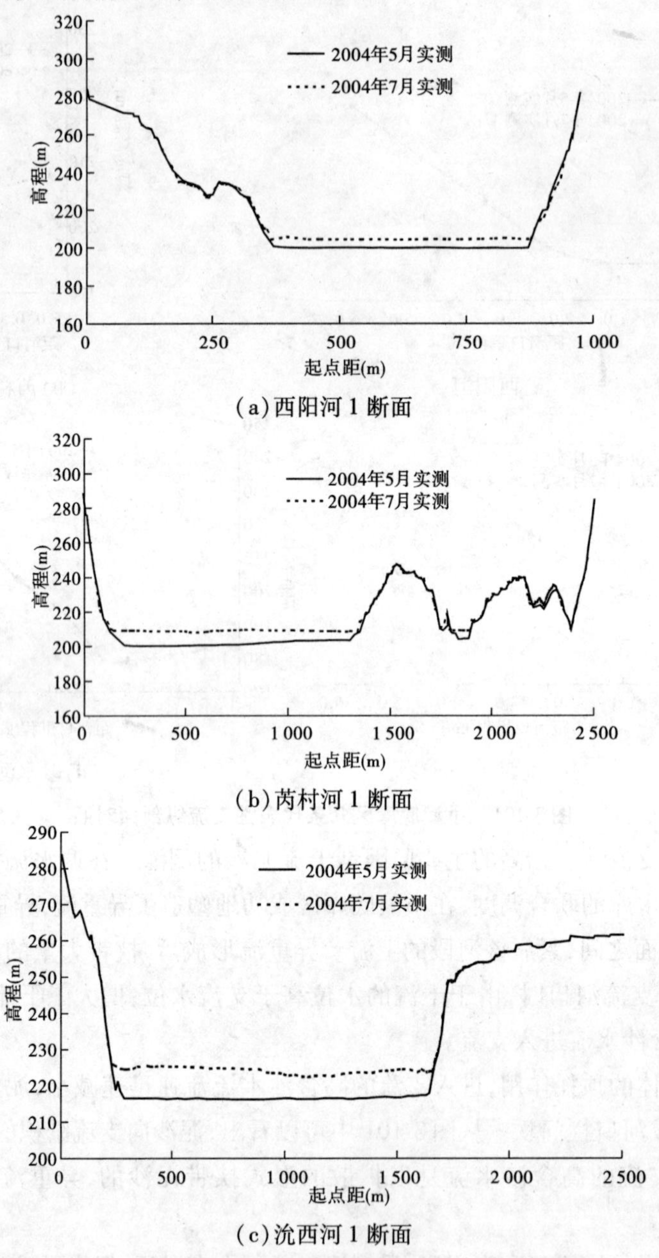

图3-102　西阳河、芮村河、沇西河河口断面调水调沙试验前后横向冲淤变化

3.2006年汛期支流淤积情况

小浪底水库蓄水以来,由于三门峡至小浪底之间没有发生过较大的洪水,加上库区支流控制面积较小,整体来看支流冲淤变化不大。支流的断面形态变化以淤积为主,淤积部位集中在几条较大的支流沟口部位,淤积的泥沙主要来自干流的高含沙洪水。

由于造成支流淤积的主要原因是干流高含沙洪水的倒灌,使得支流淤积部位均集中在支流的河口部位,并从河口逐渐向支流上游发展,支流河口淤积的速度取决于河口处干流库底高程抬升的速度。因此,由于受地形条件的影响,部分支流河口部位的库底高程抬高的速度较快，特别是干流淤积三角洲影响的支流，由于干流库底高程的抬高，使得部分支流已经出现明显的支流河口拦门沙的迹象。

沇西河位于小浪底水库 HH33 断面下游的左岸，河口距大坝约 53.44 km，275 m 以下回水长度 6.4 km。1999 年水库蓄水前，沇西河口的河底高程为 196.45 m，2006 年 4 月抬升到了 225.6 m，2006 年汛期淤积了 3.4 m，河底高程达到了 229.02 m 与 1999 年蓄水前比河底高程上升了 32.6 m。由于淤积的泥沙主要来自干流，支流的淤积首先在河口部位，随着河口的淤高，淤积逐渐向上游发展。YXH1 +1 断面自 1999 年以来河口的河底高程抬升了 23.7 m，UXH1 +2 断面河底抬升了 19.9 m，向上游淤积厚度逐渐减少，到 YXH3 断面冲淤基本平衡，YXH 以上未受到淤积影响。

根据 2007 年汛前的实测资料统计，沇西河河口的河底高程已经比沇西河 2 断面的河底高程高出 2.72 m。沇西河河口几个断面的冲淤变化见图 3-103。

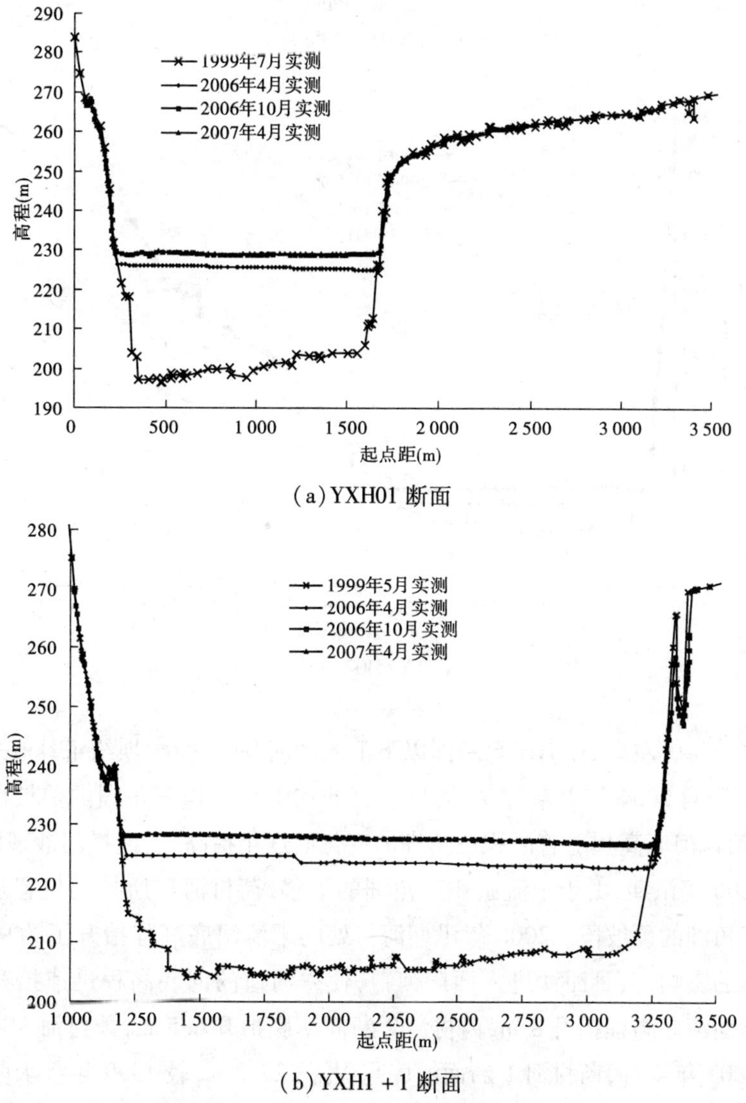

(a) YXH01 断面

(b) YXH1 +1 断面

图 3-103　沇西河河口几个断面的冲淤变化

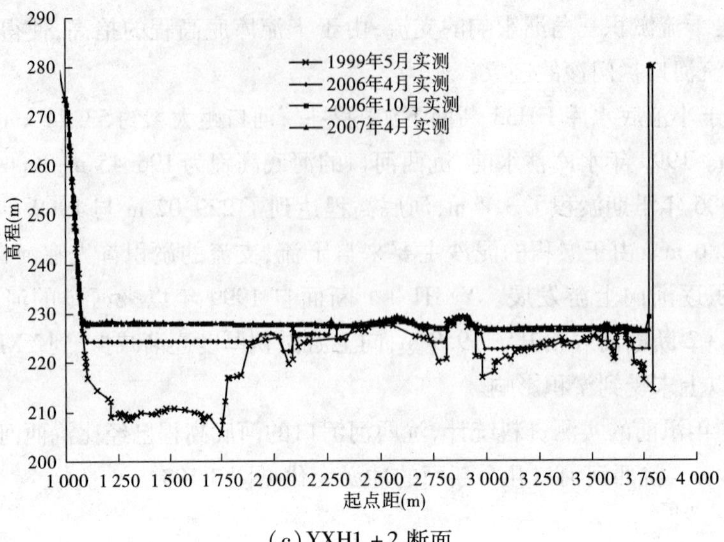

(c) YXH1 +2 断面

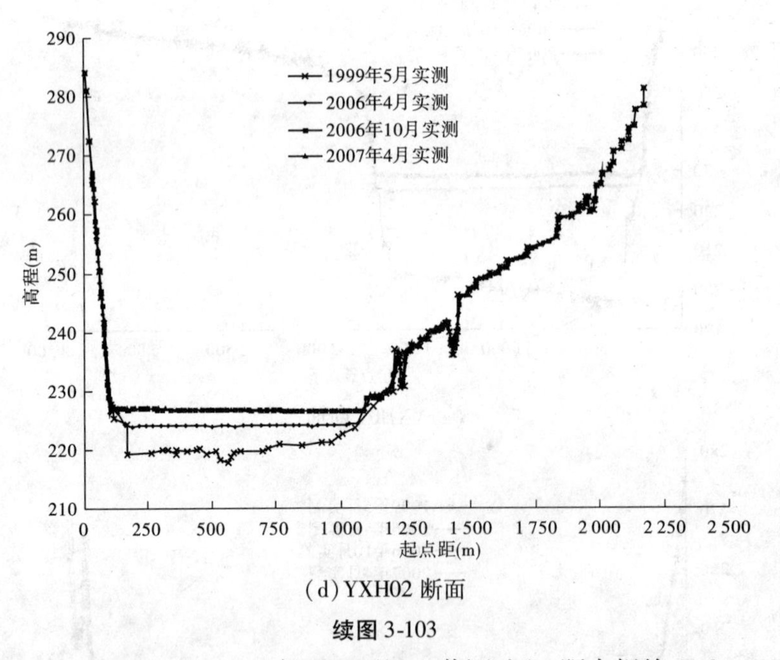

(d) YXH02 断面

续图 3-103

芮村河位于库区左岸，在 HH26 断面以下汇入黄河，河口距大坝约 43 km，275 m 以下回水长度 3.4 km。自 2004 年以来，芮村河口一直处在干流淤积三角洲的前坡段且比较靠近三角洲顶点，河口河底高程随着淤积三角洲的变化而逐年抬高，支流拦门沙现象近两年已经开始出现。2006 年汛期，由于干流淤积三角洲的下移，芮村河口所处的位置从三角洲的前坡段转变成三角洲的顶坡段。2006 年汛期河口处的干流河底高程抬升了约 9 m，受干流异重流倒灌支流的影响，大量泥沙进入西阳河口，使得河口的河底高程迅速抬升。2006 年汛期芮村河口断面河底高程抬升 8 m，芮村河 2 断面河底抬升 6.5 m，芮村河 3 断面未受异重流影响。到 2007 年 4 月，芮村河 1 断面河底高程为 227.8 m，较 1999 年蓄水前抬升了 49.6 m，而芮村河 2 断面的河底高程仅为 224.7 m，在河口以上已经形成了 3 m 高的支流拦门沙

(见图 3-104)。

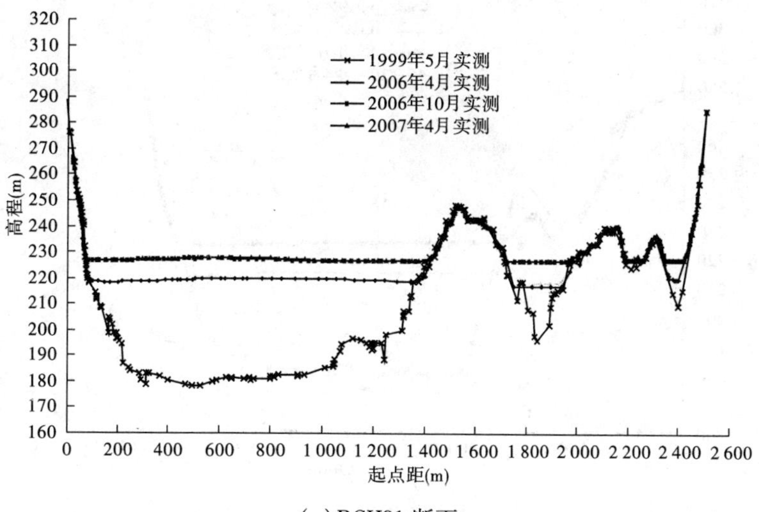

(a)RCH01 断面

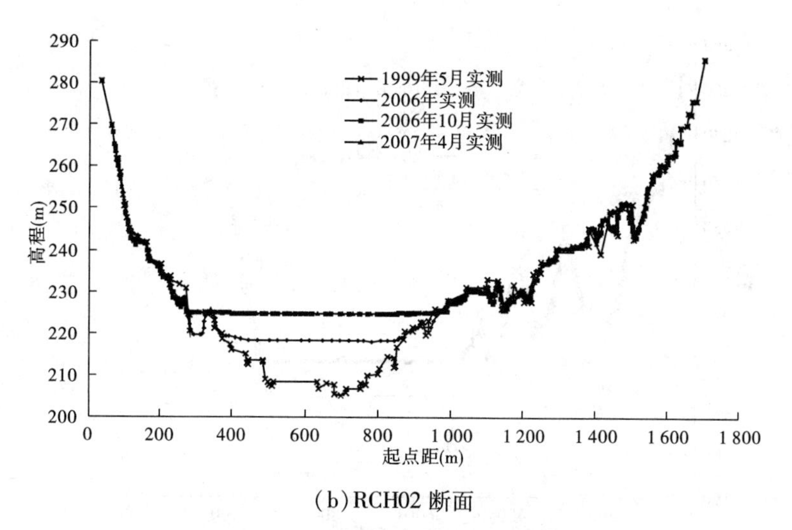

(b)RCH02 断面

图 3-104 芮村河河口两个断面冲淤变化

西阳河位于库区左岸,在 HH24 断面以下汇入黄河,河口距大坝约 38 km,275 m 以下回水长度 8.5 km。自 2004 年以来,西阳河口一直处在干流淤积三角洲的前坡段,河口河底高程随着淤积三角洲的变化而逐年抬高,但 2006 年 4 月以前拦门沙现象还不是十分明显。2006 年汛期,由于干流淤积三角洲的下移,西阳河口正好处于三角洲顶点上游不远处,河口处的干流河底高程在汛期抬升了约 12 m,受干流异重流倒灌支流的影响,大量泥沙进入西阳河口,使得河口的河底高程迅速抬升。2006 年汛期河口断面河底高程抬升 11 m,西阳河 2 断面河底抬升 8 m,西阳河 3 断面未受异重流影响。到 2007 年 4 月,西阳河 1 断面河底高程为 225.1 m,较 1999 年蓄水前抬升了 44.5 m,而西阳河 2 断面的河底高程仅为 220 m,在河口以上已经形成了 5 m 高的支流拦门沙(见图 3-105)。

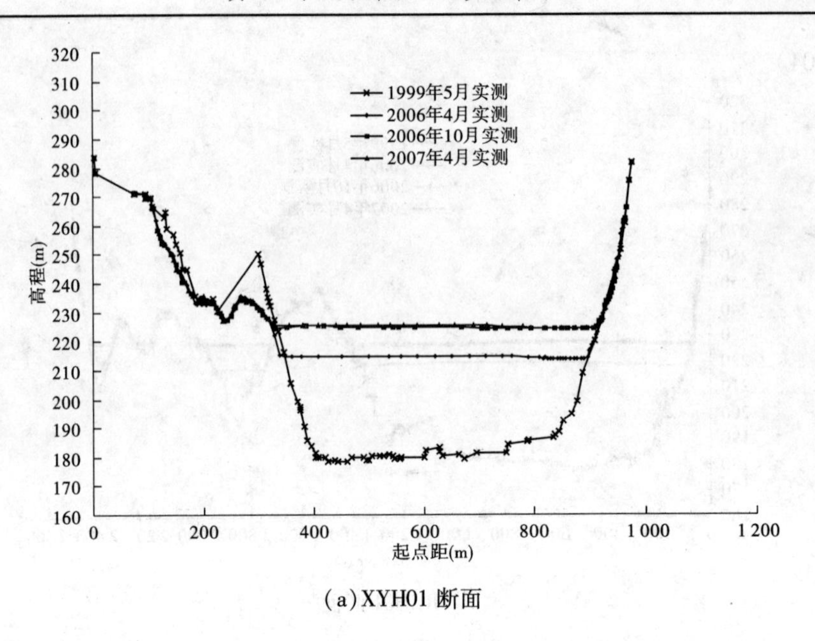

(a) XYH01 断面

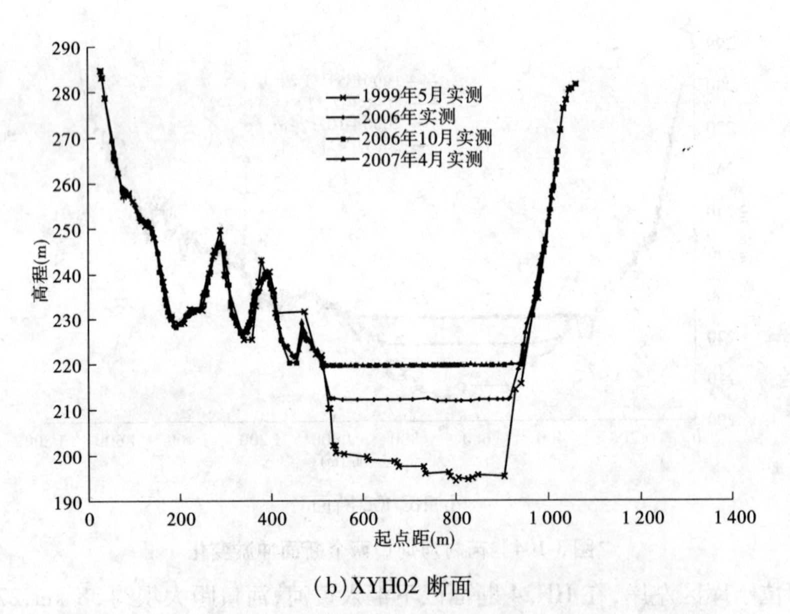

(b) XYH02 断面

图 3-105　西阳河河口两个断面冲淤变化

畛水河位于库区右岸，在 HH12 断面以下汇入黄河，河口距大坝约 16.5 km，275 m 以下回水长度 18.8 km。畛水河是小浪底水库最大的一条支流，蓄水前的原始库容为 13.8 亿 m^3，占支流总库容 52.7 亿 m^3 的 27.2%。2006 年 4 月以前，畛水河口河段几个断面的河底高程随着干流河底高程的抬高而逐年均匀抬高。2006 年汛期，由于河口处干流的河底高程抬升较快，高出河口河底高程 5 m 以上，在支流河口处形成了较大的倒比降，使得干流的大量泥沙向支流倒灌，从 ZSH01 断面到 ZSH06 断面均发生了不同程度的淤积。到 2007 年 4 月，畛水河 1 断面河底高程为 195.5 m，较 1999 年蓄水前抬升了 43 m，畛水河 2、3 断面的河底高程为 194.6 m，在河口河段已经形成了 0.5 m 左右的支流拦门沙（见图 3-106）。

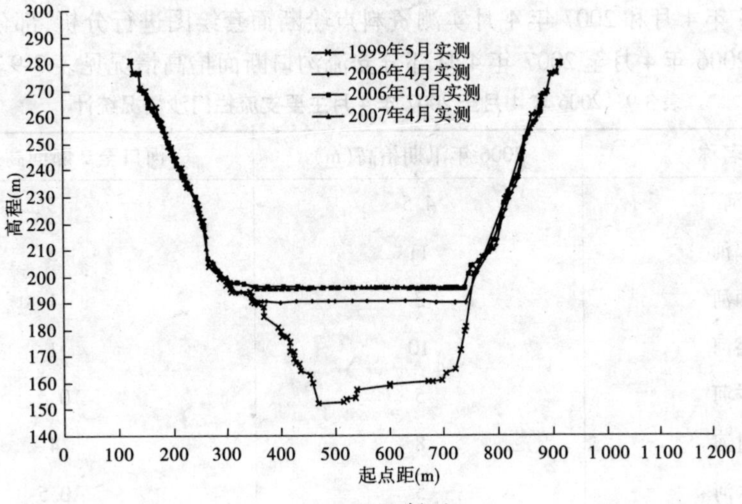

(a)ZSH01 断面

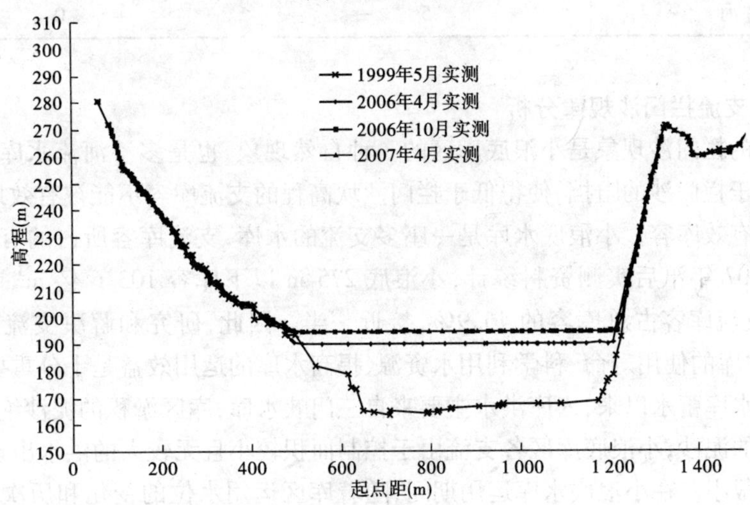

(b)ZSH02 断面

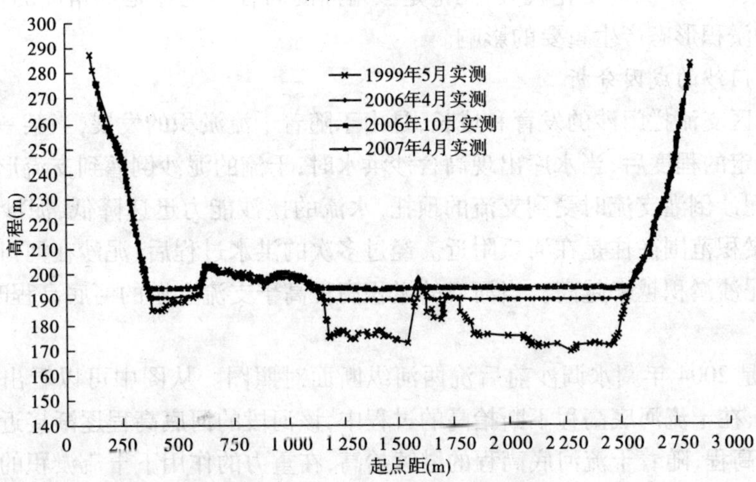

(c)ZSH03 断面

图 3-106　畛水河河口三个断面冲淤变化

根据2006年4月和2007年4月实测资料点绘断面套绘图进行分析,部分支流拦门沙的发展较快,2006年4月至2007年4月部分支流沟口断面抬高情况见表3-9。

表3-9　2006年4月至2007年4月主要支流拦门沙情况统计

支流名称	2006年汛期抬高(m)	河口至2断面高差(m)
安河	4.5	3
西阳河	11	5
沇西河	3	1
大峪河	10	1
东洋河	5	0.5
芮村河	8	4
畛水河	5	0.5
石井河	5	0

(二)库区支流拦门沙规律分析

支流河口的拦门沙现象是小浪底库区的一种自然现象,也是多沙河流水库普遍存在的一个问题。由于拦门沙的阻挡,使得低于拦门沙坎高程的支流库容不能被有效地利用,从而减少了水库的有效库容。小浪底水库是一座多支流的水库,支流库容所占的有效库容比例很大。根据2007年汛后实测资料统计,小浪底275 m以下库容103.6亿m^3,支流库容为48.56亿m^3,支流库容占总库容的46.9%,接近一半。因此,研究和解决支流拦门沙的影响,对于延长水库的使用寿命、科学利用水资源、提高水库的运用效益是十分重要的。

自小浪底水库蓄水以来,入库洪水主要来自三门峡水库,库区淤积的泥沙绝大部分是三门峡水库出库的泥沙,小浪底库区各支流由于控制面积较小且无较大的洪水出现,所以对库区淤积的影响很小。在小浪底水库运用期间,随着库区运用水位的变化和历次调水调沙运用,使得库区淤积三角洲的变化较大,无论是三角洲的高程变化还是三角洲的位置变化,都对库区支流的淤积形态产生重要的影响。

1. 支流拦门沙的成因分析

小浪底库区支流拦门沙的发育和成长,是由于随着干流淤积的发展,当某一河段河底高程抬升到了一定的程度后,当水库出现高含沙洪水时,干流的泥沙倒灌到支流形成淤积。同时,由于干流泥沙倒灌支流时受到支流的顶托,水流的挟沙能力迅速降低,泥沙运行的距离很短,支流的淤积范围往往是在河口附近。经过多次的洪水过程后,泥沙在河口附近层层淤积,使得河口泥沙淤积越来越高。当河口的淤积高程高于支流上游的河底高程时,便形成了拦门沙现象。

图3-107是2004年调水调沙前后沇西河纵断面对照图。从图中可以看出,在2004年调水调沙期间,在干流河底高程不断抬高的过程中,该河段的河底高程逐渐接近并超过沇西河河口的河底高程,随着干流河底高程的继续抬高,在重力的作用下干流淤积的部分泥沙开始向支流河口倒灌。这种倒灌过程随着干流淤积的持续而同步发展,支流河口的高程随着干流淤积的增加而越来越高。

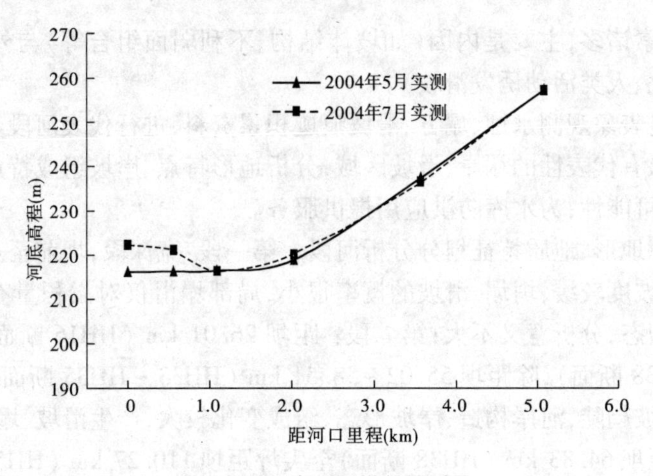

图3-107　沇西河纵剖面对照

由于此时的水面比降很小，干流流向支流的流速很小。这种泥沙倒灌现象仅受重力的影响，缺少水流的动力条件。因此，泥沙倒灌的距离一般较短，仅限于河口附近。经过一段时间的不断淤积，在支流河口形成了一个沙坎，坎顶高程高于支流上部的河底高程，使得坎顶高程以下的库容成为死库容。

2. 影响支流拦门沙形成的条件

通过分析2002年以来支流拦门沙发育形成的过程，发现出现拦门沙现象的支流，一般都在淤积三角洲范围以内，其支流河口附近的干流淤积都很快，干流的河底高程抬升幅度较大。当干流淤积三角洲发生移动时，发生拦门沙现象的支流也随之变化。当三角洲相对稳定时，支流拦门沙也相对稳定。因此认为，影响支流拦门沙形成的条件主要有以下几个：

(1)支流河口处的干流河底高程抬升较快。

当干流河底高程抬升较快，河底高程超过支流河口后，干流的泥沙有可能在重力的影响下向支流倒灌，形成拦门沙。

(2)支流河口处于变动回水区以内。

在干流河底高程抬升的同时，支流河口在变动回水区以内，在干流淤积时水深较大，水面比降较小，沿支流方向的流速很小，干流淤积的泥沙只受重力的作用。

如果支流河口不在变动回水区以内，即使干流的河底高程超过支流河口，也不会形成拦门沙。也就是说，若支流河口处的干流河段属于自然河道的水流状态，当干流河底高程高于支流时，干流的泥沙在流速的作用下会在支流形成水平上升的淤积形态，支流河底呈平行抬高而不会形成拦门沙。

第六节　狭窄河段塌岸滑坡分析

小浪底水库泥沙淤积主要是两个方面的原因：一是泥沙沿途沉积，二是水库塌方。塌岸和滑坡是水库蓄水后的自然现象，其危害和影响程度各异。危害和影响主要有：①大量土体坍塌入库产生淤积，减少库容，对库容较小的山区水库影响很大；②塌落物可淤塞、填堵引水建筑物的进水口；③岸线后移，使库边农田、建筑物、道路遭受毁坏；④如预测塌岸严重，将影响开发方案、坝址或设计蓄水位的选择等；⑤坝前库岸如发生塌岸，将影响大坝安全。水库塌岸、滑坡影响因素诸多,主要是内因(如坡体结构、不利弱面组合等)与外因(地震、降雨、水库蓄水水位变化、人类活动诱发滑坡)。

这里主要通过表象观测水蚀、塌方、滑坡痕迹积累资料,进行代表河段实地调查、实测数据资料对比。选取有代表性的塌岸、滑坡区域,分析地形特点、岸坡组成特点,分析类似地段发生塌岸、滑坡的可能性,为水库防洪应用提供服务。

由小浪底水库地形、地质特征划分分析河段。第一段:宽深段,坝前至八里胡同出口,两岸多为土石山坡,坡度较缓,坍塌、滑坡的概率很小,局部塌滑仅对淤积量有微弱影响,不会影响库底的淤积型态,分析意义不大;第二段:距坝 26.01 km (HH16 断面)至河堤上游距坝 64.83 km (HH38 断面),除距坝 55.02 ~ 58.51 km (HH33 ~ HH35 断面)右岸缓坡,大多河段河宽趋窄,岸坡趋陡,河岸构造、岸坡形态、组成变化较大,产生滑坡、塌方造成影响较大的河段;第三段:距坝 64.83 km (HH38 断面)至尖坪距坝 110.27 km (HH53 断面),多山石岸坡,断面窄束,坡度陡峻,间或沙土陡坡,回水频繁影响,局部塌方经常性发生。回水末端距坝 110.27 km (HH53 断面)以上至三门峡大坝水流一般集中于主流自然河道。

一、调查情况分析

通过实地调查统计两岸的基本情况如下:

统计结果显示,塌方主要位于陡峻沙土边坡,主要有:距坝 37 km 峪里段(HH22 ~ HH23 断面)左岸 ;距坝 42.96 ~ 51.78 km(HH26 ~ HH31 断面)右岸;距坝 57.00 ~ 64.83 km (HH34 ~ HH38 断面)两岸;距坝 77.28 ~ 82.95 km (HH43 ~ HH45 断面)沙土边坡,这些区域是水库主要塌方区,随着水库水位的不断变化,小范围的塌方仍然不断发生。

在调查中发现小浪底库区有两处滑坡现象,一处位于干流;一处位于右岸支流西阳河,从边坡特点看,均位于山体陡峻破碎的石山区。属于类似河段的大致是:距坝 39.49 ~ 41.10 km (HH24 ~ HH25 断面)河段两岸;距坝 44.53 ~ 48.00 km (HH27 ~ HH29 断面)河段左岸;距坝 67.99 ~ 105.85 km (HH39 ~ HH52 断面)以上陡峻石山边坡,这些区段存在滑坡的可能性。

二、塌岸、滑坡对库区淤积影响分析

小浪底水库两岸大多为石山林区,两岸非耕作区,人烟稀少,岩石为易破碎的石灰岩,水库不会形成大面积塌岸、滑坡,对居住迁移、区域性侵蚀及主要交通道路影响很小。水库塌岸、滑坡主要引起水库岸边再造与泥沙淤积 。小浪底水库塌岸、滑坡的影响主要体现在加速河底的淤积。

(一)岸边再造

水库蓄水后,沿岸地质环境发生变化,使河流局部侵蚀基准面和地下水位抬高,岸边浸润、冲刷、水击等作用加剧。

岸边岩土体受水浸泡 ,水的作用促使岸边岩土体的性质迅速恶化,引起岸边发生坍塌、崩落、石堆等不良地质现象产生。岸坡存在结构面的不利稳定组合时,库水位抬升后会引起局部边坡浅层滑落。

岸边再造主要集中在易塌方的宽河段,塌方后不会形成冲刷,距坝 55.02 ~ 58.51 km (HH33 ~ HH35 断面)河段属于典型的边坡再造。

(二)水库淤积

从黄河及各支流所挟带的固体物质多少、流域内岩土特性分析,库区主要淤积形式:一是壅水淤积。浑水进入壅水段后,泥沙扩散到全断面,随挟沙能力沿流程降低,泥沙沉积于库底,粗粒沉积于上游,细粒在下游,长期作用即形成淤积三角洲。由于三角洲的增高会引起库尾水深变浅,流速增大,使壅水末端向上游迁移,2003 年河堤水文站出现库尾三角洲形态。二是异重淤积。当入库水的含沙量高,且土粒多,并有足够流速时,浑水进入壅水段后,粗颗粒优先沉积,而含土粒的浑水潜入清水下面,沿库底继续向坝前运动,异重流若被带至坝前,在回流作用下使库水变浑,土粒能缓淤库底。不管哪一种形式的淤积均包含塌岸泥沙的堆积和沿程输送沉积。

(三)水库塌岸、滑坡影响典型河段的分析

根据测验资料和实地调查发现滑坡两处,一处位于距坝 40 km 右岸麻峪附近,一处位于西阳河 3 断面右岸,选取距坝 39.49 km (HH24 断面)作为分析断面。塌方区域主要集中在距坝 42.96 ~ 64.83 km (HH26 ~ HH38 断面)之间,距坝 64.83 km(HH38 断面)以上主要是小范围局部塌方,塌方分析选用有实测断面资料的区段。距坝 77.28 ~ 80.23 km 五福涧(HH43 ~ HH44 断面)左岸塌方水边塌岸痕迹明显,且底水位运行时为河道行洪,较有代表性,处于两断面之间。选取有实测资料的以下断面并绘制历年的断面套绘图(见图 3-108 ~ 图 3-116)。

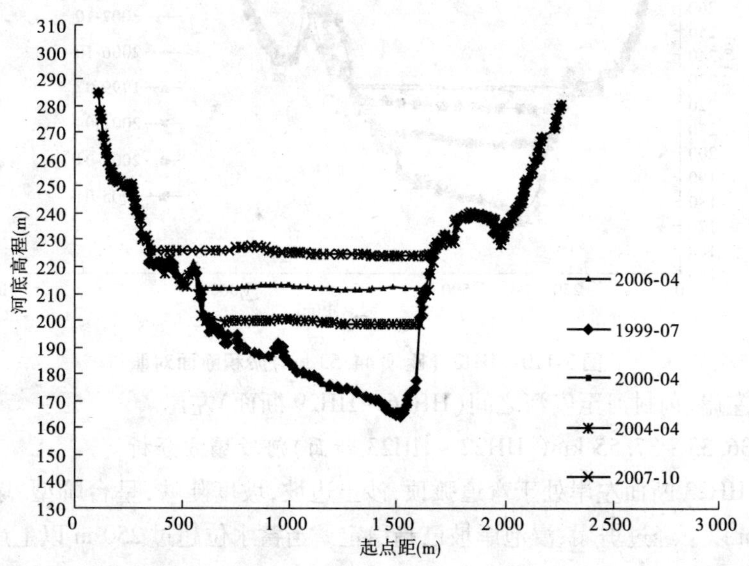

图 3-108　HH25(距坝 41.1 km)淤积断面对照

1. 右岸麻峪河段滑坡分析

右岸麻峪(距坝 40 km)段发生山体滑坡现象。山石岩体,坡度陡峻,山石破碎,汇流通畅,形成滑坡的主要因素是水库蓄水侵蚀。根据实地查勘,滑坡范围几十米。

类似情况在西阳河(距河口 3 km)右岸发生,坡岸特征类似,2008 年 4 月实测右岸端点桩下沉 1 m,断面起点距变化 1 m。

从两处滑坡的地形特征和岸坡构造分析,类似的有麻峪(距坝 40 km)附近(HH24 ~

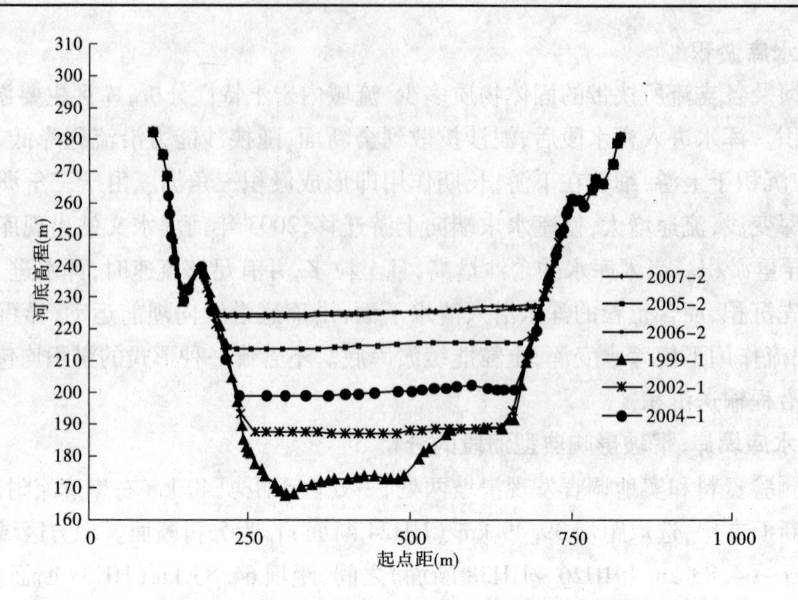

图 3-109　HH24(距坝 39.49 km)淤积断面对照

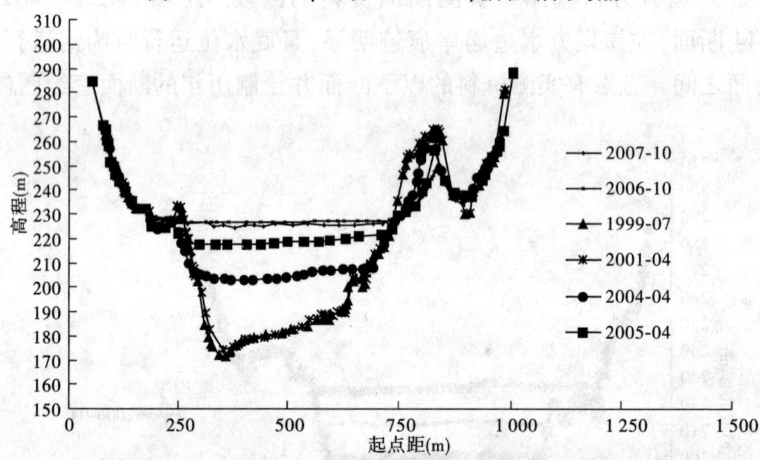

图 3-110　HH27(距坝 44.53 km)淤积断面对照

HH25 断面)左岸、芮村河至安河之间(HH26～HH29 断面)左岸。

2. 距坝 36.33～37.55 km(HH22～HH23 断面)河段塌方分析

HH22～HH23 断面左岸处于弯道弧顶,沙土边坡,坡度陡峻,呈台阶型,塌岸痕迹明显,库水位 250 m 以下经过坍塌、浸泡岸坡已趋稳定。当蓄水位超过 250 m 以上岸坡陡峻,从西阳河河口以下 1～2 km 受弯道顶托属于塌方区域,河段的塌方主要淤积于主河槽。

3. 距坝 44.53～46.20 km (HH27～HH28 断面)河段塌方分析

该河段右岸沙土边坡,属于明显的塌方区,塌方位置陡峭。从 HH27 断面图上对比分析,HH27 断面右岸塌岸表现较为明显,起点距 700～900 m 横向近 200 m 逐渐塌岸。从起点距 500～700 m 形成的河底缓坡,断面处河道顺直,对比其他断面,挟沙水流淤积河道,淤积面平坦,因此河底缓坡应是塌方淤积形成。水位 253 m 以上起点距 1 075 m 为 20 多 m 的沙土陡坎,塌岸痕迹明显,整体山丘为沙土,是库区塌岸的明显区域,随着蓄水水位的增高,浸泡塌方仍会长期发生,改变边坡形态。

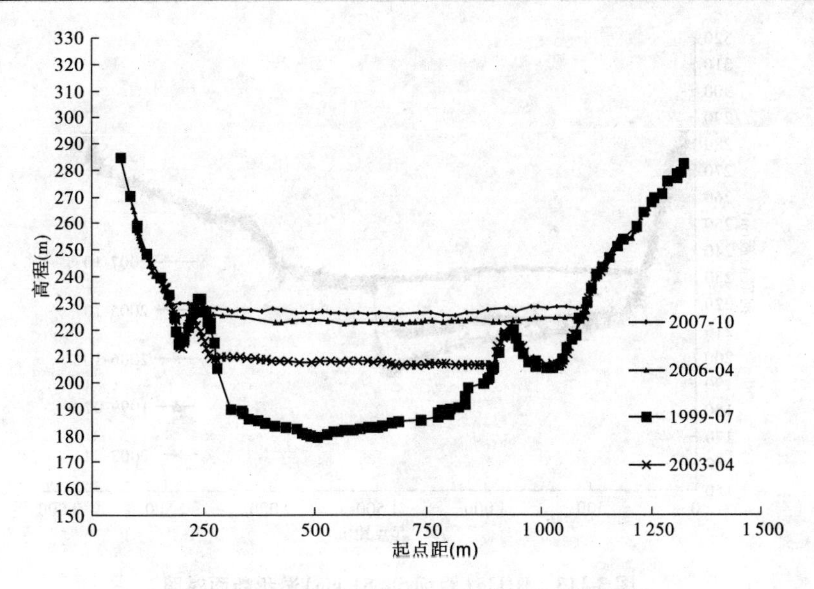

图 3-111　HH28(距坝 46.20 km)淤积断面对照

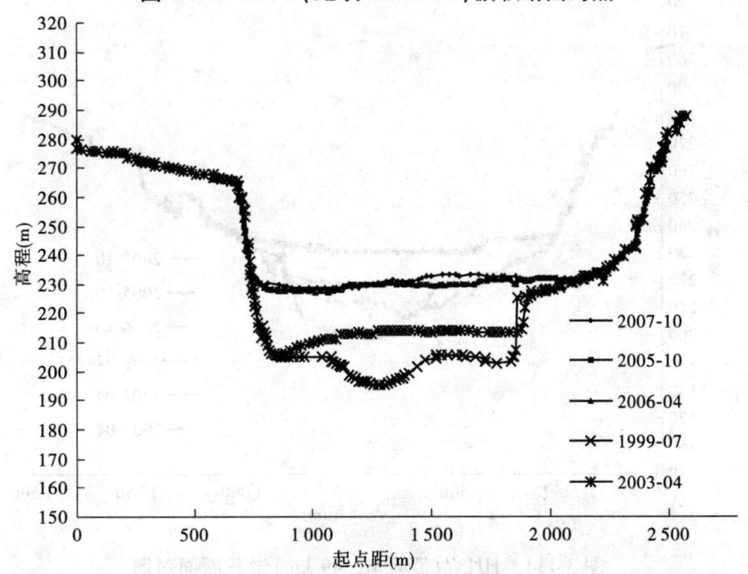

图 3-112　HH34(距坝 57.00 km)淤积断面对照

4. 距坝 57.00 ~ 58.51 km(HH34 ~ HH35 断面)河段塌方分析

HH34 ~ HH35 断面河段两岸同属于沙土岸坡,岸坡地势平缓,水面宽度超过 2 000 m,没有明显的塌方痕迹,与其边坡形态有关。虽然不属于窄束河段,河段的边坡属于沙土类型,有助于预测类似地形河段的塌岸现象。右岸边坡塌方的泥沙堆积,使边坡趋于平缓。

5. 距坝 62.49 ~ 64.83 km (HH37 ~ HH38 断面)河段塌方分析

HH37 ~ HH38 断面河段之间右岸沙土岸坡,呈梯田状,发生经常性塌方,塌方量不大,实地塌方痕迹明显,由于 HH37 断面位于岸边凹槽处,断面图表现不明显(见图 3-114、图 3-115)。HH38 断面右边坡陡峻,经过 2003 年高水位后,边坡后移,断面图显示最大塌岸宽度 20 多 m,边坡形态均没有明显变化。

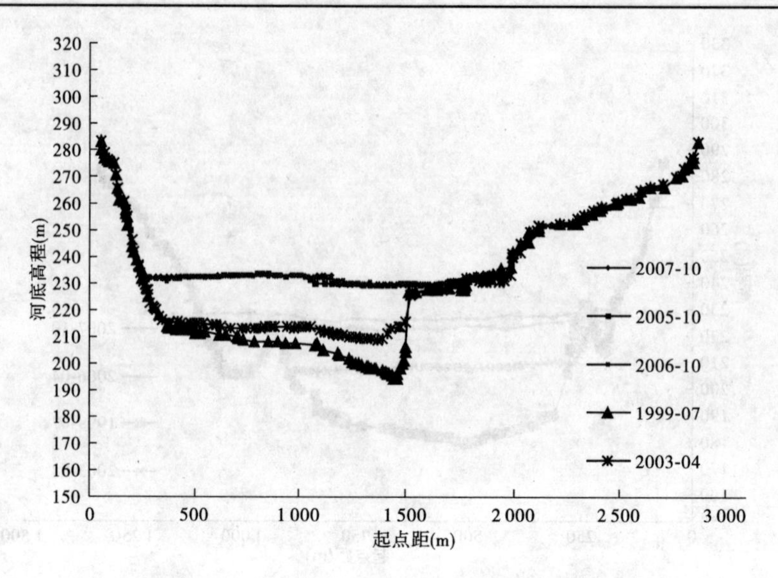

图 3-113　HH35(距坝 58.51 km)淤积断面对照

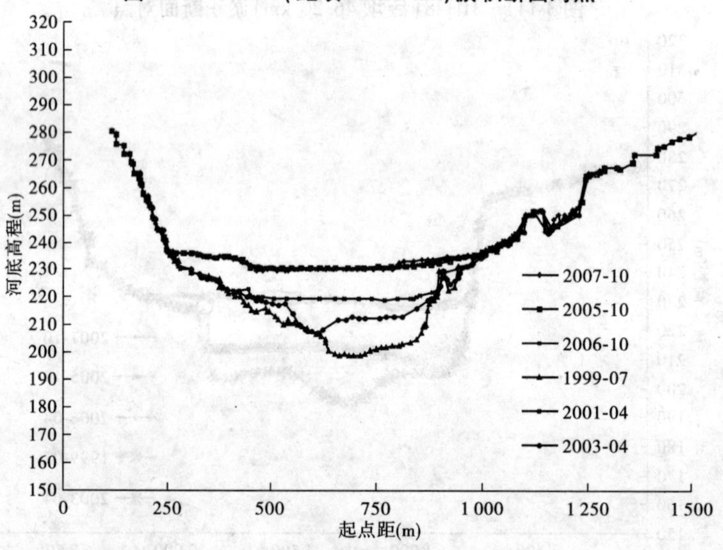

图 3-114　HH37(距坝 62.49 km)淤积断面对照

6. 距坝 77.28 ~ 82.95 km (HH43 ~ HH45 断面)河段塌方分析

HH43 ~ HH45 断面河段是水库上游窄束段典型河段,HH43 断面上游河段左岸近 2 km 的沙土边坡,库区未搬迁之前为耕作区,边坡陡峻,呈大幅度的梯田状,边坡塌岸痕迹明显,塌岸土方量大,边坡后移近百米,改变边坡形态。HH43 断面位于该塌方的末端,断面图表现不明显,陡峻的边坡形态变成圆滑的岸坡,塌方从图上表现不明显(见图 3-116)。HH44 断面位于该区段上游,但其之间的塌方区,河岸后退近百米。HH45 断面右岸表现为明显的侵蚀塌方,塌方宽度近 200 m。该河段窄束,且水库泄水期处于自然河道行洪,部分沙土坡岸塌方面积较大,泥沙形不成堆积,泥沙主要表现为沿程淤积。

塌方相对于水流方向有纵向和横向,从绘制的部分断面图看塌方现象表现不明显,主要是大部分塌方不全在断面线上,如距坝 41.1 km(HH23 断面)左岸纵向塌方更明显。

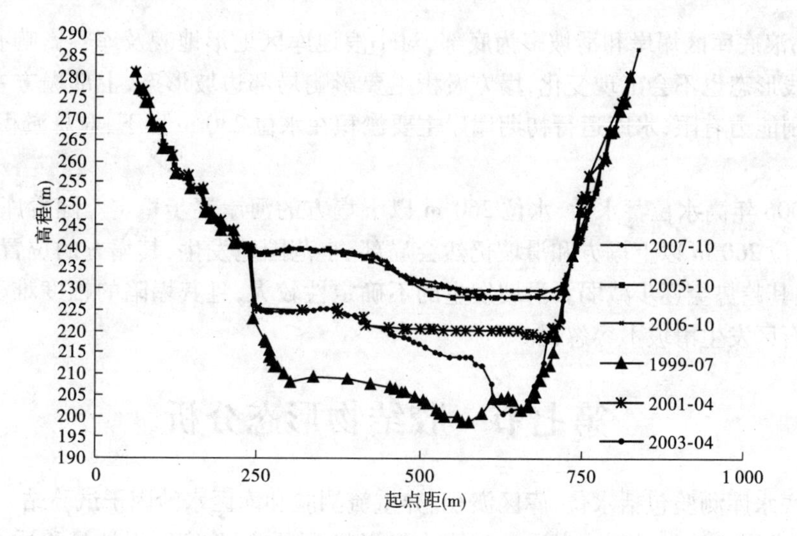

图 3-115　HH38(距坝 64.83 km)淤积断面对照

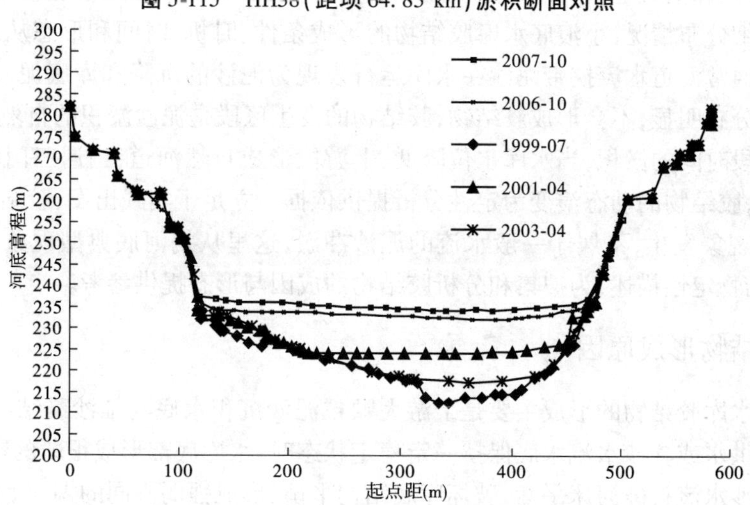

图 3-116　HH43(距坝 77.28 km)淤积断面对照

从实地查勘和实测断面图分析,小浪底库区不会出现大面积连续的塌岸现象,且水库两岸大多受石山区控束,随着水库蓄水位升高,塌方表现为局部、小范围,水库边坡和蓄水线形态不会出现大的变化。

自 1999~2008 年水库开始蓄水,八里胡同出口(HH16 断面)以上河底高程位于 220 m 线以上,经历 2003 年、2006 年两次 265 m 高水位,水位 260 m 以下边坡已趋稳定。

由于黄河中游来水来沙特殊性,汛期来水大多表现水少沙大,对水库的危害性较大。水库泥沙淤积主要是挟沙水流泥沙沉积,以河堤泥沙因子站为例,1999 年原始库容测验河底平底高程 199 m,2007 年 10 月淤积测验河底高程 230 m,淤积超过 30 m。水库塌方淤积实测资料表现不出来,从塌方痕迹观测,塌方主要淤积在 230 m 以下主河槽中。

(1)塌方区域的地形特点:陡峻沙土边坡,受水流和波浪的侵蚀,受水下浸泡塌陷淤实后也会逐渐稳定。滑坡区域的地形特点:山石岩体,坡度陡峻,山石破碎,汇流通畅,形成滑坡的主要因素是水库蓄水侵蚀。

(2)小浪底库区塌岸和滑坡多为底部,对小浪地库区地形地貌及库容影响有限,水库边坡和蓄水线形态也不会出现变化,塌方淤积主要影响局部边坡形态,上部塌方主槽淤积,由于河槽冲刷能力有限,水库运行初期塌岸主要淤积在水位 230 m 以下,对总淤积库容变化影响不大。

(3)2006 年高水位蓄水后,水位 260 m 以下塌方的河岸逐步稳定。随着库区蓄水水位的升高,水位 260 m 以上塌方和滑坡仍然会局部、小范围地发生,其塌方的位置不会有太大的变化,但其趋势会逐步减弱。滑坡发生的不确定性较大,且其塌陷的幅度难于预估,岩体破碎的山石区发生滑坡不容忽视。

第七节　胶结物形态分析

小浪底水库测验包括水位、库区淤积、异重流测验和库区水沙因子试验站。水库泥沙胶结物发生、发展和消失过程难以通过观测收集资料,水文测验库区泥沙悬移质、推移质资料仅有颗粒粗细分布情况,小浪底水库胶结物的形成条件、时机、时间和形态从水文测验角度没有表现。通常河道水流挟带泥沙在水库运行表现为泥沙的沉降和库底泥沙的悬浮冲刷,泥沙的层级分布明显,不会形成胶结物,胶结物的发生区段是泥沙淤积的自然河床。小浪底水库经过一段时间的淤积,当水库水位降低,上游段形成自然河道,当遇三门峡水库下泄高含沙洪水时,胶结物的动态演变为定性分析提供依据。立足于实践出发,胶结物的移动常常伴随揭河底现象发生,不属于一般水流的泥沙冲淤,这里从揭河底典型现象入手分析胶结物,给予胶结物定性描述,为搜集和分析胶结物的成因与形态提供参考。

一、胶结物形成原因

小浪底水库胶结物的形成主要是上游大颗粒泥沙沉积水底与细沙黏结,当河道一段时间没有出现洪水或含沙水流水底保持一定稳定状态时,水库底部形成很薄的黏结层,当出现洪水或高含沙水流打破河床平衡,破坏库底结构平衡,形成强弱不同的揭河底现象。小浪底水库狭长,当低水位运行时,较长河段处于自然河道形态,胶结物的形成条件不成熟。

由于高含沙洪水具有与一般洪水截然不同的特性,其容重大、浮力大、河底切应力大,冲刷力强。而黄河龙门以下河道比降较陡,遇高含沙大流量洪水时,水流能量大,在前期河床淤积的情况下,床面切应力增大以及由于高含沙水流有较大的容重,增加了作用在河床泥沙的浮力,从而带动和掀起淤积物,产生“揭河底”冲刷。从小浪底水库河堤水力因子站的观测,河段 2003 年调水调沙期间发生两次明显的“揭河底”现象。“揭河底”现象是河床的自然调整,对改变库尾形态利大于弊。“揭河底”冲刷后,淤滩刷槽,形成高滩深槽,河槽过洪能力增大,对稳定河势、降低河道洪水位和减少河槽淤积作用显著,2003 年库尾三角洲的改善也与“揭河底”现象有关。但是“揭河底”现象对水利工程、桥梁设施有破坏作用。

二、胶结物形成的可能性分析及其存在区段

从“揭河底”现象的发生看,河底形成黏结的可能较大,当处于自然河道时,形态散乱,一旦裸露,有形成胶结物条件,因此从近阶段看,库尾三角洲以上小范围可形成胶结物。由于没有相关资料,对胶结物认识不准确,仅供参考。对小浪底胶结物的成因和演变有待进一

步观测和分析。

第八节 小浪底水库运用以来下游河道的减淤效果

一、下游河道的特点

(一)下游河道的边界特性

黄河是世界著名的多泥沙河流,输沙总量和水流含沙量均居世界之冠。

根据水沙特性和地形、地质条件,黄河干流分为上、中、下游三个河段。内蒙古托克托县河口镇以上为黄河上游,干流河道长3 472 km,流域面积42.8万km^2;河口镇至河南郑州桃花峪为黄河中游,干流河道长1 206 km,流域面积34.4万km^2;桃花峪以下为黄河下游,干流河道长786 km,流域面积2.2万km^2。

黄河下游为强烈堆积的冲积河流,横贯于华北大平原之上。目前的黄河下游河道是不同历史时期形成的,孟津至沁河口是禹河故道;沁河口至兰考东坝头是明清故道,已有500多年的历史;东坝头至陶城铺是1855年(清咸丰五年)铜瓦厢决口后,在洪泛区内形成的河道;陶城铺以下至黄河入海口,原系大清河故道,铜瓦厢决口以后为黄河所夺。

黄河北岸自沁河口以下、南岸自郑州铁路桥以下,除东平湖以下至济南为山岭外,两岸都建有大堤。由于大量泥沙淤积,河床逐年抬高,现状河床一般高出背河地面4~6 m,局部河段高出背河地面10 m左右,比两岸平原高出更多,成为淮河和海河的分水岭,是举世闻名的"悬河"。行洪时,势如高屋建瓴,对黄淮海平原的威胁巨大,历史上黄河下游的堤防也决口频繁,是中华民族的心腹之患。

黄河下游河道具有上宽下窄、上陡下缓、平面摆动大、纵向冲淤剧烈等特点。按河道特性划分,高村以上为游荡性河段,高村至陶城铺为过渡性河段,陶城铺以下为弯曲性河段。各河段的河道平面特性见表3-10。

表3-10 黄河下游河道平面特性

河段	河型	河道长度(km)	宽度(km)			河道面积(km^2)			平均比降(‰)
			堤距	河槽	滩地	全河道	河槽	滩地	
白鹤镇—铁桥	游荡型	98	4.1~10.0	3.1~10.0	0.5~5.7	697.7	131.2	566.5	0.256
铁桥—东坝头	游荡型	131	5.5~12.7	1.5~7.2	0.3~7.1	1 142.4	169.0	973.4	0.203
东坝头—高村	游荡型	70	5.0~20.0	2.2~6.5	0.4~8.7	673.5	83.2	590.3	0.172
高村—陶城铺	过渡型	165	1.4~8.5	0.7~3.7	0.5~7.5	746.4	106.6	639.8	0.148
陶城铺—宁海	弯曲型	322	0.4~5.0	0.3~1.5	0.4~3.7				0.101
宁海—西河口	弯曲型	39	1.6~5.5	0.5~0.4	0.7~3.0	979.7	222.7	757.0	0.101
西河口以下	弯曲型	56	6.5~15.0						0.119
全下游		881							

黄河下游各河段的河道特性分述如下。

1. 白鹤—高村河段

本河段河道长299 km,堤距一般10 km左右,最宽处有20 km,河槽宽一般3~5 km,河段纵比降0.17‰~0.26‰,河道内泥沙冲淤变化剧烈,水流宽、浅、散、乱,河势游荡多变。目前已基本上完成了河道整治工程的布点,使桃花峪至东坝头的游荡范围由原来的5~7 km减小到3 km左右,东坝头至高村的游荡范围由原来的2.2 km减小到1.2 km。

本河段具有较大的排洪能力,设计过洪流量在20 000 m^3/s以上,最大设计过洪流量为花园口断面22 000 m^3/s。同时具有较大的削峰、滞沙作用,对减轻山东河段洪水威胁和冲淤影响均有显著作用。由于洪水期来水来沙变幅大,河道冲淤变化剧烈,河势多变,主流摆幅大,再加上河道逐年淤积抬高,主槽过洪能力减小,致使漫滩行洪概率增大;同时河道淤高,滩槽高差减小,甚至出现了严重的"二级悬河",形成了滩槽倒比降,再加上串沟多,一旦洪水漫滩,堤防易发生溃决、冲决等严重险情,历史上重大改道都发生在本河段,且洪水灾害非常严重,是黄河下游防洪的重要河段。

2. 高村—陶城铺河段

本河段河道长165 km,堤距一般在1.5~8 km,河槽宽0.7~3.7 km,纵比降0.15‰,是由游荡性向弯曲性转折的过渡性河段。该河段两岸工程配套比较完善,目前除少部分工程河势上提下挫外,多数工程靠河部位变化不大,河势基本稳定。滩地堤根低洼,自然滩多,坑洼多,蓄水作用十分显著,滩面较高村以上河段窄,滩面横比降较大,"二级悬河"形势也较严重。

3. 陶城铺—宁海河段

本河段河道长322 km,堤距一般1~3 km,河槽宽0.3~1.5 km,纵比降0.10‰。由于坚持不懈地进行河道整治,修建了大量的控导护滩工程,两岸的险工护岸及控导工程鳞次栉比,主流摆动受到了严格的限制。由于河道较窄,洪水涨落水位变幅较大,排洪能力受工程制约,设防流量较高村以上河段显著减小,只有11 000 m^3/s。

4. 宁海以下的河口段

黄河河口段行经河口三角洲,流路变迁较为频繁。1949年前三角洲以宁海为顶点,变迁范围在北起套儿河口、南至支脉沟口的6 000 km^2区域。1953年顶点暂时下移到渔洼附近,流路变迁在车子沟以南、南大堤以北2 400 km^2的小三角洲范围内。现状入海流路是1976年人工改道后的清水沟流路,位于渤海湾与莱州湾交汇处,是一个弱潮陆相河口。近50年间,随着河口的淤积延伸,年平均净造陆面积约24 km^2。

(二)下游河道的水沙特性

1. 黄河下游河道汛期的冲淤特性

1)低含沙水流下游各河段的冲淤特性

小浪底水库初期运用,水库蓄水拦沙,排沙比较小,下游河道将发生冲刷。因此,分析黄河下游各河段低含沙洪水冲淤特性,对小浪底水库初期运用方式的制定具有重要意义。

1960年9月15日至1996年6月,黄河下游共发生含沙量小于20 kg/m^3的洪水110次,历时937 d,来水量2 004.5亿m^3,来沙量14.94亿t,分别占36年总量的13.9%和3.9%,利津以上冲刷26.98亿t,其中花园口以上冲刷11.63亿t,花园口—高村冲刷11.04亿t,高村—艾山冲刷2.42亿t,艾山—利津冲刷1.89亿t。若按流量级区分,流量大于2 500 m^3/s的35次低含沙洪水,历时342 d,三黑武(三门峡、黑石关、武陟)来水、来沙分别为1 168.3亿m^3和12.49亿t，占36年总量的8.1%和3.2%，全下游冲刷21.58亿t，四个河段的冲刷量分别为8.60亿t、8.29亿t、2.17亿t、2.52亿t，不仅全下游的冲刷效率达到全部低含沙洪水的1.4倍，而且艾山—利津河段明显冲刷，就全下游而言，平均每冲刷1亿t泥沙耗水仅50亿~60亿m^3，由此说明，小浪底水库初期运用时期，从全下游特别是艾山—利津河段的减淤角度出发，这一流量级的低含沙洪水是水库水沙调节的主方向。

2)中等含沙水流下游各河段的冲淤特性

根据黄河下游的来水来沙和河道冲淤特性，将三黑武平均含沙量20~80 kg/m^3的非漫滩洪水作为中等含沙量洪水。1960年9月15日至1996年6月，这一含沙量级的洪水共发生190次，平均每年5.3次，占全部洪水次数的47.9%，说明其发生的频度较高。就其冲淤特性而言，中等含沙量洪水冲淤情况较为复杂，下游河道冲淤与来水来沙关系最为密切，洪水冲淤调整过程中除局部河段河势变化引起主河槽形态发生较大变化外，一般说来，主河槽形态变化不大。

1960年9月15日至1996年6月黄河下游190次中等含沙量非漫滩洪水，来水量3 314.2亿m^3，来沙量123.99亿t，分别占36年总量的23.0%和32.2%，平均含沙量36.1 kg/m^3，黄河下游共淤积泥沙0.12亿t，其中，花园口以上淤积5.05亿t，花园口—高村淤积2.10亿t，高村—艾山及艾山—利津河段分别冲刷2.17亿t和4.86亿t，山东河段的冲刷主要是由于泥沙在河南河段大量淤积后，至艾山站含沙量特别是粗沙含沙量降低造成的。

中等含沙量洪水各河段的冲淤调整关系较为复杂，与来水来沙关系密切，对其冲淤特性可总结如下。

流量为1 000~1 500 m^3/s的中等含沙量洪水，高村以上河段随含沙量增加，淤积增加，经高村以上淤积调整后，至高村—利津河段淤积效率随着含沙量的增大反而减小。

流量1 500~2 000 m^3/s的中等含沙量洪水，冲淤特性与流量为1 000~1 500 m^3/s的洪水相近，只是由于流量的增大，艾山以上河段淤积效率减弱，艾山以上河段随含沙量增加，淤积增加，经艾山以上淤积调整后，至艾山—利津河段淤积效率随着含沙量的增大反而减小，当含沙量超过40 kg/m^3时，由于上河段的沿程淤积，艾山—利津河段则发生冲刷。

流量为2 000~2 500 m^3/s的中等含沙洪水，高村以上河段的淤积效率进一步减弱，高村—艾山河段微冲微淤，至艾山—利津河段发生冲刷。

中等含沙量洪水，当流量增至2 500~3 000 m^3/s时，艾山以上河段的淤积效率进一步减弱(甚至冲刷)，至艾山—利津河段发生明显冲刷。

中等含沙量洪水，当流量增至3 000 m^3/s以上时，由于流量较大，高村—艾山段及艾山—利津段均发生比较明显的沿程冲刷。高村以上河段，由于河道宽浅，当含沙量超过60 kg/m^3时则发生淤积。中等含沙量洪水，一般说来其来水来沙和下游河道的输沙能力相差并不十分悬殊，无论是冲刷还是淤积，就中等流量的非漫滩洪水而言，其冲淤量不大。因此，各河段的冲淤调整比较平稳，横向形态一般不会有大的改变。就其冲淤效率来看，最大的是流量小于1 500 m^3/s而含沙量大于60 kg/m^3的洪水在高村以上造成的淤积，约20亿m^3造成1亿t的淤积，冲刷效率最大的是流量大于4 000 m^3/s而含沙量小于30 kg/m^3的较大流量的洪水在高村以上河段造成的冲刷，约85亿m^3水冲刷1亿t。就艾山—利津河段来看，中等含沙量洪水淤积效率一般不超过90万t/亿m^3，冲刷效率一般不超过60万t/亿m^3，即河道淤积时110亿m^3以上的水量淤积1亿t的泥沙，冲刷时170亿m^3以上的水量冲刷1 亿 t 泥沙。

3）较高含沙量一般洪水下游各河段的冲淤分析

较高含沙量一般洪水，是指三黑武平均含沙量在 80 kg/ m^3 以上，但洪水过程中最大日平均含沙量小于300 kg/ m^3 的非漫滩洪水。1960 年 9 月 15 日至 1996 年 6 月这类洪水共发生 51 次，平均约 1.5 次/a，来水量 715.9 亿 m^3，来沙量 78.30 亿 t，分别占 36 年总水沙量的 5.0% 和 20.3%，平均含沙量 109.4 kg/ m^3，为 36 年平均含沙量的 4.1 倍，洪水历时 358 d，占全部天数的 2.7%，三门峡—利津共淤积泥沙 29.53 亿 t，占总淤积量的 81.3%，淤积比为 37.7%，平均 1 亿 m^3 洪水淤积泥沙 410 万 t。由此说明，此类洪水在黄河下游造成的淤积是比较严重的，且淤积强度较大。从此类洪水造成的淤积的沿程分布看，淤积主要在高村以上的宽河段，淤积量为 28.97 亿 t，占全下游的 98.1%，高村—艾山河段淤积 0.70 亿 t，占 2.3%，艾山—利津河段经上游河道淤积调整后，微冲 0.13 亿 t，占 -0.4%。

此种类型洪水的冲淤特性可总结如下。

各级流量的洪水，高村以上河段发生淤积，淤积随流量增加而减轻。流量为 1 000 ~ 1 500 m^3/s时，淤积比在55% 以上；当流量增至 3 000 m^3/s 以上时，该河段淤积比降至 7% ~ 22%。

由于上河段淤积，高村以下河段在各级流量中淤积量不大，并且随流量的增加而改变为冲刷，当流量在 1 500 ~2 500 m^3/s 时，淤积比在 10% 以下；当流量增至 3 000 m^3/s 以上时，该河段表现为微冲，250 亿 ~900 亿 m^3 水冲刷 1 亿 t。

由于高村以上河段淤积调整，高村—艾山河段在各级流量中冲淤变化不大，淤积比为 -3% ~2%。

在艾山以上河段淤积调整作用下，艾山—利津河段在流量 1 500 ~2 000 m^3/s 时微淤，淤积比为 3% ~5%；流量在 2 000 ~3 000 m^3/s 时，由于上河段淤积和流量增加，艾山—利津河段冲淤基本平衡；流量超过 3 000 m^3/s 以后，该河段发生微冲刷，冲刷强度有随流量增加而加大的趋势，200 亿 ~1 500 亿 m^3 水冲刷 1 亿 t。

4）高含沙洪水的冲淤特性

高含沙洪水系指洪水过程中三黑武最大日平均含沙量超过 300 kg/m^3 的洪水。据统计，1960 年 9 月 15 日至 1996 年 6 月，黄河下游共发生此类洪水 20 次，来水量 315.6 亿 m^3，来沙量 66.66 亿 t，分别占总来水、来沙量的 2.2% 和 17.3%，平均含沙量 211.2 kg/m^3，洪水历时 143 d，占 1.1%，其造成的淤积量达 37.22 亿 t，约为 36 年总淤积量的 1.03 倍。黄河下游高含沙洪水排沙比仅 44.2%，半数以上来沙淤积在下游河道中，平均 1 亿 m^3 洪水淤积泥沙 1 180 万 t，由此可见，高含沙洪水的淤积强度是非常大的，而且淤积十分集中，是黄河下游淤积的主要因素。就河南河道而言，高含沙洪水期间，高村以上河段淤积泥沙 33.92 亿 t，占淤积总量的 91.1%，由此证明，高含沙洪水给河道带来了严重淤积。就山东河道而言，高含沙洪水期间，高村以下河段淤积泥沙 3.3 亿 t，占淤积总量的 8.9%，相对于汛期冲刷的山东河道来说，高含沙洪水也是非常不利的。另外，高含沙洪水过程中造成的洪水位异常抬高，河势突变及整治建筑物冲刷加剧等特殊现象，也给防洪增加困难。因此，小浪底水库调水调沙中，关于高含沙洪水的调节就成为关键问题之一，必须对高含沙洪水的冲淤特性进行充分的研究。

5）非高含沙量漫滩洪水下游各河段的冲淤特性

非高含沙量漫滩洪水，是指洪水过程中三黑武最大日平均含沙量小于300 kg/m^{3}非高含沙漫滩洪水。黄河下游非高含沙量洪水漫滩后，一般说来都具有淤滩刷槽的冲淤特性。一方面，主槽经过冲刷后，增加了行洪能力，加大了滩槽高差，对行洪和河势稳定有利；另一方面，河槽经过剧烈冲刷后，河床边界和后续的来水来沙很不适应，后期回淤较快。黄河下游长时期以来河道的淤积是一个滩槽同步抬升的过程，滩面的升高，从一个较长时期看，则预示着洪水位升高，同时，若漫滩洪水在滩地大量落淤，还会给滩区群众带来沉重的经济损失。因此，小浪底水库对漫滩洪水的调节，就由主槽冲刷量和滩地淤积量的对比关系及洪水漫滩损失等综合研究决定，基于目前黄河下游的淤积及两岸滩区的开发治理现状，小浪底水库初期运用期间应适当控制洪水上滩，减轻两岸滩区的洪灾损失。

据统计，1960年9月15日至1996年6月，黄河下游共发生非高含沙量漫滩洪水26次，来水量947.40亿m^3，来沙量36.23亿t，分别占36年总来水、来沙量的6.6%和9.4%，历时265 d，占2.0%，平均含沙量38.24 kg/m^3，黄河下游河道冲刷泥沙6.24亿t，其中三门峡—花园口间冲刷5.16亿t，花园口—高村间冲刷0.14亿t，高村—艾山间淤积2.93亿t，艾山—利津间冲刷3.87亿t，由此可见，一般含沙量的洪水漫滩后，对下游河道的冲刷是比较有利的。

6）汛期平水期的下游各河段冲淤特性

黄河下游河道汛期平水期是指汛期中三黑武流量小于1 000 m^3/s的时期。由于小浪底水库初期运用期间在汛期对入库水沙的调节完全不同于三门峡水库的敞泄运用，不会出现小流量排大沙的情况。

1960年9月15日至1996年6月，汛期黄河下游三黑武流量小于1 000 m^3/s、含沙量小于20 kg/m^{3}水流的天数共403 d，三黑小来水203.5亿m^3，来沙1.27亿t，分别占36年总量的1.4%和0.33%，平均含沙量6.2 kg/m^3，下游河道共冲刷泥沙0.58亿t。从冲淤的沿程分布来看，花园口以上冲刷0.96亿t，花园口—高村段淤积0.10亿t，高村—艾山段淤积0.18亿t，艾山—利津段淤积0.10亿t，说明铁谢—花园口之间冲刷恢复的泥沙至花园口以下淤积，由此说明，小浪底水库初期运用期间出库的汛期小流量将对花园口以下河道产生不利影响，水库调度运用中应予以重视。

将汛期平水期按三黑武流量大小进行分类具有以下特点。

当流量小于600 m^3/s时，全下游总量冲刷，冲刷主要在花园口以上，花园口以下微冲微淤。

流量超过600 m^3/s后，全下游总量冲刷，冲刷仍主要在花园口以上，花园口以下则发生淤积。

由以上分析可以看出，汛期平水期下泄流量越大，对山东河道越不利，特别是对艾山—利津河段不利。因此，从山东河段减淤的角度出发，在满足水库发电、灌溉、供水及环境等要求的前提下，应尽量控制下泄流量。

2. 非汛期黄河下游河道的冲淤特性

小浪底水库控制不利水沙进入下游河道时，年内非汛期会有相当长的时间泄放低含沙量的水流出库，此时，除满足发电、供水、灌溉等开发目标外，还应兼顾下游河道特别是山东河道减淤，因此应分析黄河下游河道非汛期低含沙量水流的冲淤特性。

1960 年 9 月 15 日至 1996 年 6 月，非汛期黄河下游三黑武含沙量小于 20 kg/m^3 水流的天数共 5 388 d，三黑武来水 3 996.2 亿 m^3，来沙 8.23 亿 t，分别占 36 年总量的 27.7% 和 2.1%，平均含沙量 2.1 kg/m^3，下游河道共冲刷泥沙 16.14 亿 t，从冲淤的沿程分布来看，花园口以上冲刷 23.13 亿 t，花园口—高村段冲刷 6.91 亿 t，高村—艾山段淤积 3.91 亿 t，艾山—利津段淤积 10.00 亿 t，粗泥沙在四个河段分别淤积 -13.87 亿 t、-1.71 亿 t、2.92 亿 t 和 6.55 亿 t，说明铁谢—高村之间冲刷恢复的泥沙特别是粗泥沙至高村以下大量淤积，即出现所谓"泥沙搬家"，高村以下河段的淤积比高达 39%，粗泥沙淤积比则高达 53%，由此说明，小浪底水库初期运用期间出库的非汛期低含沙水流将对山东河道的淤积产生重要影响，水库调度运用中应充分予以重视。

将非汛期按三黑武流量大小进行分析，可得到以下认识。

(1)流量小于 400 m^3/s 的情况下，花园口以上发生冲刷，以下河段则发生淤积，由于流量较小，冲刷量和淤积量均不大，且淤积主要在花园口—高村和高村—艾山段，对艾山—利津河段而言，淤积效率甚小。流量增加至 400 ~ 600 m^3/s 时，下游河道各河段冲淤性质与 400 m^3/s 流量以下完全相同，所差在于花园口以上的冲刷及以下的淤积均有较大增加，且淤积重心下移至山东河段，高村以下河段平均约 350 亿 m^3 水量淤积泥沙 1 亿 t。

(2)流量超过 600 m^3/s 后，下游河道的冲刷发展到高村，淤积重心完全落在山东河段，出现典型的"冲河南，淤山东"的局面。当流量超过 800 m^3/s 后，河南河段的冲刷和山东河段的淤积均明显加剧。流量为 800 ~ 1 500 m^3/s 时，高村以上平均约 120 亿 m^3 水冲刷 1 亿 t 泥沙，高村以下河段淤积比则达 49%，平均约 220 亿 m^3 水淤积 1 亿 t 泥沙，可见，此时山东河道的淤积已相当严重。

(3)流量超过 1 500 m^3/s 后，下游河道的冲刷发展到艾山，淤积重心完全落在艾山—利津河段，平均约 370 亿 m^3 水淤积 1 亿 t 泥沙，在小浪底初期运用的出库水沙中，这种水沙组合往往会出现在丰水年的非汛期或非汛期留水较多的 6 月。

由以上分析可以看出，非汛期下泄流量越大，对河南河段冲刷越有利而对山东河道减淤越不利，特别是对艾山—利津河段更为不利。因此，从山东河段减淤的角度出发，在满足水库发电、灌溉、供水等要求的前提下，应尽量控制下泄流量。

二、下游河道冲淤效果分析

(一)2002 年调水调沙期间

2002 年 7 月 4 ~ 15 日首次调水调沙试验期间，小浪底水文站的水量 26.06 亿 m^3，输沙量 0.319 亿 t，平均含沙量 12.2 kg/m^3；沁河和伊洛河同期来水 0.55 亿 m^3；利津水文站水量 23.35 亿 m^3，沙量 0.505 亿 t；下游最后一个观测站丁字路口站通过的水量为 22.94 亿 m^3，沙量为 0.532 亿 t。

调水调沙试验期间下游河道总冲刷量为 0.362 亿 t。其中，高村以上河段冲刷 0.191 亿 t，高村—河口河段冲刷 0.171 亿 t。白鹤—花园口河段冲刷量占下游总冲刷量的 36%；夹河滩—孙口河段由于洪水漫滩，淤积 0.082 亿 t；艾山—利津河段冲刷效果显著，冲刷总量为 0.197 亿 t，占全下游总冲刷量的 54.4%。

夹河滩以上河段主槽冲深上大下小；夹河滩—高村由于洪水漫滩，滩槽水沙发生交换，表现为明显的槽冲滩(嫩滩)淤，滩地一部分清水在逐步归槽的同时，降低了水流含沙量，增加了冲刷能力,使得主槽冲刷厚度达0.24 m;高村—孙口河段滩槽水沙交换更加剧烈,大部分漫滩水流在本河段归槽,本河段主槽相对窄深,因而冲刷最为明显,达0.26 m;孙口—艾山河段主槽也发生了相应的冲刷;艾山以下冲深上大下小,也符合沿程冲刷的规律。

沿程含沙量除夹河滩—孙口河段出现波动外,整体表现出沿程增加的趋势。

夹河滩—孙口河段含沙量的变化与该区间洪水漫滩归槽及滩槽的冲淤纵横向分布完全对应。如前所述,夹河滩—高村河段部分漫滩水流归槽降低了水流的含沙量,使得高村站含沙量略有降低,为12.7 kg/m^3;高村—孙口河段由于大部分洪水在此河段回归主槽,且主槽相对窄深,冲刷相对剧烈,至孙口站含沙量又有所恢复,为14.1 kg/m^3。

(二)2003 年调水调沙期间

2003 年调水调沙试验期间,小浪底水文站的水量18.25 亿 m^3,输沙量0.740 亿 t,平均含沙量40.55 kg/m^3;沁河和伊洛河同期来水量7.66 亿 m^3,来沙量0.011 亿 t。进入下游(小黑武)的水量为25.91 亿 m^3,沙量为0.751 亿 t,平均含沙量29.0 kg/m^3。利津水文站水量27.19 亿 m^3,沙量1.207 亿 t。

试验期间下游河道总冲刷量0.456 亿 t。其中,高村以上河段冲刷0.258 亿 t,占下游总冲刷量的57%;艾山—利津河段冲刷0.035 亿 t,占总冲刷量的8%;高村—孙口淤积0.024 亿 t,由于第二次试验没有发生大的漫滩,冲淤均发生在主槽内。

本次试验黄河下游平均冲刷强度5.8 万 t/km,较2002 年调水调沙试验(4.4 万 t/km)明显增加。其中孙口—艾山河段冲刷强度最大,为29.7 万 t/km,夹河滩以上沿程明显减小,艾山以下沿程增加。

随着河道的沿程冲刷,水流平均含沙量总体呈沿程增加趋势,至利津含沙量恢复到44.39 kg/m^3,含沙量增大15.4 kg/m^3。其中,高村—孙口河段变化趋势出现波动,与第一次调水调沙试验期间沿程平均含沙量对比,主槽冲刷逐步向下游的推移已发展到了高村河段。艾山—利津河段一方面由于河槽相对窄深,另一方面由于东平湖加水,该河段含沙量恢复比较快,含沙量恢复了6.68 kg/m^3。

试验后小浪底以下各站河床质都较试验前有所粗化。悬移质泥沙粒径的变化与河床冲淤变化相对应,一般来说,河床冲刷则床沙粗化,河床淤积则床沙细化。这种情况也从另一个侧面证实在第二次试验中,黄河下游河道主槽发生了全程冲刷。

(三)2004 年汛期

2004 年汛前,小浪底水库清水下泄,小浪底水文站水量23.01 亿 m^3,伊洛河和沁河同期来水0.24 亿 m^3,小黑武水量23.25 亿 m^3,为清水;第二阶段,小浪底水库少量排沙,小浪底水文站水量21.72 亿 m^3,沙量为0.044 亿 t,平均含沙量2.01 kg/m^3,伊洛河和沁河同期来水0.54 亿 m^3,小黑武水量22.26 亿 m^3,沙量为0.044 亿 t,平均含沙量1.97 kg/m^3;中间段(两阶段之间的小流量泄放期),小浪底水文站水量2.06 亿 m^3,沙量为0,伊洛河和沁河同期来水0.31 亿 m^3,小黑武水量共2.37 亿 m^3。

其间,小浪底水文站水量46.79 亿 m^3,沙量0.044 亿 t,平均含沙量0.94 kg/m^3。伊洛河和沁河同期来水1.09 亿 m^3,小黑武水量47.88 亿 m^3,沙量0.044 亿 t,平均含沙量0.92 kg/m^3。利津水文站过程历时648 h,水量为48.01 亿 m^3,沙量为0.697 亿 t,平均含沙量14.52 kg/m^3,含沙量沿程恢复13.6 kg/m^3。

根据实测水沙资料,考虑各河段实测引沙量,小浪底—利津河段,第一阶段冲刷0.373

亿 t,第二阶段冲刷 0.283 亿 t,中间段冲刷 0.009 亿 t。整个调水调沙试验期间下游小浪底—利津河段共冲刷 0.665 亿 t,并实现了下游全线冲刷。

根据 2004 年 4 月和 7 月下游实测断面资料,下游各河段主槽平均河底高程均表现为不同程度的降低,降低幅度在 0.003 ~ 0.212 m,其中高村—孙口、艾山—泺口和泺口—利津河段主槽平均河底高程降低相对较多,分别降低了 0.117 m、0.146 m 和 0.212 m。

(四)2005 年汛期

2005 年开始,从汛前的 6 月下旬开始进入调水调沙生产运用,2005 年 6 月 9 日预泄开始至调水调沙结束,小浪底水库出库沙量 0.023 亿 t,利津站输沙量 0.612 6 亿 t,考虑河段引沙,小浪底至利津河段冲刷 0.646 7 亿 t,除泺口—利津外,各河段均发生冲刷。

2005 年调水调沙期间,对水文站的监测断面做了测验。对每个监测断面标准水位下的断面面积和主槽宽度的计算分析结果显示:

(1)小浪底监测断面在 2005 年调水调沙期间变化很小;

(2)花园口监测断面在调水调沙洪水的洪峰流量附近标准水位下的断面面积最大,表明调水调沙期间发生“涨冲落淤”,主槽的宽度由 435 m 展宽到 483 m,展宽了 48 m;

(3)艾山、泺口和利津断面调水调沙期间断面呈“涨冲落淤”;

(4)除花园口监测断面主槽是展宽的外,其他监测断面主槽宽度在调水调沙期间变化不大。

(五)2006 年

2006 年 6 月 10 日预泄开始至调水调沙结束,小浪底水库出库沙量 0.084 1 亿 t,利津站输沙量 0.648 亿 t,考虑河段引沙,小浪底—利津河段冲刷 0.601 亿 t(见表 3-11)。

表 3-11 2006 年黄河下游调水调沙期间各断面沙量统计

水文站	起讫时间(月-日 时)	输沙量(万 t)	断面间引沙量(万 t)	断面间冲刷量(万 t)
小浪底	06-09 14 ~ 06-29 14	841		
黑石关	06-09 08 ~ 06-29 08			
武陟	06-09 08 ~ 06-29 08			
花园口	06-10 16 ~ 06-30 08	1815	37.06	-1 011
夹河滩	06-01 14 ~ 07-01 08	3 682	39.69	-1 907
高村	06-11 20 ~ 07-01 19	3 500	118.05	+64
孙口	06-12 08 ~ 07-02 00	4 919	113.84	-1 533
艾山	06-13 02 ~ 07-03 08	5 292	17.44	-390
泺口	06-13 08 ~ 07-03 08	5 217	29.92	+45
利津	06-13 14 ~ 07-03 08	6 483	12.86	-1 279
合计			368.86	-6 011

(六)2007 年

6 月 19 日 9 时开始至 7 月 7 日 20 时河道水流演进结束，小浪底水库出库沙量 0.261 1 亿 t，利津站输沙量 0.524 0 亿 t，考虑河段引沙，小浪底至利津河段冲刷 0.288 0 亿 t（见表 3-12）。

表 3-12　黄河下游调水调沙期间各断面沙量统计(06-19～07-03)

水文站	起讫时间(月-日 时)	输沙量(万 t)	断面间引沙量(万 t)	断面间冲刷量(万 t)
小浪底	06-19 08～07-03 08	2 611		
黑石关	06-19 08～07-03 08			
武陟	06-19 08～07-03 08			
花园口	06-19 20～07-04 20	3 243	18.20	-517.2
夹河滩	06-20 08～07-05 10	3 491	32.84	-413.84
高村	06-20 23～07-06 00	3 655	18.27	-182.27
孙口	06-21 11～07-06 12	4 473	32.98	-850.98
艾山	06-21 14～07-06 20	4 575	60.71	-162.71
泺口	06-22 04～07-07 07	4 819	66.30	-310.3
利津	06-22 16～07-07 20	5 240	21.31	-442.31
合计			250.61	-2 879.61

7 月 28 日 8 时开始至 8 月 12 日 8 时河道水流演进结束，小浪底水库出库沙量 0.459 0 亿 t，利津站输沙量 0.449 3 亿 t，考虑河段引沙，小浪底至利津河段基本冲淤平衡。

(七)下游河道主槽冲刷效果综合分析

三次试验进入下游总水量为 100.41 亿 m^3，总沙量为 1.114 亿 t。实现了下游主槽全线冲刷，试验期入海总沙量为 2.568 亿 t，下游河道共冲刷 1.483 亿 t。

四次调水调沙生产运行进入下游总水量为 174.48 亿 m^3，总沙量为 0.827 1 亿 t。实现了下游主槽全线冲刷，调水调沙期间入海总沙量为 2.234 亿 t，下游河道共冲刷 1.536 亿 t。

三次调水调沙试验和四次调水调沙生产运行主槽冲刷泥沙 3.019 亿 t，把 4.802 亿 t 泥沙送入渤海（见表 3-13）。

在下游河道减淤或冲刷总量相同的条件下，主槽减淤或冲刷越均匀，恢复下游主槽行洪排沙能力的实际作用就越大。研究表明，山东窄河段的冲刷主要是较大流量的洪水产生的。黄河三次调水调沙试验，在分析研究以往成果的基础上，除实施流量两极分化外，还保证了较大流量的持续历时在 9 d 以上，使得山东河段的主槽冲刷发展更加充分。根据试验资料统计，三次调水调沙试验艾山—利津河段总冲刷量 0.383 亿 t，占下游河道总冲刷量的 26%，突破了小浪底水库设计的对山东河段的减淤指标。

表 3-13 黄河中下游七次调水调沙模式及效果对照

时间	模式	小浪底水库蓄水（亿 m³）	区间来水（亿 m³）	调控流量（m³/s）	调控含沙量（kg/m³）	入海水量（亿 m³）	入海沙量（亿 t）	河道冲淤量（亿 t）	说明
2002 年	基于小浪底水库单库调节为主	43.41	0.55	2 600	20	22.94	0.664	0.362	首次试验
2003 年	基于空间尺度水沙对接	56.1	7.66	2 400	30	27.19	1.207	0.456	结合 2003 年秋汛洪水处理试验
2004 年	基于干流水库群水沙联合调度	66.5	1.098	2 700	40	48.01	0.697	0.665	第三次试验
2005 年	万家寨、三门峡、小浪底三库联合调度	61.6	0.33	3 000 ~ 3 300	40	42.04	0.612 6	0.646 7	生产运行
2006 年	三门峡、小浪底两库联合调度为主	68.9	0.47	3 500 ~ 3 700	40	48.13	0.648 3	0.601 1	万家寨水库“迎峰度夏”
2007 年汛前	万家寨、三门峡、小浪底三库联合调度	43.53	0.45	2 600 ~ 4 000	40	36.28	0.524 0	0.288 0	生产运行
2007 年汛期	基于空间尺度水沙对接	16.61	5.57	3 600	40	25.48	0.449 3	0.000 3	生产运行
合计						250.07	4.802	3.019	

三、河道行洪能力变化

(一)1999 年 10 月至 2002 年 5 月

小浪底水库蓄水运用后,1999 年 10 月至 2002 年 5 月,下泄流量均小于平滩流量,下游河道断面形态发生了变化,高村以上河段主槽冲刷,高村以下河段主槽淤积。各河段主槽展宽、冲深情况见表 3-14。

由表 3-14 可以看出,主槽平均冲深情况是白鹤—花园口河段为 0.66 m、花园口—夹河滩河段为 0.44 m、夹河滩—高村河段为 0.03 m,同时也有不同程度的展宽,其中花园口—夹河滩河段主槽平均展宽幅度最大,约 94 m,原因是该河段为典型的游荡性河道,边界控制条件弱,河道宽浅,主流摆动,且有不同程度的塌滩。夹河滩—高村河段河道为冲刷,但东坝头以下河段主槽逐渐出现淤积。

夹河滩以上冲刷主要集中在宽度不大的深槽,不能显著增加主槽的过洪能力。

表 3-14 1999 年 10 月至 2002 年 5 月下游河道断面形态变化 (单位:m)

河段	主槽展宽	主槽冲淤厚度
白鹤—花园口	65	-0.66
花园口—夹河滩	94	-0.44
夹河滩—高村	19	-0.03
高村—孙口	7	+0.12
孙口—艾山	4	+0.04
艾山—泺口	7	+0.11
泺口—利津	0	+0.06
利津—汊 2	3	+0.04

高村以下河段主槽宽度基本保持不变,主槽普遍淤积抬高,平均淤积厚度高村—孙口为 0.12 m、孙口—艾山为 0.04 m、艾山—泺口为 0.11 m、泺口—利津为 0.06 m、利津—汊 2 为 0.04 m。

(二)2002 年 5 月至 2004 年 7 月

黄河下游是强烈的冲积性河道,纵横断面的调整受来水来沙影响较大。经过三次试验,黄河下游各河段纵横断面的调整各有特点。套绘 2002 年 5 月和 2004 年 7 月黄河下游测验大断面,并计算各断面主槽宽度和河底平均高程变化,可以得出各河段河宽和河底平均高程变化如表 3-15 所示,白鹤—官庄峪河段,主槽以冲深为主(见图 3-117),部分断面有所展宽,平均展宽幅度为 144 m,该河段平均河底高程平均下降 0.58 m;官庄峪—花园口河段以展宽为主(见图 3-118),特别是京广铁桥以上河道展宽明显,该河段平均展宽 370 m,平均河底高程平均下降 0.38 m;花园口—孙庄河道比较稳定,主要以冲深为主,平均冲深 0.64 m;孙庄—东坝头河段,河势变化较大,以塌滩展宽为主(见图 3-119),主槽平均展宽 248 m,平均河底高程平均下降 0.44 m;东坝头以下河势比较稳定,工程控制较好,主槽宽度变化不大,高村以下各河段河宽有所减小,但幅度较小,东坝头以下河段均以冲深为主(见图 3-120),东坝头—高村、高村—孙口、孙口—艾山、艾山—泺口、泺口—利津分别冲深 1.12 m、1.06 m、0.62 m、0.90 m、1.00 m。

表 3-15 三次试验前后黄河下游各河段断面特征变化统计 (单位:m)

河段	2002 年 5 月河宽	2004 年 7 月河宽	差值	河底高程升降
白鹤——官庄峪	1 049	1 193	144	-0.58
官庄峪—花园口	1 288	1 658	370	-0.38
花园口—孙庄	906	961	55	-0.64
孙庄—东坝头	1 284	1 532	248	-0.44
东坝头—高村	605	635	30	-1.12
高村—孙口	484	458	-26	-1.06
孙口—艾山	521	500	-21	-0.62
艾山—泺口	494	486	-8	-0.90
泺口—利津	396	397	1	-1.00

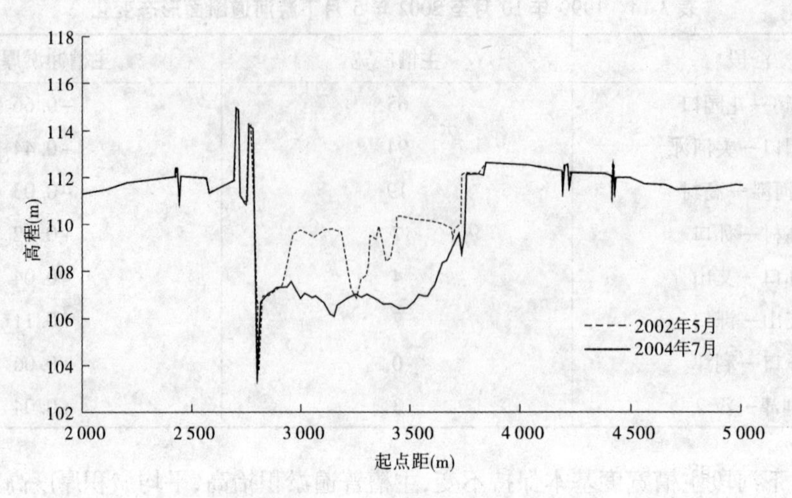

图 3-117　马峪沟断面变化

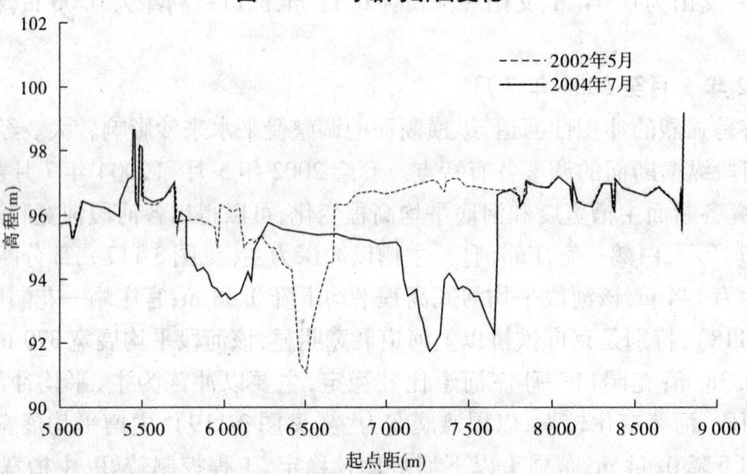

图 3-118　老田庵断面变化

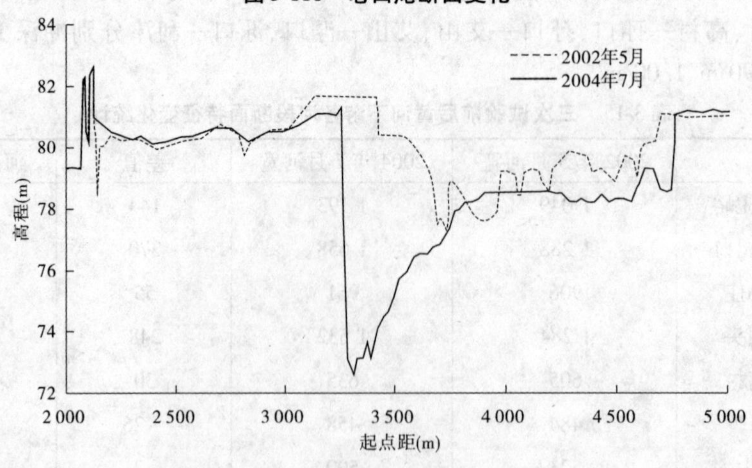

图 3-119　丁庄断面变化

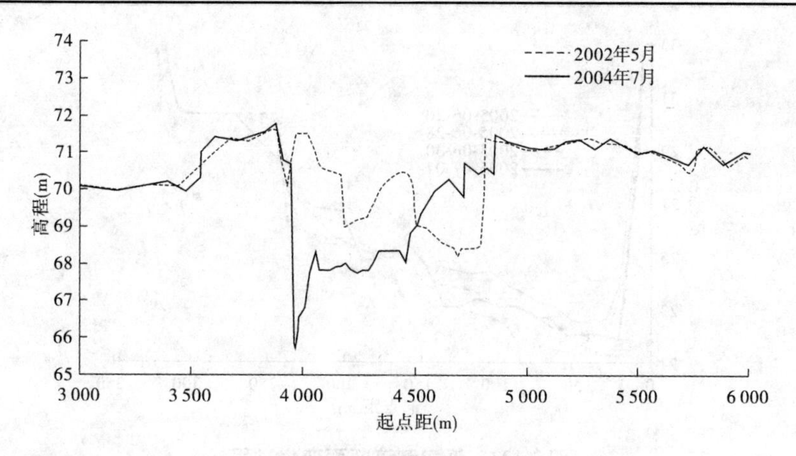

图 3-120　油房寨断面变化

(三)生产运行期间

2005 年 6 月调水调沙生产运行期间，花园口以下 7 个水文站断面监测结果表明，调水调沙运用前后各断面主槽宽度变化不明显，多数断面发生冲刷，特别是花园口、孙口、泺口断面冲刷幅度较大，累积冲刷面积分别为 237 m^2、328 m^2 和 121 m^2，如图 3-121～图 3-123 所示。发生冲刷的断面其深泓点均有不同程度降低，断面主槽基本以下切为主。

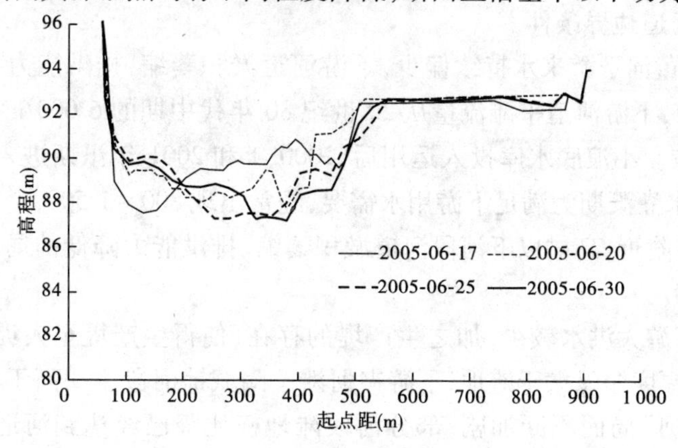

图 3-121　花园口测流断面变化过程

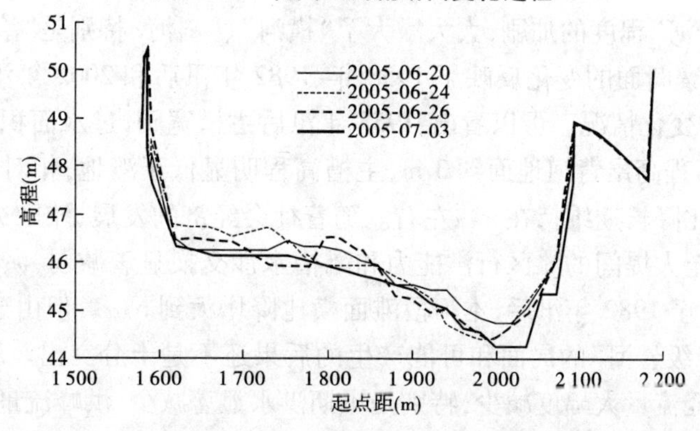

图 3-122　孙口测流断面变化过程

2006 年 6 月调水调沙生产运行期水面宽与调水调沙前相比，东坝头以上河段水面宽变

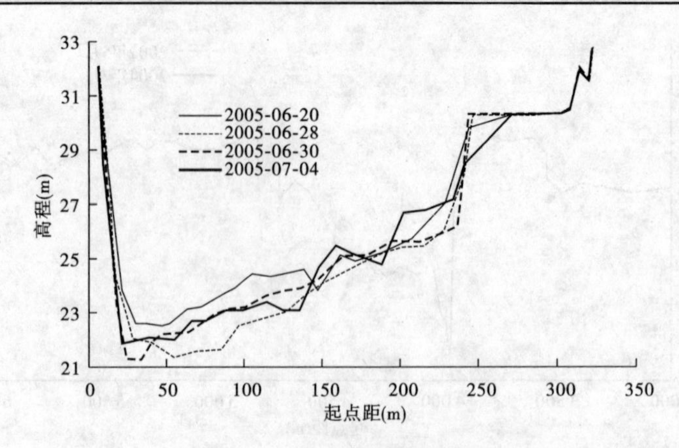

图 3-123　泺口测流断面变化过程

化较大,东坝头—高村变化很小,高村以下基本无变化。另外,孙口上下河段出现生产堤偎水现象,生产堤偎水深度一般在 0.4～0.6 m 以内。上述表明,本次调水调沙生产运行断面形态调整基本维持在主槽范围内,且主槽展宽不明显。

四、平滩流量变化

(一)试验前河道边界条件

1986 年以来,黄河下游来水持续偏少,下游河道淤积萎缩,排洪能力显著降低,至小浪底水库投入运用前,下游河道平滩流量从 20 世纪 80 年代中期的 6 000 m^3/s 左右减少到只有 3 000 m^3/s 左右。小浪底水库投入运用后,2000 年和 2001 年汛期进入下游的水量均只有约 50 亿 m^3,供水灌溉期为满足下游用水需要,经常出现 800～1 500 m^3/s 不利流量级,下游冲刷发展到高村附近,高村以下河段河道淤积萎缩、排洪能力降低的局面不仅没有改观,反而又进一步加剧。

近年来黄河下游大洪水较少,加之生产堤的存在,使得生产堤至大堤间的滩地淤积很少,主槽淤积抬升幅度明显大于滩地,下游夹河滩—陶城铺河段主槽高于滩地、滩地高于背河地面的“二级悬河”局面不断加剧,部分河段滩地横比降已经达到河道纵比降的 3 倍以上。其中,于庄断面滩唇附近比邻河堤脚高 3.6 m,最大横比降 2.3‰,是河道纵比降 1.16‱ 的 21 倍。“二级悬河”程度的加剧,大大增大了“横河”、“斜河”特别是“滚河”的发生概率。

图 3-124 杨小寨断面的变化反映了 1958 年、1982 年汛后和 2002 年汛前夹河滩—高村河段横断面形态的变化情况。可以看出,1958 年汛后主槽宽阔,过水面积大,平滩流量约为 8 000 m^3/s;滩面高程高出背河地面约 3 m,主槽高程明显低于滩地,相对于滩面而言,还属于地下河;滩面横比降长期维持在 3‱左右。随着社会经济的发展,滩区边界条件发生了巨大的变化,生产堤至大堤间的滩区行洪能力和滩槽水沙交换显著减弱,淤积强度降低,滩地横比降不断增大。至 1982 年汛后,本河段滩面横比降增大到 6‱。但由于河槽面积及主槽过流比例较大,“二级悬河”的局面和可能产生的后果还不是十分突出。20 世纪 80 年代后期以来,黄河下游径流量大幅度减少,特别是汛期洪水显著减少、洪峰流量明显降低,下游河道的淤积几乎全部集中在主槽和滩唇附近的滩地上,“二级悬河”程度进一步增大。到 2002 年汛前,夹河滩—高村之间部分河段堤根附近的滩面高程较滩唇附近的滩面高程低约 3 m,基本接近或低于主槽深泓点高程。

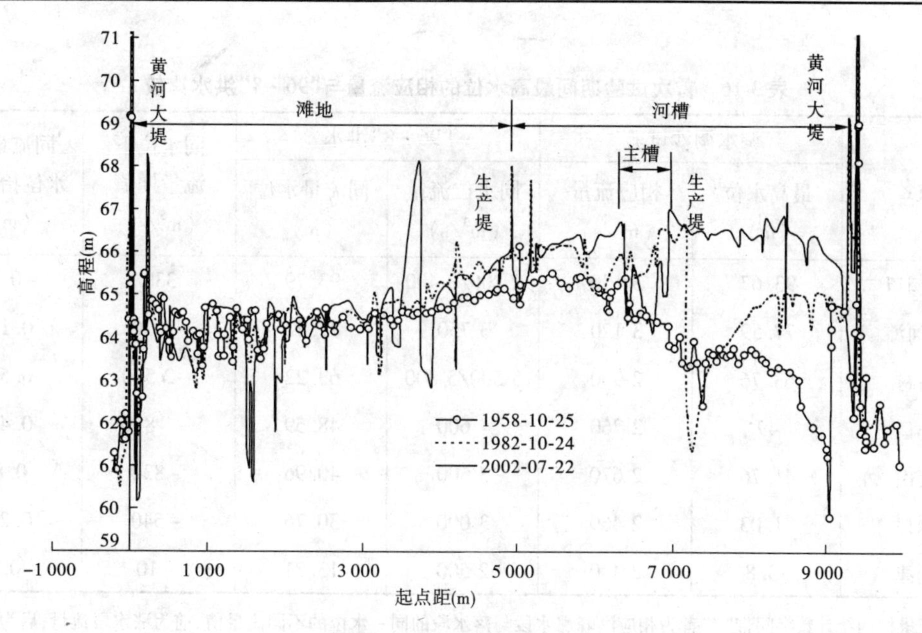

图 3-124　杨小寨断面变化过程

在河槽严重淤积萎缩、主河道行洪能力很低的情况下,一旦发生较大洪水,滩区过流比例将会明显增加,发生"横河"、"斜河"特别是"滚河"的可能性进一步增大,主流顶冲堤防和堤河低洼地带顺堤行洪将严重威胁下游堤防的安全,甚至造成黄河大堤的冲决。

黄河下游河床边界条件的变化,还突出表现在以下两个方面:一是生产堤至大堤间广大滩区范围内,道路、渠堤和生产堤纵横交错,增加了滩区的行洪阻力。二是,滩区农业耕作范围不断扩大,大量侵占原属河槽的嫩滩,人与河争地,明显增大了河道行洪的阻力,进一步降低了河道的排洪输沙能力。

(二)试验前河道排洪能力与"96·8"洪水的比较

1996 年 8 月,黄河下游发生了花园口水文站洪峰流量为 7 860 m^3/s 的洪水(简称"96·8"洪水),部分河段出现了历史最高洪水位,大部分滩区漫水成灾,充分暴露了 20 世纪 80 年代后期以来长期枯水少沙所造成的严峻的防洪局面。

与"96·8"洪水相比,2002 年以后下游各水文站最高水位下过流量除花园口站略有增加、利津站基本持平外,大部分河段过流能力均有较大幅度的降低,特别是高村、孙口两站最高水位下的过流量分别较"96·8"洪水同水位下过流量减小了 2 540 m^3/s 和 1 840 m^3/s。相应同流量水位除花园口站略有降低、利津站基本持平以外,大部分河段均有较大幅度的抬升,高村、孙口两站同流量水位下分别较"96·8"洪水抬升了 0.54 m 和 0.41 m,见表 3-16。

(三)平滩流量变化

1. 2002 ~2004 年

2002 年调水调沙以后,高村以上水文站断面平滩流量大多是增大的,花园口、高村分别增大了 300 m^3/s 和 1 050 m^3/s,夹河滩变化不大;艾山以下河段的泺口、丁字路口分别增大了 160 m^3/s 和 550 m^3/s;孙口和艾山站分别减小了 180 m^3/s 和 100 m^3/s。

高村附近河段平滩流量增大较为明显,一方面是由于主槽的冲刷下切,另一方面与洪水期大范围漫滩,滩唇淤积抬升也有较为密切的关系。洪水过后,本河段滩唇高程升高约

0.4 m。

表 3-16　首次试验期间最高水位的相应流量与“96 · 8”洪水比较

站名	调水调沙试验		“96 · 8”洪水		同水位下流量增值（m^3/s）	同流量下水位抬升值（m）
	最高水位（m）	相应流量（m^3/s）	同水位流量（m^3/s）	同流量水位（m）		
花园口	93.67	3 130	2 800/3 400	93.79	330	-0.12
夹河滩	77.59	3 120	3 750	77.42	-630	0.17
高村	63.76	2 960	5 500/5 800	63.22	-2 540	0.54
孙口	49	2 760	4 600	48.59	-1 840	0.41
艾山	41.76	2 670	3 500	40.96	-830	0.8
泺口	31.03	2 460	3 000	30.76	-540	0.27
利津	13.8	2 490	2 500	13.81	-10	-0.01

注：流量栏内统计数字间带“/”者为相应洪峰涨水段与落水段的同一水位的不同流量值，前为涨水段流量，后为落水段流量。流量栏内统计数字不带以上标志者，表示洪水过程该水位流量相同。同水位下流量增值采用涨水段流量值。

2003 年各水文站主槽平滩水位下的过洪能力均有不同程度增加，增幅一般在 150 ~ 400 m^3/s。

2004 年夹河滩外其余各水文站水位流量关系曲线均有所降低。8 月洪水和 6 月洪水相比除夹河滩升高 0.13 m 外，其他均有所下降，花园口和泺口下降最多，为 0.31 m 和 0.3 m，平均降低 0.11 m；8 月洪水和 6 月洪水相比各站均有所下降，同流量水位下降值在 0.11 ~ 0.24 m，平均降低 0.11 m。根据各站水位流量关系曲线计算分析，花园口、夹河滩、高村、孙口、艾山、泺口、利津各站平滩流量分别增加 340 m^3/s、340 m^3/s、210 m^3/s、360 m^3/s、120 m^3/s、220 m^3/s、110 m^3/s，整个黄河下游平均增加 240 m^3/s。

2002 年 6 月至 2004 年 8 月，下游河道各河段主槽过流能力明显增加，各站同水位流量均有所增大，同流量水位明显降低。2002 ~ 2004 年，下游各站同流量水位平均降低 0.95 m，其中夹河滩、高村降幅都在 1 m 以上。黄河下游各河段平滩流量增加 460 ~ 1 050 m^3/s，平均增加为 672 m^3/s，其中夹河滩—高村平滩流量增加最大，为 1 050 m^3/s，利津—丁字路口平滩流量增加最小，为 460 m^3/s，高村—孙口平滩流量增加 760 m^3/s。

2. 2005 ~ 2007 年

2005 年调水调沙生产运行下游各控制站平滩流量增加值分别为：花园口 450 m^3/s、夹河滩 30 m^3/s、高村 150 m^3/s、孙口 180 m^3/s、艾山 0 m^3/s、泺口 110 m^3/s、利津 60 m^3/s，整个黄河下游平均增加 140 m^3/s。可以看出，主槽过流能力增加较多的河段主要集中在艾山以上。进一步分析表明，平滩流量最小河段仍处于孙口附近，调水调沙过后，下游最小平滩流量恢复至 3 080 m^3/s。

2006 年调水调沙涨水期和 2005 年调水调沙同期相比，除利津站外，其他水文站同流量水位都有不同程度的下降，流量 3 000 m^3/s 相应水位一般下降 0.12 ~ 0.33 m，夹河滩站下降最大，为 0.75 m，泺口站下降最小，为 0.07 m，利津站基本未变。各站涨水期水位流量关系对比如图 3-125 ~ 图 3-131 所示。

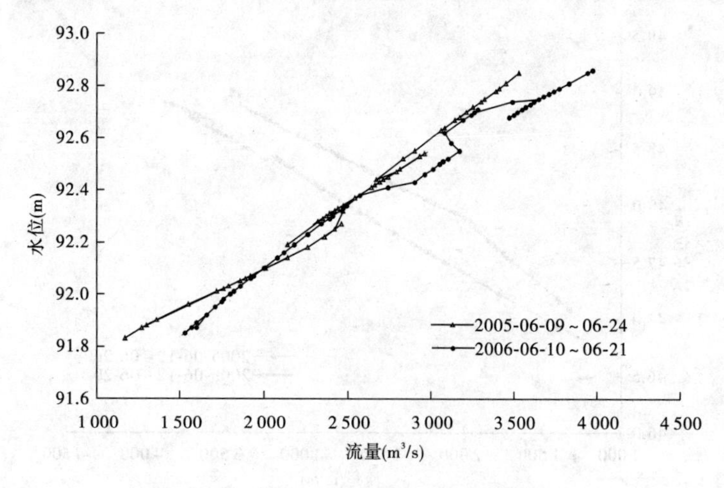

图 3-125　花园口站涨水期水位—流量关系

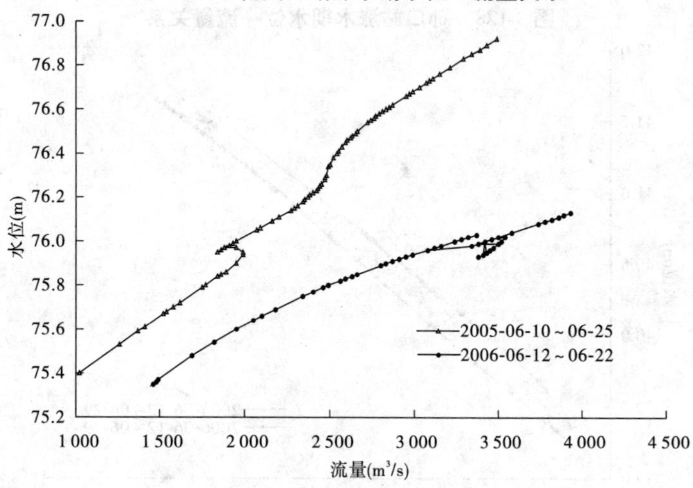

图 3-126　夹河滩站涨水期水位—流量关系

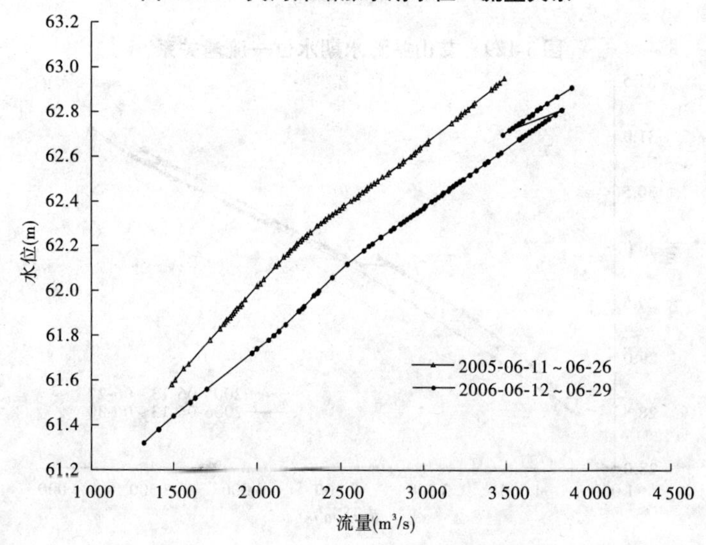

图 3-127　高村站涨水期水位—流量关系

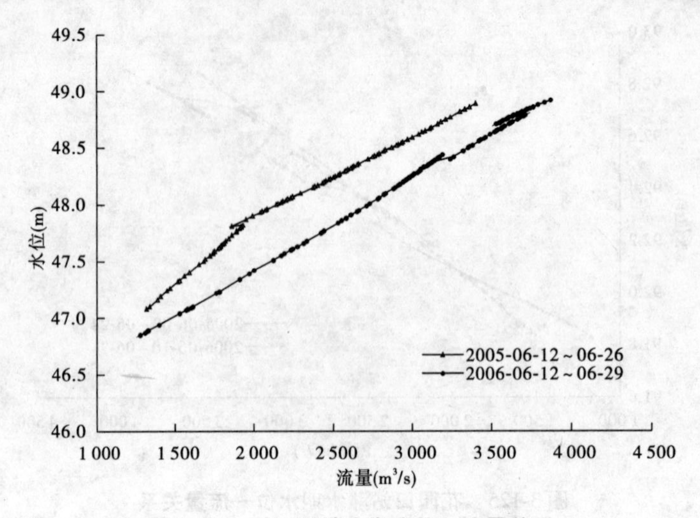

图 3-128 孙口站涨水期水位—流量关系

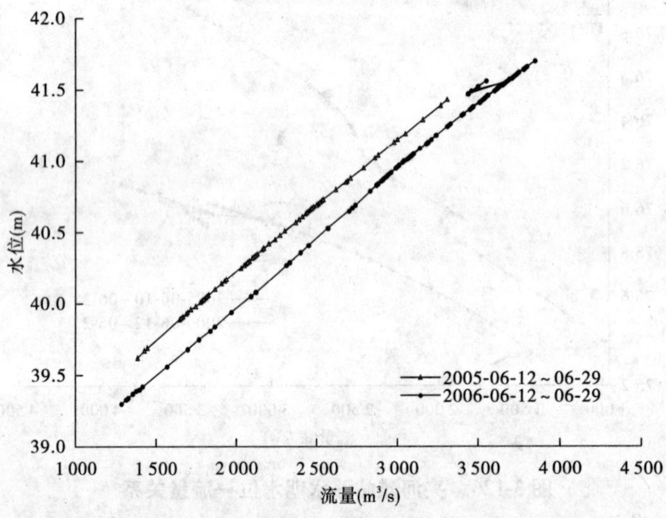

图 3-129 艾山站涨水期水位—流量关系

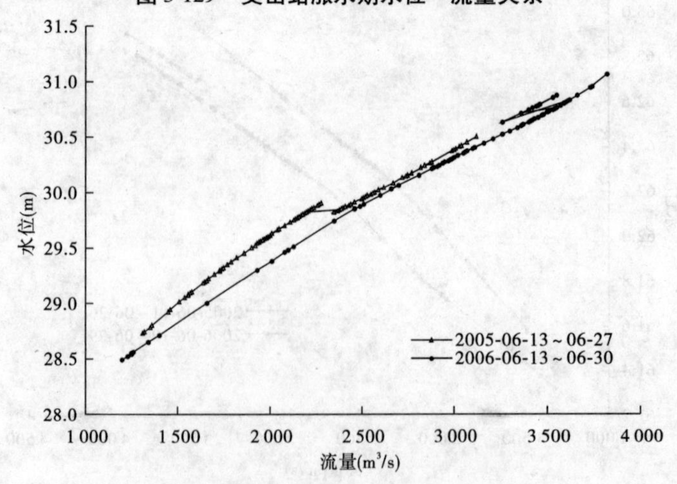

图 3-130 泺口站涨水期水位—流量关系

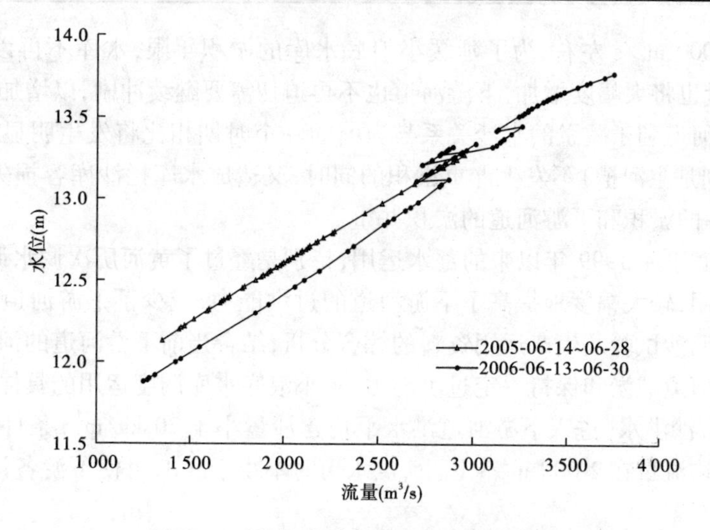

图 3-131　利津站涨水期水位—流量关系

2007 年和 2006 年下游各水文站最高水位相比,花园口站仅高 0.01 m,夹河滩站偏低 0.14 m,相应流量增加了 250 ~450 m³/s,高村、孙口两站水位均高 0.13 m,相应流量分别增大 90 m³/s 和 220 m³/s,艾山以下各站水位高 0.18 ~0.25 m,相应流量平均增大约 90 m³/s。落水期与涨水期相比,同流量水位都有不同程度的下降,3 000 m³/s 同流量水位一般下降 0.14 ~0.16 m,高村站下降最大,为 0.23 m,其次为孙口和艾山两站,均下降 0.16 m,夹河滩和利津两站水位略有抬升,但绝对值很小,分别为 0.03 m 和 0.08 m。

根据水位流量关系线、生产堤偎水情况,经初步分析,黄河下游河道主河槽最小平滩流量由调水调沙前的 3 500 m³/s 增大到 3 630 m³/s。在部分生产堤挡水的情况下,艾山以上河道主河槽安全通过了 3 980 m³/s 最大流量。

2007 年汛期和 2007 年 6 月调水调沙期间下游各水文站最高水位相比,除花园口站略偏高外,其余各站均偏低。大部分控制站同流量水位都有不同程度的下降,3 500 m³/s 同流量水位降幅为 0.11 ~0.43 m,其中高村、孙口、艾山三站下降最大,分别为 0.24 m、0.43 m 和 0.38 m,花园口和利津两站则分别略有抬升,分别为 0.2 m 和 0.05 m。黄河下游河道主河槽最小平滩流量接近 3 700 m³/s。

五、下游河道减淤对小浪底水库运用的要求

小浪底水库初期运用,水库蓄水拦沙,排沙比较小,下游河道将发生冲刷。因此,为实现黄河下游河道各河段达到减淤的目的,对小浪底水库初期运用方式的制定提出了更高的要求。

当前一个时期内,黄河下游面临主槽行洪排沙能力严重不足、"二级悬河"依然严峻的局面,迫切需要塑造合适的洪水过程冲刷主槽,以尽快恢复河槽的行洪排沙基本功能。因此,当前一定时期内小浪底水库的调度运用,必须能够满足能使下游河道主河槽发生显著冲刷的要求。

小浪底水库的运用具有明显的阶段性,下游河道冲刷过程中平滩流量逐步增加的同时,床沙组成、河槽形态等也在发生相应的调整。因此,满足下游河道减淤的水沙关系必然是一个动态的变化过程。随着库区的泥沙淤积,小浪底水库进入拦沙后期,下游河道的平滩流量

逐步恢复至 5 000 m^3/s 左右，为了延缓小浪底水库的淤积年限，水库不再以异重流排沙为主，下泄的沙量也将大幅度增加，下游河道也不再迫切需要继续冲刷，以增加河道过洪能力，此时黄河下游河道利于减淤的水沙关系与当前的一个时期相比将发生明显的改变，在保证下游河道（特别是主河槽）不发生严重淤积的同时，又造成水库拦沙库容损失较快的水沙关系，即控制水库的淤积和下游河道的淤积并重。

通过小浪底水库 1999 年以来的蓄水运用，特别是经过了黄河历次调水调沙试验和 3 年的调水调沙运用，较大幅度地提高了下游河道的过洪能力，减少了下游河道的淤积速度，根据对历次调水调沙试验及生产运用资料的综合分析，结合当前下游河道的河床边界条件，要继续保持下游河道减淤和保持一定过洪能力，对小浪底水库调度运用的具体需求为：

（1）在低含沙洪水（进入下游河道洪水平均含沙量小于 20 kg/m^3）条件下，控制进入下游河道洪水平均流量在 2 600 m^3/s 以上，洪水历时不小于 9 d，可使下游各河段主槽均发生冲刷。

（2）含沙量 30 kg/m^3 左右、出库细泥沙含量达 90% 以上时，控制进入下游河道的流量 2 400 m^3/s、洪水历时 12 d 以上，也可使下游河槽在总量上实现明显冲刷；但是艾山以下河道发生冲刷的流量应在 2 500 m^3/s 以上，若孙口以下河道（主要是大汶河）没有水量加入，使下游各河段均发生明显冲刷的流量应在 2 700 m^3/s 以上。

（3）在今后调水调沙生产实践中，若小浪底水库库区异重流排出的泥沙仍以极细沙为主，则控制进入下游河道的洪水平均流量应进一步提高到 3 000 m^3/s 左右、洪水历时 8 d 以上，预估出库含沙量 40 kg/m^3 左右也可以实现下游河槽的全线冲刷，并视下游河槽过洪能力恢复情况及时调整调水调沙指标体系。同时，控制出库流量使其尽量接近下游平滩流量，最大限度地发挥河槽的行洪排沙能力。

第九节　小　结

根据小浪底水库防洪、供水、发电的需要，结合目前的淤积现状和历年的冲淤变化规律，同时考虑下游河道减淤的需要，提出以下意见供参考。

小浪底库区平面形态十分复杂，包括弯道和断面扩大及缩小，均使异重流在经过这些局部库段时产生能量损失。因此，在典型部位布设观测断面进行观测，不仅可定量给出异重流通过局部库段时的能量损失，而且可建立计算方法为数学模型服务。

八里胡同河段位于小浪底水库下段，是连接小浪底库区上下两个开阔库段的瓶颈，在不同的运用水位下，其上下游的水流特性和挟沙能力变化很大。对于不同的进出库水沙条件，八里胡同对库区淤积形态的影响也是不同的。

（1）小浪底库区冲淤分布存在着以八里胡同为界分为上下两大冲淤变化区域，八里胡同对库区淤积形态的变化具有明显的影响作用。

（2）库区水位的变化对八里胡同上部冲淤变化区域的范围有着直接的影响，一般情况下库区最高水位决定了冲淤范围的上界，最低水位决定了冲淤范围的下界。

（3）八里胡同以下的冲淤变化受库区水位的影响不大，但和入库水流含沙量、出库流量和水库泄水建筑的启闭运用有关。该区域的河底高程以持续淤积为主，淤积的形态以平行抬升为主。

(4)相同的入库水沙条件下,水库运用水位越高,淤积部位越靠上,淤积形态越不利,但这种不利的淤积形态是可以调整的。调整时的库区水位越接近八里胡同当时的河底高程效果越好。

在今后的水库调度运用过程中,针对八里胡同对库区淤积形态的影响作用,提出以下建议:

(1)当上游出现较大的高含沙洪水时,应尽量降低库区运用水位,降低后的库区水位应接近八里胡同的河底高程,以利于入库泥沙向坝前输移。

(2)由于八里胡同具有较强的壅水作用,为避免由于壅水造成上游水流挟沙能力的降低,在汛前调水调沙运用、人工塑造异重流时,三门峡开始下泄流量时不宜过大,应逐渐加大,减少八里胡同的壅水高度,提高水流的挟沙能力,增加入库水流的输沙效率。

(3)应密切注意八里胡同河底高程的抬升速度,当抬升速度过快时,应采取人工措施在八里胡同实施扰沙,借助有利地形降低河底高程。

第四章 小浪底水库水文泥沙专题实践与研究

第一节 水库异重流垂线测点优化研究

一、试验目的

小浪底水库异重流测验，施测单条垂线需要40~60 min，一次全断面测验需要3~5 h，测验历时较长，而异重流短时间内发展变化速度快，势必影响到异重流全断面测验的质量。

试验主要目的是通过测验分析研究异重流断面布设的代表性，分析全断面法、主流线法的适用条件和布设原则，优化测验断面组合方案。采用较少的测验垂线和测点满足异重流流量、输沙率的计算精度要求及流速、含沙量的梯度变化，减少外业工作量，缩短测验历时，提高测验效率，确保测验质量。

二、试验概况

(一)测验断面位置及断面情况

1. 试验断面位置及断面情况

试验断面选择潜入点下游附近的HH04断面。HH04断面距小浪底大坝里程4.55 km，河道顺直，水面宽阔，浑水宽度较大，左岸有一支流大峪河与之交汇，HH04断面见图4-1。

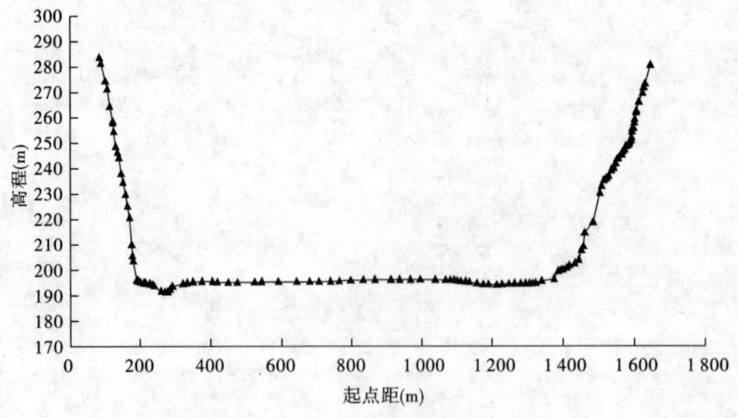

图4-1 2013年汛前小浪底水库HH04断面图

2. 测验条件

测验人员于2013年6月25日进驻小浪底测验现场，进行了异重流测验前的准备工作，7月3日正式开始测验。本次在HH04断面的异重流测线测点布设试验，使用测船3艘（昆仑号、A210号、黑石关号），测验人员30人。测验仪器包括天宝5700型GPS接收机、Bathy

500DF 回声测深仪、流速仪、清浑水界面探测仪等。

(二)测线、测点布设原则

异重流测线测点布设试验,每次横断面法布设异重流取样、测速垂线 10 条,每条垂线在异重流交面以下浑水层厚度大于 10 m 时,有效取样 13 个点;浑水层厚度为 10 ~5 m 时,有效取样 13 ~10 点;浑水层厚度 5 ~3 m 时,有效取样 10 ~7 点。异重流交面上、下附近和底部取样点酌情加密,其他部位均匀布点。含沙量取样点均施测流速(有效取样点不含掺混层)。

泥沙颗粒分析,所取沙样全部按单点样品作颗粒分析后(留样),除主流一线外,其余垂线再分别按垂线将异重流层内的沙样混合后作颗粒分析一次。

(三)测次安排及测验历时情况

2013 年 7 月 3 日中午三门峡水库开始下泄大流量,流量逐步加大,16 时在 HH06 断面上游 300 m 左右处发现异重流潜入点,随着上游来水来沙变化,2013 年 7 月 5 日,异重流潜入点下移到 HH05 断面,异重流下游测验断面选在 HH04 断面。

2013 年 7 月 5 日期间,潜入点继续出现在 HH05 断面附近,HH04 断面的异重流 10 线法测验全面开始,为了提高测验效率,昆仑号、A210 号和黑石关号三艘测船同时在 HH04 断面进行测验,每天施测 2 次,一次施测 10 条垂线,从 7 月 5 ~7 日连续测验 3 d。

三船联合测验,每条垂线测量时间 30 ~50 min,每次测验历时,在 3 h 左右。

异重流测线测点试验,横断面 10 线法测验 6 次,施测垂线 60 条;垂线测点方面,共施测流速点 656 个,泥沙取样点 543 个,颗分送样 536 个。

(四)异重流厚度及浑水层变化情况

从 HH04 断面异重流测验界面高程、异重流厚度横向分布图(图 4-2)中可以看出,该断面界面高程在横向上基本等高,异重流在横向分布上比较均匀。

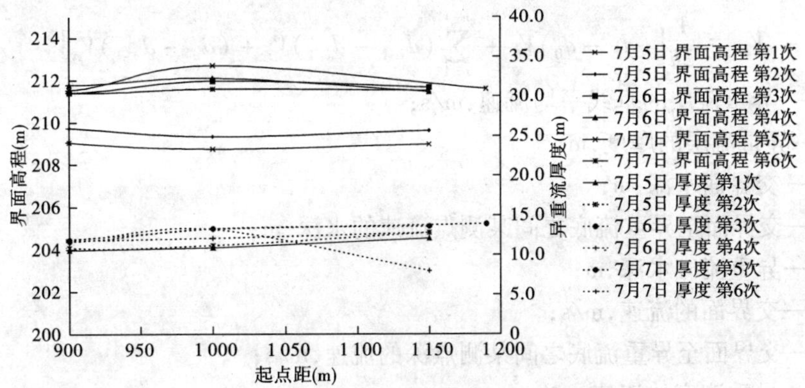

图 4-2　HH04 断面异重流测验界面高程、异重流厚度横向分布

7 月 5 日 HH04 断面第 1 次全断面测验在 HH04 断面形成后,断面上平均异重流厚度 13. 1 m,最大平均异重流厚度为 14. 2 m,6 次测验平均断面异重流厚度为 13. 6 m,异重流平均厚度变化不大。

异重流清浑水界面高程变化较大,7 月 5 日第 1 次全断面测验平均界面高程为 209. 62 m,7 月 5 日第 2 次平均界面高程为 209. 92 m,7 月 6 日第 3 次平均界面高程为 209. 62 m,7 月 6 日第 4 次平均界面高程为 209. 62 m, 7 月 7 日第 6 次测验平均界面高程为 212. 03 m,

界面随着上游来水来沙情况和断面淤积变化增高,平均界面高程增加 2.41 m。

三、异重流垂线测点精简分析

(一)精简原则

根据《水库异重流测验整编技术规程》(以下简称《规程》)规定,控制流速、含沙量在垂线上的转折(主要是交面和底部)变化,按交面和底部密、中部稀但较均匀的原则。

(二)精简内容

在异重流层实测多点法中,选取 7 点、6 点、5 点、4 点分别计算不同测点数的异重流层垂线平均流速、平均含沙量。

(三)选点方法

按照《规程》规定,交界面附近不少于 3 个点,以反映含沙量浓度突变处;软泥面库底附近取样点不少于 2 个点。而具体选点时既要参照《规程》规定,又要根据实际测验取点情况而定,如 7 点选取,交界面附近选 2 个点、中部选 3 个点、库底附近选 2 个点;6 点选取,交界面附近选 2 个点、中部选 2 个点、库底附近选 2 个点;5 点选取,交界面附近选 1 个点、中部选 2 个点、库底附近选 2 个点;4 点选取,交界面附近选 1 个点、中部选 2 个点、库底附近选 1 个点。

(四)异重流层垂线平均流速、平均含沙量计算

异重流层垂线平均流速、平均含沙量值,先在测验资料上选好各测点,包括精简前、精简后 7 点、5 点、4 点,然后根据式(4-1)、式(4-2)计算得出异重流层垂线平均流速、平均含沙量值,见表 4-1。

1. 平均流速

异重流层的垂线平均流速采用水深加权法计算,其公式为:

$$V_m = \frac{1}{2h}\left[(d_1 - d_0)V_0 + \sum_{i=1}^{n-1}(d_{i+1} - d_{i-1})V_i + (d_n - d_{n-1})V_n\right] \tag{4-1}$$

式中　V_m——异重流层的垂线平均流速,m/s;

h——异重流层的厚度,m;

d_0——交界面水深,m;

d_i——交界面至异重流底之间某测点流速的水深,m;

d_n——异重流底水深,m;

V_0——交界面的流速,m/s;

V_i——交界面至异重流底之间某测点深的流速,m/s;

V_n——异重流底的流速,m/s。

2. 平均含沙量

异重流层的垂线平均含沙量采用水深和流速加权法计算,其公式为:

$$C_{sm} = \frac{1}{2hV_m}\left[(d_1 - d_0)V_0C_{s0} + \sum_{i=1}^{n-1}(d_{i+1} - d_{i-1})V_iC_{si} + (d_n - d_{n-1})V_nC_{sn}\right] \tag{4-2}$$

式中　C_{sm}——异重流层的垂线平均含沙量,kg/m³;

C_{s0}——交界面的含沙量,kg/m³;

C_{si}——交界面至异重流底之间相应各流速测点的含沙量,kg/m³;

C_{sn}——异重流底的含沙量，kg/m^3；

HH04 断面异重流层垂线平均流速、平均含沙量计算见表 4-1。

表 4-1　异重流层垂线平均流速、平均含沙量计算(精简点)

垂线号	起点距(m)	异重流层									
		平均流速(m/s)					含沙量(kg/m³)				
		精简前	7点	6点	5点	4点	精简前	7点	6点	5点	4点
横1-1	260	42.9	43.1	42.1	41.4	31.9	42.9	43.1	42.1	41.4	31.9
横1-2	400	29.5	29.6	31.9	30.4	32.6	29.5	29.6	31.9	30.4	32.6
横1-3	520	41.5	41.5	42.9	43.2	70.6	41.5	41.5	42.9	43.2	70.6
横1-4	600	36.6	37.7	36.3	34.0	38.0	36.6	37.7	36.3	34.0	38.0
横1-5	680	40.6	41.5	40.7	39.2	59.1	40.6	41.5	40.7	39.2	59.1
横1-6	750	34.9	33.9	34.2	33.8	43.7	34.9	33.9	34.2	33.8	43.7
横1-7	820	38.4	38.4	37.8	37.9	53.1	38.4	38.4	37.8	37.9	53.1
横1-8	900	21.6	21.6	22.6	23.7	28.0	21.6	21.6	22.6	23.7	28.0
横1-9	1 000	32.8	32.8	32.6	32.2	58.5	32.8	32.8	32.6	32.2	58.5
横1-10	1 150	19.3	19.5	18.9	18.5	19.0	19.3	19.5	18.9	18.5	19.0
横2-1	260	35.4	35.5	40.1	40.3	50.9	35.4	35.5	40.1	40.3	50.9
横2-2	400	33.2	33.2	30.6	30.8	40.9	33.2	33.2	30.6	30.8	40.9
横2-3	520	44.4	44.3	45.5	45.7	64.5	44.4	44.3	45.5	45.7	64.5
横2-4	602	33.1	33.1	35.8	35.9	46.5	33.1	33.1	35.8	35.9	46.5
横2-5	682	32.5	32.7	33.7	33.3	36.8	32.5	32.7	33.7	33.3	36.8
横2-6	752	37.1	38.3	39.5	39.0	58.1	37.1	38.3	39.5	39.0	58.1
横2-7	820	31.7	31.7	31.7	30.6	30.5	31.7	31.7	31.7	30.6	30.5
横2-8	900	27.1	27.5	28.7	25.4	30.9	27.1	27.5	28.7	25.4	30.9
横2-9	1 000	119	119	121	111	224	119	119	121	111	224
横2-10	1 150	27.2	27.4	27.0	25.5	32.3	27.2	27.4	27.0	25.5	32.3
横3-1	260	38.9	39.3	37.7	39.7	55.5	38.9	39.3	37.7	39.7	55.5
横3-2	400	23.4	23.7	23.8	24.7	26.2	23.4	23.7	23.8	24.7	26.2
横3-3	500	32.3	32.3	31.7	32.1	36.9	32.3	32.3	31.7	32.1	36.9
横3-4	604	34.8	34.4	34.0	33.5	24.0	34.8	34.4	34.0	33.5	24.0
横3-5	677	29.8	29.3	29.1	28.7	27.2	29.8	29.3	29.1	28.7	27.2
横3-6	740	34.4	33.9	33.1	34.1	28.7	34.4	33.9	33.1	34.1	28.7
横3-7	820	31.7	31.8	30.8	31.0	41.1	31.7	31.8	30.8	31.0	41.1
横3-8	900	27.6	27.7	27.5	27.4	39.7	27.6	27.7	27.5	27.4	39.7

续表 4-1

垂线号	起点距(m)	异重流层									
		平均流速(m/s)					含沙量(kg/m³)				
		精简前	7点	6点	5点	4点	精简前	7点	6点	5点	4点
横3-9	1 000	29.7	30.1	33.3	31.1	37.8	29.7	30.1	33.3	31.1	37.8
横3-10	1150	29.9	30.4	29.9	27.9	35.0	29.9	30.4	29.9	27.9	35.0
横4-1	260	29.0	28.8	29.9	28.8	32.8	29.0	28.8	29.9	28.8	32.8
横4-2	400	26.1	26.2	26.7	25.7	26.6	26.1	26.2	26.7	25.7	26.6
横4-3	500	30.5	31.0	30.8	31.4	39.6	30.5	31.0	30.8	31.4	39.6
横4-4	590	28.6	28.1	27.7	27.5	27.7	28.6	28.1	27.7	27.5	27.7
横4-5	676	28.4	28.2	28.2	27.7	28.1	28.4	28.2	28.2	27.7	28.1
横4-6	730	29.4	29.6	29.4	28.5	30.0	29.4	29.6	29.4	28.5	30.0
横4-7	820	45.7	45.6	43.8	43.2	49.7	45.7	45.6	43.8	43.2	49.7
横4-8	900	33.1	33.1	33.3	31.3	40.2	33.1	33.1	33.3	31.3	40.2
横4-9	1 000	20.2	20.5	19.8	19.5	24.9	20.2	20.5	19.8	19.5	24.9
横4-10	1 150	11.0	11.5	6.60	7.68	7.68	11.0	11.5	6.60	7.68	7.68
横5-1	260	36.9	36.9	39.0	41.2	46.1	36.9	36.9	39.0	41.2	46.1
横5-2	400	30.0	29.9	30.0	30.1	32.5	30.0	29.9	30.0	30.1	32.5
横5-3	500	93.4	93.6	88.2	88.2	193	93.4	93.6	88.2	88.2	193
横5-4	600	60.0	60.4	59.9	57.7	63.0	60.0	60.4	59.9	57.7	63.0
横5-5	655	58.8	56.3	55.0	54.6	59.8	58.8	56.3	55.0	54.6	59.8
横5-6	740	29.2	28.1	27.8	28.0	22.7	29.2	28.1	27.8	28.0	22.7
横5-7	800	169	170	155	152	333	169	170	155	152	333
横5-8	900	108	109	114	112	246	108	109	114	112	246
横5-9	1 000	27.5	27.6	27.8	25.8	31.3	27.5	27.6	27.8	25.8	31.3
横5-10	1 190	17.6	17.4	16.4	18.9	15.1	17.6	17.4	16.4	18.9	15.1
横6-1	260	48.6	48.6	53.8	54.0	66.5	48.6	48.6	53.8	54.0	66.5
横6-2	400	39.8	39.8	40.1	39.7	44.8	39.8	39.8	40.1	39.7	44.8
横6-3	500	134	135	139	138	286	134	135	139	138	286
横6-4	600	55.2	51.6	50.3	50.5	52.9	55.2	51.6	50.3	50.5	52.9
横6-5	660	54.2	54.2	54.2	54.0	72.2	54.2	54.2	54.2	54.0	72.2
横6-6	740	50.6	47.9	49.3	47.4	81.9	50.6	47.9	49.3	47.4	81.9
横6-7	800	278	279	276	272	570	278	279	276	272	570
横6-8	900	121	121	115	114	150	121	121	115	114	150
横6-9	1 000	154	154	194	195	308	154	154	194	195	308
横6-10	1 150	21.6	21.7	20.7	20.0	12.5	21.6	21.7	20.7	20.0	12.5

(五)误差计算分析

不同测点数,精简前、精简后7点、6点、5点、4点的异重流层垂线平均流速和平均含沙量的误差计算,包括相对平均误差、相对标准差,其计算公式如下。

1.异重流层垂线平均流速相对平均误差和相对标准差

计算公式:

$$\mu_i = \frac{V_{mi} - V_{mti}}{V_{mti}} \tag{4-3}$$

$$\bar{\mu} = \frac{1}{n}\sum_{i=1}^{n}\left(\frac{V_{mi} - V_{mti}}{V_{mti}}\right) \tag{4-4}$$

$$S = \sqrt{\frac{\sum_{i=1}^{n}(\mu_i - \bar{\mu})^2}{n-1}} \tag{4-5}$$

式中　μ_i——第i条垂线按不同测点数计算所得异重流层垂线平均流速的相对误差;

$\bar{\mu}$——按不同测点数计算所得异重流层垂线平均流速的相对平均误差,即系统误差;

V_{mi}——第i个少点法计算所得异重流层垂线平均流速;

V_{mti}——第i个精简前求得的异重流层垂线平均流速;

S——按少点法计算所得异重流层垂线平均流速的相对标准差;

n——测点总数。

2.异重流层垂线平均含沙量相对平均误差和相对标准差

$$\mu_i = \frac{C_{smi} - C_{smti}}{C_{smti}} \tag{4-6}$$

$$\bar{\mu} = \frac{1}{n}\sum_{i=1}^{n}\left(\frac{C_{smi} - C_{smti}}{C_{smti}}\right) \tag{4-7}$$

$$S = \sqrt{\frac{\sum_{i=1}^{n}(\mu_i - \bar{\mu})^2}{n-1}} \tag{4-8}$$

式中　μ_i——第i条垂线按不同测点数计算所得异重流层垂线平均含沙量的相对误差;

$\bar{\mu}$——按不同测点数计算所得异重流层垂线平均含沙量的相对平均误差,即系统误差;

C_{smi}——第i个少点法计算所得异重流层垂线平均含沙量;

C_{smti}——第i个精简前求得的异重流层垂线平均含沙量;

S——按少点法计算所得异重流层垂线平均含沙量的相对标准差;

n——测点总数。

误差计算结果见表4-2和表4-3。

从表4-2和表4-3计算结果中可以看出以下几点:

(1)随着测点数目的减小,异重流层垂线平均流速相对标准差增加。

(2)表4-2中7点法异重流层垂线平均流速系统误差较小,不超过1%,6点法、5点法和4点法的流速系统误差较大。

(3)从表4-3中也可以看出,采用7点法计算异重流层垂线平均含沙量系统误差不超过

3%,相对标准差也不大,满足《河流悬移质泥沙测验规范》(GB 50519—92)的误差控制指标要求,6 点法、5 点法和 4 点法的流速系统误差较大。

因此,异重流垂线测点最好不要少于 7 点。

表 4-2 异重流层垂线平均流速误差计算(精简点)

垂线号(垂线数)	流速相对平均误差(%)				流速相对标准差(±%)			
	7 点-精简前	6 点-精简前	5 点-精简前	4 点-精简前	7 点-精简前	6 点-精简前	5 点-精简前	4 点-精简前
1(6)	0.27	-3.94	-5.37	-8.48	2.92	11.25	11.95	18.84
2(6)	-0.93	-5.74	-4.54	-8.29	1.47	14.01	14.30	19.07
3(6)	0.03	0.15	-0.53	-19.97	1.04	3.89	3.77	10.22
4(6)	0.76	5.31	7.30	-4.67	2.61	7.90	6.50	13.01
5(6)	0.75	3.03	4.33	-10.54	1.89	4.90	4.65	5.61
6(6)	0.97	4.79	5.56	-13.06	2.57	8.14	7.79	13.05
7(6)	0	6.34	8.16	-7.14	0	6.09	6.72	16.73
8(6)	-0.19	-1.57	0.76	15.93	0.45	5.08	7.12	31.92
9(6)	0.45	-13.43	-9.77	1.38	3.18	10.19	11.35	12.01
10(6)	-0.72	-5.37	-6.60	-10.15	2.07	20.04	28.81	40.25
60 条线	0.14	-1.04	-0.07	-6.50	0.04	0.90	1.31	3.61

表 4-3 异重流层垂线平均含沙量误差计算(精简点)

垂线号(垂线数)	含沙量相对平均误差(%)				含沙量相对标准差(±%)			
	7 点-精简前	6 点-精简前	5 点-精简前	4 点-精简前	7 点-精简前	6 点-精简前	5 点-精简前	4 点-精简前
1(6)	0.18	4.64	5.75	22.61	0.57	6.58	7.34	26.37
2(6)	0.28	0.84	-0.01	11.41	0.56	5.14	4.36	6.94
3(6)	0.40	0.52	1.13	63.26	0.69	3.61	3.65	40.72
4(6)	-0.96	-1.19	-3.10	1.83	3.19	5.53	6.01	23.02
5(6)	-0.63	-0.93	-2.44	13.99	2.20	3.36	3.26	21.26
6(6)	-1.58	-1.11	-2.07	17.81	3.13	4.06	3.94	36.16
7(6)	0.17	-2.93	-4.11	45.83	0.30	3.02	3.25	45.35
8(6)	0.46	1.90	-0.80	43.45	0.62	4.26	6.44	42.50
9(6)	0.53	6.38	2.19	55.16	0.70	10.82	12.66	37.81
10(6)	1.22	-8.97	-7.88	-8.71	1.88	15.40	12.24	24.81
60 条线	0.01	-0.08	-1.13	26.66	0.03	0.44	0.43	8.98

四、精简垂线的分析

(一)精简原则

根据《规程》规定,以控制异重流厚度、流速、含沙量在横向上的转折变化。按主流线密、控制断面变化、左右两边垂线尽量接近异重流流动边界的精简原则。

(二)精简内容

在异重流层实测多线(10条)法中,选取8线、7线、6线、5线、4线分别计算不同测线数的异重流层断面流量、平均流速、平均含沙量。

(三)精简方法

具体选线时既要参照《规程》规定,根据断面形状和横向流速分布,确定对流量精度影响较大的垂线作为保留垂线,按均匀抽取垂线的原则,根据实际需要精简一定数目的垂线,再计算流量和输沙率。

本试验中在HH04断面进行10线法异重流测验,断面底部较为平整,主流位于断面起点距600~850 m段,垂线号为4~7。因此,8线选取第1、3、4、5、6、7、8、10条垂线,7线选取第1、3、4、5、6、8、10条垂线,6线选取第1、3、5、6、8、10条垂线,5线选取第1、3、6、8、10条垂线,4线选取第1、3、6、10条垂线。

(四)异重流层断面平均流速、平均含沙量计算

异重流层断面平均流速、平均含沙量计算,包括精简前10线、精简后8线、7线、6线、5线、4线,得出异重流层断面流量、断面输沙率,并计算出异重流层断面平均流速、平均含沙量的值。其结果见表4-4和表4-5。

表4-4　异重流层断面流量、输沙率计算

测次	异重流层流量(m^3/s)						异重流层输沙率(t/s)					
	10线	8线	7线	6线	5线	4线	10线	8线	7线	6线	5线	4线
横1	6 338	6 288	6 220	6 124	5 996	7 137	221	228	221	220	212	246
横2	5 703	5 688	5 377	5 219	4 541	5 480	214	200	190	190	171	203
横3	5 252	5 316	5 381	5 211	4 796	5 445	165	175	176	168	158	182
横4	6 127	6 300	6 736	6 600	6 397	7 121	181	189	194	191	187	187
横5	5 462	5 661	5 710	5 580	5 276	5 674	337	356	360	359	329	287
横6	5 502	5 747	5 647	5 912	5 348	5 663	453	509	444	492	460	434

表4-5　异重流层断面平均流速、平均含沙量计算

测次	异重流层平均流速(m/s)						异重流层平均含沙量(kg/m^3)					
	10线	8线	7线	6线	5线	4线	10线	8线	7线	6线	5线	4线
横1	0.43	0.43	0.42	0.42	0.41	0.47	34.8	36.3	35.5	36.0	35.3	34.4
横2	0.38	0.38	0.35	0.34	0.30	0.35	37.6	35.2	35.4	36.4	37.6	37.0
横3	0.32	0.33	0.34	0.33	0.30	0.34	31.5	32.9	32.8	32.2	33.0	33.4
横4	0.41	0.45	0.46	0.45	0.43	0.48	29.6	30.0	28.8	29.0	29.2	26.2
横5	0.34	0.36	0.36	0.35	0.33	0.35	61.7	62.9	63.0	64.3	62.4	50.5
横6	0.36	0.38	0.38	0.39	0.36	0.37	82.4	88.5	78.7	83.2	86.1	76.7

（五）误差计算分析

不同测线数（10 线、8 线、7 线、6 线、5 线、4 线）异重流层断面流量、断面平均含沙量的误差计算，包括相对平均误差和相对标准差。

1. 异重流层断面流量相对平均误差和相对标准差

计算公式：

$$\bar{\mu} = \frac{1}{n}\sum_{i=1}^{n}\left(\frac{Q_m - Q_0}{Q_0}\right) \tag{4-9}$$

$$\mu_i = \frac{Q_m - Q_0}{Q_0} \tag{4-10}$$

$$S = \sqrt{\frac{\sum_{i=1}^{n}\left[\left(\frac{Q_m}{Q_0}\right)_i - \left(\overline{\frac{Q_m}{Q_0}}\right)\right]^2}{n-1}} \tag{4-11}$$

式中 $\bar{\mu}$——减少垂线计算的少线流量的相对误差平均值，即系统误差（%）；

Q_m——减少垂线后所计算的少线流量值；

μ_i——第 i 次以较少测深、测速垂线计算的近似流量的相对误差；

Q_0——精测前流量；

$\left(\frac{Q_m}{Q_0}\right)_i$——第 i 个相对流量值（%）；

$\overline{\frac{Q_m}{Q_0}}$——$n$ 个相对流量值的平均值（%）；

S——减少垂线计算的少线流量的相对标准差。

2. 异重流层断面平均含沙量相对平均误差和相对标准差

$$\mu_i = \frac{\overline{C_{si}} - \overline{C_{sti}}}{\overline{C_{sti}}} \tag{4-12}$$

$$\bar{\mu} = \frac{1}{n}\sum_{i=1}^{n}\mu_i \tag{4-13}$$

$$S = \sqrt{\frac{\sum_{i=1}^{n}(\mu_i - \bar{\mu})}{n-1}} \tag{4-14}$$

式中 $\bar{\mu}$——减少垂线计算的异重流层断面平均含沙量的相对误差平均值，即系统误差（%）；

$\overline{C_{si}}$——减少垂线后所计算的异重流层断面平均含沙量；

μ_i——第 i 次以较少垂线计算的异重流层断面平均含沙量的相对误差；

$\overline{C_{sti}}$——精简垂线前异重流层断面平均含沙量；

S——减少垂线计算的异重流层断面平均含沙量的相对标准差。

误差计算结果见表 4-6 和表 4-7。

从表 4-6 和表 4-7 计算结果中可以看出以下几点：

(1)随着垂线数目的减小,异重流层断面流量的相对标准差相应增大。

(2)表4-6中6线以上异重流层断面流量系统误差较小不超过3%,5线和4线的断面流量系统误差较大。

(3)从表4-7中也可以看出采用5线以上计算异重流层断面平均含沙量系统误差不超过3%,相对标准差较小,满足《河流悬移质泥沙测验规范》(GB 50519—92)的精简垂线的误差控制指标要求,4线法的断面平均含沙量系统误差和相对标准差较大。

(4)综合表4-6和表4-7来看,异重流测验垂线不应少于6条。

表4-6　异重流层断面流量误差计算成果(精简线)

垂线数	相对平均误差(%)	相对标准差(±%)
8	1.85	2.13
7	2.00	5.38
6	0.78	6.33
5	-6.04	8.24
4	5.90	7.29

表4-7　异重流层断面含沙量误差计算成果(精简线)

垂线数	相对平均误差(%)	相对标准差(±%)
8	2.18	4.71
7	-0.80	4.08
6	0.94	2.98
5	1.75	2.44
4	-5.54	8.54

五、小结

异重流测验断面垂线数和垂线取样测点数目:

通过对2013年小浪底水库异重流测验成果精简分析,异重流断面垂线8线、7线、6线、5线、4线,以及垂线测点7点、6点、5点、4点异重流测验的误差计算分析,根据误差统计结果可以看出,异重流测验断面垂线最少垂线数应为6线,垂线最少测点数不应少于7点。这样既可保证测验精度,又缩短了测验历时,减小了测验过程中特别是异重流在起涨、消退时段,因异重流厚度、流速、含沙量等较大变化而带来的误差。

通过对小浪底水库异重流测验资料的计算及分析研究,目前异重流试验中仍存在一些不足的地方,主要有以下几个方面:

(1)异重流边界的确定问题。横断面测验最主要的目的是能够获知流速、含沙量在断面方向的分布情况,能够计算出该断面上的异重流流量、输沙率,但是由于仪器、设备等因素影响,异重流横向分布边界点的确定非常困难,无法定量分析异重流流量与输沙量在一个断面上的变化过程及异重流沿程输沙量的增减情况。

(2)测验历时。目前测验是采用两条测船同时测验,单次全断面测验历时长3~5 h,测验历时长,劳动强度大,受异重流厚度、流速、含沙量等变化影响较大。

(3)垂线上测点布设问题。实际测验中受风力等天气因素影响,测船摆动测点位置未能很好控制异重流流速、含沙量纵向的转折变化。

(4)流向问题。受测验设备和条件限制,目前不能很好解决异重流的流向测验问题,较大地限制了异重流测验成果的精度。

第二节　小浪底水库分流分沙量研究

一、概述

异重流分流分沙量测验从水库调度运用和科学研究的需要出发，依据异重流运动特点，实测水库异重流演进及支流扩散数据。为小浪底水库异重流及水库淤积规律分析研究提供基础资料。测验目的主要是收集异重流在水库不同边界条件下的运动规律和异重流的泥沙沉降情况。通过实测资料分析研究，获得异重流运动规律，发布异重流预报，优化水库调度运用方式，调整水库泥沙淤积部位，掌握异重流到达坝前时机，利用异重流排沙减淤，延长水库寿命，充分发挥水库效益。

小浪底水库异重流分流分沙量测验根据水库异重流发生情况，观测干流及支流的异重流情况。

观测项目包括：异重流的厚度、宽度、水位、水深、水温、流速、含沙量、泥沙颗粒级配的变化，并计算断面异重流输沙率。

观测时段：根据小浪底水库上游来水来沙情况和异重流的形成、发展过程确定测验时机与测验时段，异重流消失后停止测验。

测次安排：以能控制异重流的水、沙变化过程为原则。异重流增强阶段多测，稳定时可适当减少测次。

测验方法：测验采用全断面测验，垂线布设以能够控制异重流在监测断面的厚度及宽度为原则，每个断面布设异重流测速、测沙垂线5～7条。垂线上测点分布以能控制异重流厚度层内的流速、含沙量的梯度变化为原则，并对异重流层内的沙样有选择性地做颗粒级配分析。

（一）测验断面布设

小浪底库区共布设4个异重流基本测验断面、2个异重流辅助测验断面及异重流分流分沙量测验断面。基本断面分别为桐树岭、HH09、潜入点下游断面和河堤站断面；辅助断面分别为HH05、潜入点断面；潜入点（区）的实际测验断面根据水库涨落，潜入点变化情况上移或下移。

2010年黄河小浪底水库产生两次较大异重流过程，第一次发生在7月4～7日黄河调水调沙期间；第二次发生在8月12～21日黄河上游普降暴雨三门峡水库泄洪期间，2010年的小浪底水库异重流分流分沙量测验也相应进行了两次。

第一次异重流分流分沙量测验断面布设，根据2010年黄河调水调沙调度运用方案分析，小浪底水库异重流潜入点可能在水库HH14～HH12断面间形成，因此分流分沙量测验断面选择在潜入点下游附近支流畛水1+2断面，畛水河口上下游断面HH11+4断面、HH11断面。

第二次异重流分流分沙量测验断面布设分为两个阶段，第一阶段仍选择在潜入点下游附近支流畛水1+2断面，畛水河口上下游断面HH11+4断面、HH11断面；第二阶段小浪底水库因水位的降低，潜入点下移，畛水河异重流分流分沙量测验断面位于潜入点区域无法测验，选择在大峪河进行异重流分流分沙量测验，布设断面为支流大峪河1断面，大峪河口上下游 HH04 断面、HH03 断面。

2010 年黄河小浪底水库异重流，分流分沙量测验断面布设示意图见图 4-3，测验断面情况见表 4-8。

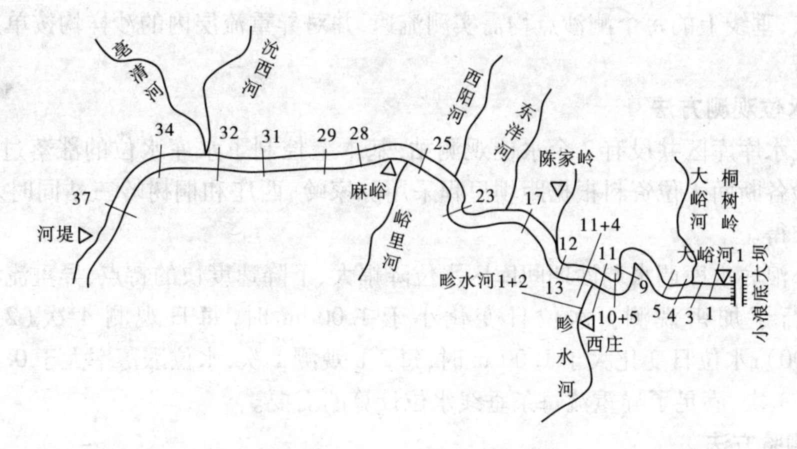

图 4-3　小浪底水库异重流分流分沙量测验断面布设示意图

表 4-8　2010 年小浪底水库异重流及分流分沙量测验断面情况

断面名	断面对照名	距坝里程(km)	断面性质
黄河 1	HH01	1.32	干流
黄河 3	HH03	3.34	干流
大峪河 1	DY01	4.35	支流
黄河 4	HH04	4.55	干流
黄河 5	HH05	6.54	干流
黄河 9	HH09	11.42	干流
黄河 10 +5	HH10 +5	15.85	干流
黄河 11	HH11	16.39	干流
畛水河 1 +2	ZSH1 +2	17.46	支流
黄河 11 +4	HH11 +4	17.76	干流
黄河 12	HH12	18.75	干流
黄河 13	HH13	20.39	干流

(二)测线、测点布设

异重流分流分沙量各测验断面均采用横断面法测验。横断面法测验要求在测验断面布设5～7条垂线(垂线布设以能够控制异重流在监测断面的厚度、宽度及流速、含沙量等要素横向分布为原则)；垂线上测点分布以能控制异重流厚度层内的流速、含沙量的梯度变化为原则，要求清水层2～3个测点，清浑水交界面附近3～4个测点，异重流层内均匀布设3～6个测点，垂线上的每个测沙点均需实测流速，并对异重流层内的沙样均按单点样品做颗粒级配分析。

(三)水位观测方法

小浪底水库库区共设有7个水位观测站，基本上控制了水库水位的涨落过程，2010年异重流测验各断面水位资料根据距坝里程采用陈家岭、西庄和桐树岭三站同时水位资料按距离插补求得。

根据小浪底水库调水调沙期间库区水位降幅大、下降速度快的特点，异重流测验期间各水位站进行了加密观测。水位日变化小于1.00 m时，每日观测4次(2:00、8:00、14:00、20:00)；水位日变化大于1.00 m时，每2 h观测1次；水位涨落率大于0.15 m/h时，每1 h观测1次，满足了异重流每条垂线水位计算的需要。

(四)测验方法

2010年小浪底水库异重流分流分沙量测验项目，根据测验项目要求和异重流测验实际情况，布设HH11+4、HH11、HH10+5、HH04、HH03五个黄河异重流测验断面和畛水河1+2、大峪河1两个支流河口断面。

根据小浪底水库上游来水来沙情况和异重流的形成、发展过程确定测验时机与测验时段，以能控制异重流的水、沙变化过程为原则，异重流增强阶段多测，稳定时可适当减少测次。

起点距：采用激光测距仪量测船到断面标牌之间的距离，然后计算起点距，潜入点位置确定采用GPS定位的方式。

水深：各断面统一采用100 kg重铅鱼测深。铅鱼均安装水面、河底信号自动测量水深，每条垂线均施测两次水深取其平均值。

流速：采用LS25－3和LS78型流速仪测速。

泥沙：采用铅鱼悬挂两仓横式采样器进行取样并加测水温，泥沙处理采用电子天平称重，用置换法计算含沙量。

颗粒分析：采用激光粒度分析仪处理。

二、项目实施情况

(一)小浪底水库人工塑造异重流测验情况

2010年小浪底水库人工塑造异重流，此次异重流可分为两个阶段，第一个阶段是从7月3日18时三门峡水库大流量下泄开始，7月3日22时三门峡流量由163 m^3/s迅速增大到3 320 m^3/s，此阶段三门峡最大流量为5 340 m^3/s(4日15时36分)，下泄水流对沿程河道及小浪底水库库尾淤积产生冲刷，水流含沙量加大，形成异重流。第二阶段为三门峡水库7月4日23时开始拉沙下泄大含沙量洪水产生的异重流，三门峡最大含沙量为605 kg/m^3(5日1时)，本阶段异重流因为三门峡下泄含沙量较大，使小浪底水库异重流持续加大。

7月4日6时35分，测验人员在HH12断面上游150 m监测到异重流潜入点，潜入点处水深4.6 m，异重流厚度1.19 m，最大测点流速1.38 m/s，最大测点含沙量23.8 kg/m^3，潜入点处异重流厚度较小，表明异重流初步形成。

7月4日6时36分，HH11+4断面监测到异重流，异重流厚度2.26 m，最大测点流速0.24 m/s，最大测点含沙量37.5 kg/m³。

7月4日6时30分，支流断面畛水1+2断面监测到异重流，异重流分流进入支流畛水河，异重流厚度5.5 m，最大测点流速1.03 m/s，最大测点含沙量316 kg/m³。

7月4日6时24分，HH11断面监测到异重流，异重流厚度2.70 m，最大测点流速1.40 m/s，最大测点含沙量38.7 kg/m³。

随着异重流向下游推进，HH09断面4日7时24分监测到异重流前锋，异重流厚度6.6 m，最大测点流速2.14 m/s，最大测点含沙量640 kg/m³。

4日8时45分，HH05断面监测到异重流，异重流厚度6.5 m，最大测点流速1.55 m/s。

随着异重流的锋头的推进，HH01断面测验人员一直坚守在测验断面，直到4日11时，HH01断面才监测到异重流，异重流厚度4.47 m，最大测点流速0.98 m/s，最大测点含沙量40.9 kg/m³，表明异重流已运行至坝前，并于4日11时20分排沙出库。

随着三门峡水库以4 000～5 000 m³/s的大流量下泄，7月4日各断面异重流达到最强，其中HH11+4断面7月4日15时30分至17时54分异重流厚度均在9.1～12.7 m，异重流最大平均流速1.37 m/s，异重流最大平均含沙量209 kg/m³；HH09断面异重流厚度均在9.0～13.5 m，最大异重流平均流速1.36 m/s，异重流平均含沙量249 kg/m³；HH01断面异重流厚度均在9.3～15.0 m，最大异重流平均流速0.84 m/s，异重流平均含沙量137 kg/m³。

三门峡水库从4日22时开始出沙，含沙量为174 kg/m³，4日23时含沙量为416 kg/m³，5日0时含沙量为508 kg/m³，沙峰出现在5日1时，含沙量为605 kg/m³，7月5日下午，随着大沙的下泄，各异重流测验断面异重流始终保持较强过程。HH09断面异重流厚度10.4 m，异重流流层最大平均流速0.77 m/s，异重流流层最大平均含沙量44.6 kg/m³；HH01断面异重流厚度21.2 m，异重流流层最大平均流速0.37 m/s，异重流流层最大平均含沙量54.6 kg/m³。

此后由于三门峡2 000 m³/s以下流量下泄，以及含沙量减小，小浪底水库异重流逐渐减弱。7月7日12时小浪底水库排沙洞关闭，7日20时小浪底水库出库含沙量为零，同时库区各异重流断面异重流也明显减弱，标志着异重流基本结束。

（二）汛期洪水异重流测验情况

8月由于黄河中游普降大到暴雨，渭河及黄河龙门—三门峡干流区间出现一次较强的洪水过程，三门峡水库敞泄洪水流量，8月11日13时42分，三门峡水文站水位起涨，流量迅速增大，21时12分测得最大洪峰流量2 540 m³/s。8月12日4时，三门峡水文站开始出现高含沙水流，含沙量由之前的12.8 kg/m³增大到216 kg/m³，流量为2 040 m³/s。沙峰出现在12日16时，最大含沙量为333 kg/m³。

8月13日测验人员在HH11+4、HH11和ZSH1+2断面。进行异重流分流分沙量测验，异重流潜入点位于HH12断面附近。

8月13日13时35分，黄河11+4断面测得最大异重流厚度8.8 m，异重流流层最大测点流速2.61 m/s，异重流流层最大测点含沙量385 kg/m³。13时36分，支流ZSH1+2断面测得异重流厚度4.10 m，异重流流层最大测点流速0.79 m/s，异重流流层最大测点含沙量44.7 kg/ m³。15时12分，HH11断面测得最大异重流厚度7.8 m，异重流流层最大测点流速 2. 52 m/s,异重流流层最大测点含沙量 491 kg/m³。

随着小浪底水库下泄流量增大,上游来水减小,小浪底水库库水位逐渐下降,8 月 15 日 8 时水位降到 218. 51 m。库水位的下降导致异重流潜入点位置向下游移动,此时 HH11 +4 断面和畛水河口处于潜入点旋涡区,测验无法进行。分流分沙量测验下移至大峪河口,测验断面分别为 HH03、HH04 和 DY01 断面。

8 月 17 日 10 时,HH04 断面测得异重流最大厚度 14. 4 m,异重流流层最大测点流速 0. 89 m/s,异重流流层最大测点含沙量 290 kg/m³。支流 DY01 断面同时段测得异重流最大厚度 8. 1 m,异重流流层最大测点流速 0. 49 m/s,异重流流层最大测点含沙量 337 kg/m³。HH03 断面测得异重流最大厚度 13. 1 m,异重流流层最大测点流速 0. 80 m/s,异重流流层最大测点含沙量 317 kg/m³。

8 月 18 日 10 时 30 分,三门峡下泄流量经过一段时间的减小,再一次由 928 m³/s 开始起涨,至 11 时 18 分涨到 2 610 m³/s。但三门峡水库下泄含沙量较小,最大含沙量为 25. 4 kg/m³,至 8 月 21 日 8 时,含沙量减小为 7. 41 kg/m³,流量基本在 2 000 m³/s 以上,此时的异重流主要是大流量冲刷水库底部泥沙而形成。8 月 21 日小浪底水库下泄流量减小,8 时流量 2 410 m³/s,至 12 时流量减小为 954 m³/s,含沙量为 2. 41 kg/m³,异重流基本结束。

(三)小浪底水库进出库水沙情况

1. 小浪底水库人工塑造异重流入库水沙过程

三门峡水文站 7 月 3 日 19 时 54 分开始起涨,流量为 1 460 m³/s,至 22 时流量即迅速增大至 3 320 m³/s;4 日 3 时,流量增大至 3 910 m³/s,随后流量一直保持在 4 000 m³/s 左右,至 15 时 36 分达到峰顶,最大流量 5 340 m³/s,随后流量一直保持在 5 000 m³/s 左右;至 4 日 22 时流量开始减小,至 7 月 6 日 10 时 24 分减至 880 m³/s,此后三门峡水库下泄始终在 1 000 m³/s 以下,如图 4-4 所示。

三门峡水库从 4 日 18 时开始出沙,含沙量为 1. 02 kg/m³,21 时含沙量为 25. 5 kg/m³,22 时含沙量为 174 kg/m³,23 时含沙量为 416 kg/m³,沙峰出现在 5 日 1 时,含沙量为 605 kg/m³,至 7 月 6 日 20 时,含沙量减小至 10. 0 kg/m³,如图 4-4 所示。

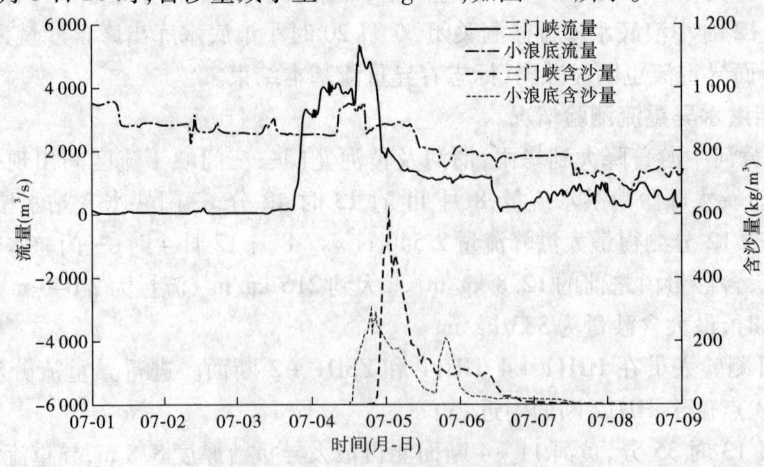

图 4-4　第一次异重流调水调沙期间小浪底水库进出库水沙过程

2. 小浪底水库人工塑造异重流出库水沙过程

7月3日小浪底水库出库平均流量2 600 m^3/s,7月4日2 900 m^3/s,7月5日2 290 m^3/s,7月6日1 840 m^3/s,7月7日1 570 m^3/s。7月4日11时20分小浪底水库排沙出库,含沙量从7月4日12时06分的1.17 kg/m^3迅速增大,13时18分含沙量为49.3 kg/m^3,14时含沙量为126 kg/m^3,17时含沙量为222 kg/m^3,至7月4日19时12分含沙量达到峰顶,含沙量为303 kg/m^3,7月7日12时排沙洞关闭,如图4-5所示。

小浪底水库异重流期间,出库日平均流量为2 150 m^3/s,最大出库流量为3 510 m^3/s(4日12时06分),7月4日异重流到达坝前后排沙洞随即打开,异重流排沙出库,最大含沙量出现在7月4日19时12分,含沙量为303 kg/m^3。7月7日20时小浪底出库流量为1 140 m^3/s,含沙量降至0.603 kg/m^3,异重流排沙结束。如图4-5所示。

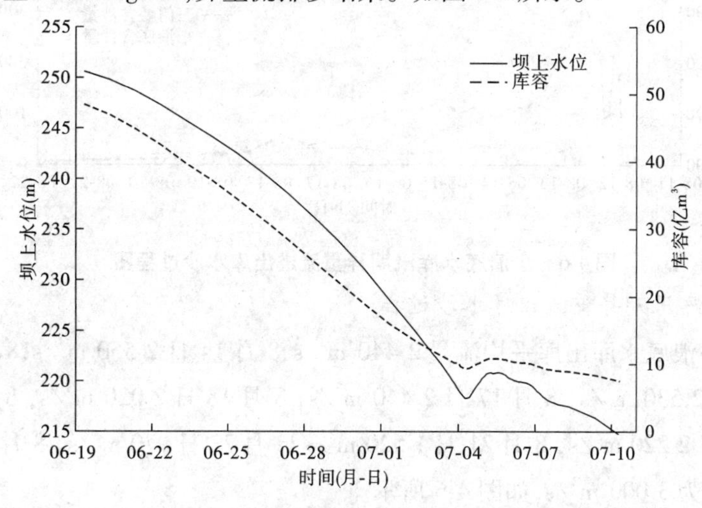

图4-5　小浪底水库人工塑造异重流期间坝上水位及库容过程线

3. 小浪底水库人工塑造异重流水位及库容变化情况

6月19日黄河调水调沙运用开始,小浪底水库坝上水位为250.61 m,库容48.5亿m^3(6月19日8时),至7月3日人工塑造异重流开始时,7月4日6时35分潜入点位于HH12断面上游150 m,此时的小浪底水库坝上水位为218.30 m,库容降至9.35亿m^3。7月7日20时小浪底水库坝上水位为217.78 m,库容为9.07亿m^3,如图4-5所示。

4. 小浪底水库汛期异重流入库水沙过程

8月由于黄河中游普降大到暴雨,渭河及黄河龙三干流区间出现一次较强的洪水过程。三门峡水文站8月11日13时42分开始起涨,流量为275 m^3/s,至18时42分流量增大至947 m^3/s,至21时12分流量迅速增大至2 540 m^3/s,随后流量一直保持在2 000 m^3/s左右;12日10时06分时流量开始减小,至13日12时36分已减至1 010 m^3/s;14日2时又开始起涨,流量为1 160 m^3/s,至14日21时42分流量即迅速增大至2 390 m^3/s,随后流量一直保持在2 000 m^3/s左右,16日17时流量开始减小,至17日13时54分已骤降至最小6.7 m^3/s;17日20时42分流量又迅速增大至905 m^3/s,至18日14时36分流量增大至2 710 m^3/s,随后流量一直保持在2 000 m^3/s左右,至21日23时降至流量1 480 m^3/s。如图4-6

所示。

三门峡水库从 11 日 19 时开始出沙，含沙量为 20.2 kg/m³，12 日 4 时含沙量迅速增大至 216 kg/m³，沙峰出现在 12 日 16 时，最大含沙量为 333 kg/m³，至 13 日 16 时，含沙量减小至 111 kg/m³。8 月 21 日 8 时，含沙量减小至 8.44 kg/m³。如图 4-6 所示。

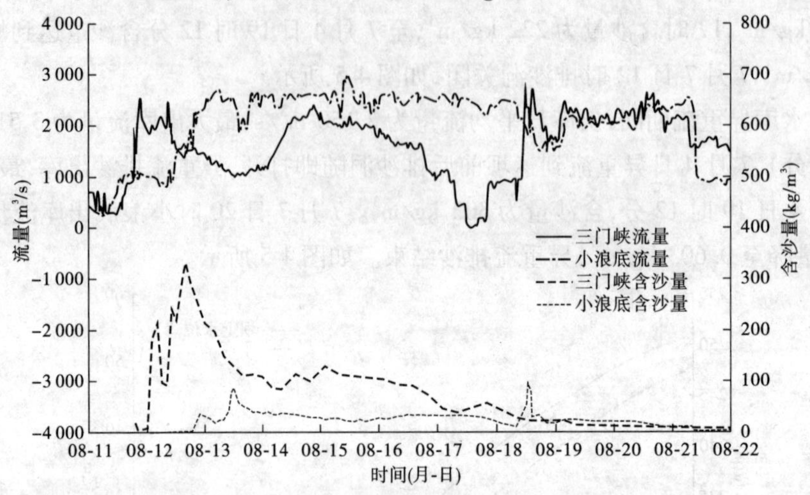

图 4-6 小浪底水库汛期异重流进出库水沙过程图

5. 小浪底水库汛期异重流出库水沙过程

8 月 13 日小浪底水库出库平均流量 2 440 m³/s，8 月 14 日 2 550 m³/s，8 月 15 日 2 540 m³/s，8 月 16 日 2 530 m³/s，8 月 17 日 2 440 m³/s，8 月 18 日 2 020 m³/s，8 月 19 日 2 000 m³/s，8 月 20 日 2 220 m³/s，8 月 21 日 1 520 m³/s，8 月 22 日 970 m³/s，8 月 15 日 11 时 12 分最大出库流量为 3 000 m³/s，如图 4-6 所示。

8 月 12 日 19 时小浪底水库排沙出库含沙量 1.91 kg/m³，13 日 12 时含沙量迅速增大至 87.8 kg/m³，20 时含沙量降至 39.8 kg/m³，随后含沙量一直保持在 30 kg/m³ 左右。8 月 18 日 8 时含沙量又猛涨，至 18 日 12 时 36 分时达到沙峰，最大含沙量为 95.5 kg/m³，18 日 20 时含沙量降至 19.4 kg/m³，21 日 12 时含沙量降至 2.41 kg/m³。至此异重流基本结束，如图 4-6 所示。

三、测验资料分析

（一）测验资料统计情况

7 月 4 ~7 日采用横断面法测验，实测小浪底水库人工塑造异重流分流分沙量测验过程，施测异重流 24 次，实测异重流垂线 122 条，流速测点 1 133 个，含沙量测点 889 个，颗分测点 889 个，基本上控制了异重流过程变化。各断面测验情况统计见表 4-9。

8 月 13 ~21 日采用横断面法测验，实测汛期异重流分流分沙量测验过程，施测异重流 30 次，实测异重流垂线 150 条，流速测点 1 409 个，含沙量测点 1 108 个，颗分测点 1 103 个，基本上控制了异重流过程变化。各断面测验情况统计见表 4-10。

表 4-9 2010 年人工塑造异重流分流分沙量各测验断面测验情况统计
（时间:7 月 4 ~7 日）

断面名称	测次统计				垂线数目	测点统计			
	总数	主流一线	主流三线	横断面法		总数	流速	含沙量	颗分
HH11 +4	8	0	0	8	40	386	386	304	304
ZSH1 +2	8	0	0	8	40	338	338	257	257
HH11	8	0	0	8	42	409	409	328	328
合计	24	0	0	24	122	1 133	1 133	889	889

表 4-10 2010 年第二次异重流分流分沙量各测验断面测验情况统计
（时间:8 月 13 ~21 日）

断面名称	测次统计				垂线数目	测点统计			
	总数	主流一线	主流三线	横断面法		总数	流速	含沙量	颗分
HH11 +4	3	0	0	3	15	141	141	113	108
ZSH1 +2	5	0	0	5	25	221	221	171	171
HH11	3	0	0	3	15	146	146	116	116
HH10 +5	1	0	0	1	5	49	49	39	39
HH04	6	0	0	6	31	301	301	239	239
DY01	6	0	0	6	29	263	263	202	202
HH03	6	0	0	6	30	288	288	228	228
合计	30	0	0	30	150	1 409	1 409	1 108	1 108

（二）异重流流速、含沙量垂线分布

异重流流速、含沙量垂线分布与明渠分布不同，潜入点上游属于明渠流，其流速极大值位于水面附近，含沙量垂线分布相对均匀。潜入点附近及其下游流速、含沙量垂线分布表现如下：

（1）流速：从潜入点处上游到潜入点处下游，垂线上最大流速位置从河面向库底移近，最大流速位于库底附近。受异重流潜入影响，潜入点及其下游断面表层清水会表现为 0 流速或回流（负流速）现象，负流速大小与异重流的强弱及距离潜入点的距离有关。流速垂向分布上一般会存在 0 流速。潜入点及其下游附近断面流速较大，如图 4-7 所示。

（2）含沙量：其垂线分布为表层含沙量为 0，清浑水界面大致处于 0 流速的位置，界面以下含沙量逐渐增加，其极大值位于库底附近。如图 4-7 所示。

（三）异重流流速、含沙量横向分布

从 DY01 断面平均流速横向分布图（图 4-8 中可以看出，表现为主流异重流层平均流速较大，边流流速较小。主流含沙量大，动能大，流速相对也较大，边流含沙量小，相应的流速也小，异重流层流速形态分布与含沙量分布密切相关。

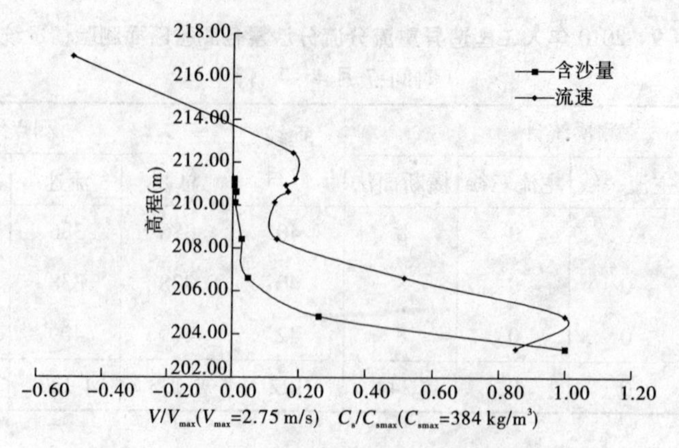

图 4-7　HH11 +4 横 1 -1 流速、含沙量垂线分布

(7 月 4 日)

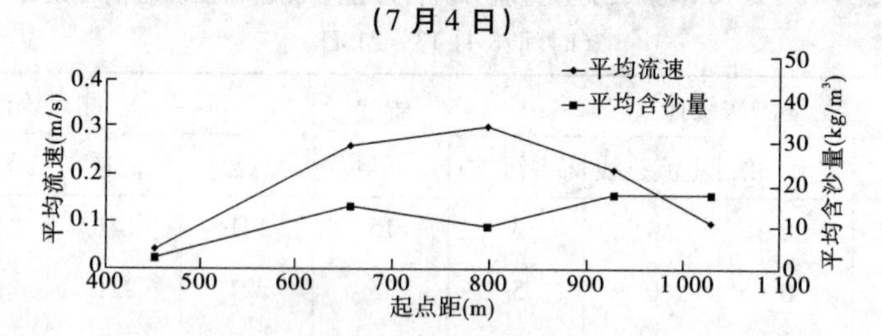

图 4-8　DY01 断面平均流速、平均含沙量横向分布

(8 月 21 日)

(四)异重流含沙量、D_{50}横向分布

HH11 +4 断面平均含沙量和中数粒径 D_{50} 横向分布形态为主槽部分含沙量较大，泥沙粒径较粗，且断面方向上泥沙粒径极不均匀。图 4-9 为 HH11 +4 断面 7 月 4 日横 2 的含沙量、D_{50}横向分布图，最大中数粒径为 0. 046 mm，最小中数粒径为 0. 022 mm，这与潜入点特性是相吻合的，在潜入点位置由于入库水流挟带的大量粗颗粒泥沙尚未因水库静水摩阻影响流速减小而沉积，所以泥沙粒径较粗。

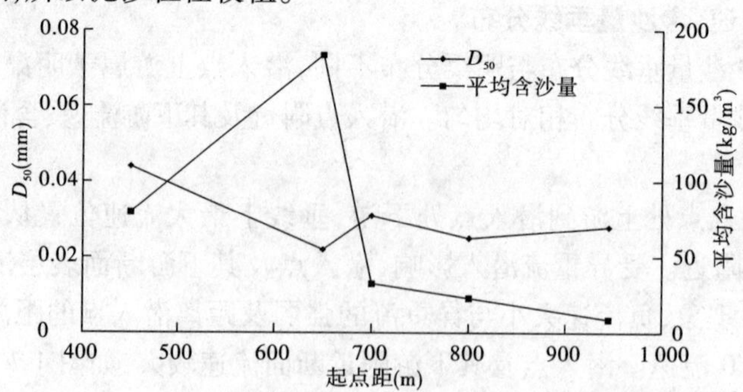

图 4-9　HH11 +4 断面横 2 平均含沙量、D_{50}横向分布

(7 月 4 日)

(五)异重流流速、含沙量、D_{50}、厚度随时间的变化

小浪底水库人工塑造异重流期间，HH11 +4、HH11、ZSH1 +2 断面和汛期异重流期间，HH11 +4、HH11、ZSH1 +2 断面；HH04、HH03、DY01 断面的主流线异重流平均流速、含沙量、D_{50}、厚度变化过程(见图 4-10 ~ 图 4-18)，基本反映了异重流的发生→起涨→峰顶→退

落→消失的全过程。异重流流速、含沙量、D_{50}、厚度的形态也基本相应。其变化过程与三门峡水库泄流排沙大小过程及小浪底水库调水调沙运用过程有关。

1. 异重流主流线平均流速随时间的变化

异重流层平均流速随时间的变化总的趋势为递减(见图4-10),同时各断面流速受入库流量影响非常大,7月4日当三门峡水库大流量高含沙下泄水流潜入小浪底水库后,7月4日、7月5日各断面分别出现本次异重流的最大平均流速。平均流速随时间变化也表现出如下特点:7月4日异重流平均流速在各断面表现为最强,到7月6日异重流有所减弱,各断面平均流速大大减小。

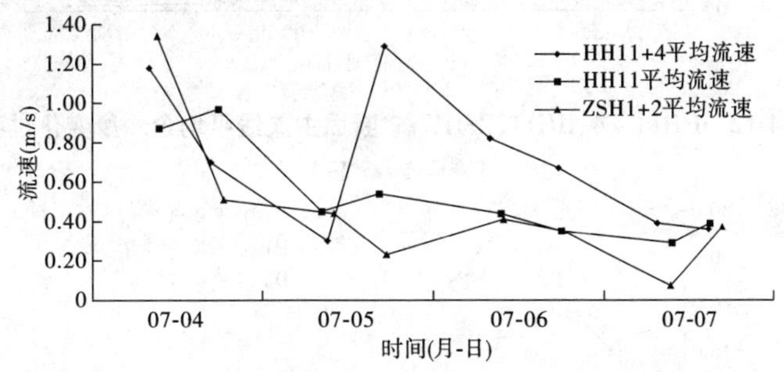

图4-10　HH11+4、HH11、ZSH1+2断面主流线平均流速变化过程
(7月4~7日)

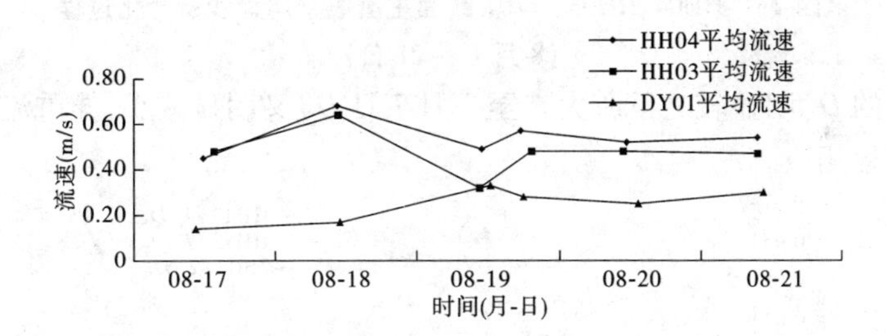

图4-11　HH04、HH03、DY01断面主流线平均流速变化过程
(8月17~21日)

2. 异重流主流线平均含沙量随时间的变化

异重流主流线平均含沙量随时间的变化,在异重流产生初期的7月4日、5日含沙量在HH11+4断面含沙量较小,而含沙量在HH11断面表现较大,含沙量在ZSH1+2断面表现也较大,这是因为从7月3日20时三门峡水库开始加大流量下泄清水,22时流量迅速增大到3 320 m^3/s,此阶段最大流量为5 340 m^3/s(4日15时36分),下泄水流对沿程河道及小浪底水库库尾淤积产生冲刷含沙量增加,于4日6时35分在HH12断面上游150 m监测到异重流,即潜入点在HH12断面上游150 m处。由于ZSH1+2断面距潜入点较近,且大流量、大流速异重流进入支流畛水河口时,大流速挟带相应的高含沙量;7月5日HH11+4、HH11断面含沙量有所增加,这是由于三门峡下泄大流量、高含沙水流影响。

3. 异重流土流线D_{50}随时间的变化

中数粒径主流线D_{50}随时间的变化总的表现为自由粗变细,在中数粒径变化过程(见图4-14)中可以看出,其中7月7日各断面D_{50}较小,7月4日、7月5日D_{50}较大,各断面异重流强度处于最强阶段,异重流刚潜入时流速大,粗泥沙挟带能力强,中数粒径较大,表现在上

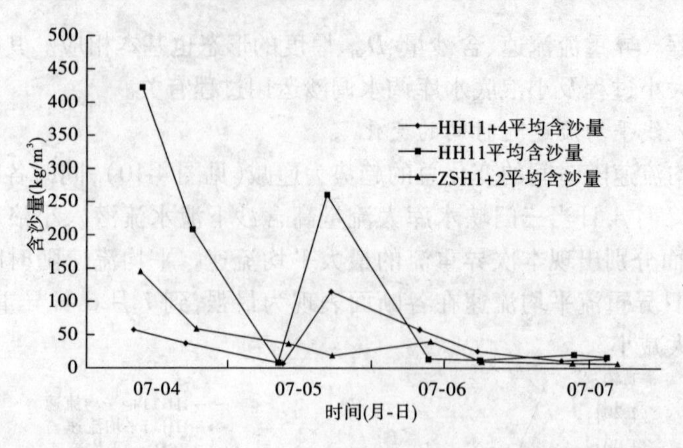

图 4-12　HH11 + 4、HH11、ZSH1 + 2 断面主流线平均含沙量变化过程

(7 月 4 ~ 7 日)

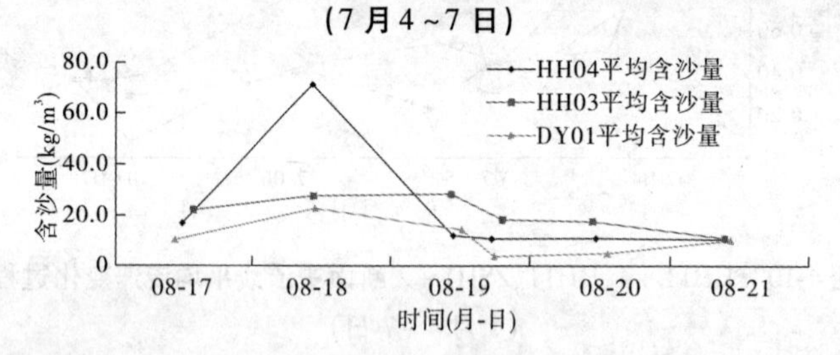

图 4-13　HH04、HH03、DY01 断面主流线平均含沙量变化过程

(8 月 17 ~ 21 日)

游靠近潜入点处的 D_{50} 明显较之下游大。至 7 月 7 日 D_{50} 又明显减小，异重流逐渐消退，与下泄高含沙水流过程相应。

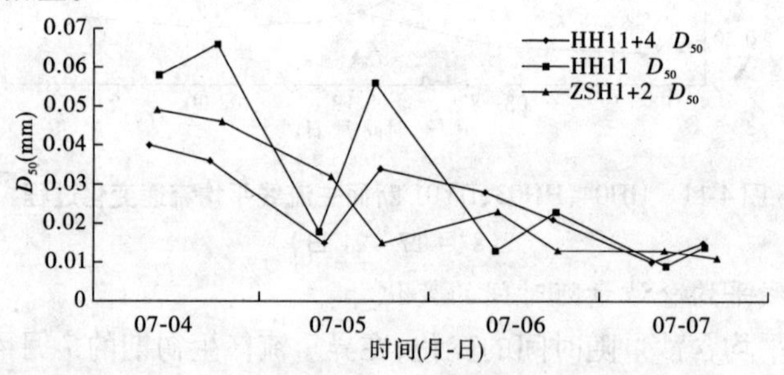

图 4-14　HH11 + 4、HH11、ZSH1 + 2 断面主流线 D_{50} 变化过程

(7 月 4 ~ 7 日)

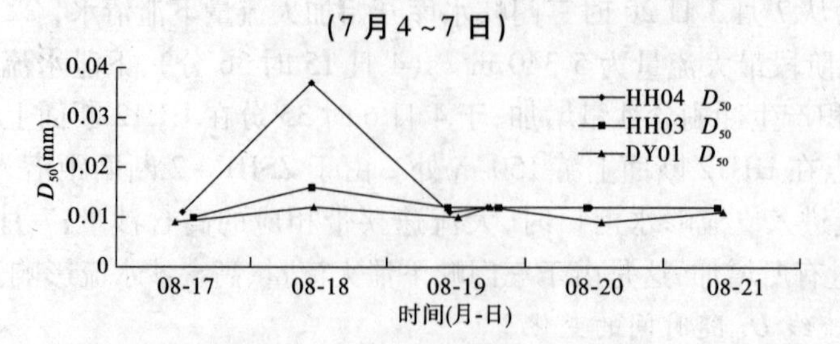

图 4-15　HH04、HH03、DY01 断面主流线 D_{50} 变化过程

(8 月 17 ~ 21 日)

4. 异重流厚度随时间的变化

7 月 4 ~5 日为此次异重流强度最强,表现为 HH11 +4、HH11、ZSH1 +2 断面异重流厚度达到最大(见图 4-16)。7 月 6 日随着入库水沙的减小,异重流厚度开始减小。图 4-16所示为 HH11 +4、HH11、ZSH1 +2 断面主流线异重流厚度变化过程,7 月 4 日出现异重流厚度变大,这是三门峡下泄大流量所致,最大厚度出现在 7 月 4 日,HH11 +4 断面最大异重流厚度 12.5 m,HH11 断面最大异重流厚度 11.7 m,ZSH1 +2 断面最大异重流厚度 11.0 m,随后出现厚度减小的趋势,是因为大流量下泄时间短暂,中间出现间断,异重流动能不足。潜入点下游 HH11 +4 、HH11、ZSH1 +2 断面的异重流厚度的变化情况与三门峡水库的水沙调度有着较为明显的关系。

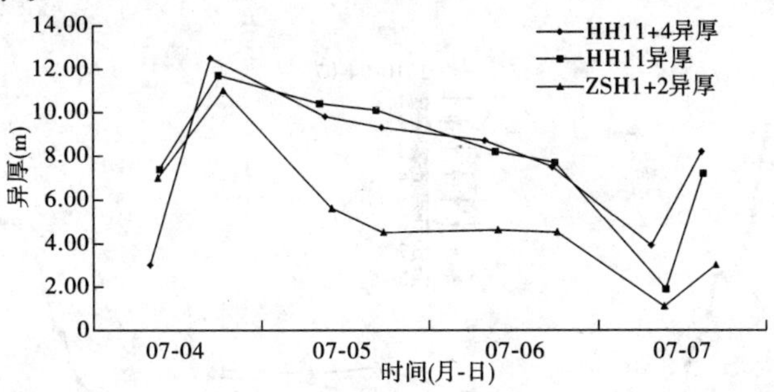

图 4-16　HH11 +4、HH11、ZSH1 +2 断面主流线异重流厚度变化过程
(7 月 4 ~7 日)

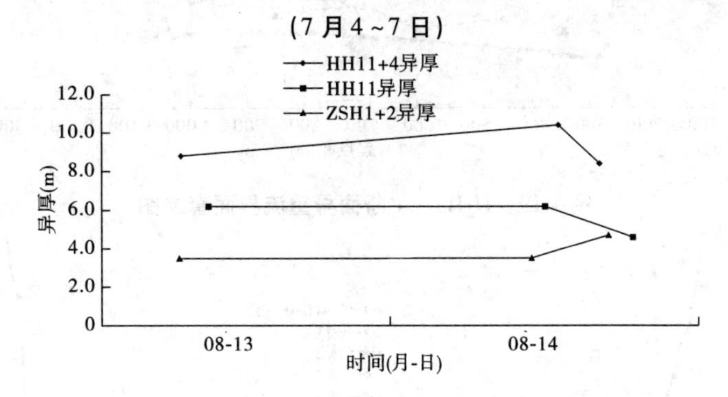

图 4-17　HH11 +4、HH11、ZSH1 +2 断面主流线异重流厚度变化过程
(8 月 13 ~14 日)

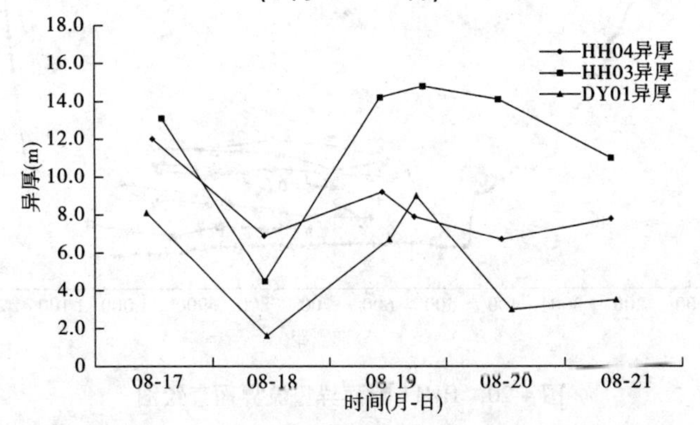

图 4-18　HH04、HH03、DY01 断面主流线异重流厚度变化过程
(8 月 17 ~21 日)

四、异重流层断面流量计算

(一)确定异重流横向边界

异重流横向边界的确定,是根据异重流测验及测验断面情况,初步认为异重流横向边界到达两岸岸边,在这个认识的基础上,根据各条垂线的界面高程及历时,采用时间加权的方法,计算出异重流界面平均高程;利用平均高程再从断面图上找出相对应的起点距,即为某次测验的异重流左右边界起点距。

2010 年异重流测验过程,各断面异重流界面套绘图见图 4-19 ~ 图 4-24。

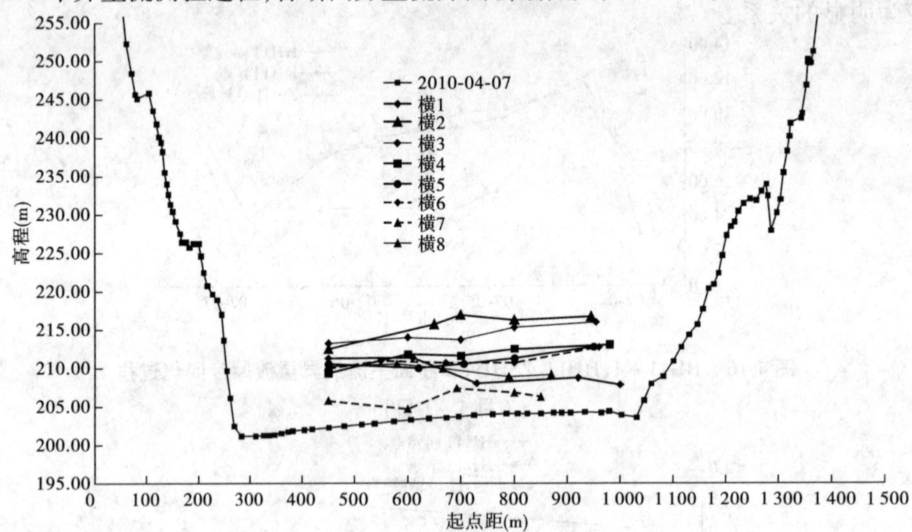

图 4-19　HH11 +4 断面异重流界面套绘图

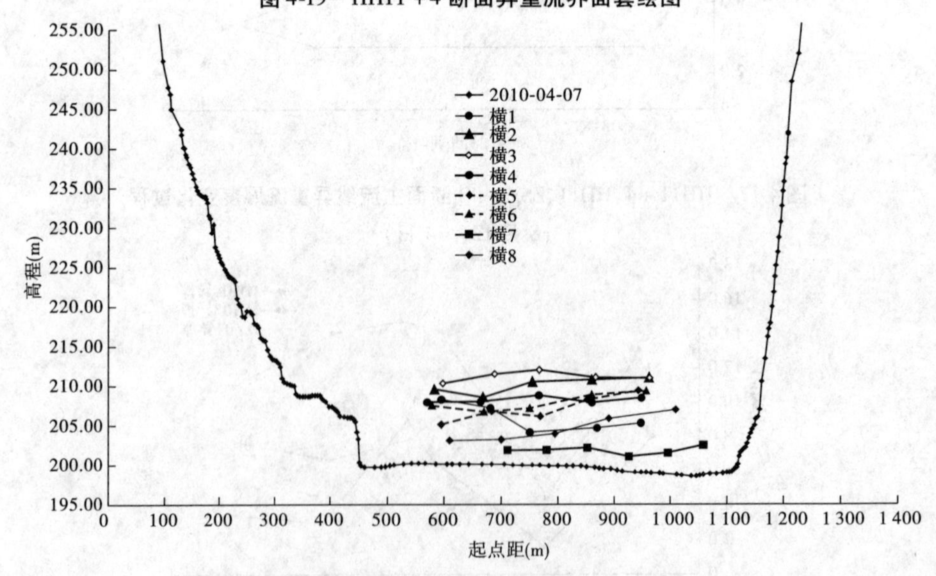

图 4-20　HH11 断面异重流界面套绘图

由于受仪器、设备等诸多因素的影响,目前异重流横向边界的精确定量比较困难,从而无法精确地计算出异重流流量、输沙率。

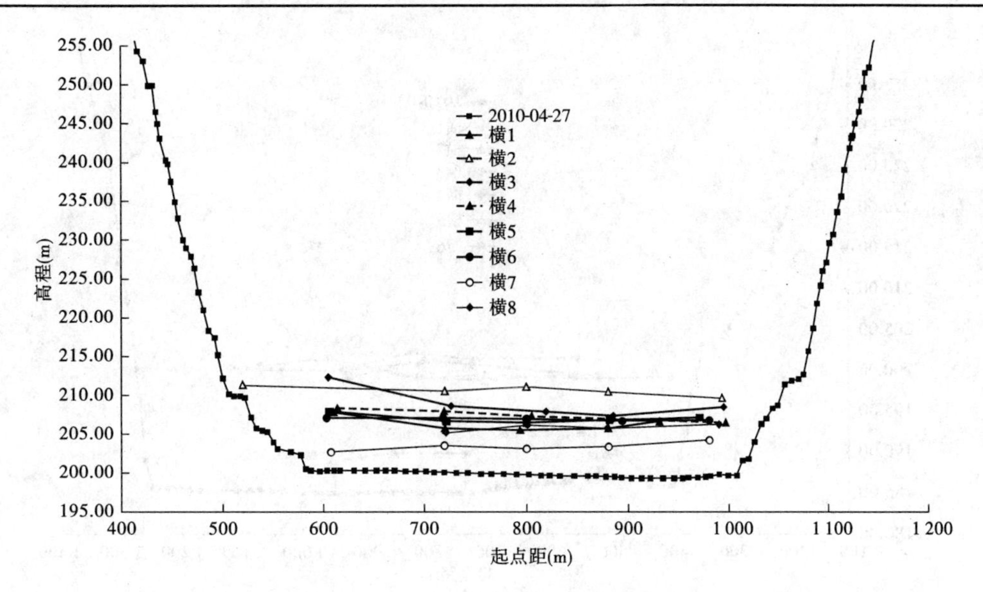

图 4-21　ZSH1 +2 断面异重流界面套绘图

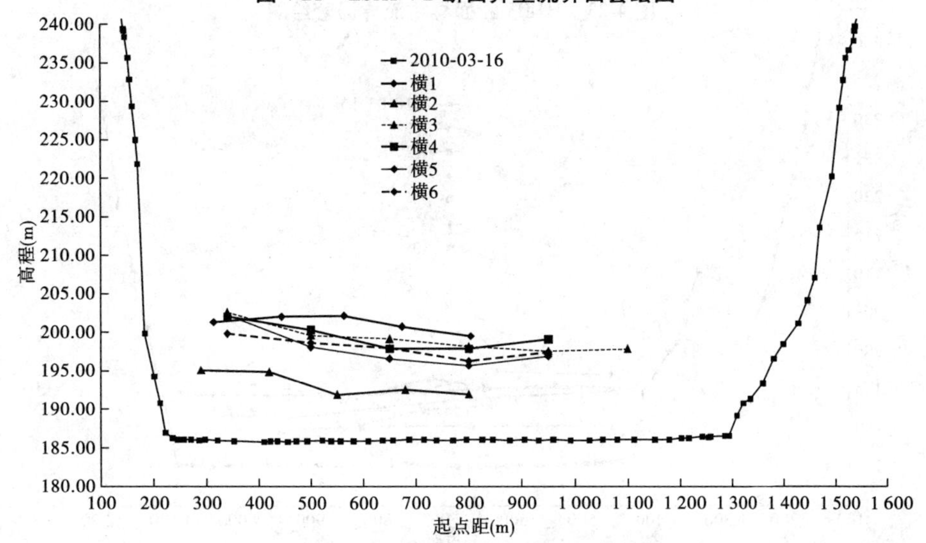

图 4-22　HH04 断面异重流界面套绘图

(二)确定异重流层厚度

异重流界面附近是含沙量较小的浑水,这是清浑水掺混层,不属于异重流层,异重流清浑水分界面以 3 kg/m^3 为判断标准。

异重流下界面一般以底部流速为"0"的位置,为库底;在库底软泥层较薄或没有软泥层的断面,测不到 0 流速,此类断面以铅鱼所测水深处作为库底。对软泥层较厚的断面,以"0"流速位置为库底,即为异重流底部。

异重流厚度计算公式为:

$$h = d_{上} - d_{下} \tag{4-15}$$

式中　h——异重流层厚度,m;

$d_{上}$——异重流上交界面水深,m;

$d_{下}$——异重流库底水深,m。

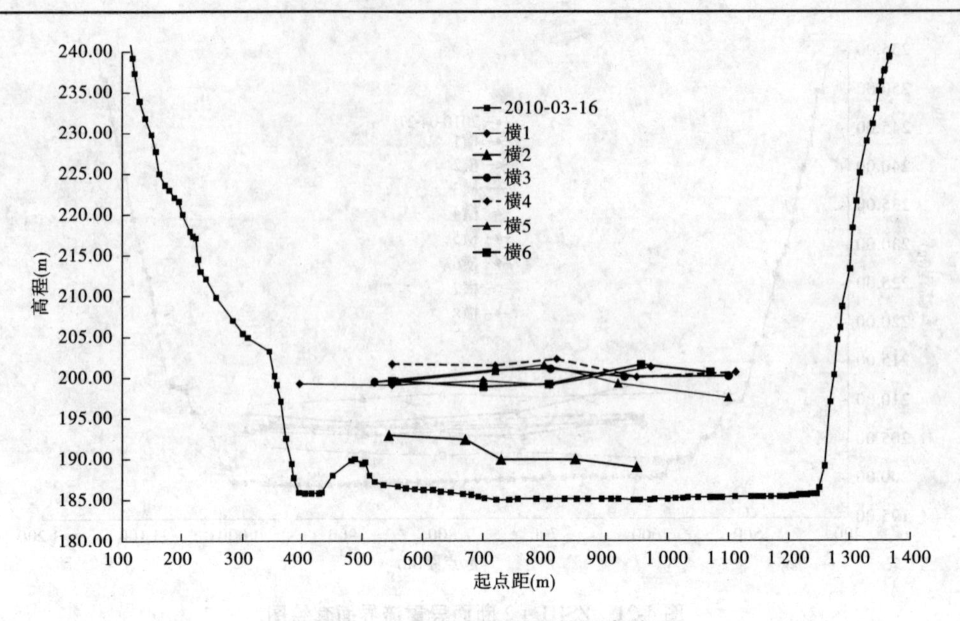

图 4-23 HH03 断面异重流界面套绘图

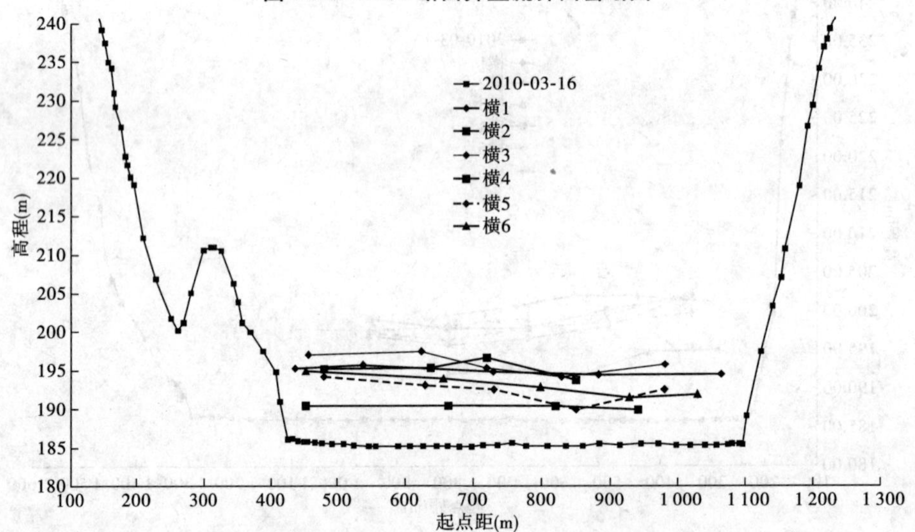

图 4-24 DY01 断面异重流界面套绘图

(三)异重流层垂线平均流速计算

异重流层的垂线平均流速采用水深加权法计算,其公式为:

$$V_{\mathrm{m}} = \frac{1}{2h}\left[(d_1 - d_0) V_0 + \sum_{i=1}^{n-1} (d_{i+1} - d_{i-1}) V_i + (d_n - d_{n-1}) V_n \right] \tag{4-16}$$

式中 V_{m}——异重流层垂线平均流速,m/s;

h——异重流厚度,m;

d_0——交界面水深,m;

d_i——交界面至异重流底之间某测点流速的水深,m;

d_n——异重流底水深,m;

i——脚标,交界面以下的测点序号($i=1,2,3,\cdots,n-1$);

V_0——交界面的流速，m/s；

V_i——交界面至异重流底之间某测点深的流速，m/s；

V_n——异重流底的流速，m/s。

根据式(4-16)计算异重流层垂线平均流速。

(四)异重流层断面流量计算

根据异重流横断面法实测水沙整编资料，利用梯形解析法计算出异重流层断面流量。

1. 计算异重流部分流量

计算异重流部分流量，用测速垂线的异重流厚度及其垂线间距计算出垂线间异重流部分面积，乘以异重流测速垂线间的平均流速，即可得异重流测速垂线间部分流量。其公式为：

$$Q_i = f_i V_i \tag{4-17}$$

式中　Q_i——第 i 部分相邻测速垂线间的异重流部分流量，m^3/s；

f_i——第 i 部分相邻测速（含测深）垂线间的异重流层部分面积，m^2；

V_i——第 i 部分相邻测速垂线间的异重流部分平均流速，m/s；

i——测速取沙（测深）垂线序号（$i = 1,2,3,\cdots,n-1$）。

2. 计算异重流层断面流量

异重流层断面流量为垂线间各部分流量之和。其公式为：

$$Q = \sum Q_i \tag{4-18}$$

式中　Q——异重流层断面流量。

根据流量计算式(4-17)、式(4-18)计算出异重流层断面流量。

因三门峡7月4日3 000～5 340 m^3/s 大流量下泄，于4日6时35分在HH12断面上游150 m监测到异重流，即潜入点在HH12断面上游150 m处。由于ZSH1+2断面距潜入点较近，且大流量、大流速异重流灌入支流畛水河口时，对右岸有较大的冲撞，进而在左岸产生回流，因此在畛水河7月4日进行的横1、横2两次测验，左岸第一条垂线的平均流速应为负流速，计算异重流层流量、输沙率时按负流速计算。

五、断面平均流速、平均含沙量计算

(一)断面平均流速计算

异重流层断面平均流速，是根据异重流层断面面积、断面流量，计算出异重流层断面平均流速。其公式为：

$$\overline{V} = \frac{Q}{f} \tag{4-19}$$

式中　$\overline{V}$——异重流层断面平均流速；

Q——异重流层断面流量；

f——异重流层断面面积。

根据流速计算式(4-19)计算出异重流层断面平均流速。

(二)断面平均含沙量计算

人工塑造异重流层断面平均含沙量，是根据异重流层断面流量、断面输沙率，计算出异重流层断面平均含沙量。其公式为：

$$\bar{\rho} = \frac{Q_s}{Q} \tag{4-20}$$

式中 $\bar{\rho}$——异重流层断面平均含沙量；

Q_s——异重流层断面输沙率；

Q——异重流层断面流量。

根据式(4-20)计算出异重流层断面平均含沙量。

六、异重流层断面输沙率计算

异重流横向边界的确定与异重流层断面流量计算相同，然后根据河流悬移质输沙率计算公式计算出异重流层部分输沙率。

(一)异重流层垂线平均含沙量计算

异重流层的垂线平均含沙量采用水深和流速加权法计算，其公式为：

$$\rho_m = \frac{1}{2hV_m}\left[(d_1 - d_0)V_0\rho_0 + \sum_{i=1}^{n-1}(d_{i+1} - d_{i-1})V_i\rho_i + (d_n - d_{n-1})V_n\rho_n\right] \tag{4-21}$$

式中 ρ_m——异重流层的垂线平均含沙量，kg/m^3；

ρ_0——交界面的含沙量，kg/m^3；

ρ_i——交界面至异重流底之间相应各流速测点的含沙量，kg/m^3；

ρ_n——异重流底的含沙量，kg/m^3。

根据式(4-21)计算出异重流层垂线平均含沙量。

(二)异重流层断面输沙率计算

1. 计算异重流部分输沙率

计算异重流部分输沙率，用异重流测速垂线间部分流量，乘以异重流相邻测沙垂线间部分含沙量，即可得异重流测沙垂线间部分输沙率。其公式为：

$$Q_{si} = Q_i\rho_{mi} \tag{4-22}$$

式中 Q_{si}——第 i 部分相邻测沙垂线间的异重流部分平均输沙率，kg/m^3；

Q_i——第 i 部分相邻测速垂线间的异重流部分流量，m^3/s；

ρ_{mi}——第 i 部分相邻测沙垂线间的异重流部分平均含沙量，kg/m^3。

2. 计算异重流层断面输沙率

异重流层断面输沙率为相邻测沙垂线间各部分输沙率之和。其公式为

$$Q_s = \sum Q_{si} \tag{4-23}$$

式中 Q_s——异重流层断面输沙率。

根据输沙率计算式(4-22)、式(4-23)计算出异重流层断面输沙率。

七、异重流分流分沙量的情况及分析

(一)人工塑造异重流畛水河分流分沙量情况及分析

人工塑造异重流畛水河分流分沙量具体情况见表4-11～表4-13。

表 4-11　2010 年小浪底水库人工塑造异重流畛水河流量、输沙量测验成果(第一次)

断面	测次	月	日	开始时间(时:分)	结束时间(时:分)	异重流层断面流量(m^3/s)	异重流层断面输沙率(t/s)	说明
HH11 +4	横 1	7	4	06:36	10:48	2 850	207	
	横 2	7	4	15:30	17:54	5 540	461	
	横 3	7	5	07:00	09:42	2 490	30.4	
	横 4	7	5	15:00	17:36	3 230	156	
	横 5	7	6	06:48	08:54	1 990	52.8	
	横 6	7	6	15:30	17:48	1 690	18.6	
	横 7	7	7	07:00	09:14	350	3.03	
	横 8	7	7	14:24	16:40	860	5.96	
HH11	横 1	7	4	06:24	12:12	2 380	359	
	横 2	7	4	15:24	19:20	5 150	660	
	横 3	7	5	07:00	10:54	2 270	23.3	
	横 4	7	5	15:12	18:00	2 520	256	
	横 5	7	6	06:48	10:30	1 350	37.2	
	横 6	7	6	15:24	18:12	1 390	21.8	
	横 7	7	7	06:40	10:30	140	1.9	
	横 8	7	7	14:36	16:54	690	12.4	
ZSH1 +2	横 1	7	4	06:30	13:20	2 140	236	左岸一线为负流速
	横 2	7	4	15:40	19:06	1 440	85.1	左岸一线为负流速
	横 3	7	5	07:05	11:20	817	43.4	
	横 4	7	5	15:05	18:38	466	19.5	
	横 5	7	6	06:58	10:06	599	29.2	
	横 6	7	6	15:45	19:12	353	9.0	
	横 7	7	7	07:00	10:10	11.2	0.04	
	横 8	7	7	14:40	17:48	272	1.57	

表4-12 2010年小浪底水库人工塑造异重流畛水河流速、含沙量测验成果（第一次）

断面	测次	月	日	开始时间（时:分）	结束时间（时:分）	异重流层断面平均流速（m/s）	异重流层断面平均含沙量（kg/m³）
HH11 +4	横1	7	4	06:36	10:48	0.82	72.7
	横2	7	4	15:30	17:54	0.72	83.2
	横3	7	5	07:00	09:42	0.35	12.2
	横4	7	5	15:00	17:36	0.61	48.1
	横5	7	6	06:48	08:54	0.44	26.5
	横6	7	6	15:30	17:48	0.40	11.0
	横7	7	7	07:00	09:14	0.27	8.78
	横8	7	7	14:24	16:40	0.27	6.93
HH11	横1	7	4	06:24	12:12	0.78	151
	横2	7	4	15:24	19:20	0.77	128
	横3	7	5	07:00	10:54	0.35	10.3
	横4	7	5	15:12	18:00	0.51	102
	横5	7	6	06:48	10:30	0.35	27.5
	横6	7	6	15:24	18:12	0.32	15.6
	横7	7	7	06:40	10:30	0.24	13.8
	横8	7	7	14:36	16:54	0.33	17.9
ZSH1 +2	横1	7	4	06:30	13:20	0.74	111
	横2	7	4	15:40	19:06	0.37	59.2
	横3	7	5	07:05	11:20	0.24	53.2
	横4	7	5	15:05	18:38	0.21	41.8
	横5	7	6	06:58	10:06	0.28	48.8
	横6	7	6	15:45	19:12	0.18	25.5
	横7	7	7	07:00	10:10	0.04	3.60
	横8	7	7	14:40	17:48	0.26	5.78

表 4-13　2010 年小浪底水库人工塑造异重流畛水河输沙率对比（第一次）

测次	月	日	(HH11 +4)$Q_{s异}$ - (HH11)$Q_{s异}$(t/s)	(HH11 +4)$Q_{s异}$ - (ZSH1 +2) $Q_{s异}$(t/s)	(HH11 +4)$Q_{s异}$ - (HH11) $Q_{s异}$ - (ZSH1 +2)$Q_{s异}$(t/s)
横 1	7	4	-152	-29	-389
横 2	7	4	-199	376	-284
横 3	7	5	7	-13	-36
横 4	7	5	-100	136	-120
横 5	7	6	16	24	-14
横 6	7	6	-3	10	-12
横 7	7	7	1	3	1
横 8	7	7	-6	4	-8

由表 4-11、表 4-12 知，第一次异重流 7 月 4 ~ 7 日期间，ZSH1 +2 断面异重流层最大流量是 7 月 4 日的 2 140 m^3/s，最小流量是 7 月 7 日的 11.2 m^3/s；最大断面输沙率是 7 月 4 日的 236 t/s，最小断面输沙率是 7 月 7 日的 0.04 t/s；最大断面平均流速是 7 月 4 日的 0.74 m/s，最小断面平均流速是 7 月 7 日的 0.04 m/s；最大断面平均含沙量是 7 月 4 日的 111 kg/m^3，最小断面平均含沙量是 7 月 7 日的 3.60 kg/m^3。

由表 4-13 知，上下游断面输沙率分沙对比差值最大为 -389 t/s，最小为 1 t/s，整个异重流过程内，前期河段内发生较大冲刷，后段冲刷较小。

流量、流速、输沙率、含沙量最大值均发生在 7 月 4 日，原因是 7 月 3 日 20 时三门峡水库开始加大流量下泄清水，22 时流量迅速增大到 3 320 m^3/s，此阶段最大流量为 5 340 m^3/s（4 日 15 时 36 分），随后流量一直保持在 5 000 m^3/s 左右；4 日 18 时开始出沙，含沙量为 1.02 kg/m^3，22 时含沙量迅速增大到 174 kg/m^3，23 时含沙量为 416 kg/m^3，沙峰出现在 5 日 1 时，含沙量为 605 kg/m^3，大流量高含沙下泄水流潜入小浪底水库后，7 月 4 日各断面分别出现本次最大异重流，这与三门峡水库泄流排沙大小过程相应。

流量、流速、输沙率、含沙量最小值均发生在 7 月 7 日，是因为 7 月 6 日 10 时 24 分三门峡流量已减至 880 m^3/s，此后下泄流量始终在 1 000 m^3/s 以下，7 月 6 日 20 时 12 分流量已减至最小（57.1 m^3/s）；7 月 6 日 20 时，三门峡水库出库含沙量减小至 10.0 kg/m^3，异重流后续能量降低，到 7 月 7 日异重流基本消失。

（二）汛期异重流畛水河分流分沙量情况

汛期异重流畛水河分流分沙量具体情况见表 4-14 ~ 表 4-16。

由表 4-14、表 4-15 知，汛期异重流在 ZSH1 +2 断面共测验 5 次，时间是 8 月 13 日至 8 月 16 日，测得 ZSH1 +2 断面异重流层最大流量是 8 月 15 日的 3 290 m^3/s，最大断面输沙率是 8 月 15 日的 384 t/s；最大断面平均流速是 8 月 15 日的 0.76 m/s，最大断面平均含沙量是 8 月 16 日的 197 kg/m^3。由表 4-16 知，上下游断面输沙率分流对比差值最大为 163 t/s，最小为 -41 t/s，河段内有冲有淤。

表 4-14　2010 年小浪底水库汛期异重流畛水河流量、输沙量测验成果表(第二次)

断面	测次	月	日	开始时间(时:分)	结束时间(时:分)	异重流层断面流量(m^3/s)	异重流层断面输沙率(t/s)
HH11 +4	横 1	8	13	12:40	16:55	2 180	195
	横 2	8	14	08:40	12:05	1 820	358
	横 3	8	14	13:20	16:30	2 560	193
HH11	横 1	8	13	13:00	17:36	3 350	304
	横 2	8	14	08:30	11:30	2 910	191
	横 3	8	14	13:18	16:18	2 820	225
ZSH1 +2	横 1	8	13	12:24	15:16	621	11.0
	横 2	8	14	08:30	11:03	397	3.98
	横 3	8	14	13:20	15:48	554	8.61
	横 4	8	15	09:00	10:42	3 290	384
	横 5	8	16	09:22	11:36	248	48.9
HH10 +5	横 1	8	16	09:30	11:15	1 910	66.7

表 4-15　2010 年小浪底水库汛期异重流畛水河流速、含沙量测验成果(第二次)

断面	测次	月	日	开始时间(时:分)	结束时间(时:分)	异重流层断面流速(m/s)	异重流层断面平均含沙量(kg/m^3)
HH11 +4	横 1	8	13	12:40	16:55	0.54	89.8
	横 2	8	14	08:40	12:05	0.42	197
	横 3	8	14	13:20	16:30	0.65	75.6
HH11	横 1	8	13	13:00	17:36	0.84	90.9
	横 2	8	14	08:30	11:30	0.77	65.8
	横 3	8	14	13:18	16:18	1.02	79.9
ZSH1 +2	横 1	8	13	12:24	15:16	0.34	17.8
	横 2	8	14	08:30	11:03	0.26	10.0
	横 3	8	14	13:20	15:48	0.29	15.5
	横 4	8	15	09:00	10:42	0.76	116
	横 5	8	16	09:22	11:36	0.095	197
HH10 +5	横 1	8	16	09:30	11:15	0.51	35.0

表 4-16　2010 年小浪底水库汛期异重流畛水河输沙率对比(第二次)

测次	月	日	(HH11+4)$Q_{s异}$ - (HH11)$Q_{s异}$(t/s)	(HH11+4)$Q_{s异}$ - (ZSH1+2)$Q_{s异}$(t/s)	(HH11+4)$Q_{s异}$ - (HH11)$Q_{s异}$ - (ZSH1+2)$Q_{s异}$(t/s)
横 1	8	13	-109	184	-120
横 2	8	14	167	354	163
横 3	8	14	-32	185	-41

(三)汛期异重流大峪河分流分沙量情况

汛期异重流大峪河分流分沙量具体情况,见表 4-17 ~ 表 4-19。

由表 4-17、表 4-18 可知,第二次异重流在 DY01 断面共测验 6 次,时间是 8 月 17 日至 8 月 21 日,测得 DY01 断面异重流层最大流量是 8 月 19 日的 822 m^3/s,最大断面输沙率是 8 月 19 日的 15.0 t/s,最大断面平均流速是 8 月 19 日的 0.21 m/s,最大断面平均含沙量是 8 月 18 日的 26.6 kg/m^3。由表 4-19 可知,上下游断面输沙率分流对比差值最大为 74 t/s,最小为 -3 t/s。综合来看,异重流过程内河段内冲淤基本平衡。

表 4-17　2010 年小浪底水库汛期异重流大峪河流量、输沙率测验成果(第二次)

断面	测次	月	日	开始时间(时:分)	结束时间(时:分)	异重流层断面流量(m^3/s)	异重流层断面输沙率(t/s)
HH04	横 1	8	17	10:00	13:30	3 080	52.8
	横 2	8	18	08:18	13:30	1 680	104
	横 3	8	19	08:18	11:42	2 560	64.1
	横 4	8	19	16:00	19:12	3 670	35.8
	横 5	8	20	09:42	13:18	2 710	26.5
	横 6	8	21	08:00	11:30	2 590	24.3
HH03	横 1	8	17	10:20	13:50	2 930	60.8
	横 2	8	18	08:10	10:50	763	26.3
	横 3	8	19	08:20	11:35	2 300	52.2
	横 4	8	19	15:53	19:31	3 380	47.4
	横 5	8	20	09:43	13:01	2 790	55.9
	横 6	8	21	08:05	10:49	2 280	62.1
DY01	横 1	8	17	10:06	14:00	588	10.7
	横 2	8	18	08:14	11:56	122	3.26
	横 3	8	19	08:10	12:42	822	15.0
	横 4	8	19	15:52	19:36	680	7.46
	横 5	8	20	09:40	14:00	348	5.14
	横 6	8	21	07:58	12:28	400	4.84

表 4-18　2010 年小浪底水库汛期异重流大峪河流速、含沙量测验成果(第二次)

断面	测次	月	日	开始时间(时:分)	结束时间(时:分)	异重流层断面流速(m^3/s)	异重流层断面平均含沙量(kg/m^3)
HH04	横 1	8	17	10:00	13:30	0.29	17.2
	横 2	8	18	08:18	13:30	0.50	62.0
	横 3	8	19	08:18	11:42	0.28	25.0
	横 4	8	19	16:00	19:12	0.40	9.76
	横 5	8	20	09:42	13:18	0.36	9.79
	横 6	8	21	08:00	11:30	0.34	9.40
HH03	横 1	8	17	10:20	13:50	0.31	20.8
	横 2	8	18	08:10	10:50	0.42	34.5
	横 3	8	19	08:20	11:35	0.24	22.7
	横 4	8	19	15:53	19:31	0.35	14.0
	横 5	8	20	09:43	13:01	0.33	20.0
	横 6	8	21	08:05	10:49	0.27	27.3
DY01	横 1	8	17	10:06	14:00	0.13	18.2
	横 1	8	17	10:06	14:00	0.13	18.2
	横 2	8	18	08:14	11:56	0.14	26.6
	横 3	8	19	08:10	12:42	0.18	18.2
	横 4	8	19	15:52	19:36	0.21	11.0
	横 5	8	20	09:40	14:00	0.16	14.8
	横 6	8	21	07:58	12:28	0.20	12.1

表 4-19　2010 年小浪底水库汛期异重流大峪河输沙率对比(第二次)

测次	月	日	(HH04)$Q_{s异}$ − (HH03)$Q_{s异}$(t/s)	(HH04)$Q_{s异}$ − (DY01)$Q_{s异}$(t/s)	(HH04)$Q_{s异}$ − (HH03)$Q_{s异}$ − (DY01)$Q_{s异}$(t/s)
横 1	8	17	−8	42	−19
横 2	8	18	78	101	74
横 3	8	19	12	49	−3
横 4	8	19	−12	28	−19
横 5	8	20	−29	21	−35
横 6	8	21	−38	19	−43

(四)输沙量和冲淤量计算

1. 各断面流量、输沙率过程线

根据各断面流量输沙率计算结果,绘制流量、输沙率过程线,如图4-25~图4-30所示。

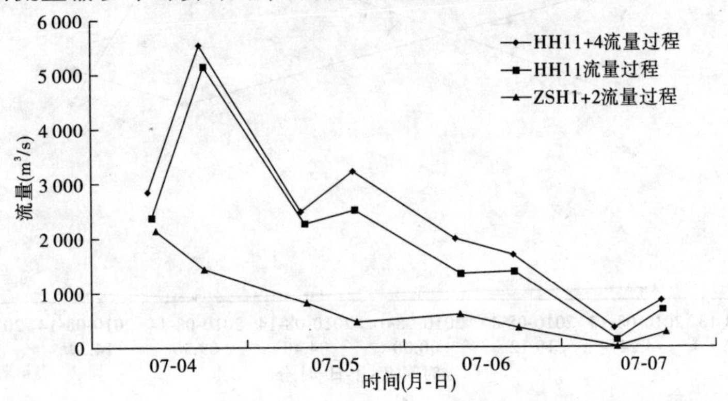

图4-25　第一次异重流畛水河口各断面流量过程线

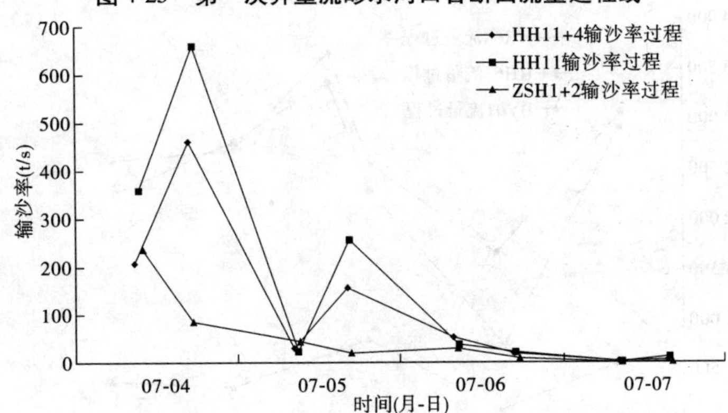

图4-26　第一次异重流畛水河口各断面输沙率过程线

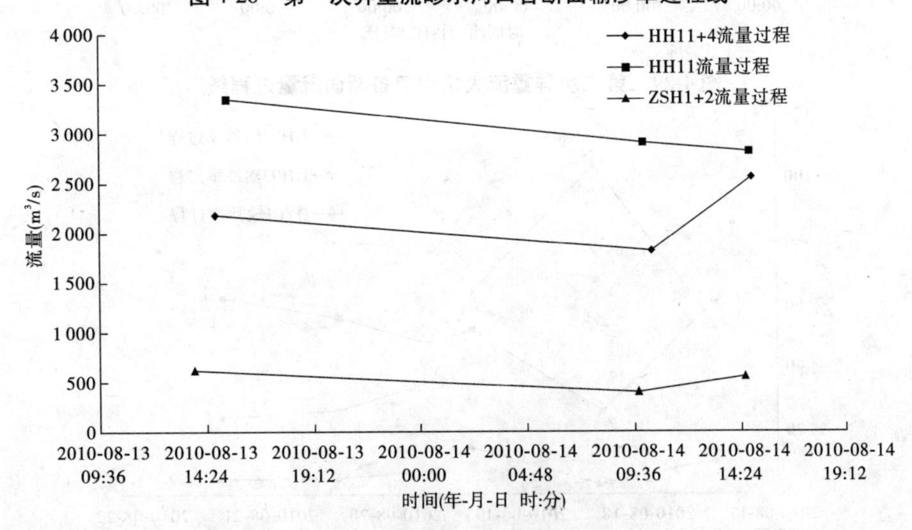

图4-27　第二次异重流畛水河口各断面流量过程线

从断面输沙率过程线,畛水河口上、下游及支流输沙率过程对照趋势吻合较好,基本符合自然河道变化规律。大峪河口上、下游输沙率过程变化趋势不一致,异重流后期输沙率下

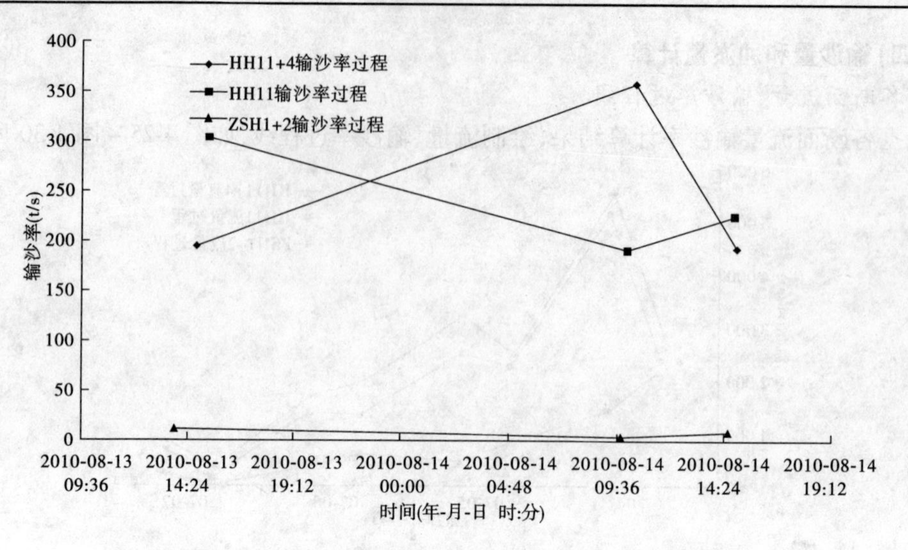

图 4-28　第二次异重流畛水河口各断面输沙率过程线

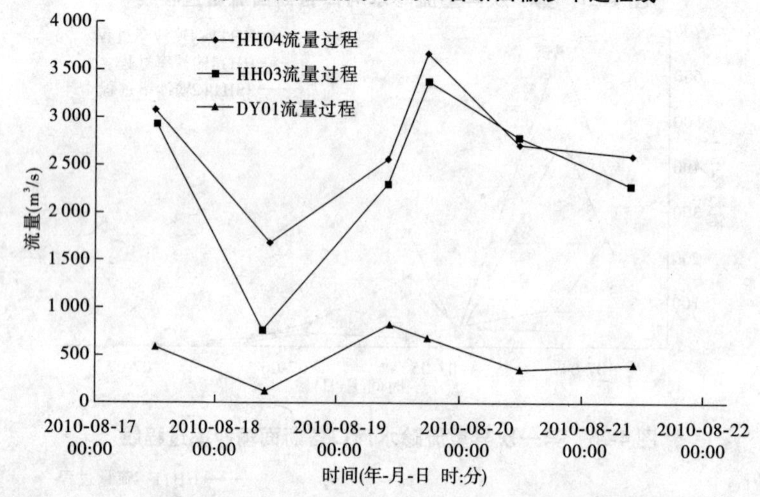

图 4-29　第二次异重流大峪河口各断面流量过程线

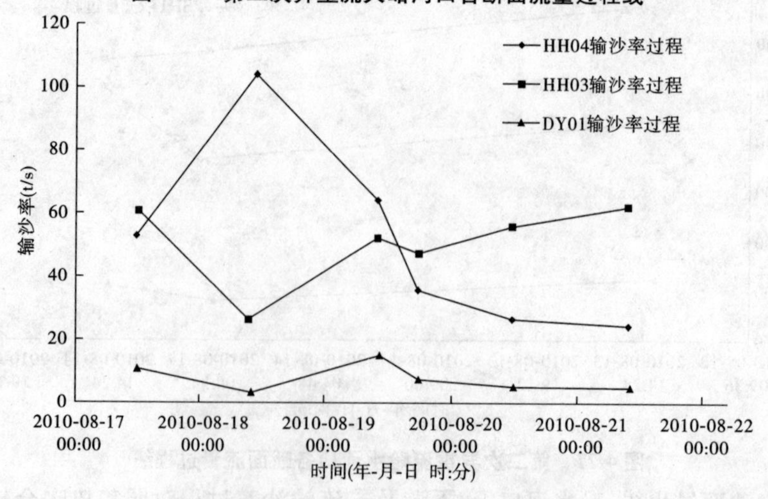

图 4-30　第二次异重流大峪河口各断面输沙率过程线

大上小，主要受近坝前的泥沙滞留影响。

2. 输沙量、冲淤量计算

计算各时段输沙量，分别计算畛水河口和大峪河口的断面间冲淤量，如表4-20～表4-22所示。

表4-20　第一次异重流畛水河口输沙量计算

断面	测次	时 段 (月-日 时:分)	输沙量 (万 t)	(HH11 +4) W_s - (HH11) W_s - (ZSH1 +2) W_s (万 t)
HH11 +4	第一次	07-04 08:42 至 07-07 15:32	3 383	-2 527
HH11	第一次	07-04 09:18 至 07-07 15:45	4 800	
ZSH1 +2	第一次	07-04 09:55 至 07-07 16:14	1 110	

表4-21　第二次异重流畛水河口输沙量计算

断面	测次	时 段 (月-日 时:分)	输沙量 (万 t)	(HH11 +4) W_s - (HH11) W_s - (ZSH1 +2) W_s (万 t)
HH11 +4	第二次	08-13 14:47 至 08-14 14:55	2 401	310
HH11	第二次	08-13 15:18 至 08-14 14:48	2 026	
ZSH1 +2	第二次	08-13 13:50 至 08-14 14:34	65	

表4-22　第二次异重流大峪河口输沙量计算

断面	测次	时段 (月-日 时:分)	输沙量 (万 t)	(HH04) W_s - (HH03) W_s - (DY01) W_s (万 t)
HH04	第二次	08-17 11:45 至 08-21 09:45	1 893	447
HH03	第二次	08-17 12:05 至 08-21 09:27	1 279	
DY01	第二次	08-17 12:03 至 08-21 10:13	167	

由表4-20可知，第一次异重流期间畛水河口3个断面间输沙量差值-2 527万t，支流畛水河分沙比为32.8%。

沙量不平衡且出现较大负值，可能的原因有以下几点：

(1)异重流测验之前，随着库水位的下降，水库上游形成自然河道，三门峡下泄水流冲刷河道的泥沙，随着水流堆积到畛水河口附近河段，形成软泥层。因为调水调沙之前小浪底水库的淤积三角洲顶点在河口上游附近。从输沙率计算对比来看，7月4日输沙率负值为-389 t/s，而之后的输沙率差值逐渐减小，到后期基本平衡。这表明异重流对此河段前期淤积的软泥层进行了冲刷，软泥层冲完后则基本形成输沙率平衡。

(2)断面输沙率计算方法的原因。异重流横断面输沙率测验时间过长，一次断面测验时间长达 5 h,由于异重流的调度运用,上游来水来沙情况在短时间内就会发生较大变化,采用断面平均含沙量、平均流速来计算断面输沙率的计算方法还有待进一步分析研究。

由表 4-21 和表 4-22 可知,畛水河口段淤积输沙量差值 310 万 t,支流畛水河分沙比为 2.7%;大峪河口段淤积输沙量差值 447 万 t,支流大峪河分沙比为 8.8%。

3. 汛前汛后断面套绘图

套绘 2010 年汛前、汛后淤积断面(HH11 断面、ZSH01 断面、HH03 断面、HH04 断面、DY01 断面)对照图,如图 4-31 ~ 图 4-35 所示。

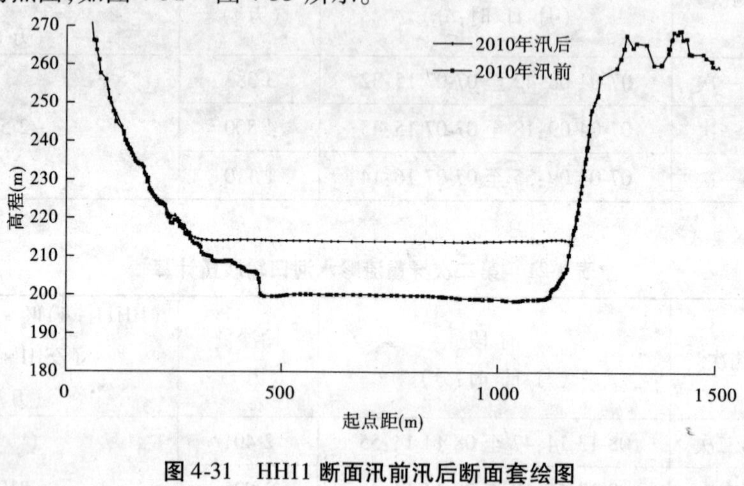

图 4-31 HH11 断面汛前汛后断面套绘图

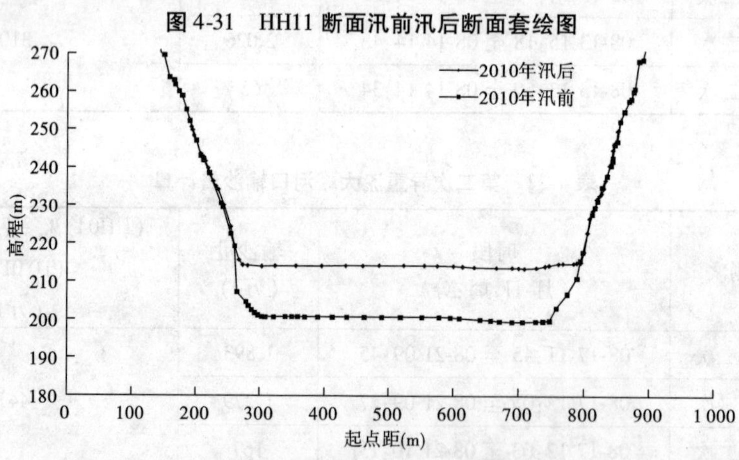

图 4-32 ZSH01 断面汛前汛后断面套绘图

注:ZSH01 断面比 ZSH1 +2 断面靠近河口,位于分流分沙量测验断面之间。

从图 4-31 ~ 图 4-35 的各断面汛前汛后淤积套绘图来看,汛期各断面不同程度地出现淤积,其中 HH11 断面最大淤积厚度达 14.0 m,ZSH01 断面最大淤积厚度达 13.7 m。汛期小浪底水库出现多次来水来沙过程,汛期水库调度运用使得畛水河口段处于变动回水区,有高含沙水流来时,在此河段潜入形成异重流,使得此河段泥沙大量淤积。

由图 4-31 ~ 图 4-35 汛前汛后两次淤积断面套绘图来看,HH04 断面最大淤积厚度为 5.7 m,HH03 断面最大淤积厚度为 5.6 m, DY01 断面最大淤积厚度为 5.7 m,汛期多次水沙过程给小浪底水库下游断面带来了不同程度的淤积,这与异重流输沙量计算结果是相符的。

(五)对计算结果的几点说明

(1)目前异重流测验历时较长,主要原因是泥沙采样时间较长。由于水深大,需要反复

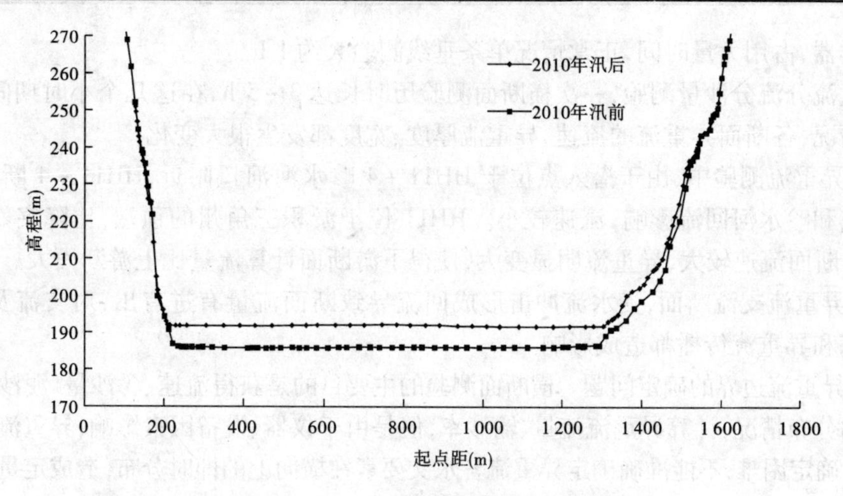

图 4-33　HH04 断面汛前汛后断面套绘图

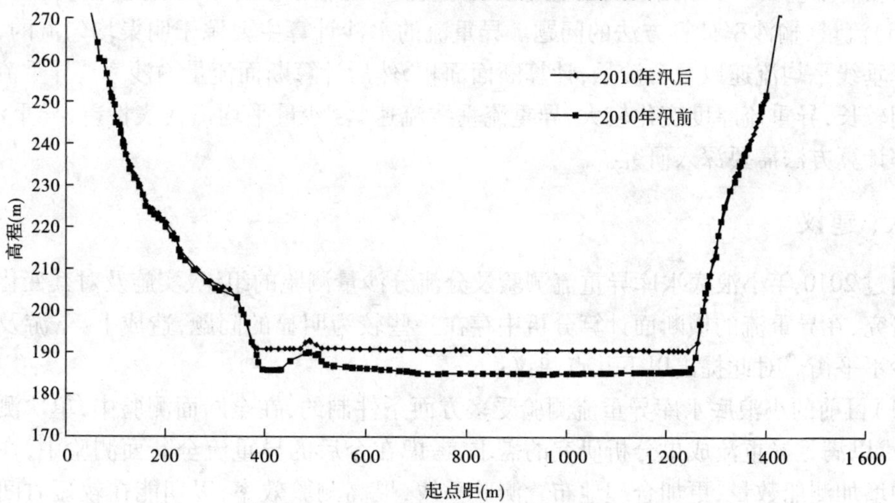

图 4-34　HH03 断面汛前汛后断面套绘图

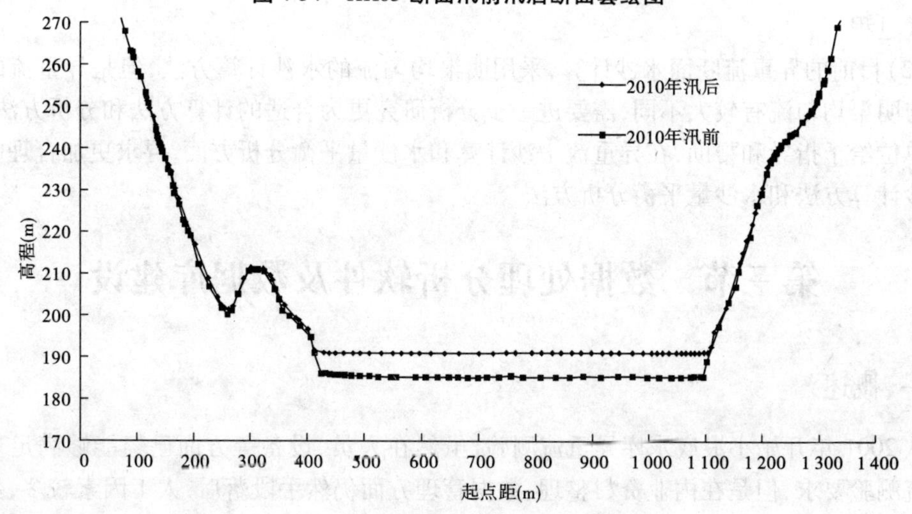

图 4-35　DY01 断面汛前汛后断面套绘图

提取采样器,占用大量时间,正常情况单条垂线测验大约 1 h。

异重流分流分沙量测验,一次横断面测验历时长达 3 ~ 5 h,在这几个小时期间,上游来水来沙情况,各断面异重流的流速,异重流厚度、宽度都发生很大变化。

(2)异重流测验中,由于潜入点位于 HH11 + 4 畛水河河口附近,HH11 + 4 断面受异重流潜入点和畛水河回流影响,流速较小。HH11 位于淤积三角州的顶端,比降突然变大,使得 HH11 断面流速较大,异重流明显变大,使得下游断面计算流量比上游断面大。

(3)异重流支流断面,受水流冲击形成回流导致断面流量有进有出,对支流及上、下游断面流态和异重流传播都造成影响。

(4)异重流边界的确定问题。横断面测验的主要目的是获得流速、含沙量、泥沙粒径在断面方向的分布情况,计算异重流流量、输沙率,但是由于仪器、设备因素影响,异重流横向分布边界点的确定困难,不能准确确定异重流各水文要素在横向上的即时分布,造成定量分析异重流流量和输沙量在一个断面上的变化过程及异重流沿程输沙量的增减情况的不确定性。

(5)流量、输沙率计算方法的问题。异重流的水沙计算主要源于明渠均匀流的方法,通过计算垂线平均流速以及含沙量,计算断面面积,然后计算断面流量输沙率。异重流垂线测验时间较长,异重流厚度变化较大,异重流垂线流速、含沙量平均值代表性差,异重流流量、输沙率计算方法需要深入研究。

八、建议

通过 2010 年小浪底水库异重流测验及分流分沙量测验的组织、实施及对其变化规律的分析研究,在异重流的横断面计算分析中存在一些较为明显的问题,造成上、下游及支流断面水沙不平衡。对此提出以下几点建议:

(1)目前的小浪底水库异重流测验受多方面条件制约,在全断面测验中,单次测验耗时较长,难以满足异重流成果分析研究的需求,考虑在今后的异重流全断面测验中,在全断面测验中增加测船数量,更加合理地布置测验垂线,提高测验效率,以期能在较短时间内完成全断面的测验。增加测验设施设备进行主流线全过程监测,同时在输沙率测验的同时加测主流线过程。

(2)目前的异重流断面水沙计算,采用明渠均匀流的水沙计算方法,但是异重流的流体特性与明渠均匀流有较大不同,需要进一步分析研究更为合适的计算方法和分析方法,希望有关单位给予指导和帮助,在异重流水沙计算和水沙量平衡分析方面,寻求更加合理的异重流水沙计算方法和水沙量平衡分析方法。

第三节　数据处理分析软件及数据库建设

一、概述

从 2001 年开始小浪底水库异重流测验,虽然在人员、设备等方面已经能够满足现阶段异重流测验要求,但是在内业资料整理、数据管理方面仍然手段落后,人工因素较多,数据分散,不能有效管理。同时由于异重流测验数据量大且较分散,在异重流分析时都需要做大量的后续的数据摘录、计算工作,增加了异重流规律分析的工作量。为解决这一问题,河南水文局在多年异重流测验资料整编、测验分析的基础上，开发了“异重流数据处理分析软件”，该软件实现了异重流测验内业资料整理从数据录入、计算到成果图、表的输出等工作信息化管理，减轻了劳动强度，提高了工作效率，对异重流测验数据进行了有效管理，同时提供了异重流规律分析中可能用到的综合图、表的查询、输出，提高分析效率和质量。

二、软件需求分析

根据异重流测验、泥沙处理以及资料整编的数据处理流程，异重流数据分析处理软件主要包括如下功能：①异重流测验数据的录入模块；②泥沙处理模块；③异重流特征值的计算；④历史数据查询、图、表显示模块；⑤成果图、表打印模块。

（一）异重流测验管理模块

异重流测验管理模块是本软件开发的重点，要完成异重流测验数据输入、计算与储存，后续的查询、图表显示、成果输出都在此基础上才能进行。在本部分应完成如下功能：

（1）外业测验数据的输入：包括异重流测次、垂线、测点等原始测验数据的输入，此过程中需完成流速的校核。测验数据录入后要完成不同类型的数据的储存，根据异重流测验实际情况，确定垂线、测点数据存入不同的库表中，分别是垂线数据进入“一览表”库表中，测点流速、沙样数据进入“原始数据”库表中，沙样数据进入“泥沙处理”库表中。

（2）泥沙处理：对置换法处理的泥沙处理记载，完成各个测点沙样含沙量的计算。在此过程中要生成用于泥沙颗粒分析的“泥沙送样”库表。若垂线上各取沙测点沙样均已处理完毕，则进行异重流厚度、平均流速、平均含沙量等异重流特征的计算，并填入“一览表”库表中。

（3）水位插补：由于异重流测验断面往往没有水位观测设施，各异重流测次就需要根据库区水位站的实测资料，按距离、时间进行插补。

（4）其他数据管理：如流速仪、比重瓶的管理，潜入点、测验日志的管理，测验数据的修改。

数据流程见图4-36。

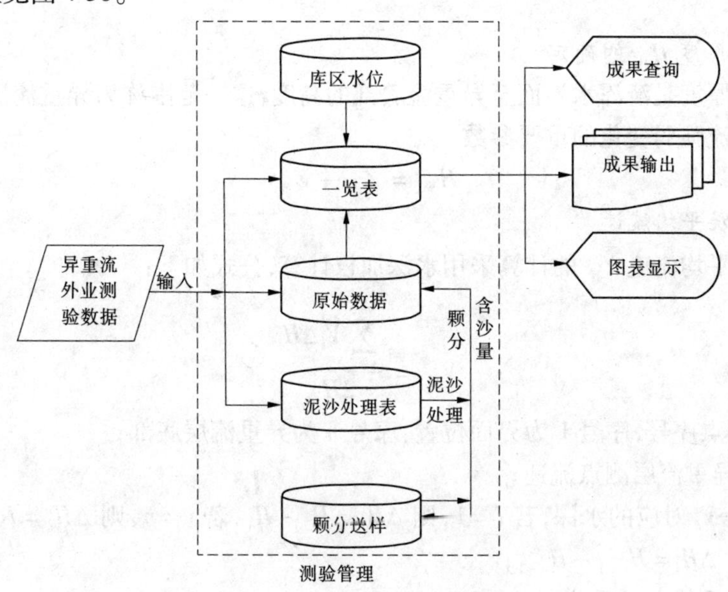

图4-36　异重流数据管理流程

(二)数据查询

本模块完成对已经入库的异重流数据进行查询,通过分析,确定需要查询的内容,包括测次统计、特征值、潜入点信息、异重流估算流量输沙率,指定条件如日期、断面、流速等的查询,并能实现查询结果的输出。

(三)图表显示

本模块完成对已经入库的异重流数据进行图表显示,通过分析,确定需要输出的图表应包括:异重流垂向分布图、横向分布图,异重流要素逐日变化图、沿程变化图,以及入出库水沙过程图,并能实现图表的输出。

(四)成果输出

本模块完成已经入库的异重流数据的输出,应包括一览表、原始数据表、泥沙处理表、颗分送样表的输出。

(五)异重流特征计算

异重流实测数据入库后需要进行特征值计算,根据有关规范要求,异重流特征值的确定、计算方法如下。

1.异重流层的确定

1)清浑水界面高程 $Z_{界}$ 的确定

由于异重流在运行过程中与上层清水会有掺混作用,导致界面附近存在一定厚度含沙量较小的浑水,这一掺混层应不属于异重流层,故需要以一定含沙量作为异重流层的判定标准。根据研究成果和异重流测验经验,在整编中插补出含沙量为 3 kg/m^3 的水深作为清浑水界面的水深,这一水深以下属于异重流层。

2)异重流底部高程 $Z_{底}$ 的确定

以流速为 0 或库底作为异重流的底部。若库底存在流速,则以库底作为异重流的底部,否则以垂线近库底流速为 0 的测点或插补出此水深作为异重流的底部,其高程为异重流底部高程。

3)异重流厚度 $H_{异}$ 的确定

异重流的厚度是清浑水界面至异重流底部的高度,这一范围称为异重流层,异重流层厚度是衡量异重流强弱变化的重要参数。

$$H_{异} = Z_{底} - Z_{界} \tag{4-24}$$

2.异重流层平均流速

异重流层平均流速 $\overline{V}_{异}$ 的计算采用水深加权计算,公式如下:

$$\overline{V}_{异} = \frac{\sum_{i=1}^{n} V_i \Delta H_i}{2H_{异}} \tag{4-25}$$

式中 i——测点序号,序号 1 为界面位置,序号 n 为异重流层底部;

V_i——异重流层测点流速;

ΔH_i——V_i 对应的水深,若 $i=1$,则 $\Delta H_i = H_2 - H_1$,若 $i=n$,则 $\Delta H_i = H_n - H_{n-1}$,否则 $\Delta H_i = H_{n+1} - H_{n-1}$;

$H_{异}$——垂线上异重流层的厚度。

若界面或异重流底部为插补所得,则其流速、含沙量、水深亦为插值所得。

3. 异重流层平均含沙量

异重流层平均含沙量$\overline{C_{s异}}$的计算采用水深、流速加权计算，公式如下：

$$\overline{C_{s异}} = \frac{\sum_{i=1}^{n} C_{si} V_i \Delta H_i}{2H_{异} \overline{V_{异}}} \tag{4-26}$$

式中　C_{si}——第 i 个测点的含沙量。

4. 异重流层中数粒径

异重流层各粒径级沙重百分比 $P_{i异}$的计算采用水深、流速、含沙量加权计算，公式如下：

$$P_{i异} = \frac{\sum_{i=1}^{n} P_{ij} C_{si} V_i \Delta H_i}{\sum_{i=1}^{n} C_{si} V_i \Delta H_i} \tag{4-27}$$

式中　P_{ij}——第 i 个测点第 j 个粒径级沙重百分比。

异重流层各粒径级沙重百分比计算出来后，50% 所对应的粒径即为异重流层的中数粒径 $D_{50异}$。

三、软件总体设计

（一）技术路线

异重流数据分析处理软件依据《水文资料整编规范》、《水库水文泥沙观测试行办法》、《水库异重流测验规程》等有关水文规范进行，采用数据库技术，实现异重流测验数据的录入、计算、查询、修改，以及异重流分析图、表的显示、打印等功能。软件开发分三个阶段，分别是软件定义阶段、软件开发阶段、软件调试运行阶段。

（二）软件开发工作流程

（1）软件的定义阶段：此阶段为软件的设计阶段，通过对异重流测验资料整编及规律分析的实际情况，进行软件需求分析，分析、确定软件应包括的功能、实现途径，进行数据库表的结构设计，确定数据流程、算法，进行软件总体框架的设计，并确定开发语言、数据库类型。

（2）软件的开发阶段：此阶段在软件定义基础上，通过程序编制将确定的各项功能予以技术的实现，并将程序打包。

（3）软件的调试运行阶段：此阶段将已经打包的软件在异重流测验中加以试用，并针对在试用过程中出现的各项问题进行更改和调整，使程序稳定、可靠。

（三）软件主要特点

系统采用 Visual Basic 与数据库相结合进行开发，界面友好，数据输入、管理、查询、打印方便，可完成异重流测验中各项数据的管理、查询功能，为异重流规律的分析提供所需的分析图、表。软件具有以下几个特点：

（1）严格按照现行规范进行编程，从数据的有效位数到成果表的打印输出都符合现行规范要求；

（2）功能包括异重流测验数据的录入、查询、修改，以及图表的显示、打印、成果输出等功能；

（3）可绘制异重流流速、含沙量、中数粒径等值线；

(4)系统采用模块化结构,具有很强的可扩充性和容错性。

(四)软件开发工具和运行环境

1. 开发工具

该软件在 WinXP 操作系统环境下,以 Visual Basic 6.0 为开发工具编制完成,结合 Ms Access 数据库、Excel、Surfer 等软件,实现了异重流测验数据管理、查询、图表显示。

2. 系统软件运行环境

软件:系统需安装 Ms Access、Excel、Surfer 及 Visual Basic 6.0 运行库。

硬件:CPU,Pentium Ⅲ 800 MHz,内存,128 M。

(五)系统结构

系统结构图如图 4-37 所示,系统由测验管理、数据查询、图形显示、成果输出等几个模块组成,可以完成异重流测验数据的输入、查询、打印、图形显示、成果输出等功能。

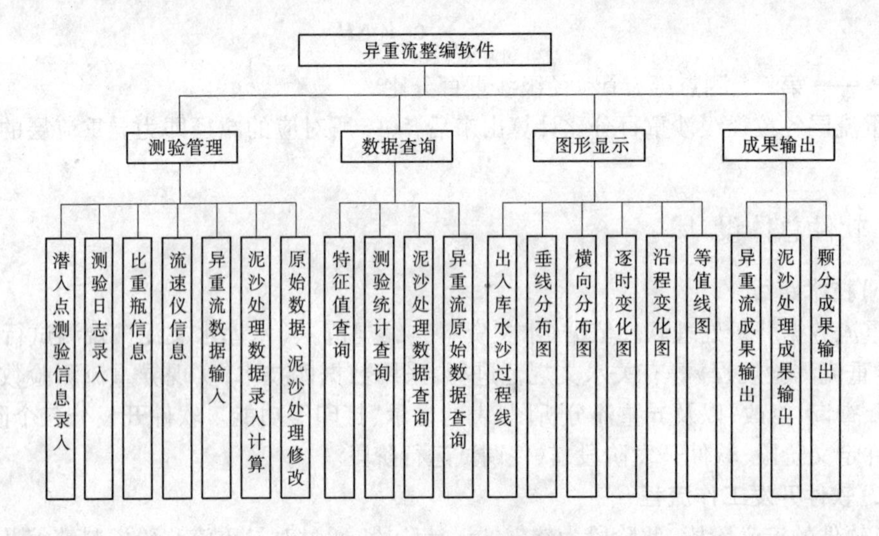

图 4-37　系统结构图

(六)软件安装与运行

1. 软件安装

运行 X:\setup. exe 键入软件安装页面(X 为异重流数据分析处理软件安装程序所在光盘盘符),如图 4-38 所示。

点击下一步,选择程序安装目录(见图 4-39)。

点击下一步,按安装程序提示完成软件安装。

安装成功后,在使用者当前桌面上产生“异重流数据管理系统”快捷方式,在开始菜单中生成“异重流数据管理系统”程序组。

2. 软件运行

方法一:鼠标双击桌面上的“异重流数据管理系统”快捷方式;

方法二:鼠标单击“开始”→“程序”→“异重流数据管理系统”,单击“异重流数据管理系统”运行程序。运行程序后进入主界面(见图 4-40),单击菜单项或快捷工具按钮,即可进行相应的操作。

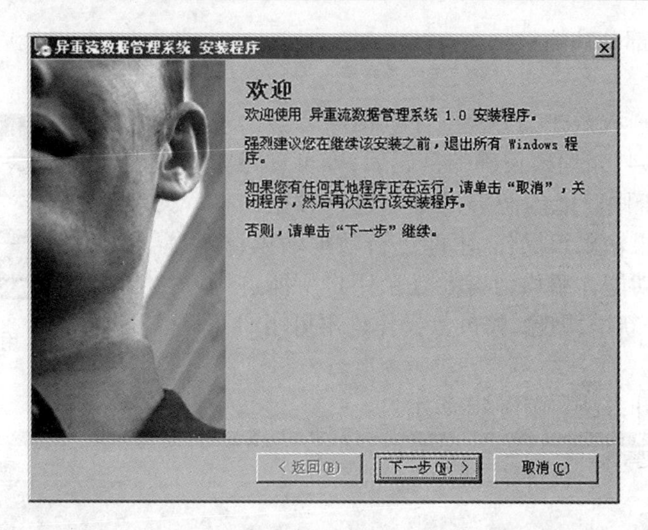

图 4-38　软件安装程序

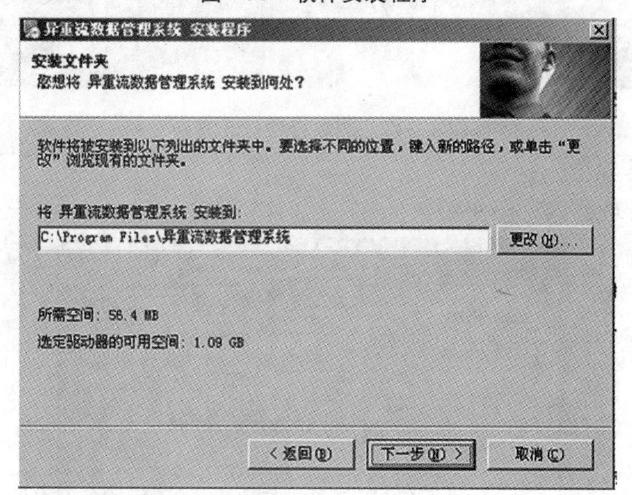

图 4-39　选择程序安装目录

图 4-40　程序主界面

(七)系统各部分功能

1. 用户管理

本软件对用户权限进行管理,启动软件后会出现登录窗口(见图4-41),输入正确的密码后,即可进行完全功能的操作,否则只能以游客的身份进行数据的查询、图形显示、成果输出等操作,不能进行数据输入、修改等操作。以下功能介绍均为有效登录用户所能进行的操作,否则涉及新增、删除、修改等操作均不可用。

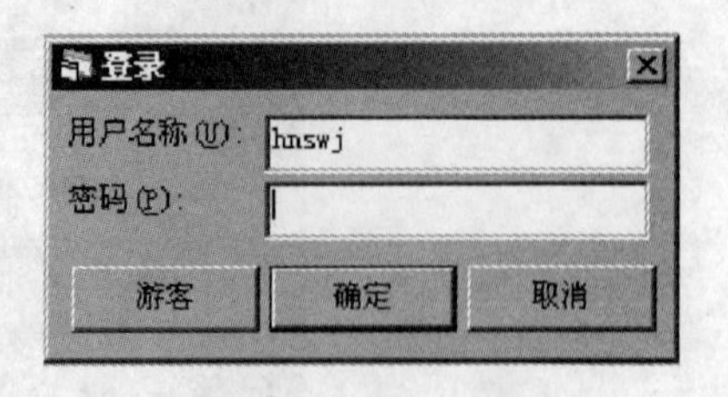

图4-41　用户登录窗口

2. 测验管理

测验管理打开方法如图4-42所示。

图4-42　测验管理打开方法

1)潜入点信息管理

潜入点信息管理窗口见图4-43。

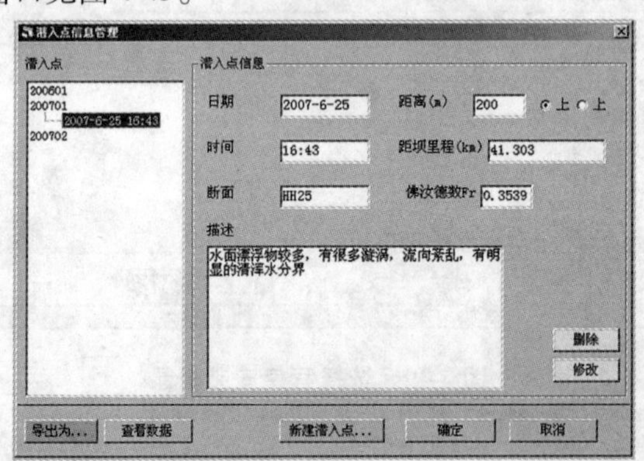

图4-43　潜入点信息管理窗口

在该窗口中可完成潜入点的增加、删除、修改、导出,导出格式为Excel。

若该潜入点与某测验垂线联系,则可查看测验数据、显示弗汝德数。

单击“新建潜入点...”出现潜入点信息输入窗口(见图4-44),通过单击“选择断面”下拉框,可选择潜入点出现的断面,在“距离”文本框中输入潜入点与所选断面的距离,点击“上”、“下”单选按钮确定潜入点在所选断面的上游还是下游,确定断面、距断面的距离、断面上下游后即可在“距坝里程”文本框中计算出潜入点距坝里程。

2)测验日志管理

本模块可对测验中出现的情况进行管理,为异重流规律的分析研究提供第一手的原始记载。在该窗口中可完成日志的增加、删除、修改以及导出等操作,如图4-45所示。

3)比重瓶管理

单击“比重瓶(B)”出现比重瓶信息窗口(见图4-46),在该窗口中可完成比重瓶的删

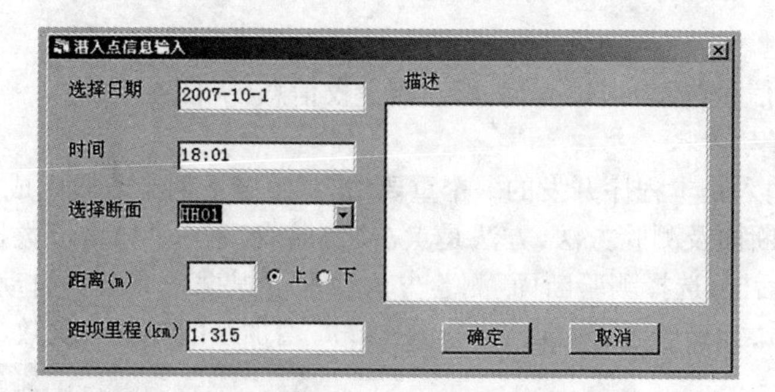

图 4-44　潜入点信息输入对话框

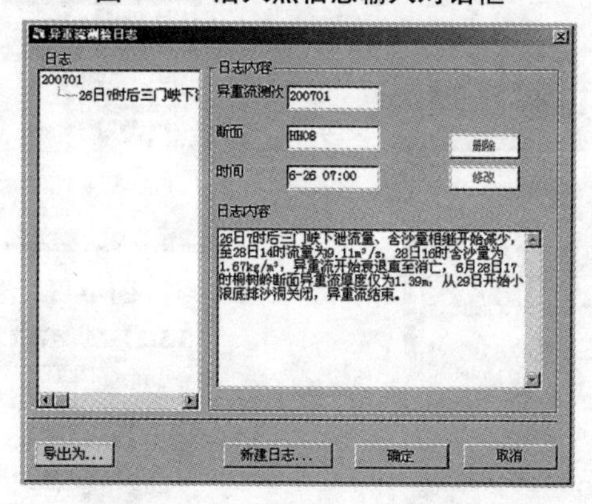

图 4-45　异重流测验日志对话框

除、修改、新增、导出。

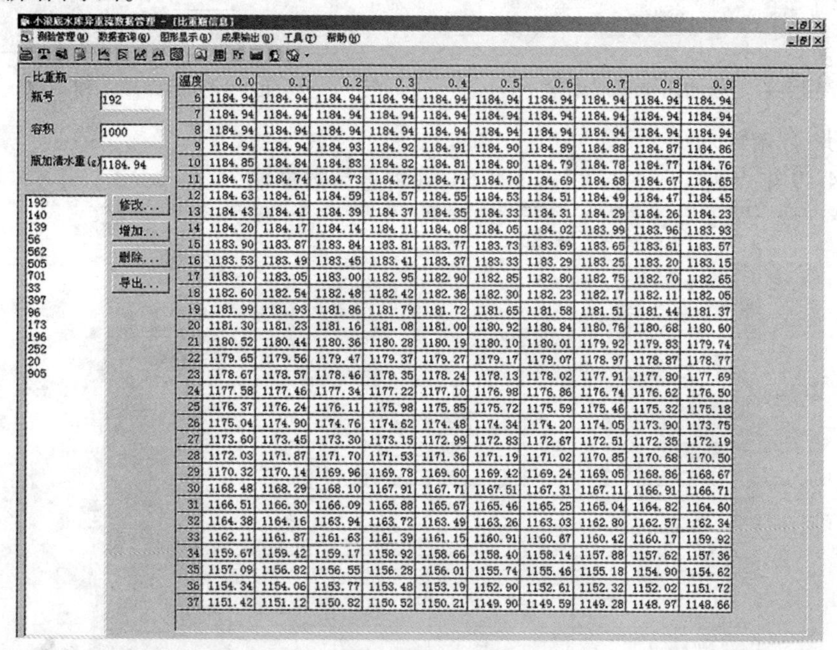

温度	0.0	0.1	0.2	0.3	0.4	0.5	0.6	0.7	0.8	0.9
6	1184.94	1184.94	1184.94	1184.94	1184.94	1184.94	1184.94	1184.94	1184.94	1184.94
7	1184.94	1184.94	1184.94	1184.94	1184.94	1184.94	1184.94	1184.94	1184.94	1184.94
8	1184.94	1184.94	1184.94	1184.94	1184.94	1184.94	1184.94	1184.94	1184.94	1184.94
9	1184.94	1184.94	1184.93	1184.92	1184.91	1184.90	1184.89	1184.88	1184.87	1184.86
10	1184.85	1184.84	1184.83	1184.82	1184.81	1184.80	1184.79	1184.78	1184.77	1184.76
11	1184.75	1184.74	1184.73	1184.72	1184.71	1184.70	1184.69	1184.68	1184.67	1184.65
12	1184.63	1184.61	1184.59	1184.57	1184.55	1184.53	1184.51	1184.49	1184.47	1184.45
13	1184.43	1184.41	1184.39	1184.37	1184.35	1184.33	1184.31	1184.29	1184.26	1184.23
14	1184.20	1184.17	1184.14	1184.11	1184.08	1184.05	1184.02	1183.99	1183.96	1183.93
15	1183.90	1183.87	1183.84	1183.81	1183.77	1183.73	1183.69	1183.65	1183.61	1183.57
16	1183.53	1183.49	1183.45	1183.41	1183.37	1183.33	1183.29	1183.25	1183.20	1183.15
17	1183.10	1183.05	1183.00	1182.95	1182.90	1182.85	1182.80	1182.75	1182.70	1182.65
18	1182.60	1182.54	1182.48	1182.42	1182.36	1182.30	1182.23	1182.17	1182.11	1182.05
19	1181.99	1181.93	1181.86	1181.79	1181.72	1181.65	1181.58	1181.51	1181.44	1181.37
20	1181.30	1181.23	1181.16	1181.08	1181.00	1180.92	1180.84	1180.76	1180.68	1180.60
21	1180.52	1180.44	1180.36	1180.28	1180.19	1180.10	1180.01	1179.92	1179.83	1179.74
22	1179.65	1179.56	1179.47	1179.37	1179.27	1179.17	1179.07	1178.97	1178.87	1178.77
23	1178.67	1178.57	1178.46	1178.35	1178.24	1178.13	1178.02	1177.91	1177.80	1177.69
24	1177.58	1177.46	1177.34	1177.22	1177.10	1176.98	1176.86	1176.74	1176.62	1176.50
25	1176.37	1176.24	1176.11	1175.98	1175.85	1175.72	1175.59	1175.46	1175.32	1175.18
26	1175.04	1174.90	1174.76	1174.62	1174.48	1174.34	1174.20	1174.05	1173.90	1173.75
27	1173.60	1173.45	1173.30	1173.15	1172.99	1172.83	1172.67	1172.51	1172.35	1172.19
28	1172.03	1171.87	1171.70	1171.53	1171.36	1171.19	1171.02	1170.85	1170.68	1170.50
29	1170.32	1170.14	1169.96	1169.78	1169.60	1169.42	1169.24	1169.05	1168.86	1168.67
30	1168.48	1168.29	1168.10	1167.91	1167.71	1167.51	1167.31	1167.11	1166.91	1166.71
31	1166.51	1166.30	1166.09	1165.88	1165.67	1165.46	1165.25	1165.04	1164.82	1164.60
32	1164.38	1164.16	1163.94	1163.72	1163.49	1163.26	1163.03	1162.80	1162.57	1162.34
33	1162.11	1161.87	1161.63	1161.39	1161.15	1160.91	1160.67	1160.42	1160.17	1159.92
34	1159.67	1159.42	1159.17	1158.92	1158.66	1158.40	1158.14	1157.88	1157.62	1157.36
35	1157.09	1156.82	1156.55	1156.28	1156.01	1155.74	1155.46	1155.18	1154.90	1154.62
36	1154.34	1154.06	1153.77	1153.48	1153.19	1152.90	1152.61	1152.32	1152.02	1151.72
37	1151.42	1151.12	1150.82	1150.52	1150.21	1149.90	1149.59	1149.28	1148.97	1148.66

图 4-46　比重瓶信息窗口

单击“增加...”出现新增比重瓶(见图 4-47)，可根据检定数据进行 4 ℃时瓶加清水重的计算。

4)流速仪管理

通过“流速仪信息”模块可以查询、新建流速仪信息(见图4-48)。

3. 异重流数据的输入

异重流数据输入是本程序开发的一个重要内容,由以下两个步骤组成:

第一步:选择断面及测验方法,方法是点击“测验管理”—“异重流数据输入...”,出现如图4-49所示对话框,选择测验断面、测验方法后即可根据现有数据自动计算当前要输入的异重流测次编号,如横1/主3。点击“新测次...”增加新的异重流次数。

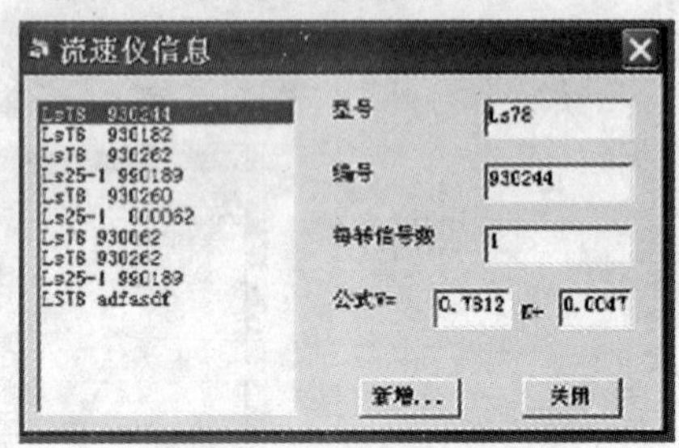

图4-48　流速仪信息对话框

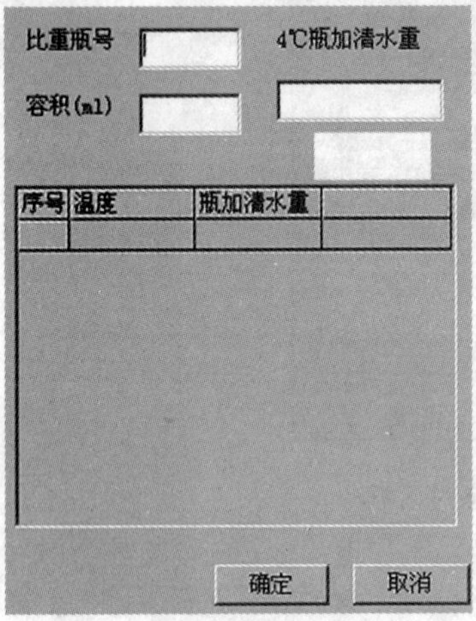

图4-47　新增比重瓶对话框

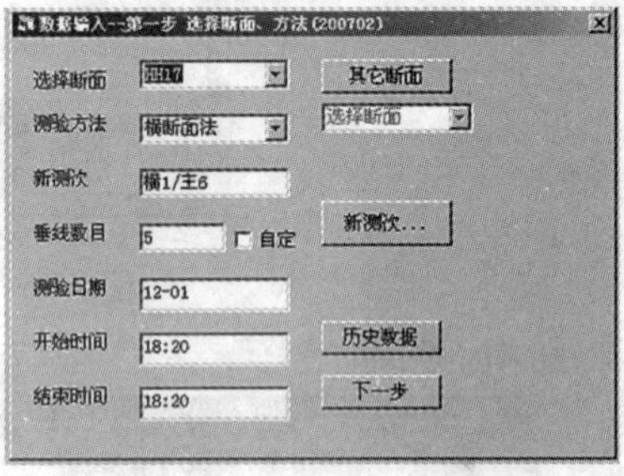

图4-49　数据输入对话框

第二步:数据输入。

在图4-49中点击“下一步”出现图4-50,即可进行数据输入。

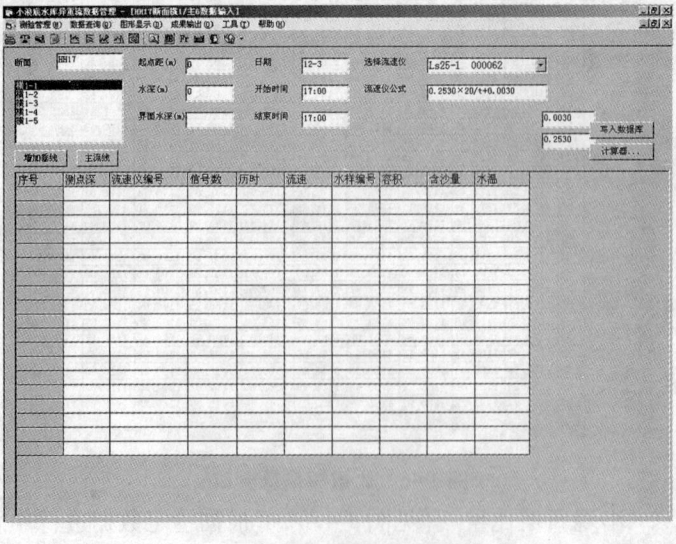

图4-50　异重流数据输入窗口

当某一行测点深未输入数据时，即完成当前垂线的输入，当最后一条垂线输完后即完成当前测次的输入。

在异重流数据输入中，可以完成流速的校核、垂线的自动编号，并将有关测验数据分别存入“异重流一览表”、“原始数据”、“泥沙处理”表中。

4. 泥沙处理

数据输入完成后即可对泥沙进行处理，方法是点击“测验管理”—“泥沙处理...”，出现如图4-51所示窗口。泥沙处理数据生成于异重流数据输入，按悬移质泥沙置换法分别输入瓶加浑水重、水温、比重瓶号即可计算出沙样含沙量并写入“原始数据”中相应测点，当垂线测点沙样全部处理完成后，即可计算异重流层平均流量、平均含沙量、异重流厚度等特征值并写入“异重流一览表”中。

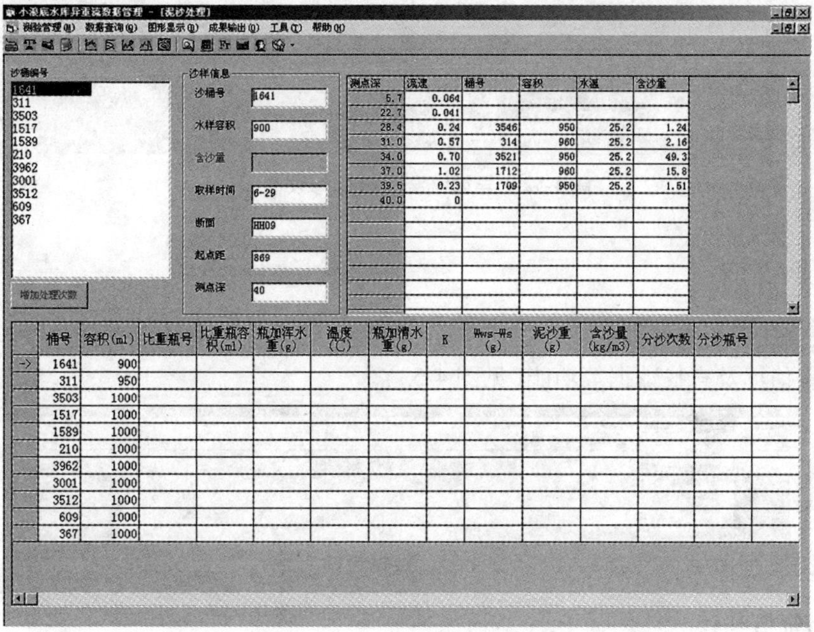

图4-51　泥沙处理窗口

5. 水位插补

异重流测验中所布设断面往往没有水位观测设施，需要根据上下游水位站实测水位进行插补。需要提前准备好库区水位站水位数据，格式是Excel文件。方法是点击“测验管理”—“水位插补”，选择相应的库区水位数据，即可完成各垂线水位的插补。

6. 读入颗分

可将颗粒级配成果写入原始数据中，并进行相应的异重流特征计算。

7. 数据修改

1）垂线数据修改

可对某一条垂线测验数据进行修改，在该窗口可完成测点的移动、增加、删除、重新计算等功能（见图4-52）。

2）泥沙处理数据修改

单击“数据修改（M）”—“泥沙处理表（N）...”可进行置换法泥沙处理数据的修改，其窗口同图4-51，不同的是，其数据为已处理泥沙，未处理泥沙不出现在本窗口中。

断面	日期	开始时间	结束时间	起点距(m)	水位(m)	水深(m)	界面高程(m)	异底高程(m)	厚度(m)	平均流速(m/s)	平均含沙量(kg/m3)	最大流速(m/s)	最大含沙量(kg/m3)	中值粒径(mm)
HH17	7-01	15:00	18:00	1250	0.00	25.0	0.00	0.00	0	0	0	0	0	

测点深	流速仪型号	信号数	测速历时	流速	沙桶编号	容积	温度	含沙量
1.20	930244	-12	0	-0.60				
5.2	930244	-8	0	-0.40		0	0	0
6.1	930244	1	101	0.053		0	0	0
6.5	930244	8	103	0.40	Z65	1000	25.4	0
9.0	930244	11	61	0.92				
12.0	930244	12	63	[illegible]	[illegible]	1000	25.4	0
18.0	930244	9	101					
20.0	930244	8	101			1000	25.4	0
24.5	930244	1	61			1000	25.4	0

图 4-52　异重流测验数据修改窗口

四、数据查询

此模块完成对历史数据的查询、主要特征值查询、异重流测验统计、泥沙处理表查询、历史数据、流量估算及查找数据等功能(见图 4-53)。

图 4-53　数据查询

(一)特征值统计

异重流特征值统计窗口如图 4-54 所示。

黄河小浪底水库2007年第1次异重流HH17断面特征值统计

项目	特征值	测次	时间	起点距	水深	异厚	平均流速	平均含沙量	D50
异厚	13	横2/主3	6-30 09:27	380	24.8	13	1.36	41.9	.018
平均流速	1.63	横1/主1	6-29 09:21	300	23.8	11.5	1.63	35.9	.015
最大测点流速	3.41	横2/主3	6-30 09:27	380	24.8	13	1.36	41.9	.018
平均含沙量	49.9	横2/主3	6-30 07:54	340	25.4	12.8	1.59	49.9	.019
最大测点含沙量	173	横2/主3	6-30 11:04	530	19.7	1.98	.1	4.67	.012
平均D50	.02	横3/主5	7-1 08:35	470	17.4	8	.6	19.3	.02

图 4-54　特征值统计

(二)测验情况统计

异重流测验情况统计窗口如图4-55所示。

2007年第1次异重流测验情况统计表

断面名称	测次统计				垂线	测点统计			
	总数	主流一线	主流三线	横断面法	数目	总数	流速	含沙量	颗分
HH01	13	6	3	4	45	18	18	6	0
HH05	3		3		3	9	9	7	0
HH09	8	3	1	4	28	18	18	12	0
HH13	2		2		2	12	12	9	0
HH15	5	2	3		13	8	8	6	0
HH17	6	3	3		18	9	9	7	0
潜入点	3		3		3	9	9	7	0

异重流测次：2001-01、2001-02、2002-01、2003-01、2003-02、2004-01、2005-01、2005-02、2006-01、2007-01、2007-02

输出...

图4-55　异重流测验情况统计

(三)泥沙处理查询

可按异重流测次、断面、时间查找相应的泥沙处理情况。在图4-56中确定查询条件后,单击“查询”即出现符合条件的泥沙处理情况,其窗口同泥沙处理窗口(见图4-51),不同的是,其显示的是符合条件的泥沙处理信息。

泥沙处理表输出
异重流测次　200701
选择断面：HH01、HH05、HH13、HH17、潜入点
输出断面：HH09、HH15
开始时间　2007-7-1
结束时间　2007-7-1
排序方式：断面优先　时间优先
查询

图4-56　泥沙处理查询

(四)垂线数据查询

通过“垂线数据”模块可以对异重流测验成果进行查询,点击“重算”可以对当前垂线进行重算(见图4-57)。

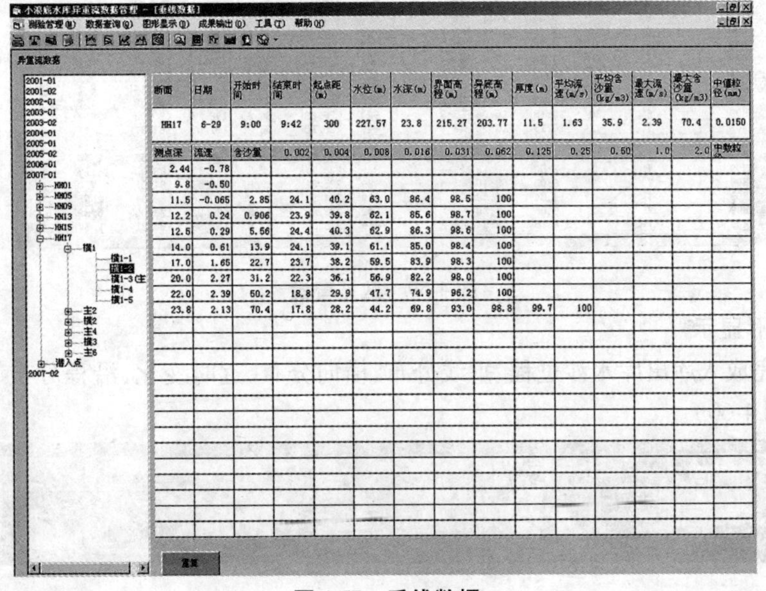

断面	日期	开始时间	结束时间	起点距(m)	水位(m)	水深(m)	界面高程(m)	异底高程(m)	厚度(m)	平均流速(m/s)	平均含沙量(kg/m3)	最大流速(m/s)	最大含沙量(kg/m3)	中值粒径(mm)
HH17	6-29	9:00	9:42	300	227.57	23.8	215.27	203.77	11.5	1.63	35.9	2.39	70.4	0.0150

测点深	流速	含沙量	0.002	0.004	0.008	0.016	0.031	0.062	0.125	0.25	0.50	1.0	2.0	中数粒径
2.44	-0.78													
9.8	-0.50													
11.5	-0.065	2.85	24.1	40.2	63.0	86.4	98.5	100						
12.2	0.24	0.906	23.9	39.8	62.1	85.6	98.7	100						
12.5	0.29	5.56	24.4	40.3	62.9	86.3	98.6	100						
14.0	0.61	13.9	24.1	39.1	61.1	85.0	98.4	100						
17.0	1.65	22.7	23.7	38.2	59.5	83.9	98.3	100						
20.0	2.27	31.2	22.3	36.1	56.9	82.2	98.0	100						
22.0	2.39	50.2	18.8	29.9	47.7	74.9	96.2	100						
23.8	2.13	70.4	17.8	28.2	44.2	69.8	93.0	98.8	99.7	100				

图4-57　垂线数据

(五)流量估算

本模块可对横断面法测验进行异重流流量、输沙率的估算,输入左、右异重流边界即可完成流量、输沙率的估算(见图 4-58)。

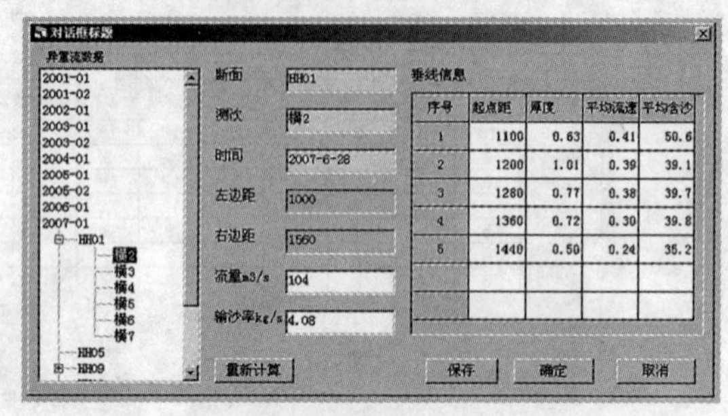

图 4-58　流量、输沙率估算

(六)数据查找

按断面、年份进行异重流数据的查询,同时可根据条件进行查询,查找范围包括水深、异重流厚度、流速、含沙量等异重流要素,可查询符合条件的异重流数据(见图 4-59)。

小浪底水库异重流数据管理 - [Form1]

测验管理(M)　数据查询(Q)　图形显示(G)　成果输出(O)　工具(T)　帮助(H)

普通查询：断面 HH09；年份 200701；日期 不限

条件查询：范围 水深；条件 大于等于；取值 20

查询　□在结果中查询　导出数据...　显示测点数据

断面	月	日	开始时间	结束时间	垂线号	起点距(m)	水位(m)	水深(m)	界面高程(m)	异底高程(m)	异重流厚度(m)	平均流速(m/s)
HH09	6	28	16:40	17:30	主1-1	631	227.64	40.3	189.44	187.45	1.99	0.11
HH09	6	28	15:35	16:20	主1-2	675	227.73	40.6	189.23	188.24	0.99	0.17
HH09	6	28	16:20	16:40	主1-3	881	227.68	39.6	189.88	188.09	1.79	0.28
HH09	6	29	9:36	10:18	横1-1	451	227.56	39.0	197.66	188.56	9.1	0.70
HH09	6	29	8:36	9:30	横1-2	571	227.57	38.5	195.07	189.07	6.0	0.73
HH09	6	29	8:45	9:18	横1-3(主2	713	227.57	41.0	195.27	188.17	7.1	0.80
HH09	6	29	6:50	7:52	横1-4	847	227.55	41.0	197.65	187.55	10.1	0.76
HH09	6	29	7:50	8:37	横1-5	926	227.56	41.2	197.56	187.86	9.7	0.48
HH09	6	29	15:50	16:30	主3-1	608	227.53	38.9	196.03	188.63	7.4	0.67
HH09	6	29	16:34	17:18	主3-2	869	227.51	40.6	196.41	187.51	8.9	0.68
HH09	6	29	15:38	16:30	主3-3	941	227.53	39.6	198.93	188.23	10.7	0.10
HH09	6	30	9:23	10:17	横2-1	619	227.05	38.6	195.95	188.45	7.5	0.83
HH09	6	30	8:50	10:00	横2-2	710	227.07	37.5	195.17	189.57	5.6	0.78
HH09	6	30	8:25	9:20	横2-3(主4	789	227.11	38.9	196.41	188.21	8.2	0.85
HH09	6	30	7:30	8:20	横2-4	879	227.17	39.2	196.17	187.97	8.2	0.74
HH09	6	30	10:12	11:00	横2-5	950	227.00	37.0	198.20	190.00	8.2	0.16
HH09	6	30	15:55	16:25	主5-1	739	226.64	38.5	194.24	188.14	6.1	0.80
HH09	6	30	15:13	15:40	主5-2	809	226.70	39.4	196.60	187.30	9.3	0.72
HH09	6	30	15:18	16:06	主5-3	920	226.68	36.6	196.78	190.08	6.7	0.18
HH09	7	1	10:13	10:30	横3-1	649	225.18	36.3	191.08	188.91	2.17	0.51
HH09	7	1	9:39	10:03	横3-2	709	225.20	36.8	191.10	188.36	2.74	0.49
HH09	7	1	9:15	9:35	横3-3(主6	760	225.23	36.7	191.03	188.53	2.50	0.49
HH09	7	1	8:50	9:13	横3-4	839	225.27	37.3	192.17	188.00	4.17	0.56
HH09	7	1	8:05	8:40	横3-5	929	225.31	37.8	194.51	187.51	7.0	0.42
HH09	7	1	14:34	14:58	主7	889	224.96	36.9	190.86	188.01	2.85	0.47
HH09	7	2	9:05	9:30	主8-1	669	223.62	32.8	191.22	190.83	0.39	0.013
HH09	7	2	8:15	8:54	主8-2	849	223.68	33.5	191.88	190.21	1.67	0.36

Sheet1

图 4-59　数据查找

(七)图形显示

此模块完成入库出库水沙过程、垂线分布、横向分布、逐时变化、沿程分布、等值线等图形显示(见图 4-60)。

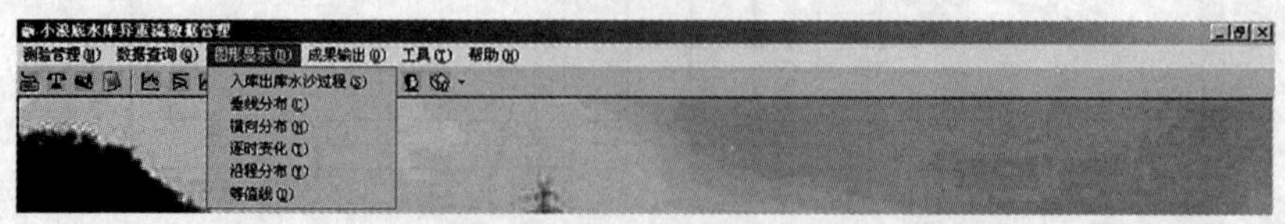

图 4-60　图形显示

1. 入库出库水沙过程

在入库出库水沙过程窗口（见图 4-61）可显示所选异重流测次的入库出库水沙过程，同时通过单击过程线或双击开始、结束时间可进行洪、沙量计算时段的调整，并计算入库出库洪量、输沙量以及排沙比。

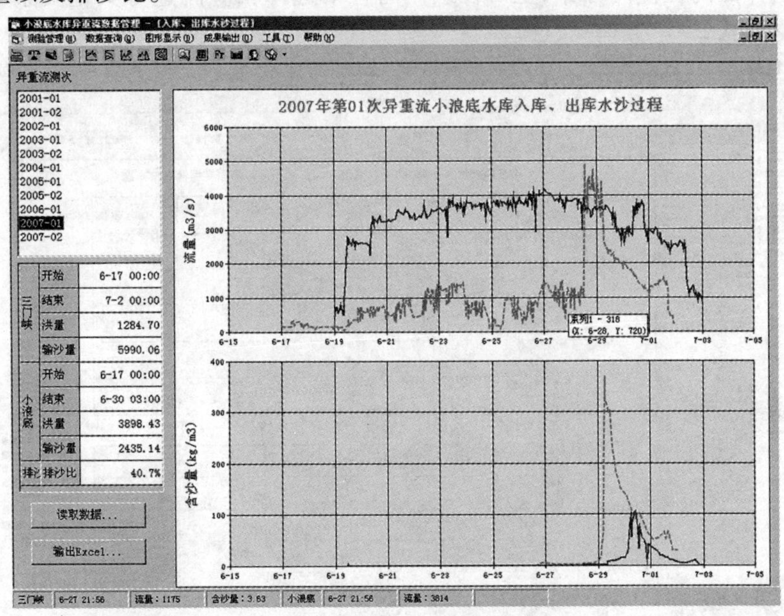

图 4-61　入库出库水沙过程

2. 垂线分布

点击“图形显示”—“垂线分布”出现如图 4-62 所示窗口，在左侧选择相应的垂线，则中间表格将显示垂线的相关数据，右侧图表将显示垂线流速、含沙量的垂向分布。

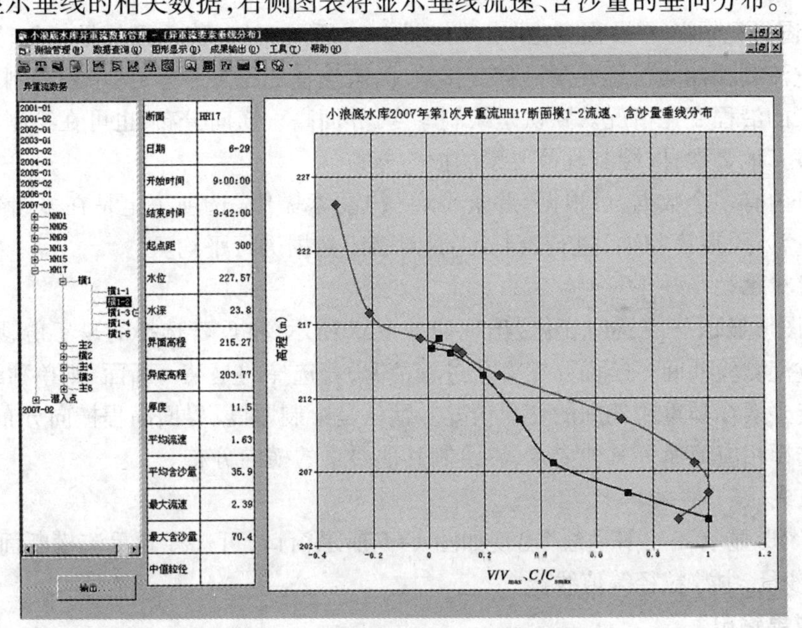

图 4-62　异重流流速、含沙量垂线分布

3. 横向分布

点击“图形显示”—“横向分布”出现如图 4-63 所示窗口，若选择的是断面，则绘制出所选择断面各测次的横向分布，若选择的是某一测次，则单独绘制所选测次的横向分布。默认是绘制厚度、界面高程横向分布，也可在绘制内容中选择相应流速等其他要素，以绘制其他要素的横向分布。

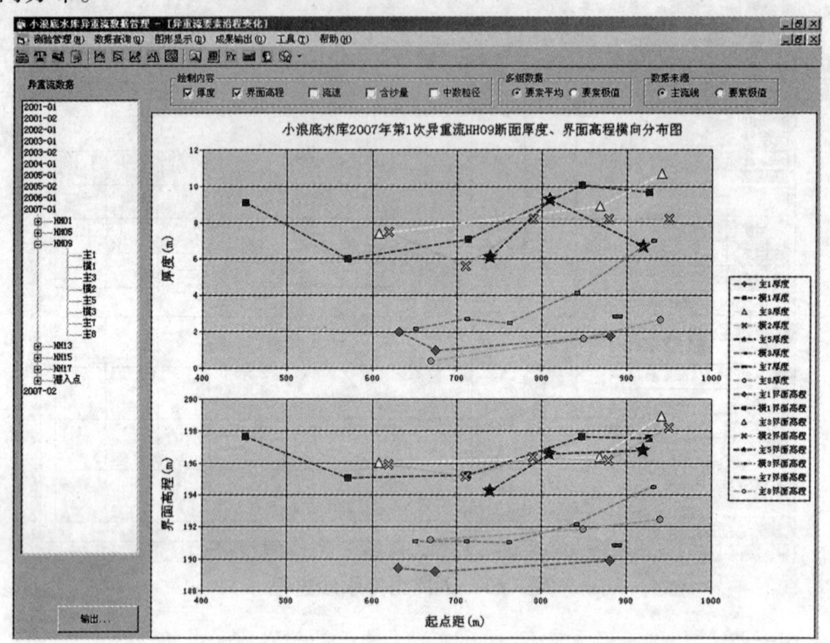

图 4-63　异重流要素横向分布

4. 沿程变化

点击“图形显示”—“沿程变化”出现如图 4-64 所示窗口，若选择的是年份，则绘制出所选年份异重流测验期间每日要素沿程变化情况，若选择的是某一日，则单独绘制所选日期的异重流要素的沿程变化情况。默认是绘制厚度、界面高程横向分布，也可在绘制内容中选择相应流速等其他要素，以绘制其他要素的横向分布。

若一日内有多个数据，可根据“要素平均”、“要素极值”选项决定是在多组数据中取极值（流速、含沙量、厚度相乘）进行绘制，还是对多组数据进行平均。

5. 逐时变化

点击“图形显示”—“逐时变化”出现如图 4-65 所示窗口，若选择的是年份，则绘制出所选年份异重流测验期间各断面要素变化过程情况，若选择的是某一断面，则单独绘制所选断面的异重流要素在异重流期间的变化情况。默认是绘制厚度、界面高程横向分布，也可在绘制内容中选择相应流速等其他要素，以绘制其他要素的横向分布。

6. 等值线

点击“图形显示”—“等值线”出现如图 4-66 所示窗口，可选择异重流横断面测次，以显示流速、含沙量、中数粒径等值线。

（八）成果输出

此模块完成输出成果表、输出泥沙处理表、输出颗分送样成果表（见图 4-67）。

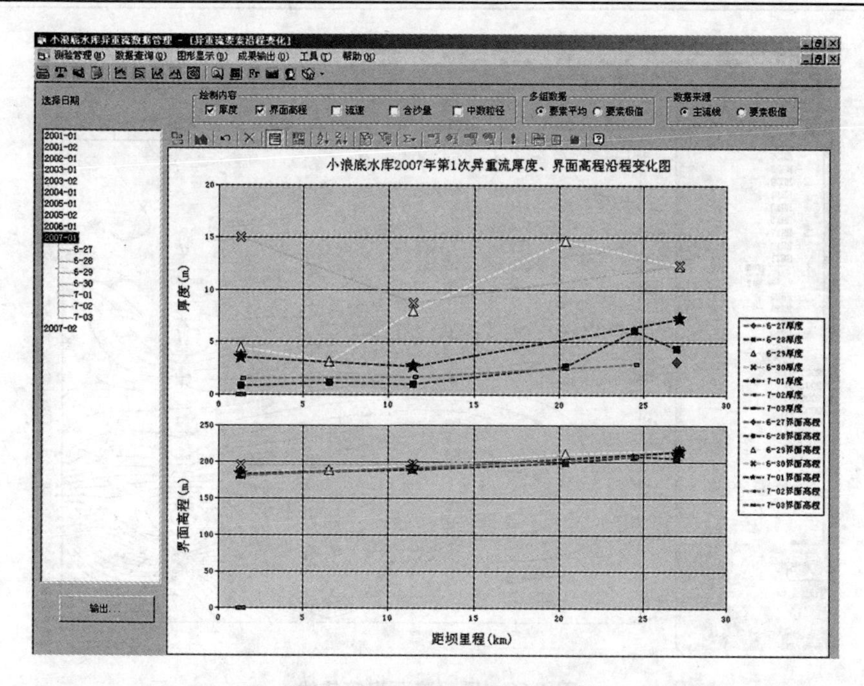

图4-64　异重流要素沿程变化

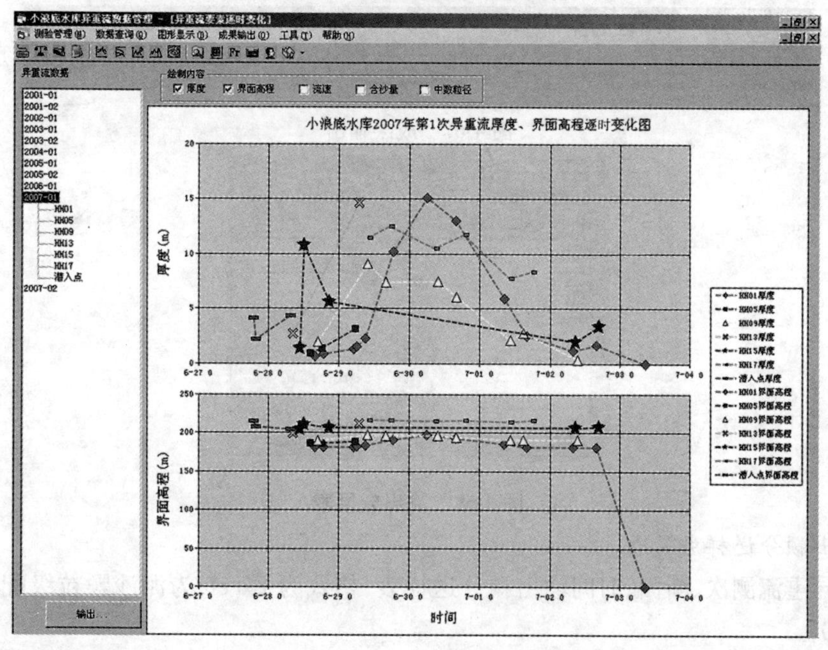

图4-65　异重流要素逐时变化

1. 输出成果表

本模块可根据选择的异重流测次、断面、开始、结束时间输出异重流成果表,包括异重流一览表和测点数据,格式为Excel(见图4-68)。

2. 输出泥沙处理表

根据异重流测次、断面、时间输出泥沙处理表,格式为Excel(见图4-69)。

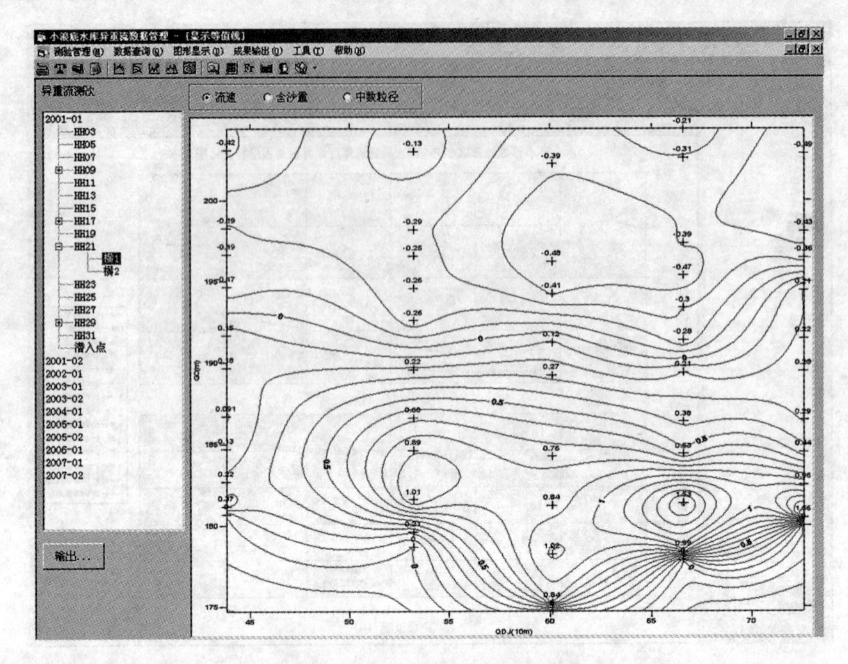

图 4-66　异重流要素等值线

图 4-67　成果输出

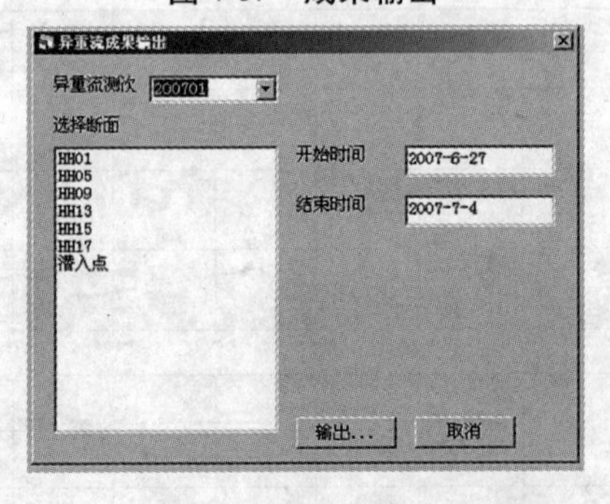

图 4-68　输出成果表

3. 输出颗分送样成果表

根据异重流测次、断面、时间输出颗分送样表，格式为 Excel，为泥沙颗粒级配提供数据（见图 4-70）。

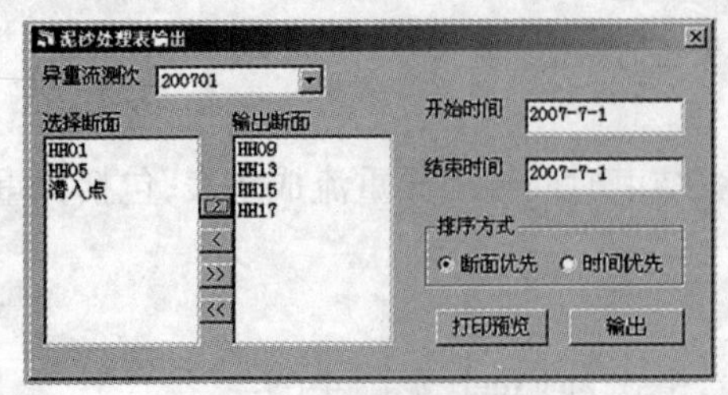

图 4-69　输出泥沙处理表

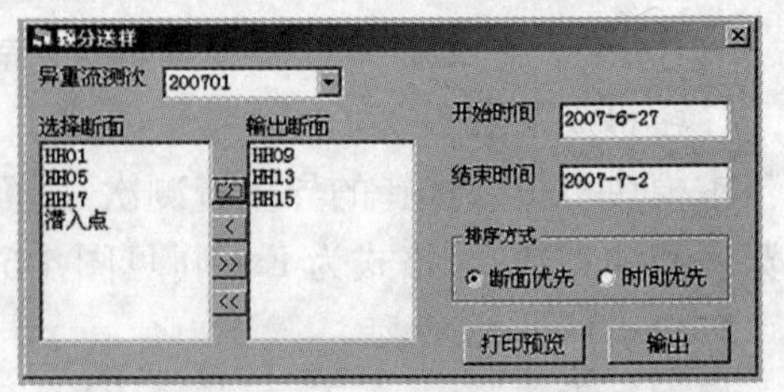

图 4-70　输出颗分送样成果表

(九)工具

1. 功能

此模块有登录、选项、重算、数据备份、数据恢复等功能(见图 4-71)。

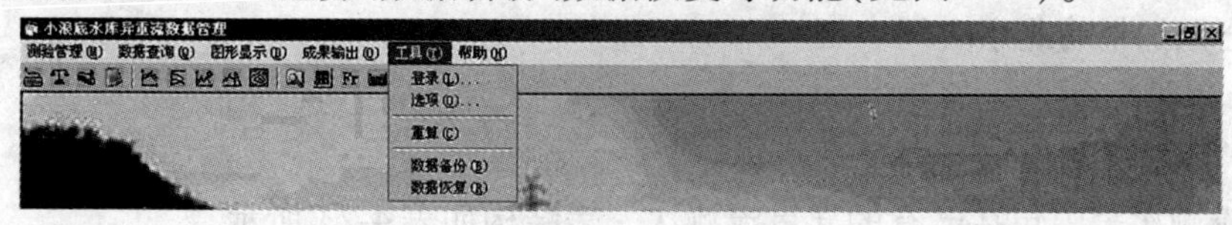

图 4-71　工具

2. 工具栏操作

输入异重流测验数据,同“测验管理(M)”—“异重流数据输入(I)”。

泥沙处理数据输入,同“测验管理(M)”—“泥沙处理(S)”。

潜入点,同“测验管理(M)”—“潜入点(Q)”。

测验日志,同“测验管理(M)”—“测验日志(L)”。

出库、入库水沙过程,同“图形显示(D)”—“入库水沙过程(S)”。

垂线分布,同“图形显示(D)”—“垂线分布(C)”。

逐时变化,同“图形显示(D)”—“逐时变化(C)”。

沿程分布,同“图形显示(D)”—“沿程分布(C)”。

等值线,同“图形显示(D)”—“等值线(C)”。

查找数据,同“数据查询(Q)”—“查找数据(F)”。

显示数据,同“数据查询(Q)”—“历史数据(F)”。

计算弗汝德数。

重新计算。

重新登录。

数据输出。

五、异重流数据库建设

异重流数据库采用 SQL Server 数据库方式,库表设计原则是满足异重流测验数据的录入、信息查询、修改及分析计算等各种应用的需要,同时遵照关系型数据库表结构设计的一般原则。

本系统主要包括异重流一览表、原始数据、泥沙处理、库区断面、潜入点信息、流速仪、比重瓶、入库出库水沙过程、流量估算等库表。

数据类型、长度说明:

(1)字符串类型:C(D)。

其中:C 为字符串类型的标识符;D 为字符串中可能出现或允许出现的最大字符串长度(十进制数)。

(2)数值型类型:N(D[.d])。

其中:C 为字符串类型的标识符;[ ]表示括号内的内容不需要时可以不列出;D 为数值型的总位数(十进制位数,计正负号,不计小数点);d 为数值型的小数位数。

(3)时间类型:T。

T 为公元纪年的北京时间。

(4)布尔类型:B。

(一)"异重流测次"表结构

异重流测次表中包括已有的异重流测次。表结构如表 4-23 所示。

表 4-23 "异重流测次"表结构

序号	字段名	类型长度	必填字段	单位	主键	说明
1	编号	N(4)	是		是	
2	异重流测次	C(6)	是			

"异重流测次"表示当前数据的年份及其异重流测次,如"200501"表示 2005 年第一次异重流。

(二)"一览表"表结构

一览表包括所有年份、所有断面各个异重流测次每条垂线的相关数据,表结构如表 4-24 所示。

表 4-24 "一览表"表结构

序号	字段名	类型长度	必填字段	单位	主键	说明
1	垂线编号	C(13)	是		是	垂线编号
2	断面	C(20)	是			断面名称
3	横断面测次	N(2)	是			按横断面编号的测次
4	主流线测次	N(2)	是			按主流线编号的测次
5	主流线	B	否			当前垂线是否是主流线
6	开始时间	T	是			当前垂线开始时间
7	结束时间	T	是			当前垂线结束时间
8	起点距	N(5)	否	m		垂线位置的起点距
9	水位	N(5.2)	是	m		
10	水深	N(5.2)	是	m		
11	界面高程	N(5.2)	是	m		
12	厚度	N(5.2)	是	m		异重流厚度
13	平均流速	N(5.3)	是	m/s		异重流层平均流速
14	平均含沙量	N(6.3)	是	kg/m^3		异重流层平均含沙量
15	中数粒径	N(5.4)	是	mm		异重流层平均中数粒径
16	P002	N(5.4)	是	%		异重流层 0.002 mm 粒径百分比
…						
26	P200	N(5.4)	是	%		异重流层平均 2.0 mm 粒径百分比
27	时间	T	是			平均时间

说明:表中类型及长度如下:C 为字符串类型,括号内为固定长度;N 为整型类型;F 为实数类型,其有效位数的保留符合整编规范要求;B 为布尔类型;T 为时间类型。

垂线编号格式为:YYYYNNDDDZZXX,如 2005010290304,其中:

YYYY(第 1 ~4 位):年份,2005 表示 2005 年;

NN(第 5 ~6 位):年内异重流测次序号,01 表示当年第一次异重流;

DDD(第 7 ~9 位):断面编号,029 表示编号为 29 的断面,其对应断面可从“断面”表中得到;

ZZ(第 10 ~11 位):当前断面的异重流测次,03 表示第 3 个异重流测次;

XX(第 12 ~13 位):当前测次的第几条垂线,04 表示第四条垂线。

各个年份、各个断面、各个异重流测次、各条垂线就是利用垂线编号这一字段加以区分,做到唯一、可索引。

(三)“原始数据”表结构

原始数据主要是对每一条垂线的测点数据进行管理,表结构如表 4-25 所示。

测点编号格式为:YYYYNNDDDZZXXCC,如 200501029030404,其中前 13 位与“一览表”中含义相同,尾部加 CC(第 14 ~15 位)表示当前垂线上的测点编号。

通过“测点编号”建立了每条垂线所有测点的数据库,并能够保证唯一、可索引。

表 4-25　“原始数据”表结构

序号	字段名	类型长度	必填字段	单位	主键	说明
1	测点编号	C(15)	是		是	测点编号
2	测点深	N(5.2)	是			当前测点水深
3	流速仪编号	C(20)				流速仪编号
4	信号数	N(2)				
5	历时	N(3)		s		
6	流速	N(5.3)	是	m/s		若流速为 100 则表示此点未测速
7	沙桶号	C(10)				
8	容积	N(4)		mL		
9	含沙量	N(6.3)	是	kg/m^3		若含沙量为 -1 则表示此点未取沙
10	水温	N(3.1)		℃		测点水温
11	中数粒径	N(5.4)		mm		
12	P002	N(5.4)		%		测点 0.002 mm 粒径百分比
…						
22	P200	N(5.4)	是	%		测点 2.0 mm 粒径百分比
23	分沙次数	N(1)				泥沙送样分沙次数
24	装入瓶号	C(10)				泥沙送样瓶号

(四)“泥沙处理”表结构

“泥沙处理”表主要用于泥沙数据的保存、查询,表结构如表4-26所示。

表4-26　“泥沙处理”表结构

序号	字段名	类型长度	必填字段	单位	主键	说明
1	编号	N(4)	是		是	
2	沙样编号	C(15)	是			对应测点编号,若沙样处理两次以上,可重复
3	沙桶号	C(10)	是			
4	容积	N(4)	是	mL		
5	比重瓶号	C(10)	是			比重瓶编号
6	比重瓶容积	N(4)		mL		
7	瓶加浑水重	N(6.2)	是	g		
8	浑水温度	N(3.1)	是	℃		
9	瓶加清水重	N(8.4)	是	g		对应于浑水温度的瓶加清水重
11	泥沙重	N(6.2)	是	g		
12	含沙量	N(6.3)	是	kg/m^3		泥沙送样分沙次数
13	分沙次数	N(1)				泥沙送样分沙次数
14	装入瓶号	C(10)				泥沙送样瓶号
15	IsNo1	N(1)	是			是否是多次处理中的第一次

其中“沙样编号”与“原始数据”表中的“测点编号”一一对应,每一个含沙量测点在“泥沙处理”表均有一个对应的记录。

(五)“库区断面”表结构

此表包括小浪底库区内所有断面以及作为潜入点而布设的临时断面。表结构如表4-27所示。

表4-27　“库区断面”表结构

序号	字段名	类型长度	必填字段	单位	主键	说明
1	编号	N(4)	是		是	
2	断面名称	C(10)	是			
3	距坝里程	N(5.3)	是	km		
4	备注	C(255)				对断面进行说明

其中潜入点编号对应于“潜入点统计”表中的编号,用于区分每个异重流测次中潜入点测验数据,保证在“一览表”、“原始数据”、“泥沙处理”等表中有关潜入点数据的唯一。

(六)"潜入点信息"表结构

对历年异重流测次的潜入点信息进行管理,表结构如表4-28所示。

表4-28　"潜入点信息"表结构

序号	字段名	类型长度	必填字段	单位	主键	说明
1	编号	N(4)	是		是	
2	异重流测次	C(6)	是			
3	时间	T	是			潜入点出现的时间
4	断面	C(10)				潜入点出现的断面
5	距离	N(7.3)	是	m		潜入点与某一断面的距离
6	距坝里程	N(5.3)	是	km		潜入点的距坝里程
7	潜入点描述	C(255)	是			

(七)"入库、出库水沙过程"表结构

包括三门峡、小浪底两个表,表结构如表4-29所示。

表4-29　"入库、出库水沙过程"表结构

序号	字段名	类型长度	必填字段	单位	主键	说明
1	编号	N(4)	是		是	
2	异重流测次	C(6)	是			
3	时间	T	是			
4	水位	N(5.2)	是	m		
5	流量	N(7.3)	是	m^3/s		
6	含沙量	N(6.3)	是	kg/m^3		

(八)"比重瓶"表结构

对异重流测验中用到的比重瓶进行管理,表结构如表4-30所示。

表4-30　"比重瓶"表结构

序号	字段名	类型长度	必填字段	单位	主键	说明
1	编号	N(4)	是		是	
2	比重瓶号	C(10)	是			
3	容积	N(4)	是			
4	瓶加清水重	N(8.4)	是	g		4 ℃时瓶加清水重

(九)"流速仪"表结构

对异重流测验中用到的流速仪进行管理,表结构如表4-31所示。

表4-31 "流速仪"表结构

序号	字段名	类型长度	必填字段	单位	主键	说明
1	编号	N(4)	是		是	
2	型号	C(10)	是			Ls78或Ls25-1
3	编号	C(10)	是			流速仪编号
4	每信号转数	N(2)	是			
5	系数	N(5.4)	是			
6	常数	F(5.4)	是	g		

第四节 清浑水界面探测器研制

一、概述

清浑水界面探测器是针对黄河小浪底水库异重流测验中的实际生产问题研制的,是黄委水文局科技基金资助项目,由黄委河南水文水资源局承担,于2003年5月完成,并在2004年正式投入异重流测验的生产实践中。本设备已成为快速监测小浪底水库异重流的前锋线和清浑水界面的专用仪器。黄河水少沙多,是一条举世闻名的多沙河流。水库异重流是多沙河道水库特有的现象,黄河小浪底水库属于典型的河道型水库,上窄下宽,处于基本承接流域全部来沙的特殊位置,更具有发生异重流现象的自然条件。

小浪底水库从2001年出现了异重流,刚开始进行异重流测验时,测验条件很差,没有专门的测验工具,也没有测验经验可供参考,对异重流的运行规律更是知之甚少。为准确、及时地测到异重流,只好靠人来打拼,测验人员吃住在船上,监守在每个断面,采用估计法采样,并用多次试探的方法来探测跟踪异重流测验,用"试错法"判断清浑水界面和浑水层的厚度,该方法测量精度低,测量历时长,测一条垂线需一个多小时,测一个断面需6~7 h,一天下来人们都是精疲力尽,容易延误水库"蓄清排浑"运用的最佳时机。清浑水界面探测器的使用改变了过去用"试错法"采样、目测判断清浑水界面位置的落后方法。

二、清浑水界面探测器的组成结构与工作原理

清浑水界面探测器由水下探头和船上音频报警信号无线接收装置两部分组成。其中,水下(包括电池组、密封电源开关)探头主要由远红外光发射电路、远红外光接收电路、10 s定时电路、1.2 kHz信号发射和功放输出电路组成。船上音频报警信号无线接收装置由音频接收功放、喇叭等构成。水下光电传感器是经过光学处理、机械加工、水下密封等技术措施,制成水下光电探头。水下电池组是经过水密封措施,将高能可充电池装在铅鱼肚子里,

为光电探头提供电源。水下密封电源开关是经过液压密封措施加工成在1.5 MPa水压下工作的二位电源开关。水下发射系统采取了密封措施,保证正常工作,接收机置于船上,还具备了防雨功能。

当水下探头在清水中时,远红外光能够在水中通过,光强鉴别电路输出关闭,船上接收装置无信号,喇叭不响;当探头进入到含沙量大于1.0 kg/m^3 的浑水中时,远红外光被泥沙遮挡,光强鉴别电路输出打开,输出1.2 kHz音频信号,通过悬索和水体回路发送到船上,船上接收装置接收到1.2 kHz音频信号后放大输出,喇叭发出报警声响,表明已探测到浑水层,10 s后电路定时自动关闭1.2 kHz音频信号输出,进入待机状态,节约电能并让出信号的传输通道;当探头由浑水层提升到含沙量小于1.0 kg/m^3 的清水中时,定时电路自动恢复为初始状态。

三、清浑水界面探测器的主要技术指标

(1)水下密封仓,耐水压1.5 MPa,实用工作水深:100 m以内;

(2)红外线光电传感器对含沙量的探测灵敏度:1.0 kg/m^3;

(3)内置12 V镍氢可充电源;充一次电可用2~3 d;

(4)报警定时10 s后待机;待机电流:20 mA;

(5)界面探测准确度:3~5 cm;

(6)适应环境温度:-10~45 ℃。

四、清浑水界面探测器在水库异重流测验中的使用方法

在水库异重流测验时,可用100 kg铅鱼携带光电探头深入水中。具体做法如下。

(1)探测器侧向固定在铅鱼的立翼上,光学探头位于下方,接线端子朝铅鱼后方,探测器平面距铅鱼立翼水平距离40~50 mm,用两条M8×80的不锈钢螺栓(随机)固定(见图4-72)。铅鱼与悬吊索连接处用尼龙套管进行绝缘,铅鱼体作为水下极板,悬吊索与发射线相连。在铅鱼测深的过程中遇到含沙量大于1.0 kg/m^3 的浑水层时,经红外线光电传感器鉴别后可产生矩形波交流信号,通过水下无线信号传输通道产生界面报警信号,当听到扩音机喇叭发出报警声响时,说明铅鱼已经进入浑水层,停止下放,此时计米器显示的深度就是清水层深度。在此可以获得界面的位置深度信息,同时可在该测点采取水样。

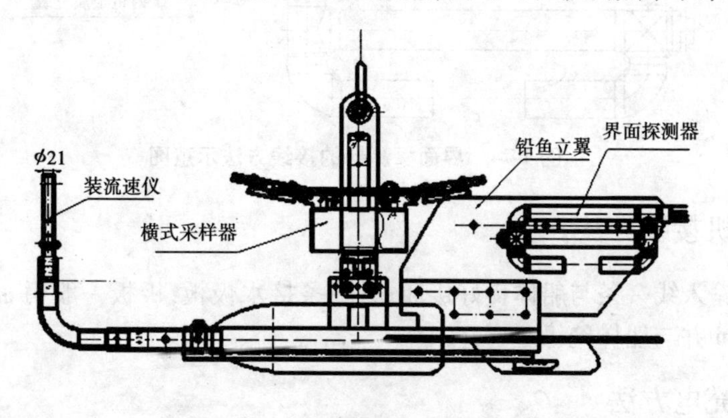

图4-72　探测器固定位置示意图

(2)电源开关应固定在铅鱼立翼上,根据现场条件为方便操作可固定在左侧或右侧。固定时需在铅鱼立翼上钻两个 ϕ6mm 孔,用随机附件 M6 ×20 螺栓固定,其红色“开”字应处于正向,开关引线应顺流向(见图 4-73)。

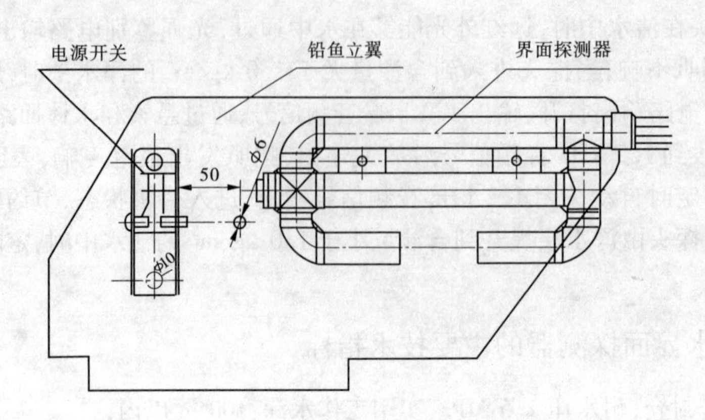

图 4-73 电源开关固定位置示意图

五、清浑水界面探测器的接线方法

(1)黄色线为信号发射线,接铅鱼绝缘子上部悬索。

(2)蓝色线为内部电路负极,黑色线为电源负极,将蓝色线与黑色接通后再接于铅鱼的金属立翼上,构成发射电路的接地极。

(3)用水银开关控制内部电源的正极,红色线与棕色线分别接于水银开关的两端;当开关处于“开”位置时,电路处于工作状态。不测验时及时将开关断开(见图 4-74)。(也可以不用水银开关,工作时将红色与棕色导线连接并用绝缘胶布包好,工作结束后将红色与棕色线拆开,用绝缘胶布包好红色线头,防止漏电和短路。)

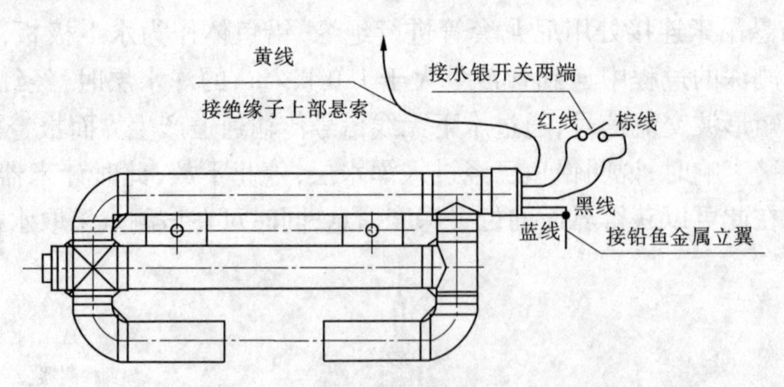

图 4-74 界面探测器的接线方法示意图

六、接收机接线方法

接收机的输入线一条与船体良好接通;另一条接水极板,极板一般用 ϕ8mm 钢丝绳,入水长度约 2.0 m 并与船体绝缘。

七、电源充电方法

(1)当电源电压低于 10.0 V 时,需要及时进行充电。充电时,需要把接线端子上的五根导线全部解开，取出红色线头为电源正极，黑色线头为电源负极。将充电器的正极（红色夹子）接红色导线；将充电器的负极（黑色夹子）接黑色导线。其他线头用胶布包住，防止线头与铅鱼体及船体接触造成短路现象。

（2）正常充电时，选用0.25 A挡充电2～4 h；要特别注意电源极性不可接错。特殊情况下也可选用1.0 A挡充电1～2 h。充电时要检查充电器和电源是否发热，防止过充电损坏电源。

（3）充一次电可以正常工作2～3 d。缺电时将影响正常工作。清浑水界面探测器从2003年8、9月小浪底水库两次较大的异重流测验至今，进行了连续、大量的生产作业，仪器性能稳定可靠，具有很强的环境适应性。

八、小结

该仪器是为解决小浪底水库异重流测验过程中探测清浑水界面而研制的，具有针对性，为水库异重流的跟踪监测提供了有效的技术手段。重要的是，把光学、电学、液压和机械技术应用于水文泥沙测验中，并通过耐环境设计、抗干扰设计和可靠性设计，使之成为水库异重流测验中的一种方便、实用的探测仪器，也为今后研制泥沙自动检测系统奠定了基础。

第五节　小浪底水库异重流测验仪器比测试验

一、试验内容和要求

（一）目的要求

小浪底水库异重流测验，主要执行水利部1979年的《水库水文泥沙观测试行办法》。随着科学技术的进步、泥沙研究的深入及测验经验的丰富，原有《试行办法》等需要进一步完善和改进。为满足多沙河流水库泥沙调度运用和科学研究对异重流测验工作的要求，黄委水文局水文勘测设计院编制了《水库异重流测验整编技术规程（暂定稿）》（简称《规程》）。

水库异重流测验内外业工作量浩繁，如果一次横断面法或者一条垂线的测验历时较长，势必影响测验质量。为了尽可能缩短单次异重流测验历时，既确保质量又提高测验效率，用较少的测线、测点，满足异重流流量、输沙率测验质量要求，并进一步检验《规程》的实用性与可操作性，促进《规程》的颁布执行，2008年小浪底水库异重流测验，结合《规程》要求，进行了异重流测线测点布设合理性试验研究和涉及的部分测验仪器在异重流测验中应用的试验研究，论证规程中测验方法和标准的合理性与科学性。

（二）测线测点布设试验

2008年小浪底水库异重流测验结合《规程》试验要求：

（1）在异重流运行比较稳定时，选择1个较开阔顺直的库段以及浑水宽度可能较大的断面进行横断面法多线多点测验（建议在HH06断面或HH14断面）。

（2）每次横断面法布设异重流取样、测速垂线10～9条。

(3)每条垂线在异重流交面以下浑水层厚度大于 10 m 时,有效取样 15 ~ 13 个点;浑水层厚度为 10 ~ 5 m 时,有效取样 13 ~ 10 点;浑水层厚度 5 ~ 3 m 时,有效取样 10 ~ 7 点。异重流交面上、下附近和底部取样点酌情加密,其他部位可均匀布点。含沙量取样点均施测流速(有效取样点不含掺混层)。

(4)断面法施测异重流时,按垂线排列顺序连续施测,每天不少于 2 次,共施测断面法异重流不少于 6 次。测次分布应考虑异重流厚度变化情况。每次测验历时不应过长,一般控制在 3 h 内完成。应采用多船组合测验。

(5)泥沙颗粒分析:所取沙样全部均按单点样品作颗粒分析后(留样),除主流三线外,其余垂线再分别按垂线将异重流层内的沙样混合后作颗粒分析一次。

(三)异重流测验仪器应用试验

(1)界面探测仪探测交面与内业确定交面的试验。

(2)回声测深仪与铅鱼对水库软泥底水深测量的试验。

(3)GPS 单机、激光测距仪与 GPS 差分同时进行垂线定位的试验。

二、试验断面及比测仪器

(一)试验断面

根据 2008 年黄河调水调沙调度运用方案分析,小浪底水库异重流潜入点可能在水库八里胡同出口段(HH17 ~ HH15 断面间)形成,因此比测试验断面选择在潜入点下游附近水面较为宽阔、浑水宽度较大的 HH14 断面进行比测测验。

参照 HH14 断面 2008 年汛前淤积断面图和实际勘察现场断面情况(见图 4-75),异重流可能分布区间在起点距 600 ~ 1 800 m,宽度 1 200 m,比较适合布置 10 条测线。

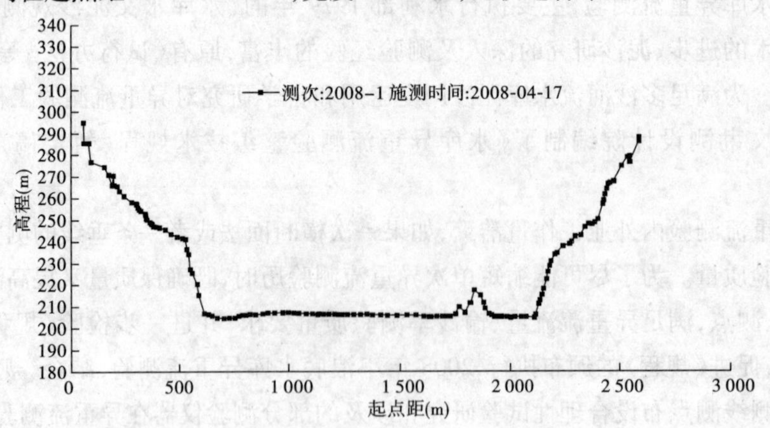

图 4-75　2008 年汛前小浪底水库 HH14 断面

(二)比测试验仪器

本次异重流比测试验中使用多种仪器,包括 Scorpio - 6502 型 GPS 接收机、天宝 5700 型 GPS 接收机、Bathy 500DF 回声测深仪、莱赛 LS206 型激光测距仪、100 kg 铅鱼、LS25 - 1 或 LS25 - 3 型旋桨式流速仪、LS78 型旋杯式流速仪、清浑水界面探测仪等。

1. Scorpio－6502 型 GPS 接收机

LRK 技术:远距离实时双频 RTK,厘米级定位精度

作业半径:远达 40 km(有 5 颗或 5 颗以上可有卫星)

初始化时间(OTF):典型值 30 s

精度:

静态(2)(1 Hz 输出): 5mm ＋ 0.5 $\times 10^{-6}$(平面),10 mm ＋ 1 $\times 10^{-6}$m (高程)

动态(3)(最大 20 Hz 输出):10 mm ＋ 0.5 $\times 10^{-6}$(平面) ,20 mm ＋ 1 $\times 10^{-6}$(高程)

KART 功能:L1 单频 RTK,厘米级精度

EDGPS 功能:增强伪距差分,分米级精度

GNSS 接收:WAAS/EGNOS 卫星差分模式

原始数据输出:1 Hz (标准)或 10 Hz (选项)

计算数据输出:2 Hz (标准)或 20 Hz (选项)

延迟 < 5 ms

2. 天宝 5700 型 GPS 接收机

平面: 10 mm＋1 $\times 10^{-6}$RMS RTK

高程: 20 mm＋2 $\times 10^{-6}$RMS RTK

用 eRTK 在大范围内还可保持该精度

延迟时间:0. 025(20 ms)

eRTK 技术的初始化时间:最小为 10 s＋0. 5 × 基线(按 km 计)

VRS 的典型初始化时间: <30 s

初始化的置信度: >99. 9%

3. 莱赛 LS206 型激光测距仪

最大距离:9 999. 5 m

有效测程:30 ～ 5 000 m

测距误差: ±0. 5 m

距离选通:20～5 120 m(步长为 20 m)

准测率: >98%

温度范围: －10～ ＋50 ℃

工作频率:1/6 ～ 1/3 Hz

视场:6. 5°

倍率:7X

接收孔径:ϕ30 mm

4. Bathy 500DF 回声测深仪

测深范围: 0. 5～640 m

分辨率: 0. 1 m

精度: ± 0. 5%

工作频率: 33 kHz、40 kHz、50 kHz、200 kHz 和(仅 Bathy－500DF)33/210 kHz、50/210 kHz

声脉冲功率:最大 600 W

5. 清浑水界面探测仪

水下密封仓,耐水压 1.5 MPa,实用工作水深:100 m 以内

红外线光电传感器对含沙量的探测灵敏度:1.0 kg/m³

内置 12 V 镍氢可冲电源;充一次电可用 2～3 d

报警定时 10 s 后待机,待机电流:20 mA

界面探测准确度:3～5 cm

适应环境温度:－10～45 ℃

三、试验实施情况

(一)断面布设

2008 年 6 月 27 日在 HH13、HH14、HH15 断面布设试验断面标志牌(见图 4-76、图 4-77),设置 GPS 基站点(图 4-78、表 4-32)。

图 4-76　断面起点距标志牌设置图(一)

图 4-77　断面起点距标志牌设置图(二)

图 4-78　GPS - RTK 测验基站

表 4-32　断面标志牌和基站点坐标

标志牌和基站点	坐标		高程(m)	标志牌起点距(m)
	北纬	东经		
HH15 标志牌	3 875 828.387	606 651.369	231.267	322.618
HH15 基站点	3 875 818.362	606 654.353	231.015	
HH14 标志牌	3 873 421.772	606 211.362	230.800	2 180.968
HH14 基站点	3 873 647.724	606 689.354	230.669	
HH13 下标志牌	3 872 602.773	608 150.442	233.173	200.028
HH13 上标志牌	3 872 617.071	608 151.679	235.169	185.678
HH13 基站点	3 872 594.652	608 168.162	228.990	

标志牌用于 LS206 型激光测距仪施测起点距，基站点用于 GPS - RTK 测验架设基站。

(二)测线测点试验

(1)在异重流运行比较稳定时，选择较开阔顺直的库段以及浑水宽度较大的 HH14 断面进行横断面法多线多点测验。

(2)每次横断面法布设异重流取样、测速垂线 10 条。

(3)每条垂线在异重流交面以下浑水层厚度大于 10 m 时，有效取样 15 ~ 13 个点；浑水层厚度为 10 ~ 5 m 时，有效取样 13 ~ 10 点；浑水层厚度 5 ~ 3 m 时，有效取样 10 ~ 7 点。异重流交面上、下附近和底部取样点酌情加密，其他部位可均匀布点。含沙量取样点均施测流速(有效取样点不含掺混层)。

(4)断面法施测异重流时，按垂线排列顺序连续施测，每天不少于 2 次，共施测断面法异重流不少于 6 次。测次分布应考虑异重流厚度变化情况。每次测验历时不应过长，一般控制在 3 h 内完成。采用多船组合测验。

(5)泥沙颗粒分析：所取沙样全部均按单点样品作颗粒分析后(留样)，除主流三线外，其余垂线再分别按垂线将异重流层内的沙样混合后作颗粒分析一次。

6 月 29 日早上，小浪底水库异重流潜入点在 HH15 断面上游 200 m 出现，HH14 断面的异重流比测试验正式开始，为了加快测验效率，昆仑号和 A210 号两艘测船同时在 HH14 断面进行测验，每天施测 2 次，一次施测 10 条垂线，从 6 月 29 日至 7 月 1 日连续施测 3 d。

测线测点试验共施测横断面 10 线法 6 次，施测垂线 60 条；施测流速点 717 个，泥沙取样点 597 个，颗分送样 595 个。

（三）起点距比测

起点距比测试验，采用 GPS 单机、GPS－RTK 差分和激光测距仪进行起点距比测。测船定位采用 Scorpio－6502 型 GPS 单机平面定位，在此期间为保证测船位置基本不变，船舶驾驶员实时对照 GPS 平面导航控制测船位置基本不变，保证了测验精度。在 3 d 比测试验中，共比测起点距 60 次。起点距比测图片见图 4-79。

图 4-79　起点距比测图片

(四)水深比测

水深比测试验,对每条垂线进行回声测深仪和铅鱼的比测试验,手工记录下铅鱼施测的水深和回声测深仪的水深(见图4-80)。共比测水深60次。

图4-80　水深比测图片

(五)异重流界面比测

异重流清浑水界面比测试验采用界面探测器探测界面与横式采样器水下取样内业处理3 kg/m³ 含沙量时的界面比测。水下取样:采用横式1 000 cm³ 采样器取沙。操作时严格按照《规定》要求,做到合理布设,准确定位。

四、比测结果

(一)比测数据

起点距、水深和交界面比测数据见表4-33。

表4-33　2008年小浪底水库异重流测验仪器比测试验数据

序号	断面	日期(月-日)	时间(时:分)	垂线号	水位	起点距(m)			水深(m)		交界面		
						GPS单机	GPS-RTK	激光测距仪	铅鱼	回声测深仪	界面探测仪(m)	含沙量(kg/m³)	3 kg/m³时界面(m)
1	HH14	06-29	11:54	横1-1	227.46	700	698	697	22.4	20.8	9.2	32.9	7.6
2	HH14	06-29	10:36	横1-2	227.32	800	799	799	22.3	20.6	9.2	8.0	8.1
3	HH14	06-29	09:42	横1-3	227.32	900	898	897	20.0	18.5	9.3	6.11	8.3
4	HH14	06-29	09:06	横1-4	227.27	1 000	998	999	19.5	17.9	10.0	5.64	9.1
5	HH14	06-29	08:12	横1-5	227.22	1 100	1 098	1 099	19.0	17.3	10.7	4.09	10.1
6	HH14	06-29	08:00	横1-6	227.22	1 214	1 212	1 213	19.0	17.4	9.5	0.731	10.9
7	HH14	06-29	09:12	横1-7	227.27	1 347	1 347	1 345	19.5	17.8	9.0	5.55	10.2
8	HH14	06-29	10:00	横1-8	227.32	1 459	1 458	1 460	20.0	18.4	10.1	4.18	9.5
9	HH14	06-29	10:54	横1-9	227.53	1 585	1 584	1 583	20.7	19.0	7.9	3.15	7.8
10	HH14	06-29	12:00	横1-10	227.46	1 675	1 673	1 672	21.5	20.0	9.3	3.74	8.9

续表 4-33

序号	断面	日期(月-日)	时间(时:分)	垂线号	水位	起点距(m)			水深(m)		交界面		
						GPS单机	GPS-RTK	激光测距仪	铅鱼	回声测深仪	界面探测仪(m)	含沙量(kg/m³)	3 kg/m³时界面(m)
11	HH14	06-29	19:04	横2-1	227.49	700	697	697	21.5	19.8	14.0	2.75	14.1
12	HH14	06-29	18:12	横2-2	227.53	800	799	798	22.6	20.8	12.4	2.24	13.8
13	HH14	06-29	17:24	横2-3	227.55	900	899	902	20.0	18.1	13.2	1.84	14.4
14	HH14	06-29	16:42	横2-4	227.58	1 000	999	1 001	20.7	18.7	13.0	1.72	14.9
15	HH14	06-29	16:00	横2-5	227.60	1 100	1 098	1 101	19.1	17.2	11.5	1.75	13.3
16	HH14	06-29	16:00	横2-6	227.60	1 203	1 202	1 200	19.2	17.5	12.8	3.5	12.4
17	HH14	06-29	16:48	横2-7	227.57	1 300	1 298	1 299	20.0	18.2	11.0	1.34	14.1
18	HH14	06-29	17:54	横2-8	227.54	1 400	1 398	1 399	20.0	18.2	12.9	1.46	15.7
19	HH14	06-29	18:30	横2-9	227.50	1 500	1 498	1 498	21.0	19.1	13.3	0.922	15.6
20	HH14	06-29	19:00	横2-10	227.51	1 600	1 598	1 599	20.2	18.4	13.9	1.45	15.3
21	HH14	06-30	09:30	横3-1	226.89	700	697	697	23.9	21.9	15.0	4.1	14.2
22	HH14	06-30	08:54	横3-2	226.94	800	799	798	20.0	18.0	14.7	4.98	13.6
23	HH14	06-30	08:24	横3-3	226.98	900	899	902	19.1	17.2	14.2	5.71	12.9
24	HH14	06-30	07:52	横3-4	227.00	1 000	999	1 001	18.6	16.8	14.5	5.26	13.3
25	HH14	06-30	07:20	横3-5	227.04	1 100	1 098	1 101	17.8	16.1	14.3	1.86	14.5
26	HH14	06-30	07:12	横3-6	227.04	1 200	1 202	1 200	18.4	16.6	12.6	0.986	13.6
27	HH14	06-30	07:54	横3-7	227.00	1 300	1 298	1 299	18.4	16.5	13.6	1.75	14.1
28	HH14	06-30	08:54	横3-8	226.98	1 400	1 398	1 399	18.5	16.5	13.1	1.42	13.9
29	HH14	06-30	09:36	横3-9	226.89	1 500	1 498	1 498	19.5	17.6	12.2	0.604	13.7
30	HH14	06-30	10:18	横3-10	226.85	1 600	1 598	1 599	20	18.2	12.3	0.954	13.2
31	HH14	06-30	17:24	横4-1	226.23	700	698	697	20.5	18.8	14.7	10.4	12.5
32	HH14	06-30	16:52	横4-2	226.28	800	799	799	20.5	18.7	13.5	3.26	13.3
33	HH14	06-30	16:20	横4-3	226.33	900	898	897	18.5	16.6	13.5	6.46	12.1
34	HH14	06-30	15:50	横4-4	226.39	1 000	998	999	19	17.0	13.0	5.58	11.8
35	HH14	06-30	15:10	横4-5	226.44	1 100	1 098	1 099	18.7	16.6	13.6	12.5	11.6
36	HH14	06-30	15:00	横4-6	226.46	1 200	1 202	1 203	18.1	16.1	13.2	1.88	13.4
37	HH14	06-30	15:36	横4-7	226.28	1 311	1 312	1 312	18.1	16.0	13.2	1.62	14.6
38	HH14	06-30	16:18	横4-8	226.34	1 415	1 415	1 416	17.2	15.2	10.9	0.99	12.6
39	HH14	06-30	16:54	横4-9	226.27	1 500	1 498	1 498	18.9	17.0	12.9	1.49	13.1

续表 4-33

序号	断面	日期(月-日)	时间(时:分)	垂线号	水位	起点距(m)			水深(m)		交界面		
						GPS单机	GPS－RTK	激光测距仪	铅鱼	回声测深仪	界面探测仪(m)	含沙量(kg/m^3)	3 kg/m^3时界面(m)
40	HH14	06-30	17:40	横4－10	226.17	1 600	1 598	1 599	19.5	17.5	12.0	0.537	13.0
41	HH14	07-01	09:36	横5－1	225.26	700	697	697	17.7	15.6	14.2	11.2	12.1
42	HH14	07-01	09:10	横5－2	225.28	800	799	798	17.0	14.8	14.0	7.01	12.4
43	HH14	07-01	08:36	横5－3	225.30	900	899	902	17.5	15.2	14.1	7.35	12.4
44	HH14	07-01	07:18	横5－4	225.38	1 000	999	1 001	18	15.9	13.2	4.56	12.3
45	HH14	07-01	07:50	横5－5	225.34	1 100	1 098	1 101	18.5	16.5	13.5	13.2	11.4
46	HH14	07-01	07:06	横5－6	225.38	1 200	1 202	1 200	18.7	16.5	13.1	3.07	13.0
47	HH14	07-01	08:12	横5－7	225.32	1 300	1 298	1 299	17.0	14.8	11.8	5.63	10.7
48	HH14	07-01	08:54	横5－8	225.30	1 400	1 398	1 399	16.0	13.9	11.6	1.19	12.2
49	HH14	07-01	09:24	横5－9	225.27	1 500	1 498	1 498	16.6	14.4	11.0	1.4	12.1
50	HH14	07-01	09:54	横5－10	225.24	1 600	1 598	1 599	18.0	15.8	10.4	0.922	12.5
51	HH14	07-01	14:50	横6－1	224.97	700	697	697	16.6	14.4	13.3	5.72	12.0
52	HH14	07-01	14:42	横6－2	224.97	800	799	798	16.5	14.4	10.2	2.31	11.2
53	HH14	07-01	15:16	横6－3	224.95	900	899	902	16.6	14.4	12.4	4.34	11.6
54	HH14	07-01	15:20	横6－4	224.95	1 000	999	1 001	16.6	14.6	11.6	1.52	11.9
55	HH14	07-01	15:46	横6－5	224.93	1 100	1 098	1 101	17.0	15.0	12.0	3.86	11.5
56	HH14	07-01	15:48	横6－6	224.93	1 200	1 202	1 200	20.5	18.4	11.5	0.48	11.8
57	HH14	07-01	16:26	横6－7	224.90	1 300	1 298	1 299	17.5	15.5	13.9	6.87	12.3
58	HH14	07-01	16:40	横6－8	224.89	1 400	1 398	1 399	15.5	13.6	11.2	1.18	12.3
59	HH14	07-01	16:58	横6－9	224.89	1 500	1 498	1 498	16.5	14.5	12.0	2.65	12.0
60	HH14	07-01	17:12	横6－10	224.87	1 600	1 598	1 599	18	15.8	11.0	0.695	12.4

(二)起点距比测数据对比

根据表 4-33 数据，在起点距比测试验中，对比 3 种方法所施测的起点距，起点距误差见表 4-34。

表 4-34　2008 年小浪底水库异重流测验起点距比测试验成果

序号	断面	日期(月-日)	垂线号	起点距(m)			起点距对比	
				GPS－RTK	GPS－单机	激光测距仪	RTK－单机(m)	RTK－测距仪(m)
1	HH14	06-29	横1－1	698	700	697	－2	1
2	HH14	06-29	横1－2	799	800	799	－1	0
3	HH14	06-29	横1－3	898	900	897	－2	1

续表 4-34

序号	断面	日期（月-日）	垂线号	起点距(m)			起点距对比	
				GPS－RTK	GPS－单机	激光测距仪	RTK－单机（m）	RTK－测距仪(m)
4	HH14	06-29	横 1－4	998	1 000	999	－2	－1
5	HH14	06-29	横 1－5	1 098	1 100	1 099	－2	－1
6	HH14	06-29	横 1－6	1 212	1 214	1 213	－2	－1
7	HH14	06-29	横 1－7	1 347	1 347	1 345	0	2
8	HH14	06-29	横 1－8	1 458	1 459	1 460	－1	－2
9	HH14	06-29	横 1－9	1 584	1 585	1 583	－1	1
10	HH14	06-29	横 1－10	1 673	1 675	1 672	－2	1
11	HH14	06-29	横 2－1	697	700	697	－3	0
12	HH14	06-29	横 2－2	799	800	798	－1	1
13	HH14	06-29	横 2－3	899	900	902	－1	－3
14	HH14	06-29	横 2－4	999	1 000	1 001	－1	－2
15	HH14	06-29	横 2－5	1 098	1 100	1 101	－2	－3
16	HH14	06-29	横 2－6	1 202	1 203	1 200	－1	2
17	HH14	06-29	横 2－7	1 298	1 300	1 299	－2	－1
18	HH14	06-29	横 2－8	1 398	1 400	1 399	－2	－1
19	HH14	06-29	横 2－9	1 498	1 500	1 498	－2	0
20	HH14	06-29	横 2－10	1 598	1 600	1 599	－2	－1
21	HH14	06-30	横 3－1	697	700	697	－3	0
22	HH14	06-30	横 3－2	799	800	798	－1	1
23	HH14	06-30	横 3－3	899	900	902	－1	－3
24	HH14	06-30	横 3－4	999	1 000	1 001	－1	－2
25	HH14	06-30	横 3－5	1 098	1 100	1 101	－2	－3
26	HH14	06-30	横 3－6	1 202	1 200	1 200	2	2
27	HH14	06-30	横 3－7	1 298	1 300	1 299	－2	－1
28	HH14	06-30	横 3－8	1 398	1 400	1 399	－2	－1
29	HH14	06-30	横 3－9	1 498	1 500	1 498	－2	0
30	HH14	06-30	横 3－10	1 598	1 600	1 599	－2	－1
31	HH14	06-30	横 4－1	698	700	697	－2	1
32	HH14	06-30	横 4－2	799	800	799	－1	0
33	HH14	06-30	横 4－3	898	900	897	－2	1
34	HH14	06-30	横 4－4	998	1 000	999	－2	－1
35	HH14	06-30	横 4－5	1 098	1 100	1 099	－2	－1
36	HH14	06-30	横 4－6	1 202	1 200	1 203	2	－1
37	HH14	06-30	横 4－7	1 312	1 311	1 312	1	0

续表 4-34

序号	断面	日期(月-日)	垂线号	起点距(m)			起点距对比	
				GPS - RTK	GPS - 单机	激光测距仪	RTK - 单机(m)	RTK - 测距仪(m)
38	HH14	06-30	横 4 - 8	1 415	1 415	1 416	0	-1
39	HH14	06-30	横 4 - 9	1 498	1 500	1 498	-2	0
40	HH14	06-30	横 4 - 10	1 598	1 600	1 599	-2	-1
41	HH14	07-01	横 5 - 1	697	700	697	-3	0
42	HH14	07-01	横 5 - 2	799	800	798	-1	1
43	HH14	07-01	横 5 - 3	899	900	902	-1	-3
44	HH14	07-01	横 5 - 4	999	1 000	1 001	-1	-2
45	HH14	07-01	横 5 - 5	1 098	1 100	1 101	-2	-3
46	HH14	07-01	横 5 - 6	1 202	1 200	1 200	2	2
47	HH14	07-01	横 5 - 7	1 298	1 300	1 299	-2	-1
48	HH14	07-01	横 5 - 8	1 398	1 400	1 399	-2	-1
49	HH14	07-01	横 5 - 9	1 498	1 500	1 498	-2	0
50	HH14	07-01	横 5 - 10	1 598	1 600	1 599	-2	-1
51	HH14	07-01	横 6 - 1	697	700	697	-3	0
52	HH14	07-01	横 6 - 2	799	800	798	-1	1
53	HH14	07-01	横 6 - 3	899	900	902	-1	-3
54	HH14	07-01	横 6 - 4	999	1 000	1 001	-1	-2
55	HH14	07-01	横 6 - 5	1 098	1 100	1 101	-2	-3
56	HH14	07-01	横 6 - 6	1 202	1 200	1 200	2	2
57	HH14	07-01	横 6 - 7	1 298	1 300	1 299	-2	-1
58	HH14	07-01	横 6 - 8	1 398	1 400	1 399	-2	-1
59	HH14	07-01	横 6 - 9	1 498	1 500	1 498	-2	0
60	HH14	07-01	横 6 - 10	1 598	1 600	1 599	-2	-1

起点距数据对照如图 4-81 ~ 图 4-86 所示。

从表 4-34 起点距比测试验对比数据和起点距对照图(图 4-81 ~ 图 4-86)来看,以 GPS - RTK 施测的起点距作为真值,与 GPS 单机数据和激光测距仪的数据进行对比。

GPS - RTK 与 GPS 单机 60 次测量数据的最大误差为 3 m,平均误差为 1.7 m,基本符合 Scorpio - 6502 型 GPS 单机平面定位 2 m 的误差。

GPS - RTK 与激光测距仪的最大误差为 3 m,平均误差为 1.2 m,虽然测距仪施测的是斜距,但是在距离断面标志牌较远,标志牌高程基本与水面高程差不多的情况下,激光测距仪的数据误差符合要求。

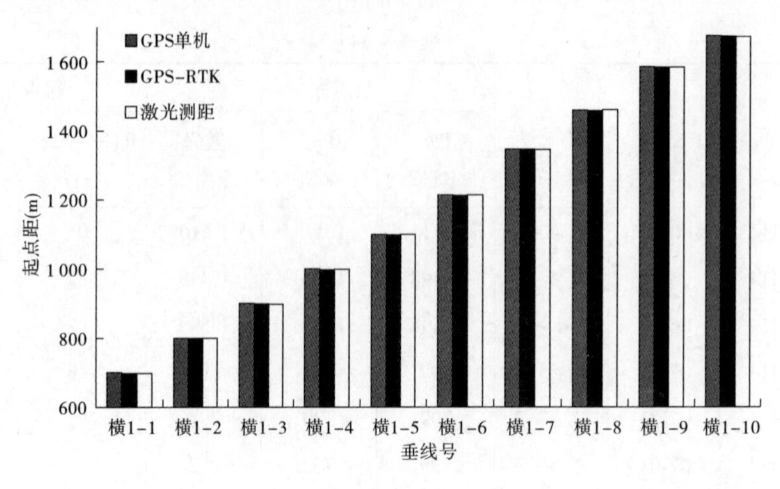

图 4-81　横 1 次起点距比测对照

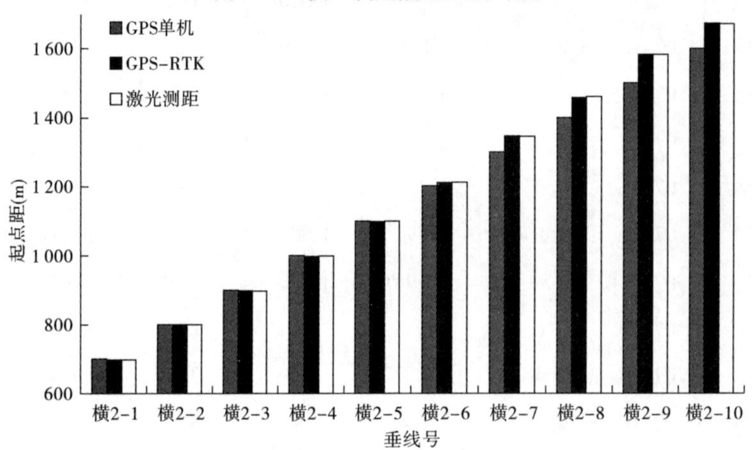

图 4-82　横 2 次起点距比测对照

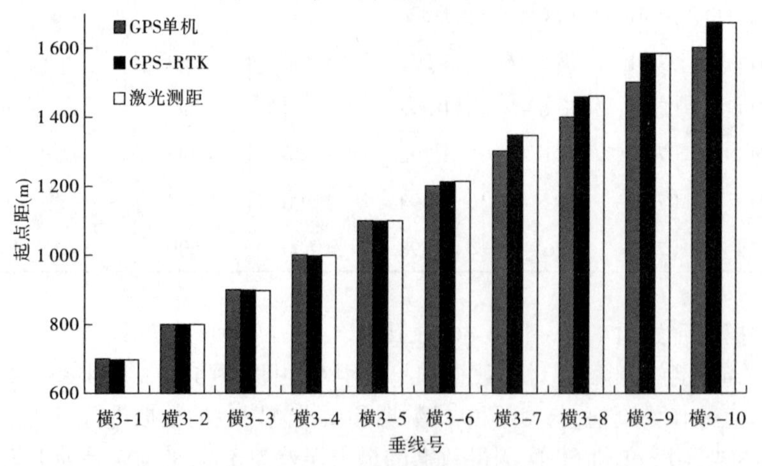

图 4-83　横 3 次起点距比测对照

但是在实际操作中,GPS - RTK 和测距仪的操作慢、受天气环境状况影响的缺点还是很突出的,而 GPS 单机定位方便快捷,而且可以断面导航,能够全天候作业,减少了基站架设、起点距标志牌的埋设等工序,节省了人力、物力,提高了工作效率。比较适合环境恶劣的野

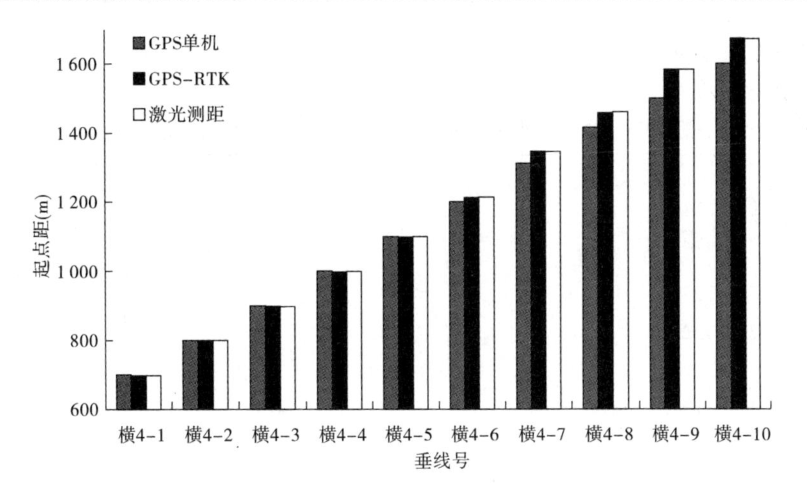

图 4-84　横 4 次起点距比测对照

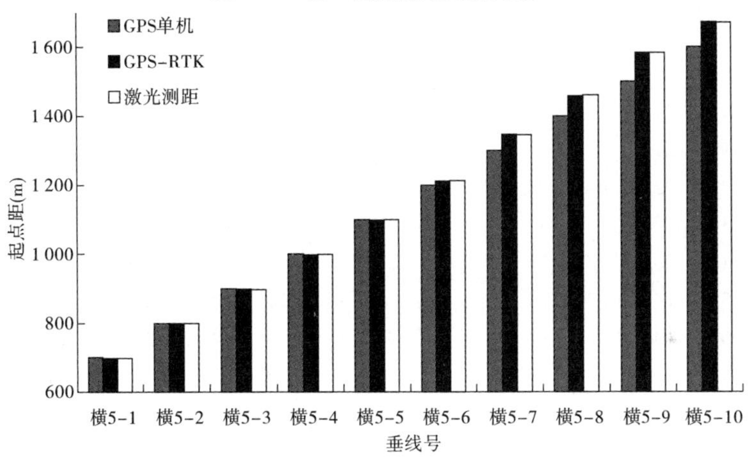

图 4-85　横 5 次起点距比测对照

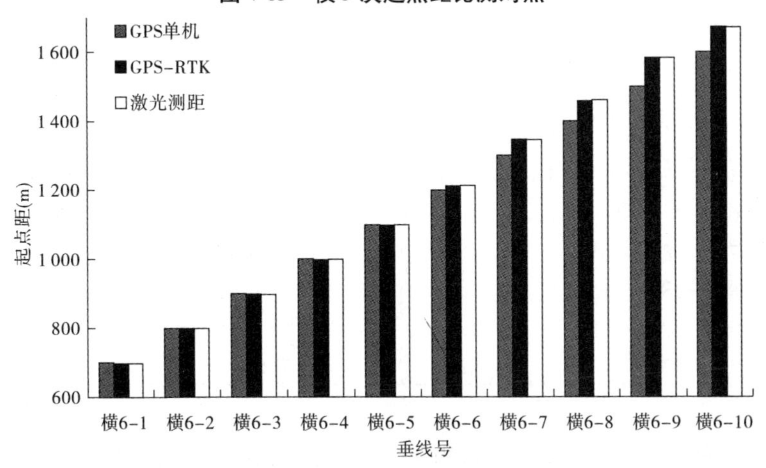

图 4-86　横 6 次起点距比测对照

外测验。

(三)水深比测数据对比

60 次水深比测试验数据误差如表 4-35 所示。

表 4-35 2008 年小浪底水库异重流测验水深比测试验对照

序号	垂线号	水深(m)		差值(m)	序号	垂线号	水深(m)		差值(m)
		铅鱼	回声测深仪				铅鱼	回声测深仪	
1	横 1-1	22.4	20.8	1.6	31	横 4-1	20.5	18.8	1.7
2	横 1-2	22.3	20.6	1.7	32	横 4-2	20.5	18.7	1.8
3	横 1-3	20	18.5	1.5	33	横 4-3	18.5	16.6	1.9
4	横 1-4	19.5	17.9	1.6	34	横 4-4	19	17.0	2.0
5	横 1-5	19	17.3	1.7	35	横 4-5	18.7	16.6	2.1
6	横 1-6	19	17.4	1.6	36	横 4-6	18.1	16.1	2.0
7	横 1-7	19.5	17.8	1.7	37	横 4-7	18.1	16.0	2.1
8	横 1-8	20	18.4	1.6	38	横 4-8	17.2	15.2	2.0
9	横 1-9	20.7	19.0	1.7	39	横 4-9	18.9	17.0	1.9
10	横 1-10	21.5	20.0	1.5	40	横 4-10	19.5	17.5	2.0
11	横 2-1	21.5	19.8	1.7	41	横 5-1	17.7	15.6	2.1
12	横 2-2	22.6	20.8	1.8	42	横 5-2	17	14.8	2.2
13	横 2-3	20	18.1	1.9	43	横 5-3	17.5	15.2	2.3
14	横 2-4	20.7	18.7	2.0	44	横 5-4	18	15.9	2.1
15	横 2-5	19.1	17.2	1.9	45	横 5-5	18.5	16.5	2.0
16	横 2-6	19.2	17.5	1.7	46	横 5-6	18.7	16.5	2.2
17	横 2-7	20	18.2	1.8	47	横 5-7	17	14.8	2.2
18	横 2-8	20	18.2	1.8	48	横 5-8	16	13.9	2.1
19	横 2-9	21	19.1	1.9	49	横 5-9	16.6	14.4	2.2
20	横 2-10	20.2	18.4	1.8	50	横 5-10	18	15.8	2.2
21	横 3-1	23.9	21.9	2.0	51	横 6-1	16.6	14.4	2.2
22	横 3-2	20	18.0	2.0	52	横 6-2	16.5	14.4	2.1
23	横 3-3	19.1	17.2	1.9	53	横 6-3	16.6	14.4	2.2
24	横 3-4	18.6	16.8	1.8	54	横 6-4	16.6	14.6	2.0
25	横 3-5	17.8	16.1	1.7	55	横 6-5	17	15.0	2.0
26	横 3-6	18.4	16.6	1.8	56	横 6-6	20.5	18.4	2.1
27	横 3-7	18.4	16.5	1.9	57	横 6-7	17.5	15.5	2.0
28	横 3-8	18.5	16.5	2.0	58	横 6-8	15.5	13.6	1.9
29	横 3-9	19.5	17.6	1.9	59	横 6-9	16.5	14.5	2.0
30	横 3-10	20	18.2	1.8	60	横 6-10	18	15.8	2.2

从表 4-35 和图 4-81 ~ 图 4-86 来看，由于回声测深仪受库底泥沙影响较大，含沙量大时，换能器所发出声波无法穿透泥沙，在含沙量较大的时候就已经反射；但是铅鱼可以依靠自身重力，探测到水库大含沙量和软泥层以下。因此，铅鱼水深一般比回声仪要深一些，从 60 次的水深比测试验对比来看，铅鱼水深比回声仪水深平均大约 1.9 m，最大 2.3 m。

(四)交界面确定

采用界面探测器判断清浑水界面,可以大大提高异重流测验的效率,但是界面探测器只能测出一个大概的位置,界面的确定通过含沙量的大小进行插补计算得到。

当暂定 3 kg/m^3 的含沙量为异重流的界面时,插补出异重流的界面高程,从图 4-87 ~ 图 4-92 来看,这个高程有高于界面探测器界面,也有低于界面器高程界面附近。异重流界面的探测受清浑水界面附近的掺混层和横式采样器取样位置的影响,界面探测器所探测的界面含沙量没有一定的规律。

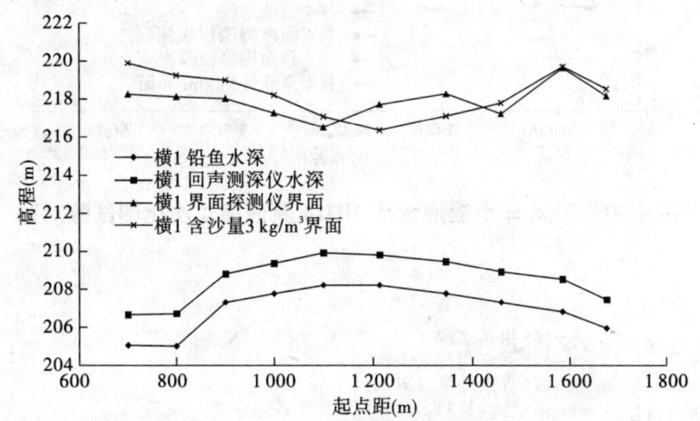

图 4-87　2008 年小浪底水库 HH14 断面横 1 次异重流比测试验对照

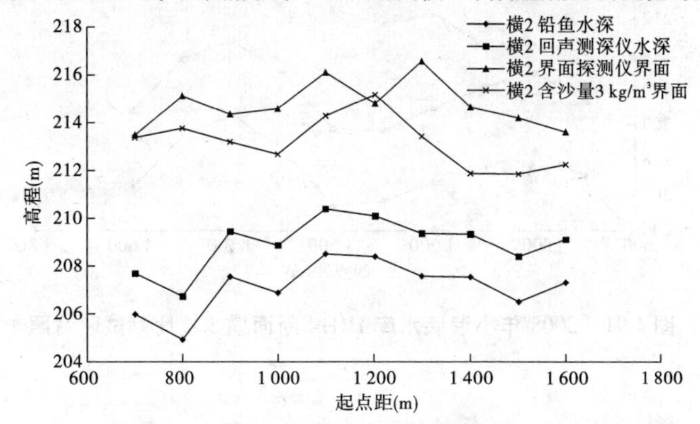

图 4-88　2008 年小浪底水库 HH14 断面横 2 次比测试验对照

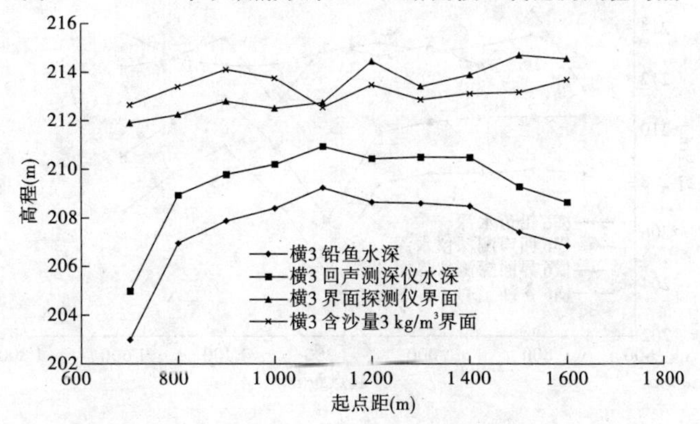

图 4-89　2008 年小浪底水库 HH14 断面横 3 次比测试验对照

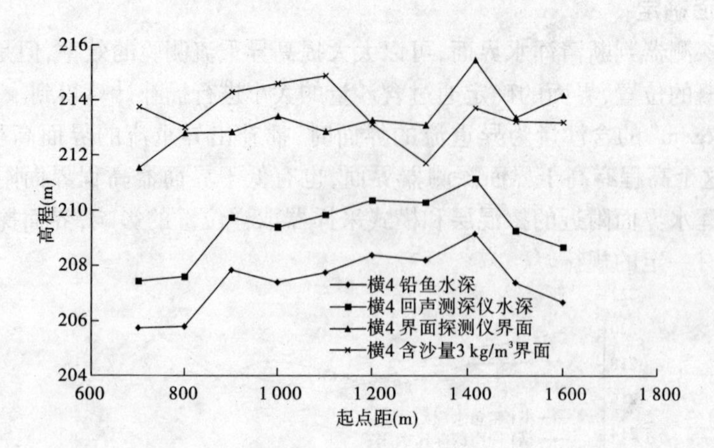

图 4-90 2008 年小浪底水库 HH14 断面横 4 次比测试验对照

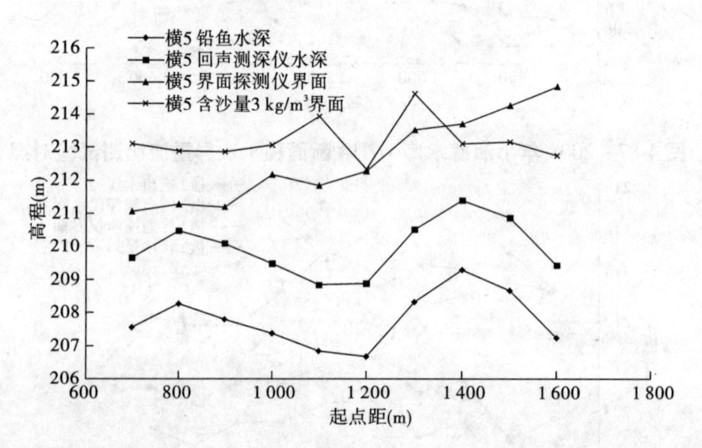

图 4-91 2008 年小浪底水库 HH14 断面横 5 次比测试验对照

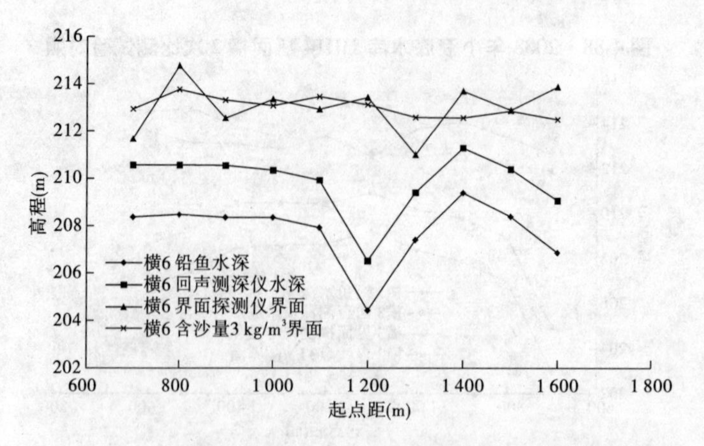

图 4-92 2008 年小浪底水库 HH14 断面横 6 次比测试验对照

(五)异重流测验特征值统计

2008 年异重流测验特征值统计见表 4-36。

表 4-36　2008 年异重流测验特征值统计

断面	距坝里程(km)	异重流测点特征值统计								
		最大异厚(m)	时间		最大测点流速(m/s)	时间		最大测点含沙量(kg/m³)	时间	
			月-日	时:分		月-日	时:分		月-日	时:分
HH14	22.1	14.8	06-29	11:16	3.28	07-01	07:33	666	07-01	17:10

(六)冲淤变化

套绘 HH14 断面 6 次异重流测验的起点距与铅鱼水深关系图,如图 4-93 所示。

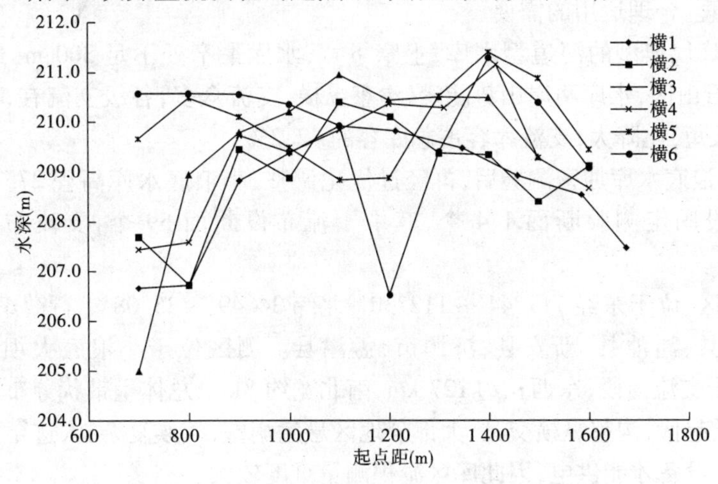

图 4-93　异重流比测试验期间断面套绘图

从图 4-93 来看,横 1 次测验时,河底高程呈现出中间主河槽高,两边高程低,随着测验的进行,由于两边流速慢,中间主河槽流速大,异重流带来的泥沙造成两边段明显淤积,中间主河槽明显冲刷,对比横 1 次与横 6 次测验,起点距 700 m 最大淤积厚度达 3.9 m,起点距 1 200 m最大冲刷深度达 3.3 m。

五、认识

通过本次异重流测验比测试验分析,认识到以下几个方面的问题:

(1)起点距比测中,使用 GPS 单机与 GPS－RTK 差分定位,所测得的起点距误差相对较小,对于水上测量起点距定位导航误差符合测验要求。

(2)水深比测中,使用回声测深仪测量时的,回声测深仪受含沙量影响较大,声速大小和频率大小也会影响到回声仪水深数据。因此,对于水库水深测验,需要对水库软泥底界定出一个库底,以便于回声测深仪水深测量。

(3)分析此次异重流测验,优化测验方案和方法,提高异重流测验的效率。

(4)积极开发能够满足水库异重流测验要求的仪器设备和计算机软件,缩短测验历时,提高测验精度,降低劳动强度。

第六节　小浪底水库淤积测验 GPRS 应用研究

一、小浪底水库淤积测验概况

(一)水库淤积测验基本概况

黄河小浪底水库淤积断面测验是获取小浪底水库水文泥沙资料的重要观测项目,是水库在运用期间水资源合理调度、进出水库泥沙有效控制等各项工作的基本依据。水库淤积断面是为了固定断面位置,标定断面方向,建立断面测量的基准点。水库淤积断面测量既要满足水库建成前,进行断面测量以取得水库原始库容及库区地形的需要,又要满足水库建成后,对断面定期进行复测,取得水库库容变化及库区冲淤数量、分布和形态等基础资料,以便对水库科学管理、合理运用的需要。

小浪底水库属典型的河道型水库,上窄下宽,水库最窄处不足 300 m,最宽约为 3 000 m。库区属土石山区,水库两岸山势陡峭,沟壑纵横,支流众多,各级支流有 50 余条,支流流域面积小,河长短,比降大,支流库容占总库容的 42.2%。

2010 年小浪底水库加密测验后,再经过优化调整,小浪底水库高程 275 m 以下的测区范围内,共布设固定测验断面 174 个,其中干流布设断面 59 个,支流布设断面 115 个(见图 4-94)。

测区属山区,位于东经 111°44′~112°30′,北纬 34°49′~35°08′。行政隶属山西省垣曲县和河南省陕县、渑池县、新安县、济源市、孟津县。测区位于小浪底大坝到小浪底库区 HH56 断面的干支流河段,东西长约 127 km,南北宽约 8km,总体呈带状分布,测区地形条件复杂,地势高低起伏,沟壑纵横交叉,大部分地区悬崖峭壁,气候复杂,人迹罕至,交通十分困难,须依靠发电设备才能供电,因此库区淤积测量难度较大。

根据黄委水文局的要求,小浪底水库淤积断面统一性测验每年两次,汛前和汛后各一次。

(二)平面控制

1997 年小浪底库区淤积断面测验建立完成了第一个 D 级 GPS 平面控制网,坐标系统采用 1954 年北京坐标系。

在小浪底水库坝上坝下共布设 180 个断面,埋设 D 级 GPS 基点兼三等水准点 500 多个。断面平均间距为 2 km,上游段每 3~4 km 一个断面,下游每 1 km 一个断面,受狭窄库形和弯道影响,控制点疏密不均。

(三)高程控制

小浪底水库淤积断面水准网与国家二等点进行了接测,采用 1985 国家高程基准,1997 年水文局分别对三、四等水准网进行了联测和整网平差,满足淤积断面测量 RTK 参数转换和基准站的使用要求。

(四)测验仪器设备

工程对外交通比较不便,人员、仪器设备、材料、油料等可以通过坝区公路用汽车运至施工现场;生产船和生活船到交通方便处补充材料。测验、施工期间,生活用电利用自备发电机发电,船用发电机 1 台、4 kW 汽油发电机 1 台,生活用水备纯净水。通信上测验工作人员配备对讲机，以保证施工期间及时取得联系。

1. 测验船舶

共使用测验船舶 4 艘，主要有自主建造的铁壳船和冲锋舟。

2. 测验仪器

GPS：2012 年配备中海达 V30 型 GPS，之前还用过 Scorpio－6502 型，天宝 5700 型。

全站仪 2 台：徕卡系列全站仪。

回声测深仪：Bathy－500DF 双频回声测深仪。

（五）施工方法

1. 断面岸上测量

断面岸上测量以 GPS－RTK 法进行，外业采集数据记录在手簿上，经内业传输到计算机上，进行数据再处理。

2. 断面水下地形测量

1）水下测点的布置

严格按照《水库水文泥沙观测试行办法》及任务书要求执行。

2）测深点的定位方法

采用 GPS－RTK 定位法：淤积断面左端点定为零点桩，以左端点的坐标（X,Y）和测点的坐标算出左端点至测点的距离即为该测点的起点距。测深、测距同步进行。

3）水深测量

（1）水深小于 1 m 时，用经过检校的测深杆测深。

（2）水深大于 1 m 时，用回声测深仪测深或用测深锤测深。每天用回声测深仪前都应进行比测注记。

4）测量水下断面时水位的测量

（1）引测水位需按五等水准要求进行，主要采用 GPS－RTK 和全站仪施测。取甲乙线平均值作为计算水位。

（2）测水下断面时，水位涨落变化超过 0.1 m 时，应施测开始和终了两次水位，取平均值作为计算水位。

（3）一般较顺直的河道断面，当河宽小于 300 m 时，若水面平稳，可只测一岸水位；对弯道断面或斜流断面一般应测两岸水位。

（4）左、右岸水位差大于 0.2 m 时，水深点应加横比降改正。

（5）分流串沟应施测各股水位。

（6）作上、下断面水位合理性检查，若出现倒比降（0.05 m 以上）时，应及时分析原因或重测。

二、GPS－RTK 测量技术

（一）GPS 基本原理

GPS 是以人造卫星组网为基础的无线电导航定位系统。

GPS 即全球定位系统（Global Positioning System），是美国从 20 世纪 70 年代开始研制，历时 20 年，耗资 200 亿美元，于 1994 年全面建成，具有在海、陆、空进行全方位实时三维导航与定位能力的新一代卫星导航与定位系统。经近 10 年我国测绘等部门的使用表明，GPS

以全天候、高精度、自动化、高效益等显著特点,赢得广大测绘工作者的信赖,并成功地应用于大地测量、工程测量、航空摄影测量、运载工具导航和管制、地壳运动监测、工程变形监测、资源勘察、地球动力学等多种学科,从而给测绘领域带来一场深刻的技术革命,目前也在水文、防汛、水文水资源保护等领域得到广泛应用。

GPS 的基本定位原理是:卫星不间断地发送自身的星历参数和时间信息,用户接收到这些信息后,经过计算求出接收机的三维位置、三维方向以及运动速度和时间信息。

(二)GPS - RTK 测量技术

实时动态 RTK(Real Time Kinematic,RTK)测量技术,是以载波相位观测量为根据的实时差分 GPS(RTD GPS)测量技术,它是 GPS 测量技术发展中的一个新突破。众所周知,GPS 测量工作的模式已有多种,如静态、快速静态和静态相对定位等。但是利用这些测量模式,如果不与数据传输系统相结合,其定位结果均需通过观测数据的测后处理,所以上述各种测量模式,不仅无法实时地给出观测站的定位结果,而且也无法通过对基准站和用户站观测数据的质量,进行实时的检验,因而难以避免在数据后处理中发现不合格的测量成果,需要进行返工重测的情况。

以往解决这一问题的措施,主要是延长观测时间,以获得大量的多余观测量,来保证测量结果的可靠性。但是,这样一来,便显著降低了 GPS 测量工作的效率。

实时动态测量的基本思想是,在基准站上安置一台 GPS 接收机,对所有可见 GPS 卫星进行连续的观测,并将其观测数据,通过无线传输设备,实时地送给用户观测站。在用户站上,GPS 接收机在接收 GPS 卫星信号的同时,通过无线电接收设备,接收基准站传输的观测数据,然后根据相对定位的原理,实时地计算并显示用户站的三维坐标及其精度。

这样,通过实时计算的定位结果,便可检测基准站与用户站观测结果的质量和解算结果的收敛情况,从而可实时地判定解算结果是否成功,以减少观测量,缩短观测时间。

通过信号差分、提高解算参数精度等手段处理,现在的 GPS 仪器的 GPS - RTK 测量精度,都可达到平面 $1\ cm + 1 \times 10^{-6}$,高程 $2\ cm + 1 \times 10^{-6}$。

采用 RTK 技术进行测量时,仅需一人背着仪器测量,记录碎部点特征编码,通过电子手簿记录,在初始化状态下点位满足精度要求的情况下,把测验范围内的地形点位测定后回到室内或在野外处理。用 RTK 技术测定点位不要求点间通视,仅需一人操作,便可完成点位测量工作,大大提高了测验的工作效率。

(三)GPS - RTK 数据链模式

1. UHF 数据链模式

常规 GPS 通常只有一种数据传输方式,就是 UHF 数据链模式,也可称为无线电数据传输模式。UHF 波段是指频率为 300 ~ 3 000 MHz 的特高频无线电波。

UHF 数据链常规作用距离长达 20 km,根据实际情况,流动站距基准站不超过 10 km 情况下才能满足测量要求。如要远距离测量,需在基准站和流动站之间加设中转站。这样增加了维护难度,使用不如一站式方便。

2. GPRS 数据链模式

新型 GPS 安装有 GPRS 通信模块,GPRS 模块常规有效作用距离长达 30 km,通过 GPRS 数据传输可实现远距离测量作业,且基准站无仪器架设高度的要求。

三、GPRS 应用 GPS－RTK 研究

（一）GPRS 数据传输方式

由于近些年来移动通信技术的飞速发展，基于 GPRS 技术的无线数据传输系统在很多行业已逐渐完善和普及，目前国外很多 GPS 服务商和用户都开发了基于 GPRS 数据传输方式的系统，并在相关领域内进行应用。GPRS（General Packet Radio Service，通用无线分组业务）作为第二代移动通信技术 GSM 向第三代移动通信（3G）的过渡技术，是一种基于 GSM 的移动分组数据业务，面向用户提供移动分组的 IP 或者 X. 25 连接。GPRS 在现有的 GSM 网络基础上叠加了一个新的网络，同时在网络上增加一些硬件设备和软件升级，形成了一个新的网络逻辑实体，提供端到端的、广域的无线 IP 连接。通俗地讲，GPRS 是一项高速数据处理的科技，它以分组交换技术为基础，用户通过 GPRS 可以在移动状态下使用各种高速数据业务，包括收发 E-mail、进行 Internet 浏览等，因此可以说，只要有 GSM 网络覆盖的地方，就能提供高速的 GPRS 数据传输业务。

GPRS 是一种新的 GSM 数据业务，在移动用户和数据网络之间提供一种连接，给移动用户提供高速无线 IP 和 X. 25 服务。GPRS 采用分组交换技术，每个用户可同时占用多个无线信道，同一无线信道又可以由多个用户共享，资源被有效的利用。GPRS 技术 160 kbps 的极速传送几乎能让无线上网达到公网 ISD N 的效果，实现"随身携带互联网"。使用 GPRS，数据实现分组发送和接收，用户永远在线且按流量、时间计费，迅速降低了服务成本。目前的 GSM 数据传输方式是电路交换技术，与其相比，GPRS 手机具有十分突出的优点：GPRS 上网连接时间很快，一般只要 3～6 s。还能够提供比现有 GSM 网 9. 6 kbps 更高的数据率，最高可达 170 kbps。除具有速度上的优势外，GPRS 还有"永远在线"的特点，即用户随时与网络保持联系，无需每次建立连接时都进行拨号。GPRS 手机的计费是根据用户传输的数据量而不是上网时间来计算，现在中国移动推出的有多种上网套餐计划，资费也很便宜，完全满足小浪底水库淤积测验的工作需要。

（二）GPRS 应用研究的目的

小浪底水库测验主要采用 GPS－RTK 方法进行测验，水库库尾部分断面间距远，HH51～HH56 断面还需使用全站仪进行测验。

传统 GPS－RTK 法基准站据需要使用电台发射差分数据，受山体树木遮挡影响，电台的有效覆盖范围小，野外测验时，往往架设一次基准站，移动站只能在电台覆盖范围内进行 RTK 作业，作业距离短，小浪底水库面积大，基准站架设次数多，劳动强度大。

近年来，随着科学技术的发展，测量仪器也随之改进。新配备的中海达仪器安装有 GPRS 通信模块，数传技术不受作业距离限制，特别适合城区、山区等传统电台信号阻挡严重的复杂地区作业，抗干扰能力强。

通过在小浪底水库 2012～2013 年的实地淤积断面测验比测试验，研究 GPRS 技术在小浪底水库淤积测验中的应用效果，以期在小浪底水库淤积测验中得到更好的应用，减少劳动强度，提高工作效率。

（三）使用仪器

仪器：中海达 V30 型 GPS，其主要技术指标如下。

（1）精度：

静态：平面，$\pm(2.5+1\times10^{-6}D)$ mm

高程，$\pm(5+1\times10^{-6}D)$mm

RTK 定位精度：平面，$\pm(10+1\times10^{-6}D)$mm

高程，$\pm(20+1\times10^{-6}D)$mm

(2)初始化速度：RTK 初始化时间小于 10 s，置信度≥99.9%。

(3)手簿及系统软件为中文界面，允许在多台计算机上同时处理数据。手簿操作界面为中文，友好易学，WinCE 操作系统，触摸屏。

(4)数据通信：固定 GPRS 模块，通过移动通信收发数据，内置收发一体兼容 V8 电台，还可外挂数传电台。

(四)应用试验过程

小浪底水库淤积断面 GPRS 模块传输试验步骤：

1. 建立测区作业

中海达 GPS 手簿中建立测区作业，如图 4-94 所示。

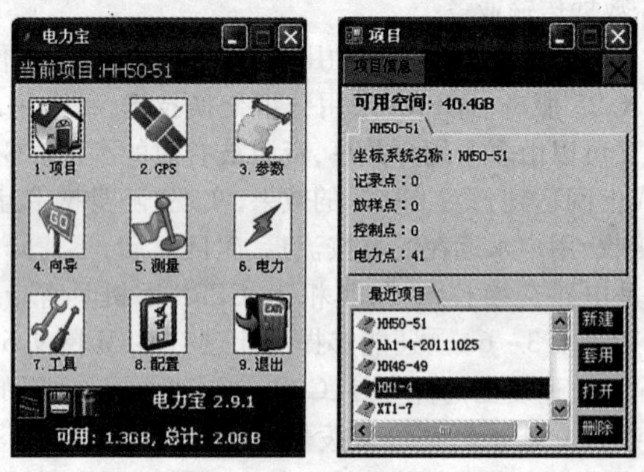

图 4-94 建立测区作业

2. 计算转换参数

在测区作业中，导入已知点 WGS84 坐标和相对应的北京 54 坐标，通过中海达 GPS 手簿求解七参数并应用，如图 4-95 所示。

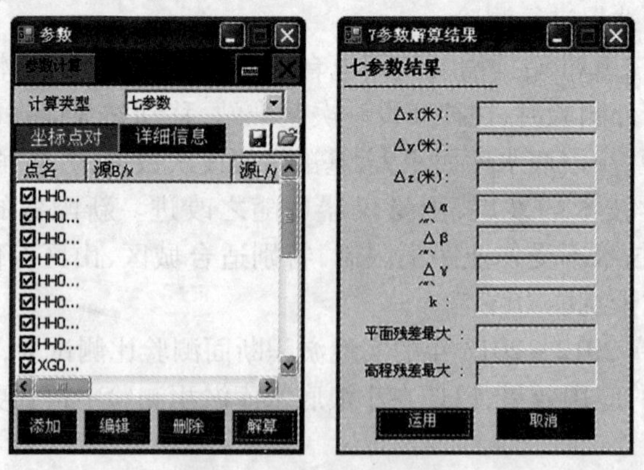

图 4-95 计算转换参数

3. 基准站设置

连接 GPS；设置基准站坐标；数据链选择“内置网络”，网络类型选择“GPRS”；“运营商”输入“CMNET”，“服务器 IP”选用中海达网络服务器地址“202.96.185.34”，端口号输入

"9000";"分组号"设置为"0371117","小组号"设置为"117",移动站网络使用中海达服务器,选用"ZHD";差分模式选用"RTK",电文格式选用"RTCA"。GPS 高度截止角为 10°,如图 4-96 所示。

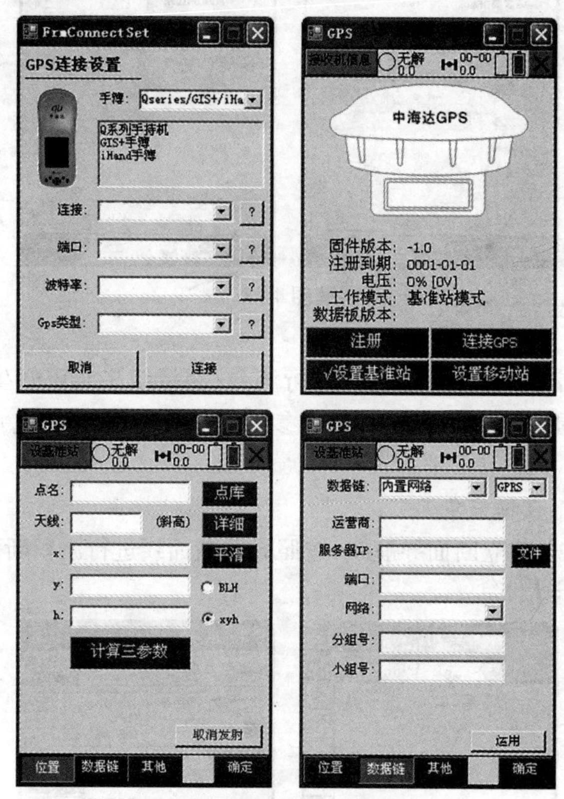

图 4-96　设置基准站参数

4. 移动站设置

连接 GPS;设置移动站数据链:数据链选择"内置网络",网络类型选择"GPRS";"运营商"输入"CMNET","服务器 IP"选用中海达网络服务器地址"202. 96. 185. 34",端口号输入"9000";"分组号"设置为"0371117","小组号"设置为"117",移动站网络使用中海达服务器,选用"ZHD";差分模式选用"RTK",电文格式选用"RTCA"。GPS 高度截止角为 10°,如图 4-97 所示。

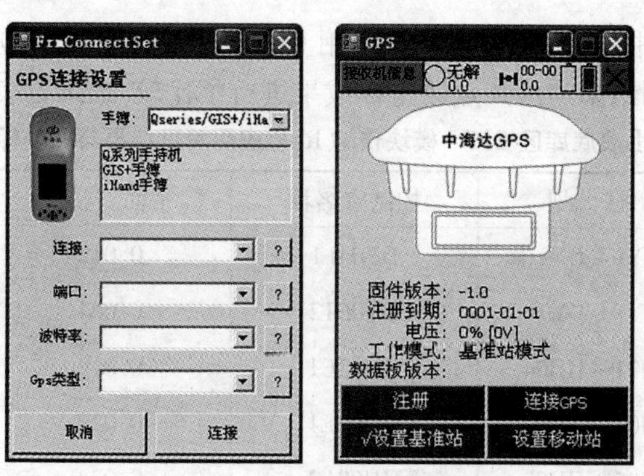

图 4-97　设置移动站参数

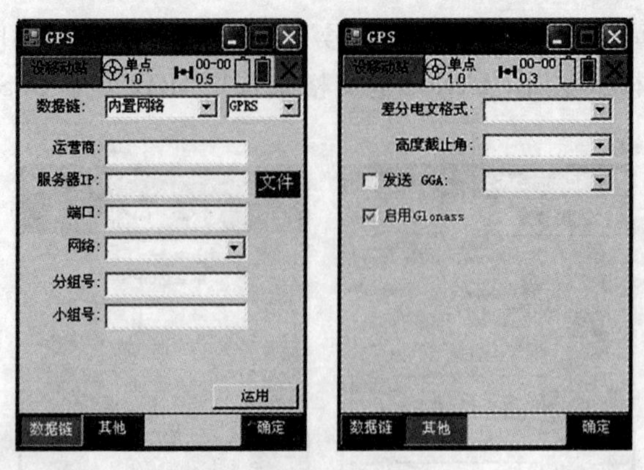

续图 4-97

5. 点校测

在测区中找到多个已知控制点,对其进行测量,测量结果与已知坐标高程进行较差对比。若较差在允许范围内,说明 RTK 及测区参数等都符合作业要求,可以进行下一步测量工作。

6. 断面导航和地形数据采集

导入测验断面数据,建立断面导航线,按照导航断面线进行淤积断面地形测量和采集地形数据,如图 4-98 所示。

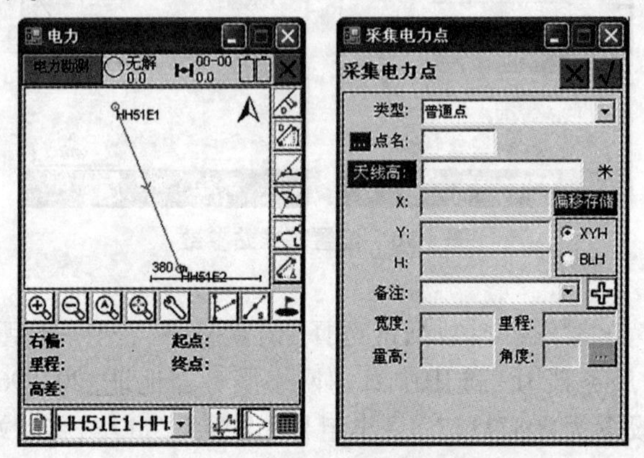

图 4-98　断面导航和地形数据采集

(五)校测结果

在此次应用试验中,使用中海达 GPS 应用 GPRS 模块传输 RTK 应用方式对多个已知控制点进行了校测,校测结果与已知点原坐标成果进行了比较,结果见表 4-37。

表 4-37　小浪底库区 GPRS 模块传输 RTK 应用解算结果与原坐标成果较差

序号	测区分划	控制点名称	平面差(m)	高程差(m)
1	DY1 ~ DY9	DY04L1	0.012	0.006
2	DY1 ~ DY9	DY06T2	0.064	0.002
3	HH01 ~ HH04	HH02C1	0.019	0.016
4	HH01 ~ HH04	HH02E1	0.020	-0.001
5	HH05 ~ HH09	HH08C2	0.034	-0.014

续表 4-37

序号	测区分划	控制点名称	平面差(m)	高程差(m)
6	HH19 ~ HH22	HH20C1	0.043	0.023
7	HH41 ~ HH44	HH41C2	0.060	-0.320
8	HH41 ~ HH44	HH44E1	0.021	0.031
9	HH50 ~ HH56	HH52C1	0.020	0.010
10	HH50 ~ HH56	HH54T1	0.046	0.034
11	HH50 ~ HH56	HH55C1	0.016	0.018
12	SJH02 ~ SJH06	SJH02E1	0.037	-0.006
13	HH23 ~ HH26	YLH01E2	0.019	-0.013
14	ZSH01 ~ ZSH05	ZSH02T2	0.087	0.043
15	ZSH06 ~ ZSH11	ZSH11T2	0.054	-0.021

(六)误差分析

在 GPS - RTK 测量中,误差来源及控制主要有以下几个方面:

(1)坐标转换参数。RTK 在作业时直接获取的是 WGS84 坐标系统,而在实际工作中所需的往往是北京 54 或地方系下的坐标,因此在作业时必须进行坐标系的转换。通过大量的实践,RTK 作业所使用的坐标转换参数应该由覆盖整个 GPS 参考站网且分布均匀的控制点求得,通常采用严密的七参数转换法。转换参数确定后应用一些已知点检验其精确度,转换参数精确度越高越好。

(2)精度指标设置。在进行 RTK 作业时,需要设置机内精度,以保证有较好的收敛精度。

(3)星历预报。在进行作业前应先进行星历预报,使用的历书时间应在作业前一星期内的。记录或打印星历预报结果,选取观测条件好的时段进行 RTK 作业,以保证作业效率和质量。RTK 在作业时选择点位应该满足 GPS 观测要求,根据星历预报结果安排观测时间,通常要求 GDOP 值小于 4。在 GDOP 值较大时,较容易出现粗差,应该避免该时间段的作业。利用 GDOP 值较好的时段作业,不仅效率快,而且精度高。

(4)多次观测剔除粗差。在 RTK 作业过程中不可避免地存在着粗差,且在观测过程中不能作出准确的判断,那么观测结果中粗差的剔除只能在事后进行,也只有通过事后剔除的方法来提高网络 RTK 作业的可靠性。方法主要是采用一定的多次观测值来检查,比如在校测比对已知控制点时要求观测 4 次以上,剔除其中的粗差。

使用 GPRS 数据链传输方式的 RTK 对小浪底库区范围内多个已知控制点进行校测比对,可以从表 4-37 中看出,校测点最大平面点位误差为 0.087 m,最大高程误差为 0.043 m。在小浪底库区淤积断面地形测量中,允许控制点校测限差平面为 ±0.1 m,高程为 ±0.05 m。根据表 4-37 内校测比对数据统计表明,GPRS 传输方式的 RTK 法完全满足小浪底库区淤积断面地形测量要求。

(七)基准站架设

GPS - RTK 测量需要在已知点上架设基准站,实时发射差分数据,移动站通过接收基准站的观测数据来进行测量作业,因此基准站的架设是 RTK 测量的核心关键。

通过多年的小浪底水库淤积测验经验,在架设基准站时,通常使用 UHF 数传电台发射实时差分数据,如使用 Thales 6502 型和天宝 5700 型时,测量人员需要肩扛手提把基准站仪器、电瓶、UHF 电台运到基准站点,在小浪底库区基准站控制点一般都在 280 m 以上,小浪底库区地形复杂,山高林密,荆棘丛生,架设一次基准站往往需要耗费一两个小时。而且电台的有效覆盖范围小,野外测验时,往往架设一次基准站,移动站只能在电台覆盖范围内进行 RTK 作业,有时候一上午需要架设 2 ~ 3 次基准站。

而现在使用 GPRS 发送数据,不需要携带电瓶、电台以及加长杆等设备,减轻了仪器设备的重量,不需要把仪器架设在高点上,只要有移动通信信号,都能接收到基准站数据,一天只需架设 1 ~ 2 次基准站,且做到了减轻劳动强度和提高工作效率。

根据多年的小浪底水库淤积断面测验实践工作经验,统计小浪底水库淤积测验使用 UHF 电台时和 GPRS 模块传输时的基准站架设位置如表 4-38 所示。

表 4-38　小浪底水库淤积测验基准站架设位置统计

项目	UHF 电台传输				GPRS 模块传输	
基准站架设位置	HH54	BJH03	HH19	BMH02	HH54	HH19
	HH51	HH31	SNJ01	HH08	HH49	DYH04
	HH49	BQH03	NW01	HH06	HH45	HH15
	HH45	YXH02	HH13	LQG01	HH44	HH13
	HH44	HH30	SJH04	DY09	HH41	HH11
	HH43	HH29	HH11	DY04	HH39	ZSH06
	HH41	HH27	ZSH09	DY01	HH36	ZSH09
	HH39	YLH01	ZSH06	SMG04	YXH02	HH06
	HH37	XYH04	CXG04	HH01	HH30	HH03
	HH36	HH21	ZYG03		HH27	HH01
合计	29				20	
基准站架设次数	65				35	

从表 4-38 可以看出 ,在使用 UHF 电台时,小浪底水库淤积断面测验中,由于水库地形复杂,山高林密,基准站受地形和植被影响,基准站电台信号覆盖范围小,测验时需要频繁迁站,需要架设基准站的位置为 29 个,需要架设基准站次数为 65 次,平均每天 3 ~4 次,且部分小支流上游需要架设基准站。

使用 GPRS 模块后,需要架设基准站的位置减少为 20 个,基准站架设次数则只需 35 次,平均每天 1 ~2 次,而且基准站位置都位于黄河干流和大支流,基准站组测验人员不需要跑到小沟小河上游架设基准站,减少了迁站路程,节省了时间和燃油费用。基准站点的位置也更不受限制,不用再架设高点位置,省去了很多爬山的功夫,减轻了劳动强度,减少了人力、物力, 提高工作效率。

四、综合对比分析

(1)仪器设备。Thales 6502 型和天宝 5700 型的 GPS 采用 UHF 电台发送差分数据,架设计转站需要携带外置电台和电瓶。

而新配备的中海达 V30 型 GPS 内部固定 GPRS 模块,通过移动通信收发数据,内置收发一体兼容 V8 电台,还可外挂数传电台,可以自由切换内置电台和 GPRS,不需要携带外置电台,减轻了仪器设备的重量,减轻了劳动强度。

(2)基准站架设数量。常规 RTK 测量使用 UHF 电台发送基准站数据,需要架设 65 次基准站,使用 GPRS 模块传输架设基准站,现只需要 35 次。

不用再多次爬山下山,不需要架设花竿、加高电台,不需要一定爬到很高的基准站点。

(3)基准站覆盖范围。小浪底水库山高林密,地形复杂,使用 UHF 电台架设基准站时,需要架设在较高的已知点上,电台信号覆盖范围有限,受干扰较多,测量则需要多次迁站,有时一上午需要迁 2 ~3 次基准站。

现在使用 GPRS 通信模块,每天需要架设 1 ~2 次基准站,只要测区有手机通信信号,基本都能接收到基准站数据。基准站覆盖范围广,迁站次数少,不需要架设在高点上,基准站架设在最方便控制的地点,作业更加便捷灵活。

基准站数量减少,小沟小河不用再去架设基准站,减少了迁站次数和迁站路程,节约了人力、物力。

(4)GPRS 网络数据链系统更加稳定。传统的无线电电台数据链在作业过程中时常受到电台稳定性、电源、外界无线电干扰、地形屏蔽等因素影响,而 GPRS 网络数据链系统的稳定性依托于完善的中国移动通信网络系统,出现故障的概率极低。

(5)HH51 以上断面间距长,为深山峡谷地形,使用 UHF 电台架设基站只能覆盖很小范围,因此 HH51 ~ HH56 断面主要采用全站仪法测验,现在使用 GPRS 通信模块传输后,只需在 HH53 断面架设基准站,HH51 ~ HH56 断面都能采用 RTK 法测验,极大地提高了工作效率。

(6)当然,GPRS 也有不足之处,HH43 ~ HH45 断面、HH39 断面、ZSH09 断面等部分区域无法接收到手机信号,这些区域则需要布设基准站,采用 GPS 内置电台发射差分数据。

五、结语

以 GPRS 通信的 RTK 作业方式,相比常规电台通信,减少了常规电台和电瓶等相应设备,仪器配置简单,携带方便,减轻了野外作业的劳动强度,且作业距离有较大改观。GPRS 是借助于移动通信的发射基准站,能保证有手机信号的地方均能接收到来自基准站的差分信息,测量范围更加广泛,基准站位置的选择更加不受限制,尤其是无需架设在高点,特别适合城区、山区等传统电台信号阻挡严重的复杂地区作业,抗干扰能力强。

因此,从 GPRS 在小浪底水库淤积断面测验中的应用来看,应用效果良好,较好地减轻了劳动强度,提高了作业效率。在今后的小浪底水库淤积测验中,要积累经验,优化基准站位置,进一步提高工作效率。

参考文献

[1] 黄河防汛总指挥部办公室. 2001 年黄河小浪底库区异重流研究报告[R]. 2002. 6.
[2] 水利部黄河水利委员会. 黄河首次调水调沙试验[M]. 郑州:黄河水利出版社,2003.
[3] 水利部黄河水利委员会. 黄河第二次调水调沙试验[R]. 2004. 9:109-125.
[4] 水利部黄河水利委员会. 黄河第三次调水调沙试验[R]. 2005. 2:95-218.
[5] 黄委会河南黄河水文水资源局. 黄河小浪底水库异重流演进规律初步分析[R]. 2005. 10.
[6] 黄委会水文局. 2004 年汛期小浪底水库异重流测验技术分析报告[R]. 2004. 10.
[7] 黄委会水文局. 2005 年汛期小浪底水库异重流测验技术分析报告[R]. 2005. 6.
[8] 美国土壤保持协会. 土壤侵蚀预报与控制[M]. 窦葆璋译. 北京:科学出版社,1975.
[9] 金争平,史培军,侯福昌,等. 黄河黄甫川流域土壤侵蚀系统模型和治理模式[M]. 北京:海洋出版社,1992.
[10] 武汉水利电力学院河流泥沙工程学教研室. 河流泥沙工程学(上册)[M]. 北京:水利电力出版社,1987.
[11] 范家骅,等. 异重流的研究与应用[M]. 北京:水利电力出版社,1959.
[12] 范家骅,沈受百,吴德一. 水库异重流的近似计算法[C]//水利水电科学研究院论文集(第二期). 1963:34-44.
[13] 蒲乃达,苏风玉,涨瑞佟. 刘家峡、盐锅峡水库泥沙的几个问题[C]//河流泥沙国际学术讨论会论文集. 北京:光华出版社,1980:737-752.
[14] 钱宁,万兆惠. 泥沙运动力学[M]. 北京:科学出版社,1983.
[15] 韩其为. 水库泥沙[M]. 北京:科学出版社,2003.
[16] 曹如轩,任晓枫,卢文新. 高含沙异重流的形成与持续条件分析[J]. 泥沙研究,1984(2):1-9.
[17] 中国水利学会泥沙专业委员会. 泥沙手册[M]. 北京:中国环境科学出版社,1992.